孔隙弹性与油气预测

黄绪德　李　明　编著

石　油　工　业　出　版　社

内容提要

本书将物理学、数学同地质学紧密结合，理论联系实际，对孔隙弹性做了系统深入的论述，主要内容包括：孔隙弹性的理论基础、孔隙弹性地震参数、孔隙弹性与油气地质特性、综合地震参数预测油气等。

本书可作为从事油气预测工作的技术人员和地球物理勘探专业研究人员参考，也可作为地球物理勘探专业研究生教材。

图书在版编目（CIP）数据

孔隙弹性与油气预测/黄绪德，李明编著．

北京：石油工业出版社，2012.1

ISBN 978-7-5021-8701-9

Ⅰ．孔…

Ⅱ．①黄… ②李…

Ⅲ．孔隙储集层－油气藏－预测

Ⅳ．P618.130.2

中国版本图书馆 CIP 数据核字（2011）第 190451 号

出版发行：石油工业出版社

（北京安定门外安华里 2 区 1 号　100011）

网　　址：www.petropub.com.cn

编辑部：(010) 64523735　发行部：(010) 64523620

经　　销：全国新华书店

印　　刷：石油工业出版社印刷厂

2012 年 1 月第 1 版　2012 年 1 月第 1 次印刷

787×1092 毫米　开本：1/16　印张：20.75

字数：530 千字

定价：128.00 元

（如出现印装质量问题，我社发行部负责调换）

前　言

　　完全弹性，黏滞弹性，孔隙弹性，一步步走向真实。20 世纪 30 年代，地震勘探开创之初，只能研究最简单的全弹性 (elastic)，不得不假定地层岩石是全弹性的，而且是均匀各相同性的。实际上地层岩石是有复杂结构的，特别是有孔隙的，不是全弹性而是黏滞弹性的。到 1941 年 B.T. Born 就开始研究地层岩石的黏滞损失和固体裂缝损耗，20 世纪 50 年代黏滞弹性就进入地震勘探的日程，但到 1984 年才有"黏滞弹性（viscoelastic）"波动理论的论文。实际上地层岩石孔隙中还有流体，而流体在压力和压力波驱使下还要流动甚至喷射，因而不仅是黏滞弹性的，还是孔隙弹性的。1955 年 M.A. Biot 就发表了关于孔隙弹性（porous elastic）的著名论文，但正式用"孔隙弹性（poroelastic）"这个词发表论文的是 X. Zhu，已经是 1991 年了。孔隙弹性不仅有 Biot 效应，还有喷流效应、裂缝边际效应以及各种复杂现象，地震勘探在向纵深发展。全弹性理论服从虎克定律；黏滞弹性理论要在弹性外加黏滞性，而黏滞性服从牛顿黏滞性定律。孔隙弹性理论上也可视岩石为均匀各相同性，没有黏滞性，即所谓 4 参数 Biot 双相介质方程，但实际上这种岩石并不存在；存在的是双相（目前暂按固体和流体处理）介质，都是有黏滞性的。孔隙弹性波动方程中除掉有弹性和黏滞性部分，还要考虑流体的应力应变关系特别是流体与固体相互影响相互耦合的作用，即 Kelvin-Biot 方程。由此导出一系列理论的和实用的参数，包括弛豫、吸收、波散、黏滞性、流动性，特别是不同尺度弛豫时间和弛豫频率、黏滞弹性参数、固流耦合参数、特征波长、喷流特征长度、喷流系数、喷流因子、裂缝弱度、弥散系数等等，由此可以导出特别有用的各种特殊地质条件下的波散和损耗，可能导出多相孔隙度、多相饱和度，以及由地震勘探很难得到的多相渗透率。而这些最后都导致直接找油气的实现。我们知道油气储层是双相乃至三相孔隙岩石，是典型的黏滞性孔隙弹性介质。研究孔隙弹性就为地震直接找油气又打开了一扇大门和一条通道，这条通道上还会有许多艰难险阻，但一定能通向目的地。在此前方还有慢纵波和慢横波，还有三相（固、液、气）孔隙弹性耗散介质波动理论，电震理论方法技术等难题需要解决。国内外直接找油气已经取得许多重大成果，在进一步研究孔隙弹性理论方法特别是参数的利用以后，必定会有更大的突破。而在进一步克服许多困难以后，直接找油气理论和方法技术一定会更加成熟，使油气勘探进入一个新天地。

　　本书针对以上各方面的理论技术，对国外在这些方面的最先进的理论和试验成果，以及国内的重要经验作了较系统的论证和介绍。由于出处很多，同一理论方法各种写法，符号繁复，重叠冲突，甚至有些出入，为了一贯，为了逻辑需要，为了便于阅读和理解，本书对公式符号概念尽可能作了统一，前后呼应。由于理论深邃，方法繁多，技术精细，笔者的介绍叙述必然有疏漏谬误之处，敬请读者指正。

目　录

1 绪 论

（1）地层岩石是黏弹滞性体，有弹性也有黏滞性；以刚性为主的基本坚硬的岩石是黏弹性体，以柔性为主的基本疏松的岩石是弹滞性体。孔隙岩石是孔隙弹性体，除掉有弹性也有黏滞性外，还有黏滞性孔隙流体因弹性波动而产生的脉动，包括泊肖流和喷流等，出现特殊的物理现象，即孔隙弹性现象。M.A. Biot 首先研究了此现象[1,2]，其后其他学者又发现了其他各种孔隙弹性现象，形成了弹性理论的一个重要分支，对地震研究储层起了重大的推动作用。

（2）油气储层是孔隙岩石，是孔隙弹性理论研究的主要对象；不研究孔隙弹性理论不可能深入研究储层。深入研究孔隙弹性理论，就有可能利用有关的孔隙弹性参数预测储层。这些参数有：损耗（纵横波损耗 Q_P^{-1}、Q_S^{-1}，从而有纵横波品质因数 Q_P、Q_S，纵横波吸收系数 α_P、α_S，以及它们的比值：γ_Q^{-1}，γ_Q，γ_α）、流体密度 ρ_f、流体黏滞系数 η_f（温度 T 时的黏滞系数 η_T）、流体体积模量 K_f、孔隙度 ϕ、渗透率 k，乃至孔隙结构中的迁曲度 t_u、喷流特征长度 R、弛豫频率 f_r、特征频率 f_c、特征波长 λ_c、泊肖流上限频率 f_p、弛豫时间 τ、损耗极值 Q_m^{-1}、体积模量损耗 Q_K^{-1}、切变模量损耗 Q_G^{-1}、体积模量 K、切变模量 $G(\mu)$、杨氏系数 E、泊松比 σ。这些参数在特定的条件下有可能成为区分油、气、水的重要指标。

（3）孔隙弹性理论极大地推动了地震勘探直接找油气（简称直找）。直找就是利用能区分油、气、水以及能判断它们的饱和度的地震参数（属性）来预测储层中的油或气。孔隙弹性理论中有三个参数 ρ_f、η_f 和 K_f 很值得重视，因为它们对油、气、水有较大的分辨率。我们来看一下表 1.1，可以说是以下各章所有此三参数的数据的综合。

表 1.1　油气水参数

参　数	石油（不含稠油）	天然气	水	最小—最大异常 油/水（%）	最小—最大异常 气/水　%
密　度 ρ_f（g/cm³）	0.7 ~ 0.85	0.078 ~ 0.25	0.99 ~ 1.05	13 ~ 33	**39 ~ 75**
黏滞度 μ_f（mPa·s）	5 ~ 10	0.001 ~ 0.15	1 ~ 3	**40 ~ 90**	**85 ~ 100**
体积模量 K_f（GPa）	0.7 ~ 13.05	0.012 ~ 0.06	2.25 ~ 14.20	8 ~ 69	**97 ~ 100**

由于原油性质、气油比、气成分、水质、温度、压力、饱和度等的影响表中数据会有大的变化。参考文献 [8] 中表 8.7 是不同饱和度不同压力下原油和水的 K、μ 变化数据。表 1.1 中只列了饱和度为 100%，中等压力时的数据，可见变化之大。密度、黏滞度同样会有许多变化，表 1.1 中所列只是常见的。异常是指油水或气水之间可能产生的最小最大数值百分差。粗体数据表示异常大于 30%。可见气水异常都比较大，分辨气藏和水藏比较容易。流体黏滞度油水异常也大。应该深入研究这三个参数综合应用的前景。

（4）孔隙弹性的一个最主要参数是损耗（品质因数的倒数，吸收系数的函数）Q^{-1}。地震波在地下传播时的能量损耗是一个十分复杂而庞大的系统。不仅有与孔隙弹性有关的损耗，还有与黏弹滞性有关的损耗；不仅有与孔隙有关的损耗，还有与裂缝有关的损耗；不仅要研究与地层岩石整体有关的损耗，还要研究与岩石弹性模量有关的损耗；不仅有大到波长尺度的损耗，还有小到孔隙乃至孔喉尺度的损耗，以及中等尺度的损耗。不仅要研究损耗的物理、机理，如 Biot 理论、喷流理论、波导理论、Gardner 理论、White 理论，还要研究影响损耗的因素和参数，研究估计或测定损耗的方法和提高估计精度的方法。损耗理论和测定技术对预测油气有直接的重要作用，它对直接找油气是一个重要贡献。而由此导出的慢纵波和慢横波理论对直接找油气的将来有着诱人的前景。

（5）在孔隙弹性理论中流体黏滞系数（黏滞度、黏度）η_f 起着十分重要的作用。在损耗弛豫时间 τ 的测定中，在 Biot 特征频率 f_c 中，在波动方程黏滞项系数 b 中，在流体弥散系数 D 中，在确定泊肖流频率上限 f_p 中，在流体趋肤深度 d_S 中，在 BISQ（Biot 和喷流综合模型）纵波速度参数 ζ 中，在弹滞性体、黏弹性体和 Zener 体损耗 Q^{-1M}、Q^{-1K}、Q^{-1Z} 的测定中，都有流体黏滞度的身影，缺了流体黏滞度上述各种参数都无法确定。而流体黏滞度又是分辨油、气、水的敏感参数。通过流体黏滞度与上述各参数的关系，有可能估计流体黏滞度，从而分辨油、气、水。

（6）在孔隙弹性理论中渗透率 k 也是一个十分重要的参数，对孔隙弹性的研究带来了用地震预测渗透率的前景。渗透率与复波数 k 的关系，与气饱和度 S_G 的关系，与孔隙度 ϕ 的关系，与纵波速度 v_P 的关系，与泥质含量 ϕ_n 的关系，与吸收系数 α 的关系，与波阻抗 I 的关系，与纵横波速度比 γ 的关系，与弥散系数 D 的关系，特别是与弛豫频率 f_r 的关系，都有可能导致预测渗透率。只要有测井和岩心测定的实际渗透率数据控制，并有概率统计分析约束预测数据的精度，将地震预测渗透率用于实际勘探是可能的。而渗透率数据对于预测致密岩层裂缝性油气藏，对于预测高渗透性高产油气藏是十分重要的。

流动性 M_L 是渗透率与流体黏滞度的比值。这三者有了任意两个就可以估得第三个。因此流动性概念和参数能极大地帮助流体黏滞度与渗透率的预测。

（7）孔隙度 ϕ 是孔隙弹性的核心参数；也是油气层的立命参数，没有孔隙度就没有油气层。因此它在没有孔隙弹性理论以前就被研究了，地震预测孔隙度也已有许多理论方法，我们不再重复这些。本书只介绍一些最新进展，如由波阻抗预测孔隙度时用蒙特卡罗法控制它的精度，用由电阻测定来的地层因子预测孔隙度，在用速度预测碳酸盐岩孔隙度的过程中考虑孔隙形态、尺度的影响，以波阻抗为主用多参数复合或神经网络预测孔隙度。总之以提高预测孔隙度的准确度和精确度为主要任务。

（8）孔隙弹性理论十分重视弹性参数的作用。主要接触的是体积模量 K、切变模量 G、杨氏系数 E 和泊松比 σ。这些参数中预测流体的体积模量对预测气层最重要和最有效，因此将 ΔK，即在干燥岩石孔隙中增加流体后体积模量的增量，称为"流体识别器"。泊松比也对识别气层很有效，但最近发现有一些因素使泊松比增大，干扰了利用泊松比识别气层的效果。这些因素是天然气包裹体的存在，薄层调谐的影响和各向异性的影响。因此在用弹性或其他参数识别油气层时要特别注意研究那些干扰因素。

（9）Biot 预测了快纵、横波和慢纵波，三个波，不对称。他一开始就忽略了慢横波的存在。因为他忽略了控制横波过程的两个对偶方程系统的解耦。还因为在 Biot 架构中缺失了流体应变率，因而使慢横波速度变为零。后人为他找出了这个缺失，弥补了空白。大自然是完美的。我们知道慢纵波速度是流体体积模量和流体密度比值的方根，一旦知道慢纵波速度就有可能探得流体体积模量和流体密度这两个对预测油气十分有用的参数 (参考文献 [8] 中公式 2.19b)。虽然目前还不知道慢横波会有什么用，但这里一定潜藏了诱人的前景。

（10）我们不断致力于地震勘探直接找油气。实际上国内外已经有不少地震勘探直接找油气的成功例子，不断有所报道，值得推广。我们已出了文献 [8，13]，本书又介绍了许多成功的例子。如北海用波阻抗与吸收系数综合判断气层；墨西哥湾用纵横波损耗比 γ_{Q-1} 识别气层；还用流体体积模量 K_f 分辨气层，用贝叶斯估计提高识别的可靠性；在阿穆尔是用 AVO 远道叠加 A_f、弹性波阻抗 I_E、泊松比及拉姆系数 $\lambda\rho$、$\mu\rho$ 综合判断气砂层并估计气砂厚度，成功率在 90% 以上；塔里木用中心频率随入射角的变化判断气层；加拿大重油砂区用谱分解中的调谐数据体和瞬时相位切片分辨储层；在墨西哥湾深水区用等频率剖面分辨气层，都取得较好的效果。还有用 AVO 简易反演法求取 v_P，v_S，ρ，进而求得流体体积模量以分辨油气层，并正在开发一种新的方法：用地面地震的低频反射系数与井间高频反射系数结合求取流体弹性模量以判断油气。顺便说一句，直找就是"油气预测"，直接预测油和气，与"储层预测"有所区别；因为储层可以不是油气层而是水层。

更有意义的是电震法（ES），它区别于震电法（SE）。它是将调制电流输入地下，在有阻抗差和电阻差的位置产生震动，在地面接收地震波。已在美国得克萨斯州和加拿大的 4 个油气田做过试验，产生了有意义的油气异常。它产生异常的条件是一有阻抗差和电阻差，二有好渗透性，三有高阻流体，这实际上就是油气存在的条件。因此这个方法对直接找油气大有前途。

关于直接找油气方面，衷心希望有志于此的同道们，继续朝参数的理论探索、预测手段和精度控制方面深入研究，并在实际应用方面取得成果。

2 孔隙弹性的理论基础

2.1 地质基础——双相介质 [3~9]

所谓孔隙弹性在这里研究的是孔隙岩石的弹性，是孔隙中有流体时的岩石的弹性，是一种特殊的黏弹滞性，是固流双相介质的黏弹滞性，而这又正是油气水层的黏弹滞性。储层是有孔隙的岩石，储有油气水的孔隙岩石就是油气水储层，这正是固流双相介质。因此孔隙弹性的地质基础就是油气水储层。本书的直接目的就是通过研究岩石的孔隙弹性找到用地震勘探寻找油气水储层（主要是油气储层）的又一途径。以后提到储层，主要是指油气储层。

2.1.1 储层的岩性

储层的岩性决定于岩石的成因和成岩的岩相。沉积岩有海相和陆相，根据它们的沉积环境和沉积过程又各自有纷繁复杂的沉积相，不同的沉积相决定了不同的岩性。同样，火成岩（火山岩）和变质岩的成岩环境和过程决定了它们的岩相和岩性。过去只在沉积岩中找油气，近年来在火成岩和变质岩中不断发现油气层，对它们的研究也不断增多。因此与我们有关的岩性可以有 4 大类。

2.1.1.1 碎屑岩储层

由砾岩、砂岩、粉砂岩组成。而砂岩储层是储层中最广泛的一类。砂岩储层中又有疏松砂岩、砂岩和致密砂岩之分，有各自的岩性物性和地震参数特征。特别是有不同的孔隙弹性特征。疏松砂岩和致密砂岩只占少数，但值得重视。疏松砂岩常见于埋藏较浅的新近纪及第四纪河道砂、三角州前缘砂及扇三角州前缘砂体中，孔渗特高。致密砂岩我们在川南侏罗系上沙溪庙组裂缝气藏中就碰到过 [8]。它常出现在中、古生代及埋藏较深的湖底扇内主沟道砂体、扇三角州平原和深水重力流沟道砂体中，由于孔渗特低，多为裂缝储层，渗透率的地震预测为此开辟了新的通道。我国原油现状大部分产自中、新生代砂岩储层，有冲积扇、河流、三角州、扇三角州、湖底扇、重力流水道、滩坝及风暴重力流砂体等类型，它们的孔渗饱及孔隙弹性都会有不同的表现。

砂岩储层中有一类是重油砂，原油是重油，有特殊的岩性和物性，有特殊的地震孔隙弹性和参数表现，更有特殊的开采和提炼方法。加拿大的重油已有了重大的国际影响，我国也已形成辽河、新疆、胜利、河南和海区 5 大重油开发区。

2.1.1.2 碳酸盐岩储层

主要包括石灰岩、白云岩和泥灰岩、硅岩、石膏之间的过渡类型。白云岩是重要的孔隙型储层；石灰岩有颗粒灰岩、泥晶灰岩、生物礁灰岩和生物滩灰岩，特别是生物礁灰岩是很好的储层。碳酸盐岩储层有孔缝洞类型，缝洞型最有希望成为大型油气藏。

2.1.1.3 泥页岩储层

近年这类储层不断有所发现。有裂缝型、孔隙型和裂缝孔隙复合型。如胜利油田郭局子沙三下亚段钙质泥岩裂缝型储层，渤南沙一段钙质油页岩裂缝型储层，义 13 井区沙三段变余泥岩裂缝型储层；河 54 井区沙三下亚段夹砂条超压泥岩孔隙型储层，生油岩中正常基质孔隙型储层；沙四上亚段夹砂条钙质泥岩复合型储层，沙四上亚段油页岩孔缝型或缝孔型储层。泥页岩储层都为裂缝型储层。近年国外又大量开发了页岩气，这类储层前景广阔，已成为重要的常规油气储层的接替类型。

2.1.1.4 火山岩变质岩储层

这类储层不断有发现，多为长石晶间孔、融蚀孔、气孔、裂缝，如冀中坳陷古近系玄武岩－辉绿岩储层，黄骅坳陷中生界安山岩储层，渤中坳陷侏罗系玄武岩－粗面岩储层，克拉马依石炭系玄武岩、火山角砾岩—集块岩、凝灰岩储层，济阳坳陷前震旦系花岗片麻岩储层，辽河大民屯凹陷太古界黑云斜长片麻岩储层。这类储层很难有好的地震层位响应，寄希望于地震岩性和裂缝响应，更有必要直接找油气。

2.1.2 储层的物性

储层的物性主要研究孔隙度（包括孔隙结构和裂隙率）、渗透率和饱和度（油、气、水），而这些是油气储量和产量的决定性指标，也是研究孔隙弹性和油气预测所要达到的主要目标性参数。

2.1.2.1 孔隙度 ϕ

2.1.2.1.1 岩石和孔隙结构

Biot1955 年的有关孔隙弹性理论的经典性论文[1]就有关于孔隙结构的假定，他的理论就建立在这些假定之上。他理论要求的条件是：孔隙被流体饱和，这个流体是黏滞性的并是可压缩的；如果是液体，就可忽略热弹性效应。它对于固体的孔隙壁做相对流动，产生摩擦，这个流动就是泊肖叶（Poiscuille）型的，也就是黏滞型的。Kirchhoff 指出，只有低于某一频率（譬如说 f_P——泊肖流上限频率）这才是可能的。而这个 f_P 决定于流体的动态黏滞系数和孔隙形态。理论还要求孔隙壁是不透水的，孔隙分选性好，也就是孔隙大小比较均匀。因此我们不可不熟悉孔隙结构，而孔隙结构决定于构成孔隙的岩石矿物。

储集层砂岩是由岩石颗粒、基质、胶结物和孔隙空间组成的。岩石颗粒由石英、长石，少量云母等重矿物，以及岩屑构成，而石英是主要成分。岩屑是变质岩、火山岩、页岩、片岩等的碎屑。基质是颗粒间的细粒物质，主要是高岭石、伊利石、蒙皂石等黏土矿物。粒间胶结物通常是二氧化硅和碳酸盐岩。

碳酸盐岩储层主要是晶孔白云岩和孔、缝、洞石灰岩。如鄂尔多斯好的储层是溶孔晶间孔白云岩、粗晶间孔白云岩、溶洞溶孔石灰岩，其次是针孔细中晶白云岩、粒内溶孔鲕粒白云岩、针孔纹层白云岩、溶孔藻云岩；川东好的储层是溶孔亮晶粒屑白云岩，中等的是粒屑粉晶白云岩、晶间溶孔粗粉晶白云岩和含灰粒屑白云岩。而缝洞石灰岩则是碳酸盐岩储层的主力。

为了使物探工作者有些储层孔隙的感性知识，下面给出了一些图示。图 2.1 是各种岩石孔隙结构的电子显微镜照片，可见孔隙基本上呈网状，有着极其复杂的结构。图 2.2 是碎屑岩颗粒不同的接触胶结和孔隙喉道类型。图 2.3 是碳酸盐岩孔缝洞类型。图 2.4 是泥岩储层类型。

孔隙按空间大小可分为超毛细管孔隙：孔隙直径大于 0.5mm（500μm），裂缝宽度大于 0.25mm（250μm），流体可自由流动；毛细管孔隙：孔隙直径介于 0.5~0.0002mm（500~0.2μm）之间，裂缝宽度介于 0.25~0.0001mm（250~0.1μm）之间，只有外力大于毛细管阻力时流体才能流动；微毛细管孔隙：孔隙直径小于 0.0002mm（0.2μm），裂缝宽度小于 0.0001mm（0.1μm），毛细管阻力相当大，流体已不能自由流动。

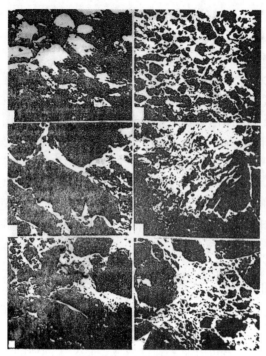

图 2.1 孔隙网络电镜照片

黑色－岩石骨架；白色－孔隙

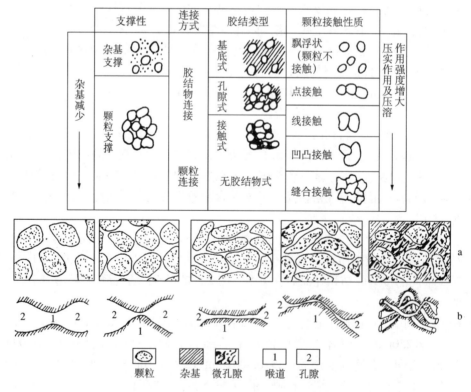

图 2.2 碎屑岩颗粒接触胶结和孔隙喉道类型

a—颗粒接触及胶结类型；b—孔隙喉道类型

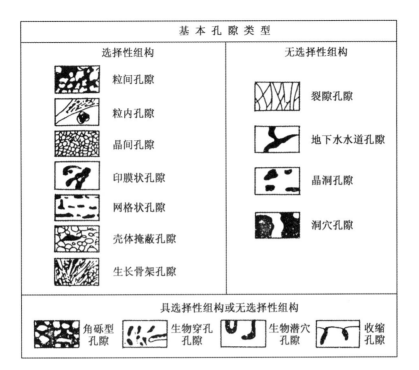

图 2.3 碳酸盐岩孔缝洞类型

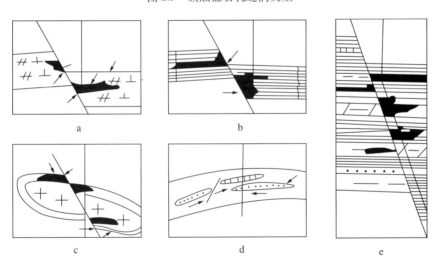

图 2.4 胜利油田泥岩油气藏模型

黑色块—油气储集；a—泥岩裂缝型；b—页岩裂缝型；c—变余泥岩裂缝型；
d—砂条超压泥岩孔隙型；e—复杂岩性薄互层复合型

孔隙连通的狭窄部分称作喉道，如图 2.2 所示。孔隙结构和喉道分布可以用压汞法定量评价如下：

（1）孔隙喉道平均半径 r_{KH}。

由于孔隙喉道大小极不均匀，要用统计平均法求取平均半径。先用压汞法测得孔隙半径分布曲线及累积曲线，如图 2.5 所示。通常取累积曲线上的下列 10 个点求平均，即

$$r_{KH} = \frac{r_5 + r_{15} + ... + r_{85} + r_{95}}{10} \tag{2.1a}$$

或只取 3 个点求平均，即

$$r_{KH} = \frac{r_{16} + r_{50} + r_{84}}{3} \tag{2.1b}$$

或

$$r_{KH} = \frac{r_{25} + r_{50} + r_{75}}{3} \tag{2.1c}$$

式中：r_x 是第 x 点的半径值，全线分成 100 个点。实际最好用概率加权平均，即

$$r_{KH} = \frac{\sum\limits_i y_i r_i}{\sum\limits_i y_i} \tag{2.2}$$

式中：y_i 为第 i 点的概率；r_i 为第 i 点的半径。

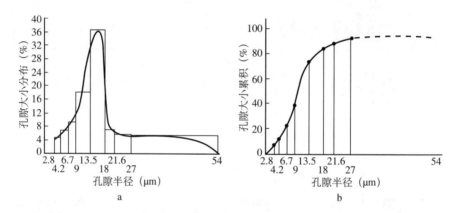

图 2.5　孔隙半径分布曲线

a—分布曲线；b—累积曲线

（2）迂曲度（Tortuosity）t_u。

迂曲度直接影响孔隙介质的波速。文献 [8] 中 2.3.4 节介绍了 Biot 孔隙介质中迂曲度对速度的影响。迂曲度与孔隙度 ϕ 有关，它是两个连通的孔隙之间实际路径长度 L 与此二孔隙之间直线距离 d 之比，即

$$t_u = \frac{L}{d} \tag{2.3}$$

后面会提到迂曲度的实用公式（2.142）~（2.144）式。

（3）孔喉比 k_{KH}。

孔喉比是孔隙体积 V_K 与喉道体积 V_H 之比，即

$$k_{KH} = \frac{V_K}{V_H} \tag{2.4}$$

（4）孔喉分选系数 S_p。

Biot 理论要求之一是孔隙较均匀，也就是分选较好。分选系数表示孔隙大小分布的均匀程度，分选性愈好愈均匀。

$$S_p = \frac{r_{84} - r_{16}}{4} + \frac{r_{95} - r_5}{6.6} \tag{2.5}$$

各个半径差愈小，分选系数愈小，分选性愈好，孔隙分布愈均匀。孔隙完全均匀时 $S_p=0$。$S_p<0.35$ 时分选极好，$S_p=0.84 \sim 1.4$ 时分选中等，$S_p>3$ 时分选极差。

（5）孔喉歪度 S_{KH}。

表示孔喉大小分布曲线的对称性，用下式表示为

$$S_{KH} = \frac{r_{84} + r_{16} - 2r_{50}}{2(r_{84} - r_{16})} + \frac{r_{95} + r_5 - 2r_{50}}{2(r_{95} - r_5)} \tag{2.6}$$

若 $S_{KH}=0$，则曲线对称；若 $S_{KH}>1$ 则孔隙偏大，称为粗偏；若 $S_{KH}<1$，则孔隙偏小，称为细偏。

（6）孔喉峰度 K_{KH}。

孔喉峰度表示孔喉分布曲线的尖锐性，即

$$K_{KH} = \frac{r_{95} - r_5}{2.44(r_{75} - r_{25})} \tag{2.7}$$

$K_{KH}=1$ 时为正态分布，$K_{KH}=0.6$ 为平峰曲线，$K_{KH}=1.5\sim3$ 为尖锐曲线。

（7）峰值 r_m。

分布曲线尖峰对应的孔喉半径为峰值。

在采集孔隙弹性参数预测油气以前，最好得到孔喉半径分布曲线及累积曲线，以便计算各孔隙结构参数。如图 2.5 所示分布图采得数据：$r_5=3$，$r_{16}=6$，$r_{25}=8$，$r_{50}=10$，$r_{75}=13$，$r_{84}=18$，$r_{95}=27$，可算得各参数如下：孔喉平均半径 $r_{KH}=11.3\mu m$，分选系数 $S_p=6.6$，分选极差；歪度 $S_{KH}=0.37$，孔隙细偏；峰度 $K_{KH}=2$，为尖锐曲线，正如图 2.5a 所示；峰值 $r_m=15\mu m=.0015mm$，属于毛细管孔隙。

（8）比表面积（specific surface）S_S。

比表面积是岩石表面积，包括孔隙内表面积的总表面积与总体积或总重量之比，单位为 $m^2/m^3=1/m$ 或 m^2/cm^3 或 m^2/g。对于孔隙岩石比表面积必定高；孔隙度愈大，S_S 愈高。对于新沉积岩 S_S 高；当颗粒表面胶结并逐渐光滑，S_S 就变小。这会增加白垩的有效孔隙半径，减小胶结系数。所以比表面积与胶结系数有密切关系。比表面积有预测胶结系数的潜力。Kozeny1927 就发表了一个关于比表面积与渗透率、孔隙度关系的公式，称为 Kozeny 方程，即

$$k = c\frac{\phi^3}{S_S^2} \tag{2.8}$$

式中：k 为渗透率；ϕ 为孔隙度，S_S 为比表面积，c 为接近 0.25 但决定于孔隙度的常数。Mortensen 等 1998 将 Kozeny 公式用于研究北海白垩系，认为 c 不是一个经验常数，而是可以从下式得到，即

$$c = \left(4\cos\left(\frac{1}{3}\cos^{-1}\left(\phi\frac{8^2}{\pi^3} - 1\right) + \frac{4}{3}\pi\right) + 4\right)^{-1} \tag{2.9}$$

并且认为如果孔隙度和比表面积已知，由 Kozeny 方程可以预测渗透率。

2.1.2.1.2 孔隙度分类

（1）绝对孔隙度 ϕ。

岩石中孔隙喉道总体积与岩石体积之比。

（2）有效孔隙度 ϕ_e。

剔除孤立孔隙后的连通孔隙总体积与岩石体积之比。

（3）流动孔隙度 ϕ_L。

踢除孤立孔隙以及被微毛细管所滞留和被岩石颗粒表面所吸附而流体不能在其中流动的那部分孔隙后的孔隙总体积与岩石体积之比。

孤立孔隙和微毛细管孔隙中的油气目前技术无法开采，有实际意义的应是流动孔隙度。目前用饱和煤油法测定的孔隙度地质界一般认为是有效孔隙度。地质文献中提到的孔隙度数据一般也认为是有效孔隙度。用地震参数预测的孔隙度一般应为绝对孔隙度，与地质上数据对比时应有所修正；修正时应注意：$\phi > \phi_e > \phi_L$。

2.1.2.1.3 裂隙率 ϕ_{fr}

岩石中裂隙体积与岩石体积之比。

2.1.2.2 渗透率

2.1.2.2.1 绝对渗透率 k

通常实验室岩样测定的渗透率为绝对渗透率，它的习惯单位为达西 D。1 达西的定义是：使完全饱和于岩样中的黏度为 1 厘泊（cp）的流体，在 1 个大气压的压差（Δp）下，以层流方式，通过截面积为 1cm²，长度为 1cm 的岩样，流量为 1cm³/s，则该岩石的渗透率为 1D=1000mD。通常用毫达西 mD。这是由达西公式得来的，即

$$q = k \frac{A}{\eta} \frac{\Delta p}{L}$$

或

$$k = q \frac{\eta}{A} \frac{L}{\Delta p} \tag{2.10}$$

其量纲为

$$[D] = [cm^3 s^{-1}] [10^{-3} Pa \cdot s \cdot cm^{-2}] [cm \cdot (1.013 \cdot 10^5)^{-1} Pa^{-1}]$$
$$= [1.013^{-1} \cdot 10^{-8} cm^2] = [1.013^{-1} \cdot 10^{-12} m^2] \approx [\mu m^2]$$

因此 1 达西（1D）大致相当 1 平方微米（$1\mu m^2$），后者是常用的 SI 制绝对单位。常用 $1mD=10^{-3}\mu m^2$。

2.1.2.2.2 有效渗透率 k_e

又称相渗透率，是孔隙中油气水两相或三相中各自单一相的渗透率，又称该相有效渗透率，即油、气、水有效渗透率：k_O、k_G、k_W。由于各相渗流时互相干扰，有效渗透率总是小于绝对渗透率，它并随该相流体饱和度的增加而增大。

2.1.2.2.3 相对渗透率

指各相有效渗透率与绝对渗透率之比，实际是无量纲值。当多相流体中某相流体饱和度很小，如低于 20% 时，就不会渗透，这时该相有效渗透率和相对渗透率都为 0。

2.1.2.2.4 动态渗透率 $k(f)$

是指随频率 f 而变的渗透率 $k(f)$。

2.1.2.2.5　克氏渗透率（Klinkenberg Permeability）k_k。

地层经过人为的动力（如钻孔、挖掘等）产生滑脱效应改变了原始渗透率，为此需作滑脱效应校正（一般用氮吸收法，BET），这称作 Klinkenberg 校正，校正后的渗透率叫克氏渗透率，与原始渗透率相近但仍有差别。

2.1.2.3　饱和度 S

直接找油气的直接的和最高的目的实际就是要探测储层中油气水各自的饱和度。油饱和度高达 60% 以上就是好油层，低于 50% 就是差油层；气饱和度高就是气层，气饱和度低于 20% 就是无商业价值的气层；水饱和度高就是水层，是非油气层。地震预测的饱和度是勘探阶段的饱和度，且是绝对饱和度。

2.1.2.3.1　绝对饱和度

油、气、水绝对饱和度为

$$S_O = \frac{V_O}{\phi V_b}$$
$$S_G = \frac{V_G}{\phi V_b} \tag{2.11}$$
$$S_W = \frac{V_W}{\phi V_b} = 1 - (S_O + S_G)$$

式中　S_O、S_G、S_W 分别是油、气、水饱和度，V_O、V_G、V_W 分别是油、气、水在孔隙中所占的体积，V_b 就是背景岩石的体积，ϕ 是绝对孔隙度。油气水饱和度之和是 1。

2.1.2.3.2　有效饱和度 S_e

有开发价值的应是储存在连通的有效孔隙度中的油气水，这就是有效饱和度。只需将（2.11）式中的孔隙度 ϕ 替换成有效孔隙度 ϕ_e 即可。

$$S_{Oe} = \frac{V_O}{\phi_e V_b}$$
$$S_{Ge} = \frac{V_G}{\phi_e V_b} \tag{2.12}$$
$$S_{We} = \frac{V_W}{\phi_e V_b} = 1 - (S_{Oe} + S_{Ge})$$

2.1.2.3.3　剩余油饱和度 S_r

随着开发进程饱和度在变，油气饱和度愈来愈低，水饱和度愈来愈高。在这过程中观测的当时的饱和度就是剩余饱和度。

2.1.2.3.4　残余饱和度 S_i

直至开发末期，当前技术水平下已无法开采，残留的油、气、水饱和度叫残余饱和度：S_{Oi}、S_{Gi}、S_{wi}。随着采收率技术不断提高，残余饱和度也会继续减小。开发地震（四维地震、延时地震）时观测的饱和度就是剩余饱和度或残余饱和度。

2.1.2.4　胶结系数 m

Archie 方程中的胶结系数 [178] 是确定石油储层中水饱和度的中心因子。对于碳酸盐岩这个因子常假定为常数 $m=2$，但在 Archie 方程中用了一个变动量，一个常数胶结因子会对油储中的流体饱和度作出错误的估计。

2.1.2.4.1　Archie 方程和 Winsauer 修正

Archie1942 年就在完全水饱和的沉积岩的地层因子 F 和地层的孔隙度 ϕ 之间建立了一个经验关系，即

$$F = \frac{1}{\phi^m} \qquad (2.13)$$

式中：m 为胶结系数。

而地层因子是完全水饱和岩石的电阻率 R_O 与水电阻率 R_w 之比，即

$$F = \frac{R_O}{R_w} \qquad (2.14)$$

Archie 方程是通过对纯净砂岩的电阻率和孔隙度测量而得到的。他得到的胶结系数 m 在 1.8 ~ 2.0 之间。这个方程只能用于这样的岩石：电流是通过孔隙流体的电解质流动而颗粒是绝缘的。因而 Winsauer 等 1952 对此方程作了下列修正，即

$$F = \frac{a}{\phi^m} \qquad (2.15)$$

式中：a 为对泥岩及其他接触矿物的校正因子。

如果孔隙是部分水饱和，则可得水饱和度的方次为

$$S_w^n = \frac{a}{\phi^m} \frac{R_w}{R_p} \qquad (2.16)$$

式中：n 为水饱和度的指数；R_p 为部分水饱和岩石电阻率。

2.1.2.4.2　胶结系数 m

如果岩石中孔隙是与流体流动方向一致的直的平行的圆柱管，则胶结系数等于 1。可是由于沉积岩包含许多不规则形状的颗粒，减少了通道的有效截面积（饱和的孔隙空间），因而岩石的电阻率增高，胶结系数就大于 1。Borai1978 发表了实验室测定结果，他发现孔隙度高于 15% 时，胶结系数大于 2，孔隙度减至 3% 时胶结系数减至 1.5。Saha 等 1993 发现白云岩孔隙度 3% ~ 29% 之间时胶结系数在 1.48 ~ 2.45 之间。胶结系数随孔隙度的减小而减小。Wyllie 等 1953 发现，同样的孔隙度，地层因子球状颗粒时最低，而盘状、管状和三角形棱柱体颗粒时地层因子都增高。球状与非球状颗粒之间地层因子的差可达 20%。Willie 等 1953 年总结：颗粒形状对地层因子是重要的，并且会影响胶结的程度。Jackson 等 1978 发现胶结系数同样决定于颗粒形状。胶结系数会由球状的 1.2 变至未固结沉积岩的扁平状颗粒的 1.9。颗粒大小和分选性对胶结系数影响较小。

2.1.2.4.3　由比表面积预测胶结系数

用了北海丹麦和挪威段不同井中的 21 个白垩样品，包括两个加勒比海大洋钻井（ODP）的白垩样品。样品选择尽可能有不同的储层性质。没有一个样品有看得见的裂缝。孔隙度是由氦孔隙仪测定，规则样品的密度是由干燥重量和卡尺测定体积得到的。固体相中碳酸盐岩容量由滴定法得到。每个样品的比表面积用氮吸收法（BET-Brunauer Emmett Teller 法）确定。在试管中的样品被氦流冲干，然后加入氮气，最后冷却。一部分氮气被样

品表面吸收，在试管中的压力减小。根据测定的压力和样品重量可得到比表面积。当然还要从各方面反复核算才最后敲定。并测定克氏渗透率。结果如表 2.1 所示[179]。

表 2.1 北海白垩样品数据

地区样品（井）号	深度（m）	孔隙度（%）	克氏渗透率（mD）	干燥密度（g/cm³）	碳酸盐岩含量（%）
V1	3301	27.8	—	1.97	65.7
V2	3279	38.1	—	1.71	63.1
N1	2118	26.2	0.225	1.99	93.3
N2	2159	26.2	0.756	2.01	97.9
N3	2176	26.9	0.681	1.98	97.5
N4	2189	20.9	0.335	2.14	97.9
O1	—	44.4	—	1.52	99.2
O2	11	67.8	—	0.87	56.2
O3	114	64.3	—	0.96	62.2
Q1	3086	14.5	0.0009	2.32	84.5
Q2	3090	15.7	0.007	2.32	70.2
Q3	3093	9.7	0.003	2.44	78.2
Ot	2589	19.0	0.157	2.20	95.0
G1	3913	11.0	0.003	2.38	69.2
G2	3916	6.7	0.012	2.52	74.3
W1	3401	6.3	0.0006	2.56	93.3
W2	3418	7.9	0.0013	2.53	92.7
B1	2856	26.6	0.076	1.98	83.0
B2	2859	24.6	0.025	2.04	78.3
B3	2867	21.9	0.029	2.12	79.2
I1	2898	26.8	0.034	1.98	−84.7
C1	2421	7.3	0.006	2.52	79.1
G4	3918	3.9	0.002	2.60	—

在测定电阻以前用每升盐水中 100g 氯化钠的溶液将样品饱和。高盐浓度是用来减少样品中高导泥质可能有的影响。样品要进一步放到有 11MPa 压力的室内两天以增加它们的饱和度。根据样品的体积以及干燥的和饱和的重量计算饱和度，结果如表 2.2 所示。

表 2.2 北海白垩比表面积等数据

地区样品（井）号	深度 H（m）	比表面积 S_s（m²/g）	水饱和度 S_w	水电阻率 $R_w(\Omega \cdot m)$	部分饱和电阻率 $R_p(\Omega \cdot m)$
V1	3301	6.87	0.95	0.073	1.70 ～ 1.77
V2	3279	6.76	0.94	0.073	0.86 ～ 0.89
N1	2118	1.98	0.98	0.075	1.08 ～ 1.12

地区样品（井）号	深度 H (m)	比表面积 S_s (m²/g)	水饱和度 S_w	水电阻率 $R_w(\Omega \cdot m)$	部分饱和电阻率 $R_p(\Omega \cdot m)$
N2	2159	1.19	0.99	0.073	0.96 ~ 0.98
N3	2176	1.14	0.99	0.072	0.94 ~ 0.97
N4	2189	1.33	0.99	0.075	1.42 ~ 1.45
O1	—	1.88	0.99	0.074	0.36 ~ 0.38
O2	11	23.9	1.00	0.206	0.59 ~ 0.61
O3	114	25.6	1.00	0.206	0.69 ~ 0.71
Q1	3086	3.33	0.94	0.073	5.88 ~ 6.11
Q2	3090	3.82	0.85	0.074	5.31 ~ 5.42
Q3	3093	2.42	0.95	0.073	12.5 ~ 12.7
Ot	2589	1.69	0.99	0.073	1.99 ~ 2.05
G1	3913	2.65	0.96	0.073	15.6 ~ 15.8
G2	3916	3.05	0.91	0.072	26.9 ~ 27.7
W1	3401	2.08	0.87	0.072	32.3 ~ 36.9
W2	3418	2.72	0.92	0.072	16.2 ~ 16.4
B1	2856	3.32	0.98	0.07	1.87 ~ 2.12
B2	2859	4.18	0.97	0.073	1.73 ~ 1.75
B3	2867	3.05	0.97	0.072	2.32 ~ 2.34
I1	2898	4.68	0.98	0.073	1.99 ~ 2.06
C1	2421	2.79	0.85	0.078	14.8 ~ 15.3
G4	3918	–	0.85	0.074	29.9 ~ 30.4

　　测定电阻率时孔隙压力在大气压力下保持常数。在北海白垩这种低渗透率沉积岩中，孔隙空间很难完全水饱和，因为在饱和后空气泡还停留在孔隙网络中。公式（2.13）只适应完全水饱和状态，因此胶结系数的计算还要另觅途径。一条路是统计空气泡将之作为固体相的一部分。气泡和白垩的固体部分都被电绝缘。在这种情况下，白垩样品没有完全被水饱和，计算所得地层因子只是被饱和的孔隙空间的地层因子。假定（2.16）式中 $m=n$，则可由下式求得 m，即

$$F = \frac{1}{(S_w\phi)^m} \qquad (2.17)$$

　　确定 m 的另一条路是假定（2.16）式中 n 是常数，当不完全饱和即 S_w 不等于1时根据假定的 n 值计算 m。通常，对于碳酸盐岩 $n=2$，为保险起见，可假定 n 为 1.8 ~ 2.6。这是因为样品饱和是吸入的结果，在这种情况下，白垩的 n 至少要高于 2.4。用 n 为 1.8 ~ 2.6 计算 m 的最高和最低值。最后根据样品和孔隙水的电阻率得到校正因子 a。这个 a 值是在 $m=n$ 时得到的。对于清洁白垩样品，$m=2$，则用 $m=n=2$ 计算校正因子 a。

2.1.2.4.4　由孔隙度和渗透率预测胶结系数

由（2.8）式的 Kozeny 方程可知比表面积 S_s 与孔隙度 ϕ 和渗透率 k 密切相关，而由图 2.7c（V、N 等区域名同表 2.1 和表 2.2）可知胶结系数（水饱和度指数 n=1.8～2.6）m 与比表面积有下列经验关系，即

$$m=0.041S_s+1.88,\ R^2=0.72 \tag{2.18}$$

因此由孔隙度和渗透率通过 Kozeny 方程得到 S_s，再由 S_s 通过上述经验公式可以得到胶结系数 m。由于拟合度不高（R^2 只 0.72），预测 m 精度是不高的。孔隙度和渗透率则由实验室测定。孔隙度和渗透率也可单独与胶结系数交会，得到图 2.7a 和 b，点子比较分散，形不成经验公式。因此由孔隙度或渗透率单独求得胶结系数是不行的。为了了解砂岩，也做了砂岩与白垩的 m–S_s 图（图 2.6）。白垩的有效比表面积 S_{se} 大于 1m²/cm³，而砂岩的有效比表面积小于 1m²/cm³，图上可以清楚地看到两个区间，但它们的趋势是一致的，因而可以拟合成一条直线。由于横向区间过长，用了对数坐标。拟合公式为

$$m=0.09\ln S_{se}+1.97,\ R^2=0.65 \tag{2.19}$$

两条平行细线划定了可信区间。拟合质量比单独白垩的略差。砂岩与白垩的趋势一致，说明有效比表面积是控制胶结系数的主要参数。将（2.8）式的 S 代入可得

$$m = 0.09\ln\sqrt{\frac{c\phi^3}{k}}+1.97 \tag{2.20}$$

式中：k 是实测的，单位 μm²=10⁻¹²m²。可信度区间为 1%。砂岩和白垩比表面积都是围绕 1m²/cm³，胶结系数相当 2。而碳酸盐岩胶结系数接近 2。当比表面积显著地偏离 1 时，胶结系数也就偏离 2。要改进由比表面积预测胶结系数可以考虑定义一个各向异性胶结系数，因为比表面积是由孔隙度和各向异性渗透率计算得来的。很有意思的是沉积岩的电导率也是各向异性的。

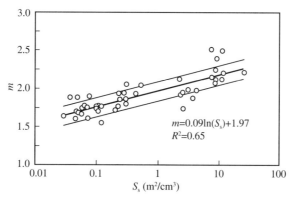

图 2.6　砂岩和白垩胶结系数与比表面积的关系

2.2　物理基础——损耗机制 [10]

地层有怎样的物理性质？这个问题对地震勘探，特别是对我们所讨论的的双相介质问题十分重要。波在完全弹性介质中应变 e 和应力 σ 成正比，比例系数 M 就是弹性模量，这就是虎克定律；但地层不是完全弹性体，它也不是纯粹的黏滞体（牛顿体）。黏滞体应力

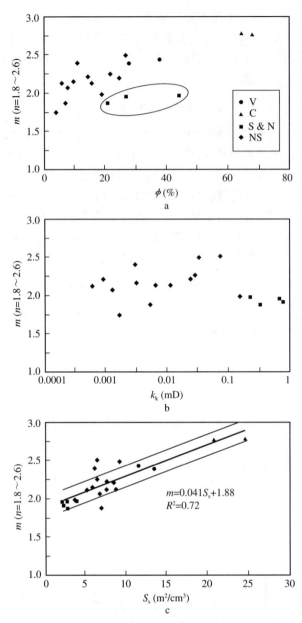

图 2.7 白垩胶结系数与比表面积关系
纵轴—胶结系数
圆点—V 区 三角—加勒比海（c） 方块—S&N 区
菱形—北海水域（NS） 两细线—可信区间
a. $m-\phi$；b. $m-k_k$；c. $m-S$

与应变率 $\partial e/\partial t$ 成正比，比例系数就是黏滞系数 η，这就是牛顿黏滞性定律；地层是黏弹性体（Kelvin 体或 Voigt 体），它的应力一部分与应变成正比，一部分与应变率成正比，随着时间的增长，后一部分逐渐消失，成为完全弹性体，所以黏弹性体是以弹性为主；地层也可能是弹滞性体（Maxwell 体），它的一部分是弹性应变，一部分是黏滞性应变，随着时间增加后一部分逐渐占主导地位，地层显出黏滞性质，因此弹滞性体以黏滞性为主。地层到底是弹性为主还是黏滞性为主由它的岩石性质决定。岩石致密坚硬可能弹性为主，是

Kelvin 体；岩石疏松绵软可能是黏滞性为主，是 Maxwell 体。而地层在广度（地域—空间）和深度（年代—时间）上会是两者交替的产物，因而一个波在传播的过程中应力与应变会一会儿呈线性一会儿呈非线性，纷繁复杂地运行。不管是黏弹性体还是弹滞性体都会表现出它的黏滞性质，从而应力与应变周期出现相位差，出现弹性蠕变和弹性后效，即产生弛豫现象。因为是由内部质点运动到平复的过程中产生的现象，所以又称作内摩擦，这就使波的能量损耗，这是内摩擦机制的损耗。不管是孔隙介质还是非孔隙介质都有这种损耗。这种损耗是在波长尺度内发生的，可说是大尺度损耗。但孔隙介质－双相介质还有更多的损耗。一种是裂缝发生的损耗，它是中等尺度的损耗，主要形式是波散，是散射机制；在中等尺度损耗中也有非孔隙介质的损耗，是砂泥岩夹层、疏松团块、包裹体、补丁等不均匀体产生的损耗。一种是孔隙流体发生的损耗，是孔隙内黏滞性流体受波激发被推动向前流动与孔隙固体壁发生摩擦使能量损耗，这一现象被 Biot 研究发现，因而称 Biot 现象，是 Biot 机制。虽然是在岩石孔隙中产生的，但是它力的均衡是在一个波长的范围内发生的，所以还是波长尺度即大尺度损耗。后来发现用 Biot 理论预测的损耗比实验测得的损耗要小得多，因而又发现了喷流机制（squirt flew），即孔隙周围的孔径、孔喉、裂缝中的流体受到波的激发后在基本与孔隙流体流动方向，即波前进方向垂直的方向喷射，产生能量损耗，力的均衡发生在孔隙范围内，因而是微尺度上的损耗。还有一种损耗一般比较微弱可以忽略，特殊情况下也会起作用，如热损耗。在波传播过程中，质点密集部分温度略高于质点松散部分，因而产生热流，能量损耗。还有一些损耗是特殊地质体产生的。已发现有一种损耗叫泄漏（Leaky）损耗，是高速层状介质如气水合物产生的，是折射和波导引起的损耗。最近几年又发现慢纵波弥散引起的 P 波显著损耗，它是慢波波长尺度上的损耗，由于叙说它需要 white 理论等许多工具，我们放在本章最后叙述。弹滞性体、黏弹性体等的损耗现象放到第三章中叙述[10]。

2.2.1 大尺度—波长尺度（$10^{-2} \sim 10^3$m）—弛豫现象—内摩擦机制[3, 11, 12]

2.2.1.1 一般概念

这是孔隙和非孔隙介质都有的损耗。

黏弹性体和弹滞性体都是非完全弹性体，应力与应变关系为非线性。当波对岩石施加应力 σ 后会立即产生一个应变 e_1，如图 2.8 所示，而后随着时间应变缓慢增长得 e_2，总应变就是 $e=e_1+e_2$。这后一部分 e_2 称作弹性蠕变。当应力撤去后应变陡然趋小，然后缓慢消失。这缓慢消失部分称作弹性后效。弹性蠕变和弹性后效就是弛豫现象，从扰动到回复所占时间就是弛豫时间 τ。在周期性波应力作用下，周期性应变有一个滞后，即两个波之间有相位差 θ，应变滞后 θ 角，如图 2.9 所示。这两个波的极化轨迹[13]是一个椭圆，如图 2.10 所示。椭圆的面积与能量损耗的大小成正比。这种损耗是由于物体内部回复平衡态所产生的，因而又称内摩擦。对于完全弹性体，没有弛豫现象，应力与应变没有相位差，极化轨迹是一直线，所包面积为零，能量没有损耗。

2.2.1.1.1 损耗的各种表示

非完全弹性体的能量损耗，决定于极化椭圆的面积亦即应力与应变的相位差角：

如一个周期的能量为 E，耗损了 ΔE，则损耗为

$$Q^{-1} = \frac{1}{2\pi} \frac{\Delta E}{E}$$

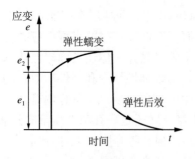

图 2.8　弛豫现象
纵轴—应变；横轴—时间

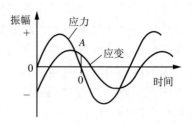

图 2.9　应力与应变的相位差
纵轴—振幅；横轴—时间

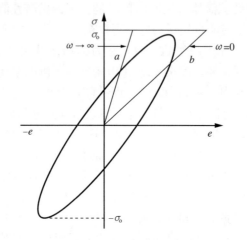

图 2.10　应力应变极化图
纵轴—应力；σ 横轴—应变 e；
a—$\omega \to \infty$，椭圆退化成直线 a；b—$\omega \to 0$，椭圆退化成直线 b；
σ_0—初始应力

还可以有多种方法定义损耗。用强共振法可测得频宽 Δf 与共振频率 f_r 的比表示损耗，即

$$Q^{-1} = \frac{\Delta f}{f_r}$$

用振幅比法（自由振动衰减法）可测得对数衰减 δ，即

$$\delta = \frac{1}{n} \ln \left(\frac{A_1}{A_n} \right) \tag{2.21}$$

而损耗就是

$$Q^{-1} = \frac{\delta}{\pi}$$

用超声行波衰减法可得吸收系数 α、波长 λ 与损耗的关系，即

$$Q^{-1} = \frac{\alpha \lambda}{\pi} = \frac{\alpha v}{\pi f}$$

完全弹性介质应力 σ 与应变 e 呈线性，一维时，有

$$\sigma = Me \tag{2.22}$$

式中：M 为弹性模量，也就是纵波模量，拉伸时等于杨氏模量 E，压缩时等于体积模量 K；剪切时等于切变模量 G（或 μ），也就是横波模量。而对于黏弹滞性此式也适用，只是弹性模量 M 成为复数，即

$$\widetilde{M} = M_R + iM_I \tag{2.23}$$

式中：M_R 是实模量；M_I 是虚模量。实模量代表总能量，虚模量就代表黏滞性耗损能量。虚模量与实模量之比就是损耗，即

$$Q^{-1} = \frac{M_I}{M_R}$$

综上所述可将损耗写作 [8]

$$Q^{-1} = \frac{M_I}{M_R} = \tan\theta = \frac{1}{2\pi}\frac{\Delta E}{E} = \frac{\Delta f}{f_r} = \frac{\delta}{\pi} = \frac{\alpha\lambda}{\pi} = \frac{\alpha v}{\pi f} \tag{2.24}$$

2.2.1.1.2　弛豫理论 [14]

甄纳（C.Zener）的弛豫理论适合实际的地球介质，也就是黏弹滞性介质。注意它不是弹滞性体，也不是黏弹性体，而是黏弹滞性体；这三者构成了全部黏滞的又是弹性的地质体。甄纳模型就是标准的线性固体模型（standard linear solid−SLS model）。它的损耗为

$$Q^{-1} = \varDelta_M \frac{\omega\tau}{1+(\omega\tau)^2} \tag{2.25}$$

式中：$\varDelta_M$ 为模量亏损，亦即弛豫强度，即

$$\varDelta_M = \frac{M_U - M_C}{M_C} \tag{2.26}$$

式中：M_U 为未弛豫模量；M_C 为弛豫模量。由 (2.25) 式可见损耗是频率和弛豫时间的函数。当 $\omega\tau \ll 1$ 而趋于零和 $\omega\tau \gg 1$ 而趋于无穷大时损耗都趋于零，当弛豫时间与振动周期相等时，即 $\omega\tau = 1$ 时，损耗 $Q^{-1}{}_m = \varDelta_M/2$ 为最大。可绘如图 2.11。由图可知损耗是一个对称钟形曲线。当 $\omega\tau \ll 1$ 时振动极其缓慢达不到弛豫过程，当 $\omega\tau \gg 1$ 时振动过于快速，来不及产生弛豫过程，因而两者的损耗都等于零。

当 $\omega\tau \gg 1$ 时动态弹性模量是未弛豫模量 M_U，当 $\omega\tau \ll 1$ 时动态弹性模量是完成了弛豫后的模量即弛豫模量 M_C。

在一定温度条件下弛豫时间 τ 是一个常数，图 2.11 的横轴 $\omega\tau$ 可转换为频率 f。但 τ 会受温度的强烈影响。图 2.12 是温度影响的例子。用不同频率 $f_1 > f_2$ 测定损耗随温度的变化时，曲线形态不变，频率低的 f_2 曲线往高温方向移动了。

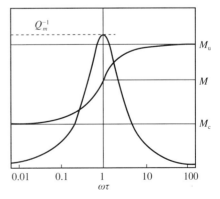

图 2.11　损耗和弹性模量随频率和时间而变
$Q^{-1}{}_m$—损耗峰值；M—动态弹性模量；
M_U—未弛豫模量；M_C—弛豫模量

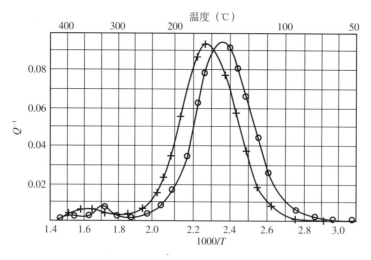

图 2.12　弛豫时间受温度的影响

左曲线—频率 f_2；右曲线—频率 f_1；T—绝对温度

2.2.1.2　岩石的弛豫现象 [12]

Navajo 砂岩是一种纯净的石英砂岩，由硅胶结，略带伊利石痕迹，泥质矿物很少但未完全消除。由图 2.13 可见：它的杨氏模量 E，干燥时不随频率而变（图中横线 E_d=31.4±0.2GPa）；饱和蒸馏水后既随频率而变（有显著的频散现象，或有模量亏损）又受温度影响：温度高时模量低；但不同温度的低频模量 E_L 与高频模量 E_H 趋于一致。它有显著的模量损耗 Q_E^{-1}，损耗曲线也随温度而变。这种岩石在真空干燥状态时损耗几乎不随

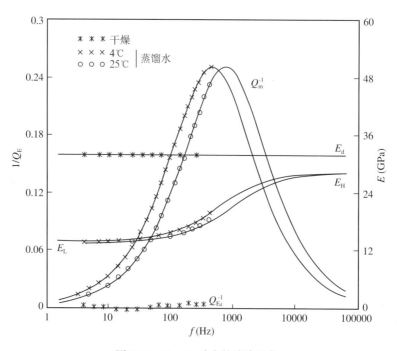

图 2.13　Navajo 砂岩的弛豫现象

横轴—频率；纵轴—杨氏模量损耗（左），杨氏模量（右）；

E_L—弛豫杨氏模量；E_H—未弛豫杨氏模量；E_d—干燥岩石杨氏模量

频率而变，并且接近于零，亦即品质因数 Q 极大且接近常数，因此干燥的 Navajo 砂岩没有弛豫现象。但用蒸溜水饱和后情况就大变，出现了典型的弛豫现象：损耗随频率而变，频率极小时损耗近于零，预计频率极大时损耗也接近零；在频率等于几百到 1kHz 时损耗有峰值，而这个峰值随温度而变。作了两种温度的曲线，一种是 4℃，一种是 25℃。温度高时峰值偏于较高频率。

当孔隙中饱和有不同的流体时弛豫特征就显著不同。如图 2.14 所示：癸烷饱和的砂岩损耗峰值高于干燥岩石，酒精饱和的又更高于癸烷，而蒸馏水饱和的损耗最高。模量亏损也是蒸馏水大于酒精，酒精大于癸烷，癸烷大于干燥岩石，干燥岩石没有亏损。

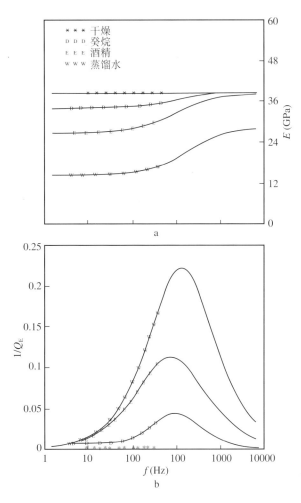

图 2.14　不同流体饱和时的弛豫现象
a—杨氏模量频散现象；b—损耗弛豫现象；
星号—干燥；D 号—癸烷；E 号—酒精；W 号—蒸馏水

如图 2.15 所示，当砂岩饱和水时损耗高；而当只是被水浸润时，损耗减小，弛豫分布时间拉宽（圈线）。

石灰岩也有类似情况，如图 2.16 所示：杨氏模量饱 25℃ 水时低于饱 2℃ 水的灰岩，又低于干燥灰岩；干燥灰岩杨氏模量损耗在零值上下起伏，饱 25℃ 水的灰岩比饱 2℃ 水的灰岩损耗峰值高，峰值频率也高。

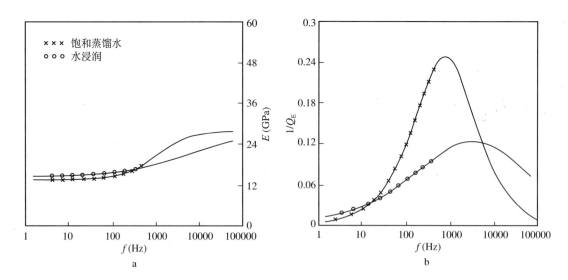

图 2.15　不饱和水时砂岩的弛豫现象
a—杨氏模量频散现象；b—损耗弛豫现象
叉号—饱和蒸馏水；圈号—水浸润

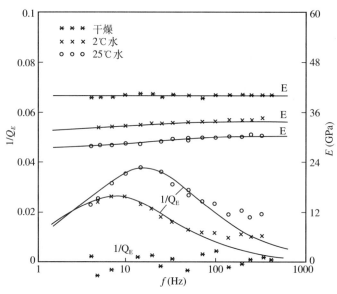

图 2.16　不同温度、水饱和时灰岩的弛豫现象
横轴—频率；纵轴—杨氏模量（右）和损耗（左）；
星号—干燥；叉号—2℃水；圈号—25℃水

总之实验室测定结果流体饱和岩石的弛豫特征如下：

（1）它们有慢（0.5 ~ 100ms）而窄的弛豫分布时间；

（2）弛豫是由热激活的，激活能较低（16 ~ 22kJ/mol）；弛豫特征受温度影响较大；

（3）水饱和时模量亏损变大；

（4）少量水也如同饱和水一样能减少岩石刚性，但弛豫时间变短，频段变宽。

2.2.2　大尺度—波长尺度（10^{-2} ~ 10^3m）—波导现象—泄漏机制[15]

这不是一种普遍的而是特殊的损耗机制，是在特种地质条件下形成的。如有高速层在上下低速层包围中，波在此高速层上产生首波折射，在层内产生高速导波，形成损耗。这里有一个例子。在低温和高孔隙压力下形成的气水合物地层，气以甲烷为主，与上下层位有显著的物性差。一般而言速度和吸收是负相关，速度高则吸收低，但气水合物沉积有很高的速度却有很强的吸收。这种强吸收通常认为只是散射损失和本证吸收，实际是一种泄漏机制产生的。地震 P 波随时敲击气水合物层边界，一部分能量透射进入气水合物层，另一部分能量转换成纵波或横波能量辐射进入周围低速层或沿着层边界传播。图 2.17 就是井中的两个层析成像，左边的是速度成像，右边的是吸收成像，在 900 ~ 1100m 深度范围内有一气水合物高速高吸收层。图 2.18 是一个物理模型的快照，快照中间是水合物高速层，在层内置有炮点（星号）和 7 个接收点（三角）R_1 ~ R_7。

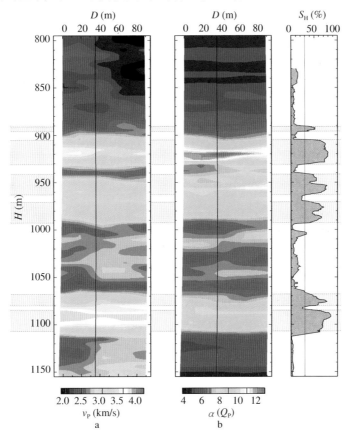

图 2.17　气水合物井中层析
a—速度成像；b—吸收成像；
红色—气水合物饱和度大于 30%；
D—距离；S_H—氢饱和度

高速层 P 波速度 3700m/s，其上下都为低速层，速度 2400m/s。快照时间分别为 0.03s，0.04s，0.05s，0.06s。可见高速层的波导把波前面往波前进的方向拉。各个接收点会接收到不同振幅的波，按照下列公式就可计算波的损耗 Q^{-1}，即

$$A(x) = A_0 \exp\left(\frac{-\omega_0 x}{2v} Q^{-1}\right) \tag{2.27}$$

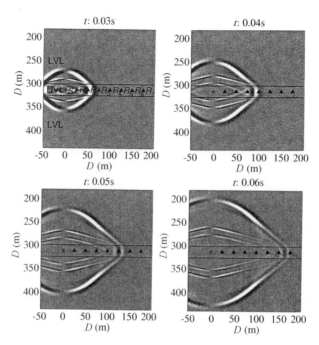

图 2.18　气水合物层波导快照

星号—炮点；三角—接收点；

D—距离；t—时间

设计了两个系列的模型，如下所示：

系列 I　改变高速层厚度：25—37—50m；

　　　　低速层参数不变：厚度 300m，P 波速 2400m/s，S 波速 950m/s，密度 2200kg/m³；

　　　　高速层不变参数：P 波速 3700m/s，S 波速 1500m/s，密度 2200kg/m³。

系列 II　改变高速层 P 波速：3700—3300—2900—2700—2500m/s，

　　　　及 S 波速：1500—1330—1160—1080—990m/s；

　　　　低速层参数不变：厚度 300m，P 波速 2400m/s，S 波速 950m/s，密度 2200kg/m³。

　　　　高速层不变参数：厚度 25m，密度 2200kg/m³。

　　由此得到图 2.19。图 a 是改变厚度 h 的系列 I，可见厚度愈薄泄漏愈多，损耗愈大，振幅愈小。气水合物厚 25m 时（三角线）损耗大达 0.143，加厚至 37 ～ 50m（菱形和圆形）时损耗减小至 0.053 和 0.018。图 b 是改变速度 v 的系列 II，可见速度愈大泄漏愈大，损耗愈大。3700m/s 时损耗为 0.143，速度以次减少至 3300—2900—2700—2500m/s 时损耗也以次降为 0.125—0.071—0.053—0.026。从地震记录也可看出（图 2.20），两个有完全相同震源信号的记录道，一个产生自高速（速度 3700m/s）半空间，图中的实线；一个产生自高速薄层（25m 厚的 3700m/s 薄层夹于 2400m/s 低速层中），图中虚线。高速薄层的地震道振幅显著低于半空间的道，泄漏损耗十分明显。

2.2.3　大尺度—波长尺度（10^{-2} ～ 10^{3}m）—拖拽现象—Biot 机制 [1, 2]

　　Biot 在 1955 年就研究了孔隙岩石的波传播理论 [1]，就是孔隙弹性理论；研究了孔隙流体与基质固体相对运动和流—固集合体的波动规律，研究了孔隙介质—双相介质的能量损耗机制，发现了流—固耦合的一系列弹性和黏滞性参数，以及极其重要的慢纵波现象。因此 Biot 理论成为研究双相介质波动理论的经典文献。但他也只是研究了孔隙弹性的

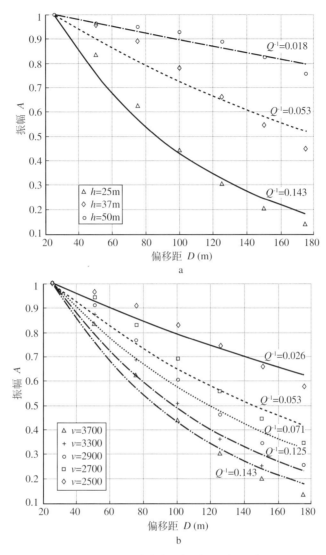

图 2.19　模型试验损耗（泄漏）曲线
a—改变厚度（h）的系列Ⅰ；b—改变速度（v）的系列Ⅱ；
横轴—偏移距；纵轴—振幅；参数—损耗

一部分现象，后来的喷流理论，White 的慢波弥散理论和 Sahay 的慢横波理论[174] 等又将它扩展了。并且他的理论是建立在一系列假设基础上的：是固体—流体双相介质，固体骨架为均匀各向同性线性黏弹滞性体，孔隙为可压缩的黏滞流体所饱和，孔隙流体是泊肖流（Poiscuille flew），孔隙壁光滑不透水，孔隙大小较均匀，频率小于特征频率 f_c，忽略热弹性效应，忽略散射和衍射等。

2.2.3.1　Biot 理论的一般概念

2.2.3.1.1　损耗机制—泊肖流

流体饱和的孔隙介质受波激发后孔隙流体有所反应，当波的频率低于某一值如 f_p 时，流体被拖拽成泊肖流，也即成平层状黏滞流，与固体间成相对运动，能量损耗；两者互相影响，耦合成固–流集合体，产生一系列新的弹性参数和黏滞性参数。当波长的 1/4 相当于孔隙平均直径 d 时，泊肖流频率上限为

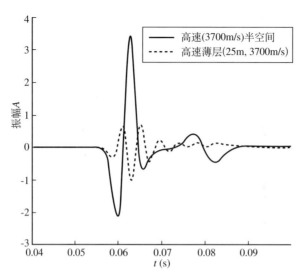

图 2.20　两个地震记录道

实线—高速（3700m/s）半空间；

虚线—高速薄层（25m，3700m/s）；纵轴—振幅

$$f_\mathrm{p} = \pi v / 4 d^2 \tag{2.28}$$

$$v = \eta_\mathrm{f} / \rho_\mathrm{f} \tag{2.29}$$

式中：v 是动态黏滞系数；η_f 为黏滞系数；ρ_f 为流体密度；d 为孔隙平均直径。也就是说当频率低于 f_p 时就产生泊肖流。Biot 做了一个试验，发现水温 15℃，$d=10^{-2}$cm 时，$f_\mathrm{p}=100$Hz；$d=10^{-3}$cm 时，$f_\mathrm{p}=10^4$Hz。也就是说孔隙直径愈小，产生泊肖流的频率上限愈大。流体的黏滞系数愈大，密度愈小，频率上限也愈大。可以说在地震勘探有效频率范围内（小于 100 ～ 200Hz）。总会产生泊肖流，Biot 理论的前提一般总是存在。

2.2.3.1.2　四个基本的孔隙弹性参数

由于流体参与固体的运动，两者耦合产生 4 个弹性参数：A，N，R，Q。A，N 是纯弹性参数；R，Q 是与黏滞性有关的弹性参数。A 就是拉姆系数 λ，N 就是切变模量 μ。R 则是促使某些体积的流体进入集合体而总体积保持不变时所需压力的量度，为了方便可简称之为压力模量。它也必须是正号。Q 则是固体体积改变与流体体积改变两者之间耦合的性质，也就是使流体压力等于零时所指明的数值，为了方便可简称为体积耦合模量。

2.2.3.1.3　固—流耦合质量

波动产生的固—流集合体中的动能由三部分组成，一部分是固体的，一部分是流体的，一部分是固流耦合的。我们知道动能 $E=mv^2/2$，v 是速度，m 是质量，三部分动能就有三种质量，就是固体的质量，流体的质量和固流耦合的质量。实际上产生固体动能的质量应是固体的有效质量，也就是固体质量要加上由于液体的影响而附加的质量。同样流体的有效质量是流体质量加上固体给流体的附加质量。由于研究是从单位体积开始的，质量可以用密度代表。因此我们可以有流固集合体的总质量为固体质量 ρ_1 加上流体质量 ρ_2，即

$$\rho = \rho_1 + \rho_2 \tag{2.30}$$

而固体和流体的有效质量分别是 ρ_{11} 和 ρ_{22}，即

$$\rho_{11}=\rho_1+\rho_a$$

$$\rho_{22}=\rho_2+\rho_a \tag{2.31}$$

式中：ρ_a 就是附加质量。因而有

$$\rho=\rho_{11}+\rho_{22}-2\rho_a=\rho_{11}+2\rho_{12}+\rho_{22} \tag{2.32}$$

由此有

$$\rho_{12}=-\rho_a<0 \tag{2.33}$$

这个 ρ_{12} 就代表固体和流体的耦合质量，附加质量是它的负数。

如果考虑孔隙度，流固集合体的总质量为

$$\rho=(1-\phi)\rho_1+\phi\rho_2=(1-\phi)\rho_s+\phi\rho_f \tag{2.34}$$

式中：ρ_s 和 ρ_f 就分别是固体质量和流体质量 ρ_1，ρ_2。

2.2.3.1.4　黏滞项系数 b

纯弹性的应力应变动态方程加上一个黏滞项

$$b\frac{\partial}{\partial t}(u-U) \tag{2.35}$$

就成为双相介质的动态方程。其中黏滞项系数 b 为

$$b=\eta_f\phi^2/k \tag{2.36}$$

式中：η_f 为流体黏滞系数；ϕ 为孔隙度；k 为渗透率。

2.2.3.1.5　参考速度 v_c

$$v_c^2=H/\rho \tag{2.37}$$

式中

$$H=P+R+2Q \tag{2.38}$$

是综合孔隙弹性模量。

其中

$$P=A+2N=\lambda+2\mu \tag{2.39}$$

式中：P 是纵波模量；R 是压力模量；Q 是体积耦合模量。

一并应用（2.32）和（2.38）式，（2.37）式可以写成

$$v_c=\sqrt{\frac{(\lambda+2\mu)+2Q+R}{\rho_{11}+2\rho_{12}+\rho_{22}}}=\sqrt{\frac{H}{\rho}} \tag{2.40}$$

可见参考速度是以综合孔隙弹性系数 H 为模量的速度。对于非孔隙弹性 $R=Q=0$，它就退化为 $v^2=P/\rho=(\lambda+2\mu)/\rho$，我们熟知的 P 波速度。这一参考速度就可用来衡量孔隙弹性速度偏离 P 波速度的程度。

2.2.3.1.6　耗散介质快慢纵波速度 v_{I}、v_{II}

对于纯弹性波，参考速度 v_c 与快慢纵波速度 v_1、v_2 之比可以分别写成

$$v_1^2/v_c^2=1/z_1$$

$$v_2^2/v_c^2=1/z_2 \tag{2.41}$$

式中：z_1 和 z_2 是下列方程的解，即

$$(\sigma_{11}\sigma_{22}-\sigma_{12}{}^2)z^2-(\sigma_{11}\sigma_{22}+\sigma_{22}\gamma_{11}-2\sigma_{12}\gamma_{12})z+(\gamma_{11}\gamma_{22}-\gamma_{12}{}^2)=0 \tag{2.42}$$

这是没有考虑耗散时的情况，也就是 $b=0$ 时的情况。有耗散时，Biot 给出了一个近似式，快慢纵波及横波速度各为 v_I、v_{II}、v_r：

$$\frac{v_1}{v_c}=1-\frac{1}{2}\left(\frac{f}{f_c}\right)^2\frac{(\sigma_{11}\sigma_{22}-\sigma_{12})^2}{(\gamma_{12}+\gamma_{22})^2}\zeta_1\zeta_2\left(\zeta_1+\zeta_2+\frac{1}{2}\zeta_1\zeta_2\right) \tag{2.43}$$

$$\frac{v_{II}}{v_c}=\left(2\frac{f}{f_c}\frac{(\sigma_{11}\sigma_{22}-\sigma_{12}{}^2)}{(\gamma_{12}+\gamma_{22})}\right)^{\frac{1}{2}} \tag{2.44}$$

式中 $$\zeta_1=z_1-1,\quad \zeta_2=z_2-1 \tag{2.45}$$

而对于横波有

$$\frac{v_r}{v_S}=1+\frac{1}{8}\left[4\gamma_{22}-(\gamma_{12}+\gamma_{22})^2\right]\left(\frac{f}{f_c}\right)^2 \tag{2.46}$$

式中：v_r 是流固有相对运动时的横波相速度。$v_S=(N/\rho)^{1/2}$ 是流固之间没有相对运动情况下或完全弹性时的横波速度。

2.2.3.1.7　模量与质量的无量纲参数

定义：

$$\sigma_{11}=\frac{P}{H},\ \sigma_{22}=\frac{R}{H},\ \sigma_{12}=\frac{Q}{H}$$

$$\gamma_{11}=\frac{\rho_{11}}{\rho},\ \gamma_{22}=\frac{\rho_{22}}{\rho},\ \gamma_{12}=\frac{\rho_{12}}{\rho} \tag{2.47}$$

式中：σ_{ij} 定义各种孔隙弹性模量在综合孔隙弹性模量中所占分量，σ_{11}、σ_{22}、、σ_{12} 分别是纵波模量、压力模量和体积耦合模量所占比例。γ_{ij} 定义各种质量在流固集合体总质量中所占比例。γ_{11}，γ_{22}，γ_{12} 分别是固相有效质量、流相有效质量和流固耦合质量所占比例。

$$\sigma_{11}+\sigma_{22}+\sigma_{12}=\frac{P+R+2Q}{H}=1$$

$$\gamma_{11}+\gamma_{22}+2\gamma_{12}=\frac{\rho_{11}+\rho_{22}+2\rho_{12}}{\rho}=1 \tag{2.48}$$

可见两者都有归一性。

2.2.3.1.8　特征频率 f_c

定义一个特征频率

$$f_c=\frac{b}{2\pi\rho_2}=\frac{\eta\phi}{2\pi\rho_f k} \tag{2.49}$$

可以将它作为频率的量度。则泊肖流的频率上限相对于特征频率为

$$\frac{f_{\mathrm{p}}}{f_{\mathrm{c}}} = \frac{\pi \eta}{4d^2 \rho_{\mathrm{f}}} \bigg/ \frac{b}{2\pi \rho_{\mathrm{f}}} = \frac{\pi^2 \eta}{2d^2 b} \tag{2.50}$$

如果我们引入这样的假设：孔隙如同直径为 d 的圆柱一样，则我们可置：

$$b = 32\eta/d^2 \tag{2.51}$$

上式变成

$$\frac{f_{\mathrm{p}}}{f_{\mathrm{c}}} = \frac{\pi^2 \eta}{2d^2} \frac{d^2}{32\eta} = \frac{\pi^2}{64} = 0.154 \approx 0.15 \tag{2.52}$$

则频率上限的相对值可用 0.15，也就是说 $0.15f_{\mathrm{c}}$ 是泊肖流频率上限，是 Biot 机制适用范围。

如用参考文献 [8] 表 9.1 中（5）油层的例子，则 $\eta = 4.67\ \mathrm{Pa \cdot s}$，$\phi = 0.117$，$\rho_{\mathrm{f}} = 0.81\mathrm{g/cm^3}$，$k = 0.1\mu m^2$ 则 $f_{\mathrm{c}} = 86$，960，$537\mathrm{Hz} = 0.8696\mathrm{GHz}$，$f_{\mathrm{p}} = 13.39\mathrm{kHz}$。

2.2.3.1.9　特征距离 L_{r} 与参考长度 L_{r}

Biot 的特征距离，实际上是一种特征波长，即

$$L_{\mathrm{c}} = \frac{v_c}{2\pi f_{\mathrm{c}}} = \lambda_{\mathrm{c}} \tag{2.53}$$

式中：参考速度 $v_{\mathrm{c}} = (H/\rho)^{1/2}$；$H$ 为综合孔隙弹性系数，ρ 为固流集合体密度。这是假定固体与流体没有相对运动，因而 $e = \varepsilon$（固体与流体应变相同）时的速度。f_{c} 为特征频率。特征距离就相当于固流没有相对运动时的圆波长，可以称作特征波长，可以作为有固流相对运动时，也就是孔隙流体成为泊肖流时圆波长的量度，可用于度量纵波的吸收。

他的参考长度实际上是一种特征横波长，即

$$L_{\mathrm{r}} = \frac{v_{\mathrm{s}}}{2\pi f_{\mathrm{c}}} = \lambda_{\mathrm{cs}} \tag{2.54}$$

式中：参考速度 $v_{\mathrm{S}} = (N/\rho)^{1/2} = (\mu/\rho)^{1/2}$，这是流固之间没有相对运动情况下旋转波的速度或完全弹性时的横波速度。参考长度 L_{r} 相当于与横波有关的一种圆波长量度，可称之为特征横波长，可用于度量横波的吸收。

2.2.3.1.10　无量纲吸收系数

Biot 给出了一个快慢纵波和横波的无量纲吸收系数的近似式，即

$$\frac{L_{\mathrm{c}}}{x_{\mathrm{I}}} = \frac{1}{2}\left|\zeta_1 \zeta_2\right| \frac{\sigma_{11}\sigma_{22} - \sigma_{12}^{2}}{\gamma_{12} + \gamma_{22}} \left(\frac{f}{f_{\mathrm{c}}}\right)^2 \tag{2.55}$$

$$\frac{L_{\mathrm{c}}}{x_{\mathrm{II}}} = \left(\frac{1}{2}\frac{f}{f_{\mathrm{c}}}\frac{(\gamma_{12} + \gamma_{22})}{(\sigma_{11}\sigma_{22} - \sigma_{12}^{2})}\right)^{\frac{1}{2}} \tag{2.56}$$

$$\frac{L_r}{x_a} = \frac{1}{2}(\gamma_{12} + \gamma_{22})\left(\frac{f}{f_c}\right)^2 \tag{2.57}$$

2.2.3.2 波散与吸收

当流体被拖拽成泊肖流，也即成平层状黏滞流，与固体间形成相对运动时，能量损耗，产生波散与吸收。三类波（快慢纵波及横波）的相速度和振幅随频率而变。Biot 对表 2.3 中的 6 种介质情况计算了三种波的波散和吸收，它们列于图 2.21 至图 2.26。

表 2.3 六种不同介质的参数

类型	σ_{11}	σ_{22}	σ_{12}	γ_{11}	γ_{22}	γ_{12}	z_1	z_2
1	0.610	0.305	0.043	0.500	0.500	0	0.812	1.674
2	0.610	0.305	0.043	0.666	0.333	0	0.984	1.203
3	0.610	0.305	0.043	0.800	0.200	0	0.650	1.339
4	0.610	0.305	0.043	0.650	0.650	−0.150	0.909	2.394
5	0.500	0.500	0	0.500	0.500	0	1.000	1.000
6	0.740	0.185	0.037	0.500	0.500	0	0.672	2.736

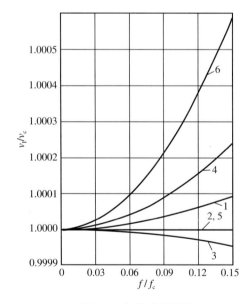

图 2.21 快纵波相速度

纵轴—相对于参考速度 v_c 的相速度 v_1；
横轴—相对于特征频率 f_c 的频率 f；曲线数字
对应于表 2.3 的介质类型，图 2.22 至图 2.26 相同

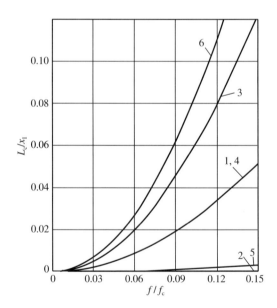

图 2.22 快纵波的吸收系数

纵轴—无量纲吸收系数；横轴—相对于特征频率 f_c 的频率 f

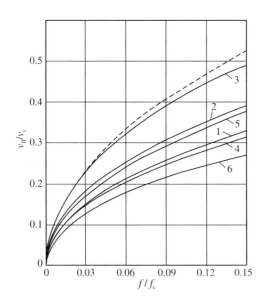

图 2.23 慢纵波相速度

纵轴—相对于参考速度 v_c 的相速度 v_{II}；

横轴—相对于特征频率 f_c 的频率 f

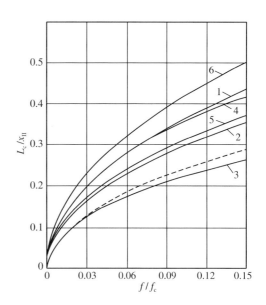

图 2.24 慢纵波的吸收系数

纵轴—无量纲吸收系数；

横轴—相对于特征频率 f_c 的频率 f

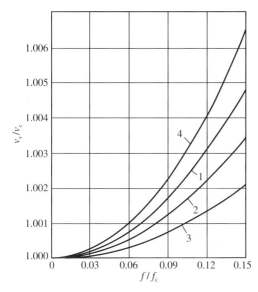

图 2.25 横波相速度

纵轴—相对于参考速度 v_c 的横波相速度 v_s；

横轴—相对于特征频率 f_c 的频率 f

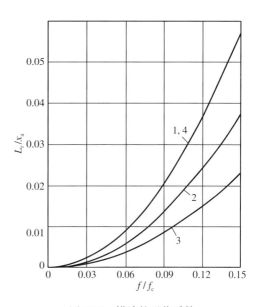

图 2.26 横波的吸收系数

纵轴—无量纲吸收系数；

横轴—相对于特征频率 f_c 的频率 f

我们具体来计算一个例子——表 2.3 中类型 2，以便有更多感性知识。由（2.47）式我们知道 σ_{11} 是纵波模量 P 所占综合模量 H 的比例，σ_{22} 是压力模量 R 所占综合模量 H 的比例，σ_{12} 是体积耦合模量 Q 所占综合模量 H 的比例；γ_{11} 是固体有效质量 ρ_{11} 所占总质量 ρ 的比例，γ_{22} 是流体有效质量 ρ_{22} 所占总质量 ρ 的比例，γ_{12} 是流固耦合质量 ρ_{12} 所占总质量 ρ 的比例。

对于类型 2，$\gamma_{12}=0$，就是说流固耦合质量等于零，流体在固体中运动没有给固体产

生附加质量 ρ_a。而 $\rho=\rho_1+\rho_2=\rho_{11}+\rho_{22}=\rho_s+\rho_f$，$\gamma_{11}+\gamma_{22}+\gamma_{12}=0.666+0.333+0=1$。$P=0.610H$，$R=0.305H$，$Q=0.043H$，$H=P+R+2Q=0.610H+0.305H+2\times0.043H=1H$。

2.2.3.2.1 相速度

由（2.43）至（2.46）式可计算快慢纵波和横波速度分别为

$$\frac{v_{\mathrm{I}}}{v_{\mathrm{c}}}=1-\frac{1}{2}\left(\frac{f}{f_{\mathrm{c}}}\right)^2\frac{0.0205}{0.1109}(-0.0032)(0.1854)=1-5.4834\times10^{-5}\left(\frac{f}{f_{\mathrm{c}}}\right)^2$$

如 $f/f_{\mathrm{c}}=0.1$，则 $v_{\mathrm{I}}=.9999994517v_{\mathrm{c}}$，可见 $v_{\mathrm{I}}\approx v_{\mathrm{c}}$。

$$\frac{v_{\mathrm{II}}}{v_{\mathrm{c}}}=\left(2\frac{f}{f_{\mathrm{c}}}\frac{0.1842}{0.3333}\right)^{\frac{1}{2}}=1.0513\left(\frac{f}{f_{\mathrm{c}}}\right)^{\frac{1}{2}}=0.3325 \qquad (f/f_{\mathrm{c}}=0.1)$$

可见同样频率慢纵波速度只及特征速度的 1/3。$v_{\mathrm{II}}/v_{\mathrm{I}}=0.3325$，慢纵波速度也只及快纵波速度的 1/3。

$$\frac{v_{\mathrm{r}}}{v_{\mathrm{S}}}=1+\frac{1}{8}[1.3332-0.1111]\left(\frac{f}{f_{\mathrm{c}}}\right)^2=1.0015 \qquad (f/f_{\mathrm{c}}=0.1)$$

有固流相对运动时的横波速度 v_{r} 与无固流相对运动时的横波速度 v_{S} 只差千分之一点五。

将图 2.21 与图 2.25 对比可见快纵波速度与参考速度 v_{c} 的差只是万分之一量级，而横波速度与参考速度 v_{r} 的差只是千分之一量级，这点值得注意。

2.2.3.2.2 波散

由图 2.21 可见，类型 2 快纵波速度不随频率而变，没有波散。而图 2.23 慢纵波速度随频率而变明显，波散显著。而图 2.25 的横波波散也很显著。快纵波类型 6 的波散最大，但 $f=0.15f_{\mathrm{c}}$ 时也只有万分之 6；慢纵波类型 3 的波散最大，可以到 50%；横波的波散类型 4 最大，可达千分之 6.5。

2.2.3.2.3 吸收

由（2.55）至（2.57）式有快慢纵波和横波无量纲吸收系数分别为

$$\frac{L_{\mathrm{c}}}{x_{\mathrm{I}}}=\frac{1}{2}\left|0.0032\right|\frac{0.1842}{0.3333}\left(\frac{f}{f_{\mathrm{c}}}\right)^2=0.0008842\left(\frac{f}{f_{\mathrm{c}}}\right)^2=0.0000198945\,(f=0.15f_{\mathrm{c}})$$

$$\frac{L_{\mathrm{c}}}{x_{\mathrm{II}}}=\left(\frac{1}{2}\frac{0.3333}{0.1842}\right)^{\frac{1}{2}}\left(\frac{f}{f_{\mathrm{c}}}\right)^{\frac{1}{2}}=1.0074\left(\frac{f}{f_{\mathrm{c}}}\right)^{\frac{1}{2}}=0.39016 \quad (f=0.15f_{\mathrm{c}})$$

$$\frac{L_{\mathrm{S}}}{x_{\mathrm{a}}}=\frac{1}{2}(0.3333)\left(\frac{f}{f_{\mathrm{c}}}\right)^2=0.1667\left(\frac{f}{f_{\mathrm{c}}}\right)^2=0.00375 \quad (f=0.15f_{\mathrm{c}})$$

可见类型 2 的快纵波吸收几可忽略，横波吸收也在千分之四以下，慢纵波吸收较显著。

由图看，快纵波吸收最大的是类型 6，可达 0.12 以上；慢纵波吸收最大的也是类型 6，可达 0.5；横波吸收类型 1 和类型 4 一样，为 0.055，比纵波小。

这样我们知道类型 2 这个样本的特点是：体积耦合模量 R 很小，流固耦合质量 ρ_{12} 等于零，纵波模量较大，也就是说这个流固集合体中流体的影响较小，整体性质偏于纯固体。因而快纵波和横波吸收小。

注意 Biot 吸收只占总吸收中一小部分。

2.2.4　中尺度—不均匀尺度（$10^{-2} \sim 10^{2}$m）—边际效应—裂缝机制 [16, 17, 18, 95]

砂泥岩互层或低渗透砂岩中的节理和裂缝，碳酸盐岩裂缝，甚至是在看起来均匀的砂岩中胶结差的疏松带和包裹体，这些地层形成了不均匀带，其中孔隙岩石中孔隙连续性的不均匀和众多的边界使孔隙流体压力在中等尺度上由波引发压力差并达致均衡，产生能量损耗，同样有弛豫现象。现就其中的裂缝机制作一详细叙述，可见一斑。

2.2.4.1　基本理论

在被油气饱和的孔隙裂缝灰岩储层中发现强吸收，超过了喷流机制（2.2.5 节）和 Biot 机制（2.2.3 节）所可解释的程度 [16]，因而认为裂缝的存在有特殊的耗散机制，可称为裂缝机制。由于这种岩石中不仅有孔隙，还有裂缝，而在孔隙裂缝中饱和有油气，这样复杂的岩石中物性极不均一，有许多物性边界，边界两边的弹性模量有显著差异，因而当波到达时产生压力梯度，孔隙和裂缝中的黏滞流体就跨过边界向外流动，以回复平衡，这就要消耗较多能量，可以说是边际效应；也就是由于裂缝的存在产生了额外损耗。

如果在孔隙岩石的背景上有一系列平行裂缝，如图 2.27 模型所示；H 是裂缝平均间隔，a 是流体孔隙平均直径，则带有平行于 x_1x_2 平面（平行于水平轴 x_1 的垂直裂缝是 x_2 方向）的裂缝系统的孔隙岩石被流体饱和时的 P 波模量 C_{33} 受下列公式约束，并且是频率的函数 [18]，即

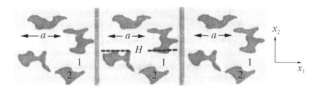

图 2.27　孔隙材料背景上的裂缝系统
H—裂缝平均间隔；a—孔隙平均直径；
1—背景骨架；2—油气饱和的孔隙

$$\frac{1}{C_{33}} = \frac{1}{C_{b}} + \frac{\Delta_N (R-1)^2}{M_d \left[1 - \Delta_N + \Delta_N \sqrt{\mathrm{i}\Omega} \cot \left(\frac{C}{M_\phi} \sqrt{\mathrm{i}\Omega} \right) \right]} \tag{2.58}$$

这是一个复数式，其中：

$$C_b = M_d + \alpha^2 M_\phi \tag{2.59}$$

是被流体饱和的背景材料（有孔隙流体而尚无裂缝时的岩石）的 P 波模量；M_d 是流体排空后干燥岩石的 P 波模量；M_ϕ 是孔隙空间模量；a 是 Biot–Willis 系数（见 2.4.3 节）；Δ_N 为裂缝"引起的岩石"弱度（Weekness），数值在 $0 \sim 1$ 之间。没有裂缝时弱度为 0，意思是

岩石没有受到裂缝的削弱，这时 $C_{33}=C_{\mathrm{b}}$；裂缝愈发育，岩石愈软弱，弱度愈接近于 1；它的数学物理定义是

$$\Delta_N = \frac{Z_N M_{\mathrm{d}}}{1 + Z_N M_{\mathrm{d}}} \tag{2.60}$$

式中

$$Z_N = \lim_{h_{\mathrm{fr}} \to 0} \frac{h_{\mathrm{fr}}}{M_{\mathrm{fr}}} \tag{2.61}$$

是 SD 线性滑动变形理论 [19] 的顺度（Compliance）矩阵中描述裂隙分布的归一化剩余顺度（顺度与模量成反比）。下标 fr 指与裂缝有关的参数，没有下标的指孔隙背景参数，有时用下标 b。h_{fr} 是裂缝平均宽度，M_{fr} 是有裂缝后的 P 波模量。此式表明 Z_N 是裂缝平均宽度极小时的顺度。由（2.60）式可知，顺度愈接近于 0，弱度也愈接近于 0；即没有裂缝时顺度也消失，弱度等于零，这时 $C_{33}=C_{\mathrm{b}}$。

$$\Omega = \frac{\omega H_{\mathrm{fr}}^2 M_{\phi}^2}{4 C_{\mathrm{b}}^2 D^2} \tag{2.62}$$

是归一化圆频率。其中 Ω 是波的主圆频率；H_{fr} 是裂缝平均间隔。

$$D = \frac{k M_{\phi} M_{\mathrm{d}}}{\eta_{\mathrm{f}} C_{\mathrm{b}}} \tag{2.63}$$

是流体弥散系数。其中 k 是渗透率；η_{f} 是流体的黏滞系数。

而

$$R = \frac{\alpha M_{\phi}}{C_{\mathrm{b}}} \tag{2.64}$$

方程（2.58）只有当圆频率远小于 Biot 的特征圆频率 [（2.49）式]

$$\omega_{\mathrm{c}}^B = \frac{\eta \phi}{k \rho_{\mathrm{f}}} \tag{2.65}$$

和地层的共振圆频率

$$\omega_{\mathrm{r}} = \frac{v_{\mathrm{P}}}{H_{\mathrm{fr}}} \tag{2.66}$$

时才是正确的。式中：ϕ 是背景材料的孔隙度；ρ_{f} 是流体密度；v_{P} 是 P 波速度。

利用方程（2.58）可以计算裂缝散射损耗（吸收）和波散。为此先算 P 波复数速度，即

$$\tilde{v}_{\mathrm{P}} = \sqrt{\frac{C_{33}}{\rho_{\mathrm{b}}}} \tag{2.67}$$

式中

$$\rho_{\mathrm{b}} = \rho_{\mathrm{s}}(1-\phi) + \rho_{\mathrm{f}} \phi$$

是流体饱和的背景材料密度。ρ_s 是孔隙骨架密度，ρ_f 是流体密度。由此可得裂缝损耗

$$Q^{-1} = 2 v_P \, \mathrm{Im}\left(\frac{1}{\widetilde{v}_P} \right) \tag{2.68}$$

和裂缝 P 波相速度

$$v_P = \left[\mathrm{Re}\left(\frac{1}{\widetilde{v}_P} \right) \right]^{-1} \tag{2.69}$$

Q^{-1} 和 v_P 即损耗和波散就是黏弹滞性材料的一对本征参数，一个是虚数部分一个是实数部分，天生的一对。用复数表达既可包含弹性（实数），又可包含黏滞性（虚数），有很大的优越性。我们以后都会把它们两放在一起表述。

2.2.4.2　裂缝损耗的数值显示

对上述公式用数字运算作理论分析得到下列图件，图中裂缝的弱度和流体饱和度是常数。图 2.28 是以裂缝平均间隔 H 与孔隙平均直径 a 之比为参数所作的损耗随频率变化图。可见裂缝愈密（$H/a=10$）损耗愈大。裂缝变稀时（$H/a=100$），损耗出现两个峰值，这表明裂缝损耗与背景的孔隙流体损耗分开了。只有裂缝变稀时两者才能分开，裂缝较密时裂缝损耗与背景孔隙流体损耗混在一起（如 $H/a=10$ 时）。图 2.29 是裂缝引起的波散图。可见裂缝愈密波散愈大。

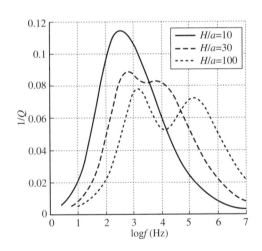

图 2.28　裂缝损耗图图
纵轴—裂缝损耗；横轴—对数频率；
参数—H/a；裂缝平均间隔与平均直径之比

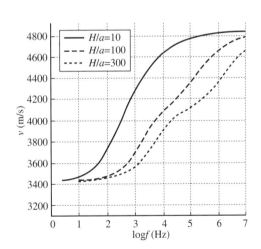

图 2.29　裂缝速度波散图
纵轴—相速度；横轴—对数频率；
参数—H/a；裂缝平均间隔与平均直径之比

图 2.30 是以裂缝弱度为参数的波散图，可见裂缝弱度只影响中低频，弱度愈大（$\Delta_N=0.4$），波散愈大。图 2.31 是以流体饱和度 S 为参数的波散图，可见它主要影响中高频，流体饱和度愈大波散愈大。

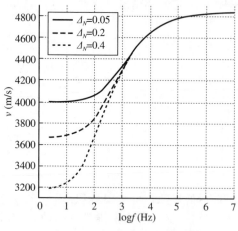

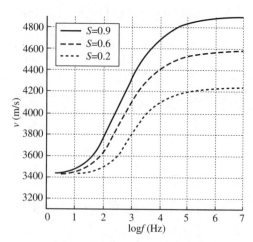

图 2.30　以弱度为参数的波散图
纵轴—相速度；横轴—对数频率；
参数 Δ_N—弱度

图 2.31　以饱和度为参数的波散图
纵轴—相速度；横轴—对数频率；
参数 S—饱和度

实际应用时作了 VSP 和井间地震，得到裂缝实际波散与理论波散的比较图。图 2.32 中小菱块是 Silurian Kankakee 灰岩储层的实测结果，它与理论的波散曲线（虚线）大致相当，但略陡而大。由孔隙与裂缝重叠模型得到的理论损耗如图 2.33 所示。所用参数如下：

骨架颗粒体积模量 K_g=75GPa，切变模量 μ_g=18GPa，密度 ρ_g=2.4g/cm³；石油体积模量 K_f=1.7GPa，密度 ρ_f=0.88g/cm³；

孔隙度 ϕ=0.05，渗透率 k=100mD，黏滞系数 η_f=1.8poise，孔隙平均直径 a=10cm，石油饱和度 S=85%，裂缝弱度 Δ_N=0.3，裂缝密度每米 1.5 条裂缝。

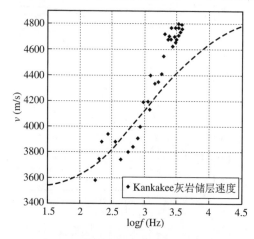

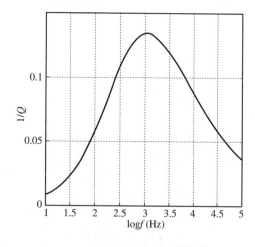

图 2.32　实际波散与理论比较
纵轴—相速度；横轴—对数频率；
红菱形 -Kankakee 灰岩储层速度

图 2.33　理论裂缝损耗
纵轴—裂缝损耗；横轴—对数频率

裂缝耗散的尺度估计如下。已知

$$h_{\mathrm{fr}} \leqslant H_{\mathrm{fr}} \leqslant \lambda$$

即裂缝平均宽度 h_{fr} 远小于裂缝间隔 H_{fr}，裂缝间隔又远小于波长 λ。裂缝间隔应在 $10^{-4} \sim 10^0$m 之间。

2.2.5 微尺度—孔喉尺度（$10^{-7} \sim 10^{-4}$m）—喷流现象—喷流机制 [20~22]

笔者在文献 [8] 的 9.2.3 节中用 Biot 理论计算了横、纵波对数衰减 δ_S 和 δ_P，发现所得数据过小，因此笔者写了一句话："这使人怀疑 Biot 理论有所疏漏，是一个值得探讨的问题。"后来看到了 Dvorkin 等的两篇文献 [20, 21]，恍然大悟，原来 Biot 只发现了孔隙中黏滞流体流动发生的损耗，没有发现孔喉、裂缝等更小一阶孔洞中流体向孔隙中喷流所发生的损耗。Dvorkin 也说："单靠 Biot 机制不能合适地解释所观察到的速度波散和吸收，以及许多砂岩的黏弹滞性行为 [20]"。Dvorkin 等发现了这种喷流机制，将 Biot 机制与喷流机制（squirt-flow mechanism）联合起来考虑，建立了 Biot-Squirt 模型（BISQ Model），考虑的损耗就比 Biot 全面了，当然也只是增加了微尺度的考虑。

2.2.5.1 喷流概念

图 2.34 介绍了喷流与 Biot 流的一般概念。Biot 流与波的传播方向一致，而喷流与波的传播方向垂直。也就是说由于波的激发同时产生了两种孔隙流体的流动：Biot 流和喷流。

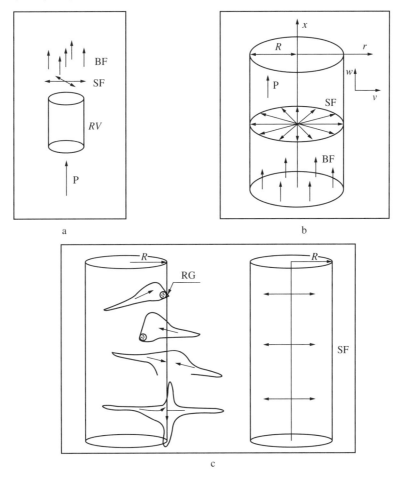

图 2.34 喷流与 Biot 流——BISQ 模型

a—地震激发的 Biot 流和喷流；圆柱—代表性体积 RV；上行箭头—Biot 流，与波传播方向一致；横向箭头—喷流方向，与波传播方向垂直；P—P 波传播方向；BF—Biot 流；SF—喷流

b—岩石中一个代表性圆柱体；x—波传播和 Biot 流方向；r—垂直波传播的喷流方向；R—喷流特征长度；w、v—流体位移

c—裂缝中的喷流模拟成"海绵"模式：在圆柱体周边喷出；左—孔隙中不同喷流模式；右—在代表性圆柱体周边喷出；SF—喷流；RG—残余气；R—喷流特征长度

Biot 在 1955 年就发现了孔隙流体因黏滞摩擦和惯性耦合而在波传播方向产生泊肖流—黏滞性流动，这就是著名的 Biot 流 [1]。到 1979 年 Mavko 和 Nur[23] 才发现了喷流，原来它比 Biot 流的能量损耗和速度波散更大得多。到 1993–1995 年间 Dvorkin 等又对喷流机制做了更深入的研究 [20～22]。我们来补充看几个图：图 2.35 至图 2.38。喷流机制的核心是由于固体的压缩流体被挤出细小孔洞。这种细小孔洞是比孔隙小一阶的孔洞，包括孔喉、细裂缝、残余天然气袋等，它们被统称为软孔隙，因为它们的刚性都要小于普通孔隙的缘故。这也就是我们把喷流机制归于微孔隙尺度的原因。图 2.35b 显示了孔喉向孔隙方向的喷流，图 2.36a 是饱和孔隙空间和天然气袋之间的喷流，图 2.36b 是细裂缝和孔隙空间之间的喷流。由于 Biot 流和喷流在一个岩石中同时发生，两种流固交互作用模型通过流体质量均衡进行密切联接，两者必然相互影响相互耦合，并影响到波的传播和吸收，因而有必要结合起来进行研究，这就产生了 Biot 流和喷流的统一模型——BISQ（Biot–Squirt）模型。我们下面叙述喷流机制时就常常用 BISQ 统一模型。

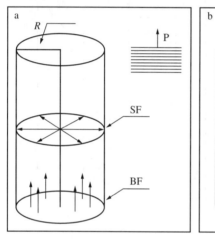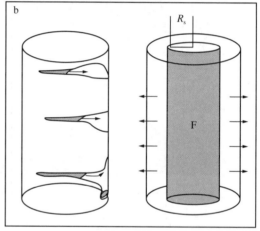

图 2.35　BISQ 模型机制 [20]

a—Biot 流（BF）和喷流（SF）；b—部分饱和—充满流体 (F) 的圆柱体的半径 R_S
随饱和度的减小而减小。P–P 波方向；R—喷流特征长度

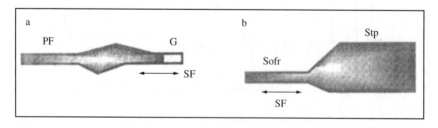

图 2.36　喷流机制 [21]

a—在饱和孔隙空间和天然气袋之间的喷流。PF—孔隙空间；G—天然气。
b—在软的细小裂缝（Sofr）与硬的孔隙空间 (Stp) 之间的喷流

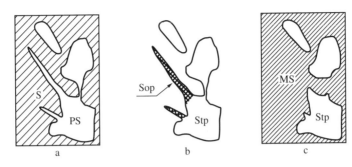

图 2.37　孔喉与孔隙

a—孔隙空间 (PS) 与孔喉；S—固体；b—孔喉—软孔隙（Sop）；孔隙空间—硬孔隙（Stp）；
c—将孔喉划入固体，修改后的固体（MS）

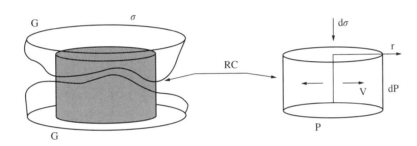

图 2.38　修改后的固体模型

修改后的固体颗粒画出代表性圆柱体（RC）；
σ—圆柱体的内压力；p—圆柱体边界的空隙压力；G—颗粒；r—喷流方向

2.2.5.2　喷流特征长度 R

喷流特征长度是喷流机制的关键性参数，它与渗透率一样不依赖于流体性质和频率，是岩石的基本性质之一，可以用实验确定。它与渗透率一起是确定不同大小孔隙平均喷流效应的两个基本参数。因此它与渗透率结下了不解缘，给用地震数据估计渗透率以有力的支持。我们将有专门的章节讨论它们。为此要给喷流特征长度作较详细的说明。

2.2.5.2.1　几何概念—代表性的圆柱体

在波激发下固体受压使流体从流体压力高的细缝、细孔中向流体压力低的孔隙中喷出。我们假定是平面压力波，只向 x 方向传播，固体也只能在 x 方向位移，是单轴一维的；但流体可以向 x 和 r 两个方向流动（图 2.34b），是二维轴对称的，向 x 方向的就是 Biot 流，向 r 方向的就是喷流。我们用岩石的一个有代表性的圆柱体来模拟 r 方向的侧向流动，它的轴 x 在波传播方向。在 $r=R$ 处的圆柱外表面的压力（图 2.34b），不随时间而变，因此流体能够喷射出去，或者当波激发岩石压缩或拉伸时能够将流体泵回来。这个圆柱体的半径就是平均喷流长度，称作喷流特征长度 R。对于部分饱和的岩石，充满流体的圆柱体的半径 R_s 就随饱和度的减小而减小，如图 2.35b 所示。

2.2.5.2.2　喷流特征长度的确定方法

喷流特征长度 R 的物理意义是喷流效应的平均长度，相当于在不同形状和大小的孔缝中局部喷流的累积效应。它与给定岩石的孔缝空间几何密切相关。这个参数是岩石的一种基本性质，因为它能用实验确定，就像确定渗透率一样。

渗透率是岩石的一种基本性质，它不依赖于流体的类型和压力梯度。渗透率不能直接测定，但是可以用实验测定流体流动速率与压力梯度的关系来拟合 Darcy 公式。一旦渗透率值被确定，它就可以被用来对一个给定岩石计算不同流体在不同压力梯度下的流动速率。

同样的规律可以被用来确定喷流特征长度：R 可以用拟合下列公式（2.70）来进行计算，只要实验测定岩石的 v_P 和／或 Q^{-1}，而它的孔隙度、渗透率和干燥骨架性质（被已知密度、黏滞系数和压缩系数的流体饱和）是已知的。还要提供一些数字例子说明 R 是通过理论和实验结果匹配得到的。

2.2.5.2.3 速度、吸收系数与损耗简化公式

对于 BISQ 模型（同时考虑 Biot 和喷流效应），当 $\omega \leqslant \omega_c$ 时纵波速度和吸收可用下式表达。

纵波速度 v_P 和吸收系数 α 分别是 $\sqrt{Y}$ 的实部（Re）和虚部（Im）的函数。

$$v_P = \frac{1}{\mathrm{Re}(\sqrt{Y})}, \ \alpha = \omega \,\mathrm{Im}(\sqrt{Y}), \ \omega \leqslant \omega_c \tag{2.70}$$

式中

$$Y = \frac{\rho_s(1-\phi)+\rho_f\phi}{M^{BS}+F_{sq}a^2/\phi}, \ F_{sq}=F\left[1-\frac{2J_1(\xi)}{\xi J_0(\xi)}\right] \tag{2.71}$$

$$\xi = \sqrt{\mathrm{i}}\sqrt{\frac{R^2\omega\eta\phi}{kF}} = R\sqrt{\mathrm{i}\frac{\omega\eta\phi}{kF}} \tag{2.72}$$

式中：J_0，J_1 分别是零阶和一阶 Bessel 函数。

实际上 Biot 理论中低频（$\omega \to 0$）P 波速为

$$v_{P0} = \sqrt{\frac{M^{BS}+a^2F/\phi}{(1-\phi)\rho_s+\phi\rho_f}} = \sqrt{\frac{M^B}{\rho}} \tag{2.73}$$

M^B 就是 Biot 低频 P 波模量。Y 就是 $1/v_{P0}^2$ 中 F 被喷流模型中的 F_{sq} 置换。a 是 Biot 理论中的孔隙弹性系数，在后面我们可以知道 M^{BS} 是 BISQ 模型中的低频速度孔隙弹性模量，即

$$M^{BS} = 2G\frac{1-\sigma}{1-2\sigma}, \ a=\frac{2(1+\sigma)}{3(1-2\sigma)}\frac{G}{H}=1-\frac{K}{K_s}, \ \frac{1}{H}=\frac{1}{K}-\frac{1}{K_s} \tag{2.74}$$

Biot 模型中 F 是流体压力（p）与位移（w，u）关系中的系数，即

$$p_t = -F\left(w_{xt}+\frac{\gamma}{\phi}u_{xt}\right) \tag{2.75}$$

而

$$F = \left(\frac{1}{\rho_f c_0^2}+\frac{1}{\phi Q}\right)^{-1} \tag{2.76}$$

式中：$x_{ij}=\dfrac{\partial x^2}{\partial i\partial j}$，$(x \to w, u)$；$c_0$ 是流体声速。

如果考虑到喷流效应，则（2.75）式中的流体压力就应是平均流体压力 p_{av}，它的微分变成

$$\frac{\partial p_{av}}{\partial t} = -F\left[1 - \frac{2J_1(\lambda R)}{\lambda R J_0(\lambda R)}\right]\left(w_{xt} + \frac{\gamma}{\varphi}u_x\right) = -F_{sq}\left(w_{xt} + \frac{\gamma}{\varphi}u_{xt}\right) \tag{2.77}$$

式中

$$F_{sq} = F\left[1 - \frac{2J_1(\lambda R)}{\lambda R J_0(\lambda R)}\right] \tag{2.78}$$

这里的 F_{sq} 与（2.71）中的 F_{sq} 是等价的，应有

$$\xi = \lambda R \tag{2.79}$$

ξ 可称为喷流因子。式中 λ 非波长和拉姆系数，而是喷流系数。因而有

$$\lambda = \sqrt{i\frac{\omega\eta\phi}{kF}} \tag{2.80}$$

我们已知 [参考文献 [20] 中公式（5）] :

$$\lambda^2 = \frac{\rho_f\omega^2}{F}\left(\frac{\phi + \rho_a/\rho_f}{\phi} + i\frac{\omega_c}{\omega}\right)$$

将（2.49）式的 ω_c 代入整理可得

$$\lambda = \sqrt{(\phi\rho_f + \rho_a)\frac{\omega^2}{\phi F} + i\frac{\omega\eta\phi}{Fk}} \tag{2.81}$$

当 $\omega \leqslant \omega_c$ 时，$\Omega^2 \to 0$，λ 就成为（2.80）式。

2.2.5.2.4　喷流特征长度 R 的确定

(1) 测定岩石的纵波速度 v_P 和损耗 Q^{-1}；

(2) 由 v_P 和 α 用（2.70）式求得 Y；

(3) 测定岩石的骨架密度 ρ_s、流体密度 ρ_f 和岩石孔隙度 ϕ；

(4) 测定岩石的切变模量 G 和泊松比 σ；

(5) 由 G、σ 用（2.74）式求得孔隙弹性模量 M^{BS}；

(6) 测定岩石体积模量 K 与骨架体积模量 K_s；

(7) 由 K 及 K_s 用（2.74）式计算孔隙弹性系数 a；

(8) 测定流体声波速度 c_0 及体积耦合模量 Q；

(9) 根据 ρ_f、c_0、ϕ 及 Q 由（2.76）式计算 F；

(10) 测定流体黏滞系数 η、岩石渗透率 k 并确定所用地震圆频率 ω；

(11) 根据 ω、η、ϕ、k 和 F 用（2.80）式计算 λ；

(12) 根据 ρ_s、ρ_f、ϕ、M^{BS}、a 和 γ 用（2.71）式计算 F_{sq}；

(13) 根据 F_{sq}、F 和 λ 用（2.78）式计算喷流特征长度 R。

测定时注意误差传递，计算时注意量纲和单位。

由上可见喷流特征长度受制于上列各种岩石和流体参数，它是岩石的一种基本性质。

2.2.5.2.5 低频和高频限制

我们已知（2.73）式是 Biot 理论中的低频（$\omega \to 0$）速度，它实际上就是 Gassmann 方程[24]。而在 BISQ 模型中 $\omega \to 0$ 时，$F_{sq} \to 0$ 从而 $F \to 0$，因而有 BISQ 模型低频速度，即

$$v_{P0}^{BS} = \sqrt{\frac{M^{BS}}{(1-\phi)\rho_s + \phi\rho_f}} = \sqrt{\frac{M^{BS}}{\rho}} \tag{2.82}$$

可见 M^{BS} 是 BISQ 模型的低频速度孔隙弹性模量。它要低于 Biot 模型的低频速度孔隙弹性模量 M^B，$M^{BS} < M^B = M^{BS} + a^2 F/\phi$。这个结果是由于代表性圆柱体表面的边界条件（$p=0$）而得到的，这样低频时流体会缓慢地较容易地垂直于波传播方向喷出。

当 $\omega \to \infty$ 时，由（2.80）式知 $\lambda \to \infty$，而（2.78）式说明这时 $F_{sq} \to F$。这就是说高频极限在 Biot 和 BISQ 模型中是相同的。这个结果在物理上也是很清楚的：因为在高频时在未弛豫模型中流体不能由孔隙空间中喷出以产生喷流效应。

在推测高频限制时忽略了流体与邻近孔隙壁的黏滞耦合，它会使黏滞系数成为频率依赖型[1]。这个近似处理对于 BISQ 模型是合理的，因为在低频和高频之间的转换是发生在远低于 Biot 特征频率处，在下面数字实例中可以看到。同样的理由还忽略了个别孔隙和颗粒的散射损耗[25]。

2.2.5.2.6 数字实例

试验频率和特征长度对一个饱和度为 15% 的水饱和孔隙岩石的速度和吸收系数的影响。它的骨架的弹性特征是：K=16GPa，泊松比 σ=0.15，固相密度 ρ_s=2650kg/m³，固相体积模量 K_s=38GPa，附加耦合密度依照 Berryman 方程用 ρ_a=420kg/m³[26]。

（1）频率对速度的影响。

为研究频率对地震速度和吸收的影响用渗透率等于 1.25，2.5 和 5mD 三种情况，特征频率相应地是 19.1，9.55 和 4.77MHz。特征长度选作 1mm。这三种情况的速度—频率曲线示于图 2.39a（BISQ 模型），并用 Biot 模型与之对照（图 2.39b）。

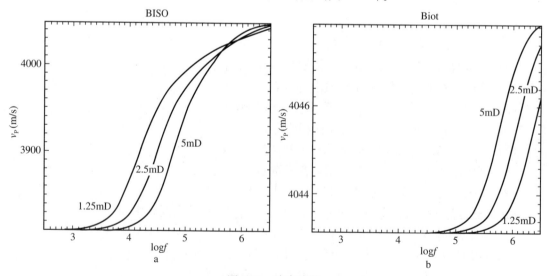

图 2.39　速度波散

a—BISQ 模型；b—Biot 模型；

纵坐标—纵波速度；横坐标—对数频率；参数—岩石样本渗透率

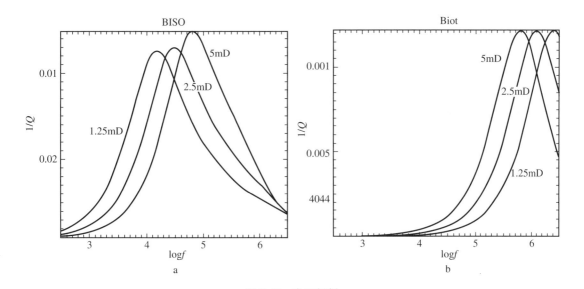

图 2.40 岩石损耗
a—BISQ 模型；b—Biot 模型；
纵坐标—纵波损耗；横坐标—对数频率；参数—岩石样本渗透率

可见：

①从低频极限到高频极限速度随频率的增高而增高，有明显的波散。BISQ 模型的波散约为 800m/s，5MHz，Biot 模型的波散只有 5m/s，5MHz；BISQ 模型的波散要比 Biot 模型的波散大约 160 倍。

②从低频到高频之间的过渡带在 BISQ 模型随渗透率的增高而向高频方向移动；在 Biot 模型趋势则正好相反，随渗透率增高而向低频移动。就是说同样的频率在 BISQ 模型低渗透率岩石的速度要高于高渗透率的速度；而在 Biot 模型则低渗透率岩石速度要低于高渗透率岩石速度。这是因为流体的喷流运动对低渗透率岩石弛豫现象要小。

③ Biot 模型速度和频率都要高于 BISQ 模型，喷流有降低岩石速度和工作频率的倾向。

（2）频率对吸收的影响。

由图 2.40 可见：

① BISQ 模型损耗在 0 ～ 0.05 之间，Biot 模型的损耗在 0 ～ 0.0012 之间，可见 BISQ 模型损耗远大于 Biot 模型的损耗，大到约 40 倍。

② BISQ 模型和 Biot 模型的损耗都是钟形，也就是说都是弛豫型，低频和高频损耗都趋于零。BISQ 模型损耗的峰值频率要显著低于 Biot 模型的损耗峰值；前者为几万赫兹，后者达几百万赫兹。

③在 BISQ 模型高渗透率岩石峰值向高频方向移动；而 Biot 模型则相反，高渗透率岩石峰值向低频方向移动。这是因为在 Biot 理论中 v_P 和 Q^{-1} 依赖于比值 $\omega_c/\omega = \eta\phi/k\omega\rho_f$，而在 BISQ 模型 v_P 和 Q^{-1} 依赖于综合值 $R^2\omega\eta\phi/kF$，终了是依赖于 ω/k。前者（Biot）与 ω 成反比，后者 (BISQ) 与 ω 成正比，是相反的。

④ BISQ 模型中损耗极大的峰值频率 f_0 远低于特征频率 f_c，这里这三个岩石的对数特征频率分别是 $\log f_c$=7.28、6.98 和 6.68，而 $\log f_0$=4～5。

（3）喷流特征长度对速度和吸收的影响。

用频率 10kHz 和渗透率 1.25mD、2.5mD 和 5mD 试验喷流特征长度对 v_P 和 Q^{-1} 的影响。

由图 2.41 可见吸收峰值和速度过渡带都随渗透率的升高而向大 R 方向移动。R 近于零时没有喷流也就没有损耗。随着 R 加大，损耗加大；到损耗峰值后随 R 加大损耗降低，出现明显的弛豫现象。损耗峰值和速度过渡带所以随渗透率的增高而向大 R 方向移动是因为流体在喷流运动中如果渗透率较大，弛豫时间就会拉长。本例喷流特征长度在 $0 \sim 5\text{mm}$ 之间。

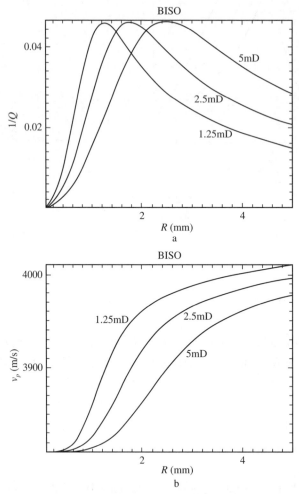

图 2.41 喷流特征长度对速度和吸收的影响

纵轴—a. 损耗，b. 速度；横轴—喷流特征长度；参数—渗透率

由上可知 BISQ 模型中速度 v_P 和吸收 α、Q^{-1} 与喷流特征长度 R 和一系列重要参数：频率 f、密度 ρ、流体密度 ρ_f、流体黏滞系数 η_f、流体压缩系数 β_f、各种弹性模量（K、P、Q、G、M、H）、孔隙度 ϕ、渗透率 k 和饱和度 S 等都有函数关系，因此就有可能利用这些函数关系来预测这各别参数，以作油气预测和开发监测。长期未能攻破的用地震资料预测渗透率因此将会有长足的进展；预测流体黏滞系数以监督提高采收率（EOR）也已有实际试验成果；我们在文献 [8] 中所期待的利用流体密度来预测油、气、水及其饱和度的前景似乎也已指日可待。孔隙弹性理论特别是 BISQ(Biot–Squir) 模型是油气预测的理论宝库，应该花大力量去发掘。

2.3 数学基础——波动理论 [1, 4, 20 ~ 22]

参考文献 [1] 和 [20 ~ 22] 中分别对 Biot 理论和喷流理论及两者的结合 BISQ 理论有原始

的论述，[4] 中对完全弹性—黏弹滞性—双相介质—黏滞双相介质的波动理论又做了系统的论述，这里只做一些摘要以加深对一些概念的认识。双相介质可以是理论上的完全弹性，也可以是黏弹滞性介质；非双相介质理论上也可以是完全弹性或黏弹滞性介质。但实际上可以说岩石都是黏弹滞性介质，但有黏弹性体（Voigt 体）和弹滞性体（Maxwell 体）之分。而饱和或部分饱和岩石都是黏弹滞性双相介质。而研究这一切，完全弹性体是它们的理论基础。

2.3.1　均匀各向同性完全弹性体

这是岩石最理想的状态，是地震勘探从 20 世纪 30 年代起步开始所假定的岩石的状态，靠了这个最简单化的假定，地震勘探才能走到今天；而到了今天，这个假定是完全不够了，各种复杂的地质体早就打破了这个假定，要求研究非均匀的各向异性的非完全弹性体；而非完全弹性体中又要求研究黏弹滞性乃至双相介质黏弹滞性；今后必然要求研究不均匀三相各向异性黏弹滞性体。地震勘探就在这种发展过程中不断提高勘探开发各类矿床和油气藏的能力。但基础仍是均匀各向同性完全弹性体，我们还得从这儿开始，但要以最简化的形式。

2.3.1.1　三个基本方程

（1）位移应变方程（运动学方程——Cauchy 方程）

$$e_{6\times1}=L_{6\times3}u_{3\times1} \tag{2.83}$$

这是应变 e 和位移 u 的矩阵运算 $\begin{bmatrix} e_1 \\ e_2 \\ e_3 \\ e_4 \\ e_5 \\ e_6 \end{bmatrix} = \begin{bmatrix} e_{11} \\ e_{22} \\ e_{33} \\ e_{23} \\ e_{31} \\ e_{12} \end{bmatrix} = \begin{bmatrix} l_x & 0 & 0 \\ 0 & l_y & 0 \\ 0 & 0 & l_z \\ 0 & l_z & l_y \\ l_z & 0 & l_x \\ l_y & l_x & 0 \end{bmatrix} \begin{bmatrix} u_x \\ u_y \\ u_z \end{bmatrix}$ 的下标表达式，$L_{6\times3}$ 是算符矩阵，$l_x=\dfrac{\partial}{\partial x}$ ，…，下同。

（2）位移应力方程（动力平衡运动方程——Navier 方程）

$$\rho\ddot{u}_{3\times1}=L_{3\times6}\sigma_{6\times1} \tag{2.84}$$

式中：ρ 为密度；$\ddot{u}=\dfrac{\partial^2}{\partial t^2}$。

（3）应力应变方程（物性方程或本构方程——广义虎克方程）

$$\sigma_{6\times1}=D_{6\times6}e_{6\times1} \tag{2.85}$$

式中：$D_{6\times6}$ 是六阶对称物性矩阵；其中 $6\times6=36$ 个元素中至多只有 21 个独立参数，这是极端各向异性的情况。对于单斜晶系只有 13 个，斜方晶系 9 个，三方晶系 7 和 6 个，四方晶系 6 和 7 个，六方晶系 5 个，立方晶系 3 个；各向同性 2 个，这就是过去常用的最简单的情况。这时的两个弹性常数是 λ 和 μ，物性矩阵为

$$D_{6\times6}=\begin{bmatrix} \lambda+2\mu & \lambda & \lambda & 0 & 0 & 0 \\ \lambda & \lambda+2\mu & \lambda & 0 & 0 & 0 \\ \lambda & \lambda & \lambda+2\mu & 0 & 0 & 0 \\ 0 & 0 & 0 & \mu & 0 & 0 \\ 0 & 0 & 0 & 0 & \mu & 0 \\ 0 & 0 & 0 & 0 & 0 & \mu \end{bmatrix} \tag{2.86}$$

有 5 个我们最熟悉的基本弹性参数就是杨氏系数 E、泊松比 σ、体积模量 K、剪切模量 μ 和拉姆系数 λ。

2.3.1.2　完全弹性波动方程

将上述三个方程逐个互代就可很容易得到均匀各向同性完全弹性波动方程，即

$$\rho \ddot{u}_{3\times1} = \left(L_{3\times6} D_{6\times6} L_{6\times3}\right)u_{3\times1} \tag{2.87}$$

由此可得纵波波动方程为

$$\rho \ddot{\theta} = (\lambda + 2v)\nabla^2 \theta \tag{2.88}$$

式中：θ 为账缩标量位函数。

纵波速度为

$$v_{\mathrm{P}} = \sqrt{\frac{\lambda + 2\mu}{\rho}} \tag{2.89}$$

横波波动方程为

$$\rho \ddot{\vec{\omega}} = \mu \nabla^2 \vec{\omega} \tag{2.90}$$

式中：$\ddot{\vec{\omega}}$ 为旋转矢量位函数。

横波速度为

$$v_{\mathrm{S}} = \sqrt{\frac{\mu}{\rho}} \tag{2.91}$$

2.3.2　黏弹滞性体

研究黏弹滞性体的波动方程有三种办法：一是在本构方程的物性矩阵中加入黏滞性因素，二是在动力平衡运动方程中加入阻尼因素，三是将这两种方法结合。Kelvin 与 Maxwell 体用的就是第一种，Dalanbell 用的是第二种。

2.3.2.1　Kelvin（Stocks，Voigt）黏弹性体

以弹性为主的黏弹滞性体

2.3.2.1.1　三个基本方程

位移应变方程

$$e_{6\times1} = L_{6\times3} u_{3\times1} \tag{2.92}$$

位移应力方程

$$\rho \ddot{u}_{3\times1} = L_{3\times6} \sigma_{6\times1} \tag{2.93}$$

应力应变方程

$$\sigma_{6\times1} = D^k_{6\times6} e_{6\times1} \tag{2.94}$$

2.3.2.1.2　Kelvin 黏弹滞性波动方程

由上三式结合就可得到

$$\rho \ddot{\boldsymbol{u}}_{3\times1} = \left(\boldsymbol{L}_{3\times6}\boldsymbol{D}_{6\times6}^{k}\boldsymbol{L}_{6\times3}\right)\boldsymbol{u}_{3\times1} \tag{2.95}$$

2.3.2.1.3　Kelvin 物性矩阵

上式中

$$\boldsymbol{D}_{6\times6}^{K} = \boldsymbol{D}_{6\times6}^{t} + \boldsymbol{D}_{6\times6}^{n}l_t \tag{2.96}$$

是 Kelvin 黏弹滞性物性矩阵，用上标 K 作标记。上标 t 是弹性，n 是黏滞性。$\boldsymbol{D}_{6\times6}^{t} = \boldsymbol{D}_{6\times6}$ 是完全弹性介质物性矩阵；$\boldsymbol{D}_{6\times6}^{n}l_t = \boldsymbol{D}_{6\times6}^{n}\dfrac{\partial}{\partial t}$ 是黏性项，其中 $D_{6\times6}^{n}$ 是黏滞性物性矩阵，l_t 就是时间导数。这说明黏滞性与应变率成正比。将（2.87）式与（2.95）式比较，完全弹性波动方程与黏弹滞性波动方程的唯一差别就是黏弹滞性物性矩阵中多了一个黏性项。它与完全弹性中的物性参数有一个对应规则，即

$$\mu \longleftrightarrow \mu + \mu' l_t, \quad \lambda \longleftrightarrow \lambda' l_t \tag{2.97}$$

频率域中对应规则是

$$\mu \longleftrightarrow \mu + \mu' i\omega, \quad \lambda \longleftrightarrow \lambda + \lambda' i\omega$$

按此规则可以很容易将完全弹性物性矩阵变成黏弹滞性物性矩阵，即

$$\boldsymbol{D}_{6\times6}^{k} = \begin{bmatrix} \lambda' + 2\mu' & \lambda' & \lambda' & 0 & 0 & 0 \\ \lambda' & \lambda' + 2\mu' & \lambda' & 0 & 0 & 0 \\ \lambda' & \lambda' & \lambda' + 2\mu' & 0 & 0 & 0 \\ 0 & 0 & 0 & \mu' & 0 & 0 \\ 0 & 0 & 0 & 0 & \mu' & 0 \\ 0 & 0 & 0 & 0 & 0 & \mu' \end{bmatrix} \tag{2.98}$$

式中：μ'，λ' 是黏性切变模量和拉姆系数。

2.3.2.1.4　Kelvin 体纵波波动方程

对方程（2.95）求散度可得

$$\rho \ddot{\vec{u}}_{\mathrm{P}} = (\lambda + 2\mu)\nabla^2 \vec{u}_{\mathrm{P}} + (\lambda' + 2\mu')\nabla^2 \dot{\vec{u}}_{\mathrm{P}} \tag{2.99}$$

可见 Kelvin 体纵波方程只比完全弹性体多了一个黏滞项。

纵波相速度：

$$V_{\mathrm{P}}^{K} = \left(v_{\mathrm{P}}^2 - \mathrm{i}\frac{v_{\mathrm{P}}^2}{Q_{\mathrm{P}}}\right)^{\frac{1}{2}} \tag{2.100}$$

当 $Q_{\mathrm{P}}^{-1} \ll 1$ 时，

$$V_{\mathrm{P}}^{K} \approx v_{\mathrm{P}} - \mathrm{i}\frac{v_{\mathrm{P}}}{2Q_{\mathrm{P}}} \tag{2.101}$$

2.3.2.1.5　Kelvin 体横波波动方程

对方程（2.95）求旋度可得

$$\rho \ddot{\vec{u}}_S = \mu \nabla^2 \vec{u}_S + \mu' \nabla^2 \dot{\vec{u}}_S \tag{2.102}$$

横波相速度为

$$V_S^K \approx v_S - \mathrm{i} \frac{v_S}{2Q_S} \tag{2.103}$$

2.3.2.1.6 Kelvin 体的损耗

纵波损耗为

$$Q_P^{-1K} = \frac{\omega \eta_P^2}{v_P^2} \tag{2.104}$$

横波损耗为

$$Q_S^{-1K} = \frac{\omega \eta_S^2}{v_S^2} \tag{2.105}$$

2.3.2.2 Maxwell 弹滞性体

以滞性为主的黏弹滞性体不再详述，关键是本构方程中物性矩阵，只要作一对应变换即可。

（1）Maxwell 体本构方程为

$$\sigma_{6 \times 1} = \boldsymbol{D}_{6 \times 6}^M \boldsymbol{e}_{6 \times 11} \tag{2.106}$$

（2）Maxwell 体波动方程为

$$\rho \ddot{\boldsymbol{u}}_{3 \times 1} = \left(\boldsymbol{L}_{3 \times 6} \boldsymbol{D}_{6 \times 6}^M \boldsymbol{L}_{6 \times 3} \right) \boldsymbol{u}_{3 \times 1} \tag{2.107}$$

（3）Maxwell 体物性矩阵 $D^M_{6 \times 6}$。

物性参数作如下对应变换，即

$$\mu \leftrightarrow \frac{\mu}{1 + \dfrac{1}{\tau l_t}}, \lambda \leftrightarrow \lambda \tag{2.108}$$

或频率域

$$\mu \leftrightarrow \frac{\mu}{1 + \dfrac{1}{i\omega\tau}}, \lambda \leftrightarrow \lambda$$

式中

$$\tau = \frac{\eta}{\mu} \tag{2.109}$$

是固体的弛豫时间。这样完全弹性体的物性矩阵就变成了 Maxwell 弹滞性体的物性矩阵。

2.3.3 Biot 双相介质

2.3.3.1 Biot 介质三个基本方程

2.3.3.1.1 应力应变方程

$$\sigma_{7 \times 1} = D_{7 \times 7} \boldsymbol{e}_{7 \times 1} \tag{2.110}$$

它比弹性和黏弹滞性多了一个流体项，即

$$\begin{bmatrix} \sigma_{6\times1} \\ S \end{bmatrix} = \begin{bmatrix} \boldsymbol{D}_{6\times6} & \boldsymbol{D}_{6\times1} \\ \boldsymbol{D}_{1\times6} & \boldsymbol{D}_{1\times1} \end{bmatrix} \begin{bmatrix} \boldsymbol{e}_{6\times1} \\ \Theta \end{bmatrix} \tag{2.111}$$

式中：S 为流体应力矩阵；Θ 为流体应变矩阵；$\boldsymbol{D}_{6\times6}$ 为固体物性矩阵；$\boldsymbol{D}_{1\times1}$ 为流体物性矩阵。上式展开即为

$$\begin{aligned} \sigma_{6\times1} &= \boldsymbol{D}_{6\times6}\boldsymbol{e}_{6\times1} + \boldsymbol{D}_{6\times1}\Theta \\ S &= \boldsymbol{D}_{1\times6}\boldsymbol{e}_{6\times1} + \boldsymbol{D}_{1\times1}\Theta \end{aligned} \tag{2.112}$$

可见在双相介质中固体应力有了流体应变的影响，而流体应力中也有固体应变的影响，这就是固流耦合方程，是获得固流耦合参数 R、Q、ρ_{12} 等的基础。

2.3.3.1.2 位移应变方程

$$\boldsymbol{e}_{7\times1} = \boldsymbol{L}_{7\times6}\boldsymbol{U}_{6\times1} \tag{2.113}$$

或

$$\begin{bmatrix} \boldsymbol{e}_{6\times1} \\ \Theta \end{bmatrix} = \begin{bmatrix} \boldsymbol{L}_{6\times3} & \boldsymbol{O}_{6\times3} \\ \boldsymbol{O}_{1\times3} & \boldsymbol{L}_{1\times3} \end{bmatrix} \begin{bmatrix} \boldsymbol{u}_{3\times1} \\ \boldsymbol{U}_{3\times1} \end{bmatrix} \tag{2.114}$$

式中：O 为零矩阵；U 为流体位移矩阵。

2.3.3.1.3 位移应力方程

$$\rho_{6\times6}\ddot{U}_{6\times1} = \boldsymbol{L}_{6\times7}\sigma_{7\times1} \tag{2.115}$$

或

$$\begin{bmatrix} \rho_{11}I_3 & \rho_{12}I_3 \\ \rho_{12}I_3 & \rho_{22}I_3 \end{bmatrix} \begin{bmatrix} \ddot{u}_{3\times1} \\ \ddot{U}_{3\times1} \end{bmatrix} = \begin{bmatrix} \boldsymbol{L}_{3\times6} & \boldsymbol{O}_{3\times1} \\ \boldsymbol{O}_{3\times6} & \boldsymbol{L}_{3\times1} \end{bmatrix} \begin{bmatrix} \sigma_{6\times1} \\ S \end{bmatrix} \tag{2.116}$$

式中：I 为单位矩阵；ρ 为密度，将单位体积作为研究单元时，即为质量。ρ_{11}，ρ_{12}，ρ_{22} 分别为固体有效质量、固流耦合质量及流体有效质量，详见 2.2.4 节。

2.3.3.2 Biot 介质的波动方程

（1）波动方程。

上述三个基本方程逐步叠代即可得到 Biot 波动方程，即

$$\rho_{6\times6}\ddot{U}_{6\times1} = (\boldsymbol{L}_{6\times7}\boldsymbol{D}_{7\times7}\boldsymbol{L}_{7\times6})\boldsymbol{U}_{6\times1} \tag{2.117}$$

物性矩阵 $\boldsymbol{D}_{7\times7}$ 是决定介质特性的关键。其中有 28 个独立物性参数就是极端各向异性双相介质，8 个独立参数就是横各向同性双相介质，4 参数就是均匀弹性各向同性双相介质。Biot 最早研究的就是 4 参数双相介质。

（2）"4 参数" Biot 介质纵波方程为

$$\begin{bmatrix} \rho_{11} & \rho_{12} \\ \rho_{12} & \rho_{22} \end{bmatrix} \begin{bmatrix} \ddot{\vec{u}}_P \\ \ddot{\vec{U}}_P \end{bmatrix} = \begin{bmatrix} A+2N & Q \\ Q & R \end{bmatrix} \nabla^2 \begin{bmatrix} \vec{u}_P \\ \vec{U}_P \end{bmatrix} \tag{2.118}$$

式中：A、N、Q、R 就是此 4 参数，$A \equiv \lambda$，$N \equiv \mu$ 是拉姆系数和切变模量；Q 是体积耦合

模量；R 是压力模量，详见 2.2.4.2 节。$\nabla^2 = \dfrac{\partial^2}{\partial x^2} + \dfrac{\partial^2}{\partial y^2} + \dfrac{\partial^2}{\partial z^2}$ 是拉普拉斯算符。

（3）"4 参数"Biot 介质纵波相速度为

$$V_P^B = \sqrt{\frac{\lambda + 2\mu + 2Q + R}{\rho_{11} + 2\rho_{12} + \rho_{22}}} = \sqrt{\frac{H}{\rho}} = v_c \tag{2.119}$$

这就是 (2.37) 式中的参考速度。H 就是 Biot 介质综合模量。名为参考速度就是因为实际上纵波含有两种速度，就是快纵波和慢纵波速度，将在 2.4.1 节中叙说。

（4）"4 参数"Biot 介质横波方程为

$$\begin{bmatrix} \rho_{11} & \rho_{12} \\ \rho_{12} & \rho_{22} \end{bmatrix} \begin{bmatrix} \ddot{\vec{u}}_S \\ \ddot{\vec{U}}_S \end{bmatrix} = \mu\nabla^2 \begin{bmatrix} \vec{u}_S \\ 0 \end{bmatrix} \tag{2.120}$$

（5）"4 参数"Biot 介质横波相速度为

$$V_S^B = \sqrt{\frac{\mu}{\rho_{11}\left(1 - \dfrac{\rho_{12}^{\ 2}}{\rho_{11}\rho_{22}}\right)}} \tag{2.121}$$

双相介质与单相固体介质横波速度的差就在于以固流复合密度替代了固体密度。

2.3.4 Kelvin-Biot 耗散介质

这就是我们最终要研究的黏滞性双相介质，是黏弹性的，有它的代表性。基础是完全弹性双相介质，也就是 4 参数双相介质，然后用 Kelvin 的办法加上黏滞项。

2.3.4.1 三个基本方程

应力应变方程、位移应变方程和位移应力方程分别为

$$\boldsymbol{\sigma}_{7\times1} = \boldsymbol{D}_{7\times7}^{KB}\boldsymbol{e}_{7\times1} \tag{2.122}$$

$$\boldsymbol{e}_{7\times1} = \boldsymbol{L}_{7\times6}\boldsymbol{U}_{6\times1} \tag{2.123}$$

$$\boldsymbol{\rho}_{6\times6}\ddot{\boldsymbol{U}}_{6\times1} = \boldsymbol{L}_{6\times7}\boldsymbol{\sigma}_{7\times1} \tag{2.124}$$

它与 BIot 介质的主要区别在于物性矩阵，为

$$\boldsymbol{D}_{7\times7}^{KB} = \boldsymbol{D}_{7\times7}^{t} + \boldsymbol{D}_{7\times7}^{n} = \boldsymbol{D}_{7\times7} + \boldsymbol{D}_{7\times7}^{n} \tag{2.125}$$

其中的弹性项（上标 t）就是 Biot 介质中的物性矩阵，另外增加了一个黏性项（上标 n）。黏性项与弹性项物性参数有下列对应规则，即

$$\begin{aligned} \mu \leftrightarrow \mu + \mu' l_t, \lambda \leftrightarrow \lambda + \lambda' l_t \\ Q \leftrightarrow Q + Q' l_t, R \leftrightarrow R + R' l_t \end{aligned} \tag{2.126}$$

这就是说 Kelvin-Biot 介质对应于 4 参数 Biot 介质有 8 个参数，4 个弹性参数与 Biot 介质一样，4 个黏滞性参数是：λ' 和 μ' 是双相介质黏滞性拉姆系数，Q' 和 R' 是黏滞性体积耦合模量和压力模量。

2.3.4.2 Kelvin−Biot 波动方程

由上述三个基本方程逐步叠代就可得到

$$\boldsymbol{\rho}_{6\times6}\ddot{\boldsymbol{U}}_{6\times1} = \left(\boldsymbol{L}_{6\times7}\boldsymbol{D}_{7\times7}^{KB}\boldsymbol{L}_{7\times6}\right)\boldsymbol{U}_{6\times1} \tag{2.127}$$

对 Biot 纵波方程（2.118）用（2.126）式的对应规则作参数变换即可得到 Kelvin−Biot 纵波方程，即

$$\begin{bmatrix} \rho_{11} & \rho_{12} \\ \rho_{12} & \rho_{22} \end{bmatrix}\begin{bmatrix} \ddot{\phi} \\ \ddot{\varPhi} \end{bmatrix} = \begin{bmatrix} \lambda+2\mu & Q \\ Q & R \end{bmatrix}\nabla^2\begin{bmatrix} \phi \\ \varPhi \end{bmatrix} + \begin{bmatrix} \lambda'+2\mu' & Q' \\ Q' & R' \end{bmatrix}\nabla^2\begin{bmatrix} \dot{\phi} \\ \dot{\varPhi} \end{bmatrix} \tag{2.128}$$

同样可得到横波方程，即

$$\begin{bmatrix} \rho_{11} & \rho_{12} \\ \rho_{12} & \rho_{22} \end{bmatrix}\begin{bmatrix} \ddot{\vec{\psi}} \\ \ddot{\vec{\psi}} \end{bmatrix} = \mu\nabla^2\begin{bmatrix} \vec{\psi} \\ 0 \end{bmatrix} + \mu'\nabla^2\begin{bmatrix} \dot{\vec{\psi}} \\ 0 \end{bmatrix} \tag{2.129}$$

2.3.4.3 相速度和损耗

纵波相速度为

$$\widetilde{v}_{\mathrm{P}}^{KB} = v_{\mathrm{c}}\sqrt{1+\mathrm{i}\frac{1}{Q_{\mathrm{P}}}} \tag{2.130}$$

这是个复数，同样包含有快慢纵波两个速度值，将在 2.4.1 节中分析。横波相速度为

$$\widetilde{v}_{\mathrm{S}}^{KB} = v_{\mathrm{S}}^{B}\left(1+\frac{\mathrm{i}}{2Q_{\mathrm{S}}}\right), \quad Q_{\mathrm{S}} \gg 1 \tag{2.131}$$

纵波损耗为

$$Q_{\mathrm{P}}^{-1} = \frac{H'}{H} \tag{2.132}$$

式中：

$$H' = \lambda' + 2\mu' + 2Q' + R' \tag{2.133}$$

为综合黏滞性参数。

横波损耗为

$$Q_{\mathrm{S}}^{-1} = \frac{\omega\mu'}{\mu} \tag{2.134}$$

2.4 双相介质中一些专论

2.4.1 Biot 慢纵波

Biot 的原始论文 [1] 中就预见到慢纵波的存在，可以说这是他最重要的理论成果之一，对油气预测有着深远的意义。

2.4.1.1 慢纵波的理论预测

我们在 2.3.3.2 节中由 4 参数 Biot 介质的纵波方程求得 Biot 纵波相速度为 v_{c}，命它为参考速度。我们还可以由 v_{c} 得到纵波相速度的特征方程，即

$$\begin{bmatrix} v^2\rho_{11}-(\lambda+2\mu) & v^2\rho_{12}-Q \\ v^2\rho_{12}-Q & v^2\rho_{22}-R \end{bmatrix}\begin{bmatrix} \theta_0 \\ \Theta_0 \end{bmatrix}=\begin{bmatrix} 0 \\ 0 \end{bmatrix} \tag{2.135}$$

此式有解的充分必要条件是

$$\begin{vmatrix} v^2\rho_{11}-(\lambda+2\mu) & v^2\rho_{12}-Q \\ v^2\rho_{12}-Q & v^2\rho_{22} \end{vmatrix}=0$$

此式中两个方程是线性无关的，因此速度有两个解，即

$$av_P^4+bv_P^2+c=0 \tag{2.136}$$

式中　　$a=\rho_{11}\rho_{22}-\rho_{12}{}^2$

　　　　$b=2Q\rho_{12}-(\lambda+2\mu)\rho_{22}-R\rho_{11}$

　　　　$c=(\lambda+2\mu)R-Q^2c$

由上式解出纵波相速度方为

$$\left(v_P^B\right)^2=\frac{-b\pm\sqrt{b^2-4ac}}{2a}=v_{P1}^2,\ v_{P2}^2 \tag{2.137}$$

这就有两个速度值，高的是快纵波 v_{P1}，也就是常规的纵波速度，低的就是慢纵波 v_{P2}。这是没有耗散的情况，只是为了证明有慢波的存在。如果要计算有耗散的介质（Kelvin–Biot 介质）的慢波速度 v_{II}，则要用（2.44）式，即

$$v_{II}=v_c\left[2\frac{f}{f_c}\frac{\left(\sigma_{11}\sigma_{22}-\sigma_{12}{}^2\right)}{\left(\gamma_{12}+\gamma_{22}\right)}\right]^{\frac{1}{2}} \tag{2.138}$$

求 v_{II}。

2.4.1.2　慢纵波存在的实验证明 [27, 28, 3]

2.4.1.2.1　模型试验

Plona 对多种孔隙介质（表 2.4）用超声波作了试验，证明的确存在慢纵波，并把所测慢纵波速度也列于表中。由此 Biot 双相介质理论得到了证明，Biot 理论的影响不断扩大。

表 2.4　试验用多孔介质一览表

材料名称	孔隙度 ϕ	孔隙平均大小 $r(\mu m)$	v_{P1} (m/s)	v_S (m/s)	v_{P2}(m/s)
烧结玻璃 1	28.3	50	4050	2370	1040
烧结玻璃 2	18.5	20	4840	2930	820
烧结玻璃球 3	10.5	10	5150	2970	580
陶瓷品 1	41.5	41.5	3950	2160	960
陶瓷品 2	34.5	55	2760	1410	910
陶瓷品 3	30.0	40	2910	1620	960
多孔钢	48.0	20	2740	1540	920

材料名称	孔隙度 ϕ	孔隙平均大小 $r(\mu m)$	v_{P1} (m/s)	v_S (m/s)	v_{P2} (m/s)
多孔钛	41.0	30	2720	1790	910
多孔铬镍铁合金	36.0	90	2120	1150	930
滤石	40.0	60	4650	2910	940

他观测到的记录如图 2.42 至图 2.45。可见慢纵波波至非常清晰。孔隙平均半径小（如 15μm）时振幅弱（图 2.44）；过大时（如 175μm）成散射，不见慢波波至；只有合适的孔隙半径（如 55μm）才有较大的慢波振幅 D。慢纵波在孔隙度（小于 10%）和渗透率 (200mD) 较小时速度低（小于 0.8km/s）；孔隙度大于 15%，渗透率大至 9000mD 时，慢纵波速度缓慢平稳升高至近 1km/s（图 2.45）。

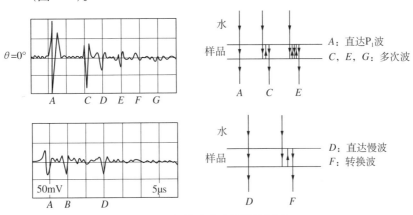

图 2.42 烧结玻璃球的慢波记录

横轴—时间 (μs)；纵轴—振幅（mV）；
A—直达 P_1 波；B—直达 S 波；D—直达慢波 P_2 波

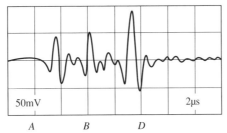

图 2.43 烧结钢的折射波至

横轴—时间 (μs)；纵轴—振幅（mV）
A—P_1 波至；B—S 波至；D—慢波 P_2 波至

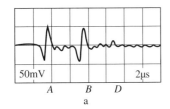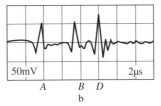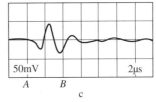

图 2.44 慢波振幅随孔隙半径 r_k 而变

a—r_k=15μm，慢波弱；b—r_k=55μm，慢波强；c—r_k=175μm，散射，无慢波；A—P_1 波；B—S 波；D—慢 P_2 波

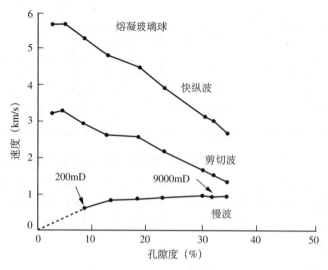

图 2.45　慢波速度随孔隙度和渗透率而变

横轴—孔隙度；纵轴—速度；参数—渗透率（mD）

2.4.1.2.2　接收慢纵波的条件

（1）慢纵波是双相介质的特有现象，也就是说慢纵波是因为有孔隙流体和孔隙壁固体的耦合互动而产生的，关键就是流体在孔隙中流动的黏滞性。流体的黏滞系数 η_f 起决定性作用。孔隙大小一般为几微米，因此相当于毛细管，流体在孔隙中流动是一种毛细管作用，它就有趋肤效应，如图 2.46 所示。流体沿管壁运动时，离壁愈远前进愈少，至零处称作趋肤深度（skin depth）ds，而

$$ds = \sqrt{\frac{2\eta_f}{\rho_f\omega}} \tag{2.139}$$

量纲：$[ds]=[Pa \cdot s \cdot g^{-1} \cdot cm^3 \cdot s]=[10g \cdot cm^{-1} \cdot s^{-2} \cdot s \cdot g^{-1} \cdot cm^3 \cdot s]^{1/2}=[10 \cdot cm^2]^{1/2}=\sqrt{10}\,cm$

这个趋肤深度如果大到平均孔隙半径的一半，两壁影响相互干涉，非常不利于慢纵波的产生。因此，有利于慢纵波产生的条件是趋肤深度远小于孔隙平均半径，即

$$ds<<r_k \tag{2.140}$$

（2）双相介质中有孤立孔隙和连通孔隙。孤立孔隙与慢波的生成无关，只有连通孔隙才可能生成慢纵波。

（3）由（2.139）式可见，流体黏滞系数 η_f 愈大，ds 愈大，愈不利于慢纵波的产生。这时流体有了耦合力，也不可能产生慢纵波。

（4）入射波中最好有高频，使 ds 变小，有利于生成慢纵波。频率也会影响到黏滞性，频率愈大，黏滞性会愈小；频率很小时，黏滞性会增高。因此高频有利于慢纵波的产生。但 White 理论证明在地震频段内由于岩性的不均匀性而容易产生慢纵波。这就是说高频并非产生慢纵波的必要条件，只是有利条件，而是流体黏滞性低是必要条件，因为这时趋肤深度可以是低的。低频使黏滞性高的效应并不影响产生慢波。

（5）流体密度高时也有利于产生慢纵波，但影响较小。

（6）高渗透率有利于生成慢纵波。由图 2.45 可见高渗透率还能提高慢纵波的速度。

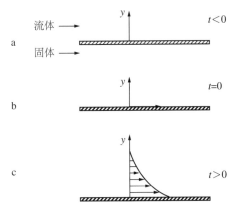

图 2.46 孔隙壁的趋肤效应

a 图表示 $t<0$ 时，流体静止；b 图表示 $t=0$ 时，流体开始沿管壁运动；c 图表示 $t>0$ 时，流体离管壁愈远前进愈少；
横轴—x，流体运动方向；纵轴—y，离固体壁的距离

2.4.1.3 慢纵波的性质 [1, 3, 4]

2.4.1.3.1 慢纵波的出现受制于 r_k 与 ds 的比值。

由（2.140）式可知，要趋肤深度远小于孔隙平均半径才能产生慢纵波。由图 2.44 可知孔隙半径为 15μm 时即有微弱的慢波产生（图 a），这时趋肤深度约为 0.5μm。因为试验中用的流体是水，水的黏滞系数 $\eta_w=1 \times 10^{-2}$Pa·s，水的密度 $\rho_w=1$g/cm^3，实际趋肤深度应为

$$\mathrm{d}s = \sqrt{\frac{2 \times 10^{-2}}{1 \times 2\pi f}}[3.16\mathrm{cm}]=1780\mu\mathrm{m}/\sqrt{f}=178\mu\mathrm{m}(f=100\mathrm{Hz})$$
$$=17.8\mu\mathrm{m}(f=10000\mathrm{Hz})$$
$$=1.2\mu\mathrm{m}(f=2.25\times10^6\mathrm{Hz})$$

由此可见频率愈低愈不可能出现慢纵波。100Hz 时趋肤深度远比孔隙半径大，绝对不可能出现慢纵波。10000Hz 时趋肤深度也比孔隙平均半径大，也不可能出现慢纵波。由于试验用的是 2.25MHz 的超声波，趋肤深度小于孔隙半径的十几倍，这就出现了慢纵波，但还是微弱的。到了孔隙半径达到趋肤深度的 45 倍，即 55μm 才有强的慢纵波出现（图 2.44b）。估计 (2.140) 式的"远小于"应是

$$r_k/\mathrm{d}s=10 \sim 50 \tag{2.141}$$

而当半径大至 175μm 时（图 2.44c），$r_k/\mathrm{d}s=145$，远超出了（2.141）式的范围，这时散射压制了所有有效波，慢纵波也不可能出现了。

地震频率低会发生完全不同的情况。如用 100Hz 的高频地震探测，将（2.139）式化为

实用形式：$\mathrm{d}s = \sqrt{\dfrac{\eta_f}{\rho_f}}\sqrt{\dfrac{10}{\pi f}} \times 10^4 \mu\mathrm{m}=1784\sqrt{\dfrac{\eta_f}{\rho_f}}\mu\mathrm{m}$，由表 5.6 可得油、气、水的趋肤深度分别为 25、3.4、5.1μm，如按（2.141）式，则孔隙平均半径最小要求分别为 250、34、51μm。地震探测天然气和石油储层中的慢波是可能的，但正如下面 2.4.1.3.4 节中的计算结果，损耗双相介质慢波速度太低，只有 9m/s，不易捕捉。

2.4.1.3.2 慢纵波速度与孔隙度和渗透率有关

由图 2.45 可见，慢纵波速度随孔隙度的减少而缓慢降低，孔隙度减至零时，慢波速度

降至零，也就是慢纵波消失。这证明，慢纵波由于有孔隙而存在，实际是由于有充满流体的孔隙而存在。由此图还可看到渗透率 9000mD 时的慢纵波速度大于 200mD 的慢纵波速度。孔隙度大，渗透率大，有利于提高慢纵波速度；但在孔隙度大于 15% 以后速度提高有限。

2.4.1.3.3　慢纵波速度决定于流体速度和迁曲度

如果流体体积模量远小于固体体积模量，即 $K_f << K_S$，并忽略流体黏滞性，则慢纵波速度为 [8]

$$v_{P2} = \sqrt{\frac{K_f}{t_u \rho_f}} \tag{2.142}$$

式中：t_u 为迁曲度，孔隙度愈大迁曲度愈小，其中一个可能的公式为

$$t_u = \frac{1}{2}\left(\frac{1}{\phi} + 1\right) \tag{2.143}$$

知流体速度为 $v_f = \sqrt{K_f / \rho_f}$，因此上式变为

$$v_{P2} = v_f / \sqrt{t_u}$$

或

$$t_u = v_f^2/v_{P2}^2, \quad v_f = v_{P2}\sqrt{t_u} \tag{2.144}$$

可以利用此式估计迁曲度。由于迁曲度在 1（ϕ=100%）至 ∞（ϕ=0）之间变化，总是大于 1 的正值，因此慢纵波速度总是小于流体速度 $v_{P2} < v_f$，小的程度决定于迁曲度。迁曲度愈大，小的程度愈大。或者说孔隙度愈大，迁曲度愈小，慢纵波速度愈接近于流体速度。一般孔隙度在 5% ～ 30% 之间，则迁曲度在 10.5 ～ 2.2 之间，慢纵波速度在流体速度的 0.31 ～ 0.67 之间。此次试验用的流体是水，速度在 1500m/s，则表 2.1 中所得慢纵波速度与流体速度的比值如表 2.5 所示。可见此比值在 0.39 ～ 0.69 之间，与上述估计差不多，理论有相当的合理性。再利用（2.144）式可得迁曲度的估计，用（2.143）式可得孔隙度的估计，一并列入表 2.5。这样我们就可以由慢纵波速度估计迁曲度和孔隙度，当然这种估计只是一种参考，要拿来实用还得做多方面考察。更重要的是如果将来有朝一日真的在野外勘探中采集到了慢纵波，由此取得慢纵波速度，通过 $\phi \rightarrow t_u \rightarrow v_f$ 得到流体速度，再由某种途径取得流体体积模量 K_f，就可得到我们梦寐以求的流体密度 ρ_f，预测分辨油、气、水就会如 [8] 中预期的出现一个新天地。而 K_f 可以由成对的 v_f 和 ρ_f 求得

$$K_f = v_f^2 \rho_f \tag{2.145}$$

量纲：$[K_f]=[\text{m}^2\text{s}^{-2}\text{gcm}^{-3}]=[10^3 \cdot 10\text{gcm}^{-1}\text{s}^{-2}]=[\text{kPa}]=10^{-3}[\text{MPa}]$

在表 2.6 中我们就得到了油、气、水的 K_f 的一例。

表 2.5　由慢纵波速度求得相关值

v_{P2}(m/s)	1040	820	580	960	910	960	920	910	930	940
v_{P2}/v_f	0.69	0.55	0.39	0.64	0.61	0.64	0.61	0.61	0.62	0.63
t_u	2.10	3.31	6.57	2.44	2.69	2.44	2.69	2.69	2.60	2.52
ϕ	0.31	0.18	0.08	0.26	0.23	0.26	0.23	0.23	0.24	0.25

2.4.1.3.4 慢纵波速度的理论计算

我们在 [8] 中用 Biot 理论计算了无耗散 Biot 介质中的一例水层慢纵波速度，得到的速度值是 860m/s。我们在这里再计算该例 Kelvin-Biot 介质中的慢纵波速度。这里要用 (2.44) 式。该储层参数如表 2.6。

表 2.6 储层及流体参数（个例）

储层	v_P (m/s)	v_S(m/s)	γ	σ	ρ(g/cm³)	μ(MPa)	K(MPa)	Q_P	$\alpha(10^{-2}$/m)	η(Pa·s)
气层	3244	2106	1.54	0.135	2.31	10.25	10.65	10.2	0.57	4.74
油层	4115	2299	1.79	0.273	2.44	12.90	24.12	17.4	0.26	4.67
水层	4614	2481	1.86	0.300	2.51	15.45	32.84	22.4	0.18	4.72
油	1100	–	–	–	0.8	–	968			
气	460	–	–	–	0.21	–	44.43			
水	1500	–	–	–	1.00	–	2250			0.01

估计损耗介质慢纵波速度的 (2.44) 式中需要下列参数，已有的都从 [8] 中取得，即

(1) 参考速度 $v_c=(H/\rho)^{1/2}$=4990m/s

(2) 特征频率 $f_c=\dfrac{\eta\phi}{2\pi\rho_f\phi k}$=1862Hz

(3) $P=\lambda+2\mu$=53.64，H=61.30，R=P/101.42=0.53，$2Q$=6.724
（校验：$H=P+2Q+R$=60.89 合格）

(4) $\sigma_{11}=P/H$=0.88，$\sigma_{22}=R/H$=0.0086，$\sigma_{12}=Q/H$=0.058
（校验：$\sigma_{11}+\sigma_{22}+2\sigma_{12}$=1.0046 合格）

(5) ρ_{11}=2.574，ρ_{22}=0.351，ρ_{12}=−0.234，ρ=2.457
（校验：$\rho=\rho_{11}+\rho_{22}+2\rho_{12}$=2.457 合格）

(6) $\gamma_{11}=\rho_{11}/\rho$=1.048，$\gamma_{22}=\rho_{22}/\rho$=0.143，$\gamma_{12}=\rho_{12}/\rho$=−0.095
（校验：$\gamma_{11}+\gamma_{22}+2\gamma_{12}$=1.001 合格）

由此可算得

$$v_{II}(f)=v_c\left[2\frac{f}{f_c}\frac{\left(\sigma_{11}\sigma_{22}-\sigma_{12}^2\right)}{\left(\gamma_{12}+\gamma_{22}\right)}\right]^{1/2}=0.9177\sqrt{f}\,\text{m/s}$$

$$=9.18\text{m/s}(f=100\text{Hz})$$

$$=91.7\text{m/s}(f=10000\text{Hz})$$

$$=1377\text{m/s}(f=2.25\times10^6\text{Hz})$$

可见损耗双相介质慢纵波速度与频率的方根成正比，受频率的影响极大。地震频段的速度只 10m/s 左右，比无损耗双相介质的小得多，要在地面地震勘探中得到损耗双相介质的慢纵波是极其困难的。

由此可知孔隙度大、渗透率大、迂曲度小、黏滞系数小、孔隙半径大都有利于产生较大能量、较高速度的慢纵波。好像是在孔隙中流体流动性大的条件有利于产生慢纵波。慢

纵波是在饱和流体中运动的波，但它又是在流固集合体中，由于流体与固体耦合而又异相运动产生的，它绝不会在单独的流体中产生。也不会在孤立孔隙的流体中产生，参与慢波运动的流体只是在连通孔隙中的流体。总的讲慢纵波能量较小，它有较大的衰减。无损耗时它的速度近于流体速度，低于横波速度；有损耗时远低于流体速度和横波速度。

2.4.1.4 充满黏滞流体的裂缝中的慢纵波 [175]

2.4.1.4.1 裂缝中的 Stoneley 导波 （Stoneley guided waves）

早先被用来解释火山爆发前裂缝扩张，熔岩融化时的共振引起的低频振动，它产生流体慢波，是一种 Stoneley 导波，是流体层被一对弹性壁包围所引起的。由于裂缝宽度大（0.5～1m），早先流体的黏滞性没有被考虑。在裂缝中不考虑黏滞性的流体中的波沿裂缝在低频时以一种近于零的慢速传播。Ferrazzini 和 Aki1987 用一个基本的对称模型描述了其相速度 [176]，即

$$v_{f2} = \left(\frac{\omega h_{fr} \mu}{\rho_f} \left(1 - \gamma_-^2 \right) \right)^{1/3} \tag{2.146}$$

式中：ω 为圆频率；h_{fr} 为裂缝宽度；ρ_f 为流体密度；μ 为弹性壁的切变模量；$\gamma_- = v_S/v_P = 1/\gamma$。

这个波又被称作慢流体波 （slow fluid wave），流体导波 （fluid guided wave） 或第一对称流体模型 （first symmetrical fluid mode），与 Stoneley 导波是一个意思。

2.4.1.4.2 Stoneley 慢波

将上述对称模型进一步考虑，如图 2.47a，有着相同性质的两个弹性半空间 （裂缝壁 E） 夹一黏滞流体层 VF，导波在 x–z 二维空间中沿层 x 方向运行。推导所得流体复相速度 $\tilde{v}_f$ 应为

$$\tilde{v}_f^3 = v_{f2}^3 \frac{\beta}{1 + \sqrt{\beta/3 + \beta}} \tag{2.147}$$

$$\beta = -i \frac{S_n^2}{12}, S_n = h_{fr} \sqrt{\frac{\omega \rho_f}{\eta_f}} \tag{2.148}$$

又因为
$$\beta = -\frac{k_x^2 h_{fr}^2}{12} \alpha_{Sf}^2 \tag{2.149}$$

故
$$S_n^2 = -i k_x^2 h_{fr}^2 \alpha_{Sf}^2, S_n = \sqrt{-i} k_x h_{fr} \alpha_{Sf} \tag{2.150}$$

式中：S_n 为归一化趋肤因子 （Normalized skin factor）；η_f 为流体黏滞系数；h_{fr} 为裂缝宽度；k_x 为以相速度 v_f 在 x 方向运行的波数；α_{Sf} 为流体层的横波吸收系数。

对于细裂缝有
$$\tilde{v}_f^3 = v_{f2}^3 \frac{\beta}{1 + \beta} \tag{2.151}$$

当 $\beta \ll 1$ 时有
$$\tilde{v}_f = h_{fr} \left(-i \frac{\omega^2 \mu_m}{12\eta} \left(1 - \gamma_-^2 \right) \right)^{1/3} \tag{2.152}$$

对于粗裂缝有

$$\widetilde{v}_f^3 = v_{f2}^3 \left(1 - \frac{1}{\sqrt{3\beta}}\right) \tag{2.153}$$

2.4.1.4.3 Biot 慢波

裂缝中的 Biot 模型如图 2.47b 所示，与 Stoneley 模型的差别就在后者是由管壁拖拽的导波而前者是在流体内传播的波。低频时黏滞流体 Biot 复相速度为

$$\widetilde{v}_f^B = v_c \sqrt{\frac{\omega h_{fr}^2 \rho_f}{24\eta}} (1 - i) \tag{2.154}$$

式中：v_c 为参考速度。

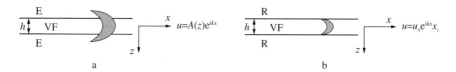

图 2.47　Stoneley 慢波模型 (a) 和 Biot 慢波模型 (b)
圆箭头—导波运动方向 (x)；
h—裂缝宽度；裂缝内黏滞流体被弹性壁包围
E—弹性体；VF—黏滞流体；R—刚体

2.4.1.4.4　数值解

如果给以 h=1mm 宽的裂缝，分别充满水或油，以上各种情况下的波散和损耗如图 2.48 和图 2.49 所示。其中各曲线所依据的条件如下：1 为弹性裂缝中黏滞流体方程的确切解；2 为 Biot 裂缝慢波方程解；3 为裂缝中流体无黏滞性，即方程 (2.146) 的解；4 为 Stoneley 慢波方程 (2.147) 的解；5 为细裂缝条件且 $\beta \ll 1$ 时方程 (2.152) 的解；6 为粗裂缝条件下方程 (2.153) 的解。

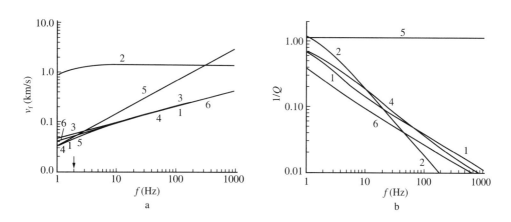

图 2.48　充满水的裂缝的波散和损耗
a—波散；b—损耗；横轴—频率；
1—弹性裂缝中黏滞流体方程的确切解；2—Biot 慢波方程解；
3—非黏滞流体方程 (2.146) 解；4—方程 (2.147) 解；
5—细裂缝方程 (2.152) 解；6—厚裂缝方程 (2.153) 解

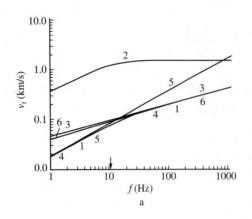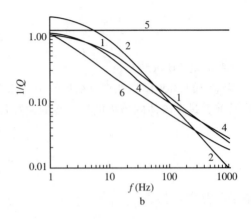

图 2.49　充满油的裂缝的波散和损耗

a—波散；b—损耗；横轴—频率；

1—弹性裂缝中黏滞流体方程的确切解；2—Biot 慢波方程解；3—非黏滞流体方程 (2.146) 解；
4—方程 (2.147) 解；5—细裂缝方程 (2.152) 解；6—厚裂缝方程 (2.153) 解

可见：

（1）在地震频段（10 ~ 100Hz）充油时品质因素约为 $1 \leqslant Q \leqslant 10$（平均约 5），充水时约为 $10 \leqslant Q \leqslant 30$（平均约 20）；裂缝充油时品质因数显著降低，是识别的重要标志。

（2）反之，充油时损耗 $1 \geqslant Q^{-1} \geqslant 0.1$，；充水时损耗 $0.1 \geqslant Q^{-1} \geqslant 0.3$；裂缝充油时损耗显著增加。

（3）在地震频段不管裂缝中流体是水还是油，速度大多在 100 ~ 1000m/s 之间，基本不受流体性质的影响，是显著的慢波。

（4）Biot 流体速度在地震频段内不随频率而变，波散为零。

（5）细裂缝条件下损耗不随频率而变，没有弛豫现象。

（6）除（2）以外的其他条件下速度都随频率的增高而增大，有显著的波散现象。以细裂缝的波散（5）最大。

（7）除（5）以外的其他条件下损耗都随频率的增加而减小，零频率时最高，没有通常的弛豫现象。这是裂缝慢波最显著的特点之一。

2.4.2　Biot 慢横波 [174]

2.4.2.1　Biot 慢横波的由来

我们已经知道 Biot 理论研究了快纵横波并预测了慢纵波，三个波，并不对称。实际上它的理论中还隐藏着另一个波，就是慢横波。从 Biot 理论框架发展的一开始就没有注意这个慢横波模式的存在，他忽略了控制横波过程的两个对偶方程系统的解耦。更有甚者，在 Biot 架构关系中缺乏流体应变率一项，在这种情况下，这个模式的速度等于零。一旦 Biot 架构关系中更正了流体应变率项（就是流体黏滞系数，黏滞性应力与应变率成正比，比例系数就是黏滞系数）的缺失，这个模式就转变为类似于牛顿流体中的黏滞波的弥散过程。在黏滞域它退化为被带有阻尼项的弥散方程所控制的过程。虽然这个模式被阻滞得如此严重以致靠近它的震源时就会很快消亡，还是会不管什么机制通过界面上或材料的不连续或不均匀处由地震波（快纵横波）的转换拖拽出能量，检测出它的存在。为了叙述在界面上产生这个模式的进程，测试了这样一种情况：一个水平极化的快 S 波垂直入射在孔隙介质中空气—水的平界面上。常规的 Biot 框架支持这个入射波不加改变地透过这个界面；而改正了黏滞性的 Biot 框架，会预测出一个强的快 S 反射波，这是由于在界面上有了慢横波发生。

2.4.2.2 Biot 慢横波的表现

Sahay2008 年发表了他的论文 [174]，详细阐述和论证了 Biot 慢横波的存在，并建立了一整套公式。由于过于复杂冗长，只介绍结果，如图 2.50 所示，图中所用数据是：固体骨架密度 $\rho_s=2.65 \times 10^3 kg/m^3$，固体矿物横波速度 $\beta_s=2950m/s$，干燥骨架横波速度 $\beta_d=1800m/s$，孔隙度 $\phi=0.2$，渗透率 $k=1 \times 10^{-11}m^2$，迂曲度 $t_u=4/3$，水密度 $\rho_w=1 \times 10^3 kg/m^3$，孔隙流体水切变黏滞系数 $\eta_w=1 \times 10^{-3}Pa \cdot s$，甘油密度 $\rho_{gl}=1.26 \times 10^3 kg/m^3$ 以及甘油切变黏滞系数 $\eta_{gl}=1.41Pa \cdot s$。其中固体矿物横波速度为

$$\beta_s = \left(\frac{\mu_m}{\rho_s}\right)^{1/2} \tag{2.155}$$

干燥骨架横波速度为

$$\beta_d = \left(\frac{\mu_d}{\phi_s \rho_s}\right)^{1/2} \tag{2.156}$$

饱和骨架横波速度为

$$\beta_m = \left(\frac{\mu_d}{\rho}\right)^{1/2} \tag{2.157}$$

式中：ϕ_s 为固体骨架体积百分比，总密度

$$\rho = \left(\frac{1}{\phi_s \rho_s} + \frac{1}{\phi_f \rho_f}\right)^{-1}$$

或

$$\frac{1}{\rho} = \frac{1}{(1-\phi)\rho_s} + \frac{1}{\phi \rho_f} \tag{2.158}$$

图 2.50 中 a 为慢横波速度波散，b 为慢横波损耗，c 为快横波损耗（充满水），d 为快横波损耗（充满甘油）。可见：

（1）充满水的快横波损耗（c）弛豫现象很明显，弛豫频率 Ω_m（损耗峰值）在 10^4 Hz 附近，而转折频率 Ω_c 在 10^7Hz 附近，然后进入饱和骨架的弛豫频率 Ω_s，在 10^{12}Hz 附近，呈一个双峰结构。

（2）充满甘油的快横波损耗（d）双峰靠拢，转折频率低峰被挤仄，Ω_m，Ω_c，Ω_s 三种频率分别到了 $10^{6.5}$Hz、10^7Hz、10^9Hz 附近。裂缝流体性质极大地影响着损耗随频率变化的规律。从这儿有可能找到各向异性方法以外探测裂缝油气的新途径。当然这还是在快横波的领域。

（3）充水慢横波的损耗（b）与同样充水的快横波（c）有完全不同的规律，这里零频率有最高损耗，然后随频率的升高而降低，到了弛豫频率 Ω_m 后即趋向平静，不再随频率而变，在此转折频率 Ω_c 只有象征意义。

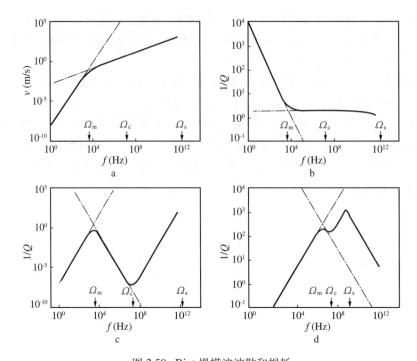

图 2.50　Biot 慢横波波散和损耗

Ω_m—Biot 弛豫频率　　Ω_c—转折频率　　Ω_s—饱和骨架弛豫频率

a—慢横波速度波散（充水）；b—慢横波损耗（充水）；c—快横波损耗（充水）；d—快横波损耗（充甘油）

2.4.2.3　Biot 慢横波的机制

慢横波本质上是在一种流体中的运动，它严格地被阻滞，以致刚离开它的产生点几乎就消亡了。在一个均匀孔隙介质中它完全由快纵波和快横波解耦得来，它不能在这个介质中随它们继续传播。在经典的 Biot 理论框架中，Dutta 等 1983 年在文献 [177] 中显示了当一个快纵波或一个快横波敲击一个界面或一个不连续点时会分出一部分能量进行模式转换，在界面上产生慢纵波。而它的产生又会从传播的波中拽出能量。从纯粹的做过黏滞改正后的 Biot 框架看，由它们的耦合分出慢纵波时，由于界面上的模式转换，快波也会与慢横波耦合，慢横波又在近界面处消亡，但无论如何它的产生是从快波拽出了的能量。这样，在地震波于不均匀介质中传播的过程中慢横波起了与慢纵波相同的作用。

接着 Sahay 做了一种试验 [174]，他将水平极化的快横波垂直入射到一个孔隙框架中水平的空气和水的接触面上，见证了随后在界面上有慢横波的产生。这个入射波属于空气饱和的半空间。反射波和透过波分别属于空气饱和及水饱和的半空间。他研究了一个快 SH 波垂直入射到两个紧密接触的孔隙弹性半空间的界面上，流体可以自由跨越流动。对于一个孔隙骨架样品，顶部饱和空气，下部饱和水，他得到了快慢横波的反射和透射系数公式，并用下列数据得到了图 2.51。

固体骨架和饱和流体的数据与图 2.50 一样，空气密度 $\rho_\mathrm{a}=1.21\mathrm{kg/m^3}$ 及空气切变模量 $\mu_\mathrm{a}=1.8\times10^5\mathrm{Pa\cdot s}$。图中实线为反射（透过）系数模量，虚线为反射（透过）系数相位。可见慢横波反射和透射系数基本不随频率变化，只有在甚高频时（约 $10^5\mathrm{Hz}$ 以后）才有些变化。饱和水时的弛豫频率 Ω_mw 比饱和空气时的弛豫频率 Ω_ma 低。

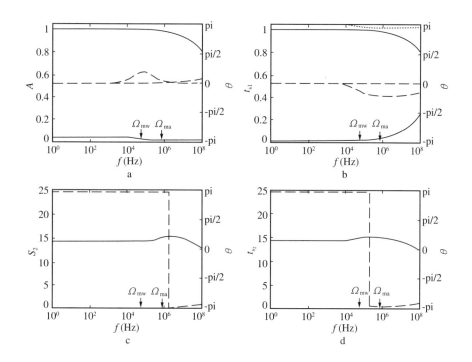

图 2.51 Biot 慢波反射及透过系数

Ω_{ma}, Ω_{mw}—饱和空气或水后的 Biot 弛豫频率；

实线—反射系数模量；虚线—反射系数相位。

纵轴：左—反射 r（透过 t）系数模量；右—反射 r（透过 t）系数相位 θ。

a—快横波反射系数；b—快横波透射系数；c—慢横波反射系数；d—慢横波透射系数

2.4.3 Biot−Gardner 理论 [29, 30]

2.4.3.1 理论概要

Gardner 利用 Biot 理论研究了流体饱和的孔隙圆柱体中波的波散和吸收以及有关规律，被称为 Biot−Gardner 理论。Biot 研究的是在半空间无限介质状态下流体饱和孔隙岩石中的规律。Gardner 利用 Biot 理论研究了岩石圆柱体（细棒）中两种拉伸波和一种切变波在低频时的规律。Biot 的低频定义是 $f \leqslant 0.15f_c$，$f_c = \eta \phi / 2\pi \rho_f k$；也就是孔隙度愈大、流体黏滞系数愈大、流体密度愈小，以及渗透率愈小时特征频率愈大，低频的上限就愈大。Gardner 低频的定义是：棒中拉伸波及扩散波的波长大于棒的圆周，即

$$\lambda_L = \frac{v_L}{f_L} > 2\pi a \tag{2.159}$$

或

$$v_L > \omega a, \quad f_L < v_L / 2\pi a$$

就是拉伸波速度 v_L 要大于圆频率乘棒半径 a，或拉伸波频率要小于速度与圆周的比。

拉伸波就是在细棒中沿轴向运动的一维纵波，而体膨胀波是二维和三维纵波。因为细棒可以是研究的理想单元（喷流机制中就用了这样的圆柱体单元），又是岩心样品的实际型态，Gardner 就将 Pochhammer 研究圆柱体的方法用到 Biot 研究双相介质的理论上来，研究双相细棒的波散和吸收。他将 Biot 的直角坐标代之以圆柱坐标，圆柱轴就是运动主轴，称为轴向，沿半径的就是径向。他假定固体和流体的径向位移为零。他从 Biot 双相介质弹性

理论波动方程（2.117）出发，加上黏滞项（2.35）式，就成为

$$\begin{bmatrix} \rho_{11} & \rho_{12} \\ \rho_{12} & \rho_{22} \end{bmatrix}\begin{bmatrix} \ddot{e} \\ \ddot{\varepsilon} \end{bmatrix} \pm b\begin{bmatrix} \dot{e} \\ -\dot{\varepsilon} \end{bmatrix} = \begin{bmatrix} P & Q \\ Q & R \end{bmatrix}\nabla^2\begin{bmatrix} e \\ \varepsilon \end{bmatrix} \tag{2.160}$$

这就是 [30] 中的（2.1）式的矩阵形式，也就是本书 Kelvin–Biot 耗散介质纵波方程的（2.128）式，只是耗散项用（2.35）式替代 $\begin{bmatrix} P' & Q' \\ Q' & R' \end{bmatrix}\nabla^2\begin{bmatrix} \dot{\phi} \\ \dot{\Phi} \end{bmatrix}$。在圆柱坐标中假定固体和流体的径向位移都是零，固体的膨胀应变 e 和旋转应变 ω_θ 与固体的径向（r）和轴向（z）位移 u 就有下列关系，即

$$\begin{aligned} e &= (\partial u_r/\partial r) + (u_r/r) + (\partial u_z/\partial z), \\ \omega_\theta &= [(\partial u_r/\partial z) - (\partial u_z/\partial r)]/2 \end{aligned} \tag{2.161}$$

他还假定所有位移都是周期性的，有下列形式，即

$$\begin{aligned} u_r &= u\exp[i(\gamma z + pt)], \quad u_z = w\exp[i(\gamma z + pt)], \\ U_r &= U\exp[i(\gamma z + pt)], \quad U_z = W\exp[i(\gamma z + pt)] \end{aligned} \tag{2.162}$$

式中：γ 就相当于波数；p 就相当于频率。将上两式代入（2.160）式就可得到圆柱体中拉伸波波动方程为

$$-p^2\begin{bmatrix} \tau_{11} & \tau_{12} \\ \tau_{12} & \tau_{22} \end{bmatrix}\begin{bmatrix} e \\ \varepsilon \end{bmatrix} = \begin{bmatrix} P & Q \\ Q & R \end{bmatrix}\left(\begin{bmatrix} e_{rr} \\ \varepsilon_{rr} \end{bmatrix} + \frac{1}{r}\begin{bmatrix} e_r \\ \varepsilon_r \end{bmatrix} - \gamma^2\begin{bmatrix} e \\ \varepsilon \end{bmatrix}\right) \tag{2.163}$$

式中

$$e_r = \partial e/\partial r, e_{rr} = \partial^2 e/\partial r^2, \dots, \quad \tau_{11} = \rho_{11} - ib/p, \ \tau_{12} = \rho_{12} + ib/p, \ \tau_{22} = \rho_{22} - ib/p \tag{2.164}$$

如果式中不包括黏滞性，则 $b=0$，$\tau_{i,j} = \rho_{i,j}$，这就是双相弹性拉伸波动方程了，可以与（2.118）式的膨胀纵波公式相比较。

2.4.3.2 频率方程

在求解方程（2.163）（[30] 中的（2.4）式）的过程中，引进了三个常数 C_1、C_2、D[30]，它们的一致性条件给出了"频率方程"，用行列式的形式表示，其中包含了复数速度，也就是相速度和吸收，即

$$\begin{vmatrix} 0 & a_1Q+R & a_2Q+R \\ (\tilde{V}^2 - 2\tilde{V}_r^2)\Theta(ka) & -a_1(\tilde{V}_1^2 - \tilde{V}^2)\Theta(h_1a) & -a_2(\tilde{V}_2^2 - \tilde{V}^2)\Theta(h_2a) \\ -[4\tilde{V}_r^2 - \tilde{V}^2\Theta(ka)] & \tilde{V}^2\dfrac{H_1}{N} - 2a_1\tilde{V}_1^2 & \tilde{V}^2\dfrac{H_2}{N} - 2a_2\tilde{V}_2^2 \end{vmatrix} = 0 \tag{2.165}$$

式中

$$\Theta(x) = 2J_1(x)/xJ_0(x)$$

$$\tilde{V} = p/\gamma = f/k$$
$$H_1 = a_1(P+Q) + Q + R$$
$$H_2 = a_2(P+Q) + Q + R$$
$$a_1 = G - h_1^2 F, \quad a_2 = G - h_2^2 F \tag{2.166}$$
$$F = \frac{RP - Q^2}{p^2(Q\tau_{11} - P\tau_{12})}$$
$$G = \frac{p^2(P\tau_{22} - Q\tau_{12}) - \gamma^2(RP - Q^2)}{p^2(Q\tau_{11} - P\tau_{12})}$$

式中：p 相当于频率 f；γ 相当于波数 k。h_1^2 和 h_2^2 是下列二次方程的解，即

$$h^4(RP - Q^2) - h^2\left[p^2(P\tau_{22} - 2Q\tau_{12} + R\tau_{11}) - 2\gamma^2(RP - Q^2)\right]$$
$$+ p^4(\tau_{11}\tau_{22} - \tau_{12}^2) - \gamma^2 p^2(P\tau_{22} - 2Q\tau_{12} + R\tau_{11}) + \gamma^4(RP - Q^2) = 0 \tag{2.167}$$

J_1、J_0 分别是一阶和零阶 Bessel 函数；$\tilde{V}$ 是圆柱内拉伸波的复速度，正好是频率（p）和波数（γ）的比值；$\tilde{V}_r$ 是旋转波（横波）复速度；$\tilde{V}_1$ 是快纵波复速度；$\tilde{V}_2$ 是慢纵波复速度。

如果圆柱体内饱和流体不起作用，则慢纵波复数速度 $\tilde{V}_2 \to 0$，$h_2 a \to \infty$，$\Theta(h_2 a) \to 0$ 以及 $H_2 \to 0$。则频率方程退化为

$$\begin{vmatrix} (V^2 - 2V_r)\Theta(ka) & -(V_1^2 - V^2)\Theta(h_1 a) \\ -[4V_r^2 - V^2\Theta(ka)] & V^2\dfrac{V_1^2}{V_r^2} - 2V_1^2 \end{vmatrix} = 0 \tag{2.168}$$

式中：V_1 和 V_r 是没有了孔隙后的固体的纵波和横波速度。

2.4.3.3 细棒的低频域

$f < 0.15 f_c$ 以及棒的圆周长小于波长时就是细棒的低频域，这时黏滞项系数 $b = \eta \phi^2/k$。当 $f \to 0$ 时，横波速度 $V_r = \sqrt{N/\rho}$，快纵波速度 $V_1 = \sqrt{H/\rho}$，都成为实数，就是说吸收为零了，而且分别与无限介质的横波速度及参考速度一致。当频率是低的并且 f/f_c 高于一阶的值都忽略时慢纵波复速度成为

$$\tilde{V}_2 = \sqrt{(ip/b)(RP - Q^2)/H} \tag{2.169}$$

我们现在来观察沿一个无限长棒的拉伸波在不同频率时径向流动的表现。当棒的一小段受了压缩，所含流体的压力就会增加。可是沿棒表面的流体压力仍保持为零，因为孔隙是暴露（开放）的（这段描述也可以用于密封的样品，如果压力并未完成释放）。为了保持零压力，就产生了弥散波。在低频时，就有时间使棒中心达到低压，而且小的压力梯度使流体与固体间的相对运动减小。图 2.52a 中低频时的圆就描述了这种条件，点子的密度指出流体相对运动的量。对于这样小的运动，摩擦能量损耗也是小的。在图 c 中高频时的圆代表另一种极限。在边界生成的弥散波有短的波长和高的吸收。如同点子密度所指出的，流体运动限于一个薄的圆环中。因为这里在大多数体积中流体的径向运动可以忽略，所以总

体上这个机制的摩擦能量损耗还是小的。对于中等频率，实质的流体运动充满了整个体积，各个微小能量损耗的累积达到极大。骨架的应力应变关系也就受到了影响，产生了波散，在能量损耗的高峰处有了最大的速度变化，这也就是应力弛豫现象的特征：中频时有最大的吸收。当细棒弯曲时棒的截面上一半被拉伸一半被压缩，流体中常常有压力差，促使流体跨过中心流动，附加到圆柱表面引起的流动上。不同频率时弯曲波流体流动的三种情况示于图 2.53。很明显结果也会有吸收峰值并伴随有波散，不过还不能定量描述。

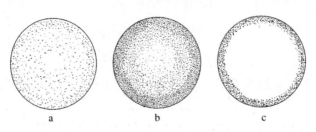

图 2.52　拉伸波径向流动的定性分布
a—低频时；b—中频时；c—高频时；
点子密度代表流体相对运动的量

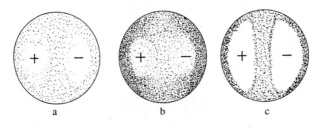

图 2.53　孔隙棒弯曲时径向流动的分布
a—低频时；b—中频时；c—高频时；
点子密度代表流体相对运动的量

2.4.3.4　细棒的相速度

2.4.3.4.1　慢纵波相速度

在低频域细棒中密封的和裸露的样品的弹性参数有下列关系，即

$$K = \overline{K} + (1 - \overline{K}/K_S)^2 / \left[\phi/K_f + (1-\phi)/K_S - \overline{K}/K_S^2 \right] \tag{2.170}$$

$$\mu = \overline{\mu}$$

以及

$$\rho = \phi \rho_f + (1-\phi) \rho_S$$

式中：K 和 μ 是用封闭样品在没有流体泄露时测得的；$\overline{K}$ 和 $\overline{\mu}$ 是用裸露样品有流体自由流动时静止地测得的。ρ_S，K_S 分别是各向同性弹性固体孔隙骨架密度和体积模量。ρ_f，K_f 分别为孔隙流体密度和体积模量。

Biot 指出在这样的固体中旅行的第二类平面纵波（慢纵波）在低频域的相速度是

$$c_{PII} = (2\omega k K_A / \eta)^{1/2} \tag{2.171}$$

式中综合体积模量

$$K_A = \frac{[(\overline{K} + 4\overline{\mu}/3)/(K + 4\mu/3)]}{[\phi/K_f + (1-\phi)/K_S - \overline{K}/K_S^2]} \tag{2.172}$$

2.4.3.4.2 拉伸波复速度

Gardner 推导在流体饱和棒中拉伸波的速度和吸收用无量纲参数 $\omega a/c_{PII}$ 表示，它就是下列 Θ 函数的宗量。这里 ω 是角频率，a 是棒的半径。

Gardner 第一类复速度 $\widetilde{V}_I$（拉伸波复速度）用复杨氏模量 $\widetilde{E} = Ee^{i\theta}$ 表示，即

$$\widetilde{V}_I = \sqrt{\widetilde{E}/\rho} = \sqrt{Ee^{i\theta}/\rho} \tag{2.173}$$

式中

$$Ee^{i\theta} = 4\mu \frac{U - \Theta_R + i\Theta_I}{W - \Theta_R + i\Theta_I}, \tag{2.174}$$

$$U = (3K/4\mu)(\overline{K}/\overline{\mu} + 4/3)(K/\mu - \overline{K}/\overline{\mu})^{-1}$$

$$W = (K/\mu + 1/3)(\overline{K}/\overline{\mu} + 4/3)(K/\mu - \overline{K}/\overline{\mu})^{-1}$$

$$\Theta(i\omega a/c_{PII}) = \Theta_R(i\omega a/c_{PII}) + i\Theta_I(i\omega a/c_{PII})$$

Gardner 给出了以 Bessel 函数作项的无量纲参数 Θ_R，Θ_I 的表达式如（2.174）式所示。这个参数在电磁的热生成理论[32]中出现过。数值列如表 2.7，以便于计算复杨氏模量，由此再算得拉伸波复速度和损耗。函数 Θ 是计算拉伸波复速度的关键。参见图 2.58。

表 2.7　Θ_R 及 Θ_I 数值

$\omega a/c_{PII}$	Θ_R	Θ_I
0.0	1.00	0.00
0.4	0.99	0.03
0.8	0.97	0.08
1.2	0.94	0.17
1.6	0.89	0.27
2.0	0.83	0.35
2.4	0.72	0.37
2.8	0.61	0.37
3.2	0.53	0.35
3.6	0.48	0.32
4.0	0.43	0.30
4.4	0.39	0.28
4.8	0.36	0.26
5.2	0.33	0.24
5.6	0.31	0.22
6.0	0.29	0.21

可见虚部有峰值，实部是单调降曲线。

2.4.3.4.3 拉伸波复速度的数值计算

为了说明流体类型对饱和孔隙棒中拉伸波的影响，用水、乙醇、癸烷饱和，另增加了干燥条件，用方程（2.174）的复杨氏模量公式计算了杨氏模量 E 和相位角 θ（也就是模量损耗 Q_E^{-1}），示于图 2.54 和图 2.55，并与 Spancer1982 对膨胀波测量结果 [12]（图 2.56、图 2.57）进行比较。

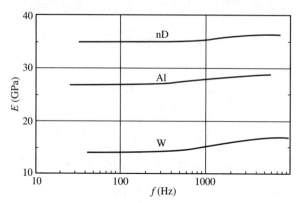

图 2.54　拉伸波杨氏模量
横坐标—频率（Hz）；纵坐标—E 杨氏模量（GPa）；
参数—饱和流体：nD—癸烷；Al—乙醇；W—水

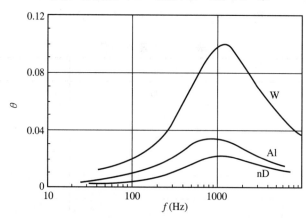

图 2.55　拉伸波损耗 θ（Q_E^{-1}）
横坐标—频率（Hz）；纵坐标—损耗；
参数—饱和流体：nD—癸烷；Al—乙醇；W—水

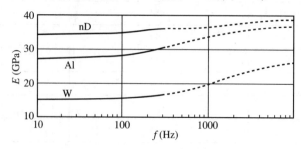

图 2.56　膨胀波杨氏模量
横坐标—频率（Hz）；纵坐标—E 杨氏模量（GPa）；
参数—饱和流体：nD—癸烷；Al—乙醇；W—水

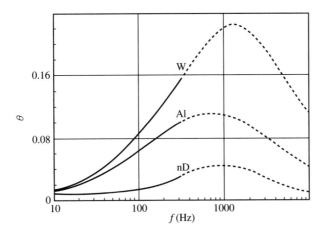

图 2.57　膨胀波损耗 θ（Q_E^{-1}）

横坐标—频率（Hz）；纵坐标—θ，损耗；

参数—饱和流体：nD—癸烷；Al—乙醇；W—水

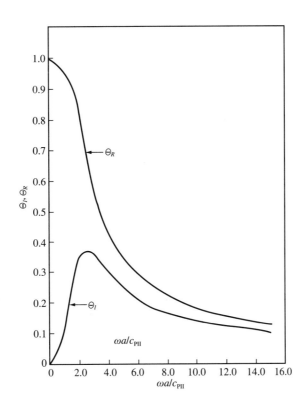

图 2.58　Θ 图

横轴—$\omega a/c_{PII}$；纵轴—Θ_I，Θ_R

为了进行这些计算，Navajo 砂岩棒的性质确定如下：

ρ_s=2650kg/m^3

K_s=3.5MPa

ϕ=0.11（据 Spencer）

k=32mD（拟合数据）

以及

a=1.9cm　（据 Spencer）

Navajo 砂岩的渗透率是未知的，但 32mD 这个数据很合理，它符合所有三组数据。

测量还显示空的干燥岩石的弹性常数显著地不同于同样的岩石在房间内风干条件下的常数。甚至只添加少量的流体就会改变骨架的弹性常数。由于没有对表面化学效应或别的响应现象的合适的解释，就称它们为骨架的"湿"弹性模量。Biot 理论最初假定在流体饱和岩石中流体能自由运动（开放的简单样品）的情况下测定弹性常数。在 Gardner 理论中杨氏模量的低频限制也是"开放"条件，这里流体压力常常是零。这可称之为低频杨氏模量，用 $\overline{E}$ 表示（顶划表示"开放"的），每种流体的数值是不同的。为了描述各向同性骨架还需要第二个弹性常数，譬如 $\overline{\mu}$。因为没有测量，假定 $\overline{\mu}=0.48\overline{E}$，这时相应的泊松比是小的。同样假定 $\overline{K}=0.37\overline{E}$。这些常数和别的参数对于这三种流体数据如表 2.8 所示。

表 2.8　流体参数

流体	$\overline{\mu}$(MPa)	$\overline{K}$(MPa)	K_f (MPa)	ρ_f (10^3kg/m^3)	η_f (10^{-3}kg/m·s)
水	6.7	5.2	2.2	1.0	0.9
乙醇	12.9	9.9	0.88	0.79	1.1
癸烷	16.7	12.9	0.86	0.73	0.92

比较图 2.54 与图 2.56，图 2.55 与图 2.57，可见拉伸波与膨胀波都有明显的弛豫现象，它们的损耗趋势、损耗峰值和杨氏模量随频率的变化趋势基本一致，并且三种流体的杨氏模量大小比较及损耗大小比较也都一致，但拉伸波的损耗小于膨胀波的损耗大致达一半。

对水饱和的 Navajo 砂岩，Spencer 报告了损耗峰值频率随温度的偏移（见图 2.13），从 25℃ 的约 1kHz 到 4℃ 的 700Hz。对水饱和的 Oklahoma 花岗岩 Spencer 报告偏移从 25° 的 2500Hz 到 0℃ 的 1500Hz。这种偏移是由于水的黏滞系数依赖于温度。因为水的体积模量在这个温度范围内仅只变动 10%。方程（2.174）中的参数 U 和 W 实际上不随温度而变。其余的参数，如表 2.7 中的 $\omega a/c_{\mathrm{PII}}$ 函数，这里，

$$\frac{\omega a}{c_{\mathrm{pII}}} = \omega a\left(\eta/2\omega kK_{\mathrm{A}}\right)^{1/2} = a\left(\pi/kK_{\mathrm{A}}\right)^{1/2}\left(\eta f\right)^{1/2} \qquad (2.175)$$

因为 K_{A} 实际上也不受温度的影响，方程（2.174）中的复模量仅仅依赖于黏滞系数与频率的乘积。手册上水的黏滞系数在 25℃ 时是 0.9 mPa·s，4℃ 时是 1.57 mPa·s，0℃ 时是 1.78 mPa·s。对于 Navajo 砂岩这个乘积 700×1.57 大体上相同于 1150×0.9。对 Oklahoma 花岗岩 1500×1.78 大体上相同于 2500×0.9。因此所指出的频率的偏移只是由于黏滞系数的改变。

2.4.3.4.4　一个通常的错误

各向同性损耗一般用品质因数的倒数来表征：对压缩体波用 Q_P^{-1}，对切变体波用 Q_S^{-1}，对沿棒的杨氏模量波（拉伸波）用 Q_E^{-1}，对纯体积压缩用 Q_k^{-1} 等。一般认为只有两个独立参数，第三个损耗参数可以由任意两个已知参数的线性组合中计算出来。例如，Q_P^{-1} 可以由 Q_E^{-1} 和 Q_S^{-1} 计算出来，后二者是由细棒测量所得。Winkler 等给出下列公式 [31]，即

$$(1-\sigma)(1-2\sigma)Q_P^{-1} = (1+\sigma)Q_E^{-1} - 2\sigma(2-\sigma)Q_S^{-1}$$
$$(1-2\sigma)Q_K^{-1} = 3Q_E^{-1} - 2(1+\sigma)Q_S^{-1} \qquad\qquad (2.176)$$
$$(1+\sigma)Q_K^{-1} = 3(1-\sigma)Q_P^{-1} - 2(1-2\sigma)Q_S^{-1}$$

式中：σ 是泊松比。不幸，这个关系被错误地应用了。甚至孔隙介质是各向同性的，它的性质也不能只用两个（复）弹性常数和密度描述。White 在他的著作 [33] 中作了进一步的讨论并计算了孔隙棒损耗的一些实例。

在自然界岩石中固体和流体的相互作用是很复杂的，必须更好地理解表面力、微裂缝、周围的应力、多相饱和以及大量别的方面的现象和本质。可是在搜寻各种附加机制时孔隙空间流体运动的总的规律是不可忽略的。无论如何低频 Biot 理论是很好地确立起来了，它描述了一系列已经出现的现象，当然别的机制也有贡献。

2.4.4　Biot 系数和 Biot-Willis 系数 [34, 35]

在孔隙弹性理论中常常会遇到孔隙压力 p_P（常用 p 代表），它不仅是孔隙弹性的一个参数，也是开发地震所要预测的一个重要参数，它对合理开发，提高采收率至关重要。而"有效应力"则是用地震预测孔隙压力的一个关键概念。Biot 系数和 Biot-Willis 系数就是有效应力系数，实际上两者是同一的，只是在不同的文献里出现，有了不同的叫法，都是用来计算岩石的有效应力。

2.4.4.1　基本概念

2.4.4.1.1　Biot 系数

Biot 系数可写为：

$$B_W = 1 - K_d / K_s \qquad\qquad (2.177)$$

文献中常用 α 代表，为避免与吸收系数混淆，我们用 B_W 表示。

式中：K_d 为干燥岩石体积模量；$K_s \equiv K_g$ 为岩石骨架颗粒的体积模量。Biot 系数的上限是 1，这相当于岩石颗粒没有胶结，这时 $K_d \to 0$；下限是岩石的孔隙度，$B_W \to \phi$，这相当于颗粒的最大刚性，颗粒的胶结不再能增加岩石的刚性。Biot 系数与孔隙空间的压缩系数 β_ϕ 有直接的关系，即

$$B_W = \frac{\phi \cdot K_d}{\beta_\phi} \qquad\qquad (2.178)$$

2.4.4.1.2　有效应力

$$\Delta p = p_c - p_P = p_e \qquad\qquad (2.179)$$

有效应力就是围压 p_c 与孔隙压力 p_P 的压力差 Δp。由此可以有

$$p_P = g \int_0^z \rho(z)\mathrm{d}z - \Delta p \qquad\qquad (2.180)$$

式中

$$p_c = g \int_0^z \rho(z)\mathrm{d}z$$

就是围压，是深度从 0 到 z 的全部岩石的重量（密度乘重力加速度 g）；$\rho(z)$ 为随深度变化的密度；Δp 就是有效应力 p_e，可以由地震速度或测井得到。

2.4.4.1.3 Biot-Willis 系数

1955 年 Brandt 认为（2.179）式还不完全符合各种应力关系，首先建议对有效应力重新定义。1957 年 Biot 和 Willis 提出了符合孔隙弹性理论预测的新定义[38]，也是 Nur 等 1971 年的所谓适合体应变的有效应力定律[36]，即

$$\sigma_e = p_c - n p_P \tag{2.181}$$

式中：σ_e 为有效应力 Δp；关键是 n，n 称有效应力系数，它与 Biot-Willis 系数 α[38] 完全一致。

在文献中常常出现所谓有效应力系数公式为

$$n = 1 - \left[\frac{[\partial v_P / \partial p_P]_{\Delta p}}{[\partial v_P / \partial \Delta p]_{p_P}} \right] \tag{2.182}$$

式中右边第二项的分子意思是在有效应力不变的情况下纵波速度随孔隙压力而变的速率，分母是指在孔隙压力不变的情况下纵波速度随有效应力而变的速率。这是根据 Todd 和 Simmons，1972 的文章来的。实际上，这里的 n 与 Biot-Willis 系数 α 的关系并不清楚。因此 [34] 中重新推导了一个公式，即

$$n = 1 - \rho \frac{\left[3(v_P(\Delta p))^2 - 4(v_S(\Delta p))^2 \right]_{p_P}}{3 K_s} \tag{2.183}$$

认为这个 n 才是与 α 完全一致的 Biot-Willis 系数。式中 $K_s = 1/\beta_s$ 是固体骨架颗粒的体积模量，β_s 是它的压缩系数。而在理想弹性条件下，从体积模量角度看，n 就是 Biot 系数，因此

$$n = 1 - K_d / K_s = \frac{\phi K_d}{\beta_\phi} = B_W \tag{2.184}$$

2.4.4.2 速度与有效应力关系实例

经过实验室大量测定，速度与有效应力有下列拟合关系，即

$$v_P = A + C \Delta p - B e^{-D \Delta p} \tag{2.185}$$

式中：A、C 是线性部分拟合参数；B、D 是指数部分拟合参数，详见图 2.59，这是一批样品中的典型的两个。这批样品是干的和油饱和的砂岩，孔隙度在 18.7% ~ 24.1%，渗透率在 21 ~ 420mD，泥质含量平均 4%。拟合结果列于表 2.9。图 2.59 是有效应力（横轴）与速度（纵轴）关系曲线。改变有效应力有两个办法，一是加载，即增加围压，孔隙压力保持不变，有效应力就增加，箭头向应力增加方向，如图 2.59a；二是卸载，增加孔隙压力，保持高围压稳定，有效应力减小，箭头向应力减小方向，如图 2.59b。拟合公式如下：

加载时，

$$v_P = 3.34 + 0.605 \Delta p - 0.88 \exp(-19.8 \Delta p) \tag{2.186}$$

卸载时，

$$v_P = 3.664 + 0.05 \Delta p - 0.49 \exp(-8.1 \Delta p) \tag{2.187}$$

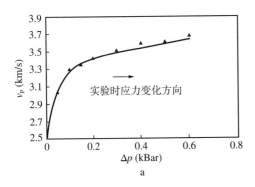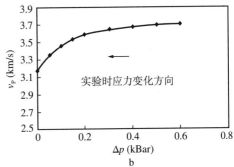

图 2.59　速度与有效应力的关系

箭头—实验时应力变化方向；a—加载；b—卸载

表 2.9　速度与有效应力关系拟合参数

样品号	速度	应力路径	A	C	B	D
1207	v_P	+（加载）	3.82	0.54	−2.31	38
	v_S	+	3.05	−0.46	−1.41	5.00
	v_P	−（卸载）	3.97	0.23	−1.28	35.3
1203	v_P	+	3.49	0.79	−0.98	17.7
	v_S	+	2.78	−0.37	−1.56	5.00
	v_P	−	3.66	0.19	−0.40	9.32
1204	v_P	+	4.13	0.82	−0.82	9.62
	v_S	+	2.67	0.17	−0.89	6.43
	v_P	−	4.39	0.37	−0.56	5.00
1206	v_P	+	3.73	0.15	−0.79	9.73
	v_S	+	2.58	0.13	−0.92	10.3
	v_P	−	4.03	0.01	−0.58	8.79
05V	v_P	+	3.44	0.61	−0.88	19.8
	v_S	+	3.33	0.08	−0.56	5.00
	v_P	−	3.66	0.05	−0.49	8.07
08V	v_P	+	3.78	0.63	−0.49	10.6
	v_S	+	2.47	0.19	−0.71	9.13
	v_P	−	4.00	0.09	−0.47	6.27
15V	v_P	+	3.40	0.79	−3.83	24.1
	v_S	+	1.84	0.82	−3.08	42.3
	v_P	−	3.64	0.02	−0.38	7.84

2.4.4.3 Biot−Willis 系数的求取

2.4.4.3.1 用速度与有效应力关系对油饱和砂岩预测 Biot 系数

利用实测曲线如图 2.59 或利用拟合公式（2.186）由 A、C、B、D 参数算得速度和有效应力的数据对 $v_P-\Delta p$，再求得体积密度 ρ 和固体骨架体积模量 K_S，就可利用（2.184）式算得 n。每个样品中每个 $v_P-\Delta p$ 对可以算得一个 n 值，这样就可以算得多个 n 值，求平均得到各个样品的最终 n 值及其方差。表 2.9 中各个样品的 n 值及其方差列如表 2.10。

表 2.10　有效应力系数 n

样品号	1207	1203	1204	1206	05V	08V	15V
n	0.62	0.64	0.49	0.73	0.66	0.65	0.66
方差	0.03	0.02	0.05	0.003	0.01	0.01	0.08

2.4.4.3.2 对北海白垩预测 Biot 系数

（1）直接法。

对北海中央几个油田的 39 块白垩样品，用 0.7MHz 的超声波测了干燥和水饱和条件下的纵、横波速度以及密度、孔隙度。测定结果列如表 2.11。

表 2.11　北海中央油田样品参数

样品深度（m）	油田	孔隙度（%）	密度（干）（g/cm³）	密度（饱和）（g/cm³）	v_P(干)（km/s）	v_S(干)（km/s）	v_P(饱和)（km/s）	v_S(饱和)（km/s）
2142.0	Gorm（G）	23.1	2.08		3.83	2.38		
2160.9	G	20.8	2.15		3.87	2.44		
2376.3	Kraka（K）	32.0	1.77	2.17	2.76	1.79	2.87	1.45
2380.2	K	28.8	1.93	2.23	3.01	1.91	3.05	1.57
2399.8	K	19.5	2.18	2.38	4.21	2.59	4.25	2.41
2413.9	K	31.7	1.85	2.18	2.99	1.89	3.05	1.55
2420.6	K	23.7	2.11	2.31	4.26	2.39	4.19	2.24
2108.8	Nana(N)	28.6	1.93	2.23	3.05	1.93	3.15	1.68
2110.0	N	32.6	1.83	2.17	2.76	1.75	2.89	1.47
2117.8	N	26.3	2.00	2.27	3.23	2.03	3.35	1.81
2120.9	N	29.2	1.92	2.22	3.02	1.89	3.08	1.61
2125.3	N	31.6	1.85	2.18	3.16	1.95	3.21	1.70
2126.8	N	20.4	2.16	2.37	3.02	2.02	3.45	1.77
2129.7	N	15.0	2.30	2.46	3.44	2.22	3.91	1.98
2134.3	N	29.8	1.90	2.21	3.25	1.98	3.25	1.69

样品深度 (m)	油田	孔隙度 (%)	密度（干） (g/cm³)	密度（饱和） (g/cm³)	v_P(干) (km/s)	v_S(干) (km/s)	v_P(饱和) (km/s)	v_S(饱和) (km/s)
2143.8	N	25.9	2.01	2.28	3.35	2.18	3.55	1.93
2148.4	N	32.4	1.83	2.17	2.99	1.86	3.21	1.64
2158.9	N	26.2	2.00	2.28	3.38	2.11	3.53	1.90
2169.9	N	32.8	1.82	2.16	3.22	1.95	3.29	1.78
2175.7	N	26.6	1.95	2.27	3.43	2.09	3.55	1.91
2188.1	N	20.7	2.15	2.37	3.72	2.28	3.94	2.11
2193.7	N	23.8	2.08	2.31	3.52	2.17	3.70	1.99
2112.0	N	34.7	1.76		2.77	1.73		
2119.4	N	25.5	2.01		3.37	2.09		
2146.8	N	24.1	2.05		4.13	2.42		
2149.8	N	27.1	1.97		3.61	2.21		
2160.5	N	28.9	1.92		3.37	2.06		
2178.9	N	26.4	1.99		3.11	1.98		
2177.2	N	25.9	2.00		3.63	2.21		
2189.4	N	20.9	2.13		3.98	2.33		
2195.4	N	25.5	2.01		3.53	2.16		
3255.7	Valall(V)	46	1.46		1.93	1.39		
3261.0	V	48	1.41		1.86	1.22		
3265.0	V	50	1.36		1.97	1.27		
2483.7	V	45	1.49		2.32	1.48		
2492.0	V	44	1.52		2.36	1.41		
2496.0	V	40	1.62		2.77	1.75		
2498.4	V	11	2.41		5.30	3.07		
2501.8	V	12	2.38		5.31	3.08		

由干燥和水饱和纵横波速度、密度就可分别求得干燥和水饱和纵波模量 M 和切变模量 $G=\mu$，由此又可得到干燥和水饱和体积模量（$K=M-4\mu/3$），再用 Gassmann 方程求得固体骨架体积模量。利用公式（2.177）就可直接计算得到 Biot 系数 B_w。

（2）模型法。

经过对白垩样品的薄片鉴定，发现白垩有着一种复合结构，大部分碳酸钙构成骨架，一部分矿物形成颗粒悬浮在骨架中，弹性模量也就是这些复合矿物的合成。因此提出三种模型：自适应模型、同构（Isofram-IF）模型、上下限平均法模型（BAM），来预测弹性模量。试验结果后两种模型效果好。

① IF 模型的合成弹性模量是：

$$K = K_1 + \frac{\phi_{V2}}{(K_2 - K_1)^{-1} + \phi_{V1}(K_1 + 4G_1/3)^{-1}} \tag{2.188}$$

$$G = G_1 + \frac{\phi_{V2}}{(G_2 - G_1)^{-1} + \dfrac{2\phi_{V1}(K_1 + 2G_1)}{5G_1(K_1 + 4G_1/3)}} \tag{2.189}$$

式中：K_1、G_1 及 K_2、G_2 分别是骨架和悬浮颗粒的弹性模量；ϕ_{V1}, ϕ_{V2} 分别是这两者的体积百分比，因此有

$$\phi_{V1} = \phi_s(1 - \phi)$$

$$\phi_{V2} = \phi + (1 - \phi_s)(1 - \phi) \tag{2.190}$$

式中：ϕ_s 为固体骨架部分百分比，也是模型的自由参数；$(1 - \phi_s)$ 为悬浮颗粒体积百分比；ϕ 为孔隙度。

如果考虑临界孔隙度 ϕ_c，则变成

$$\phi_{V1} = \phi_s(\phi_c - \phi)$$

$$\phi_{V2} = \phi + (1 - \phi_s)(\phi_c - \phi) \tag{2.191}$$

这时 IF 模型就从确定性模型变成试探性模型。临界孔隙度是岩石由颗粒支撑到流体支撑的转折点，是岩石物理性质与孔隙度相关联的关键[39]。图 2.60 就是北海白垩的临界孔隙度图。$v_P - \phi$ 与 $v_S - \phi$ 线性拟合直线与横轴共同交点就是临界孔隙度，此处大致是 $\phi_c = 0.75$。拟合公式是：

$$v_P = -7.35\phi + 5.40, \quad R^2 = 0.79, \quad \phi_c = 5.40/7.35 = 0.73$$

$$v_S = -4.13\phi + 3.23, \quad R^2 = 0.86, \quad \phi_c = 3.23/4.13 = 0.78 \tag{2.192}$$

取其平均值 0.75。

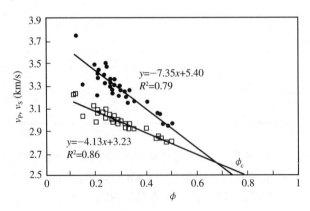

图 2.60　北海白垩临界孔隙度

横轴—孔隙度；纵轴—v_P、v_S（干）；

● v_P；□ v_S

② BAM 模型的自由参数是 ϖ：

$$\varpi = \frac{M - M^-}{M^+ - M^-} \tag{2.193}$$

式中：M 为纵波模量，M^- 与 M^+ 是它的下限与上限。

（3）模型法与直接法的比较。

图 2.61 就是模型法预测所得 Biot 系数 BP（横轴）和直接法所得 Biot 系数 BD（纵轴）的比较。各点偏离 45°线的情况一目了然。a 是 IF 模型结果，b 是 BAM 模型结果，c、d 是自适应模型结果。可见 a、b 点子靠 45°线近，效果较好；c、d 偏离较大，效果不好。图 2.62 和图 2.63 分别是不用与用临界孔隙度的 IF 和 BAM 模型预测的 Biot 系数与各自的自由参数拟合曲线。可见 Biot 系数随自由参数的升高而降低，两者差别不大。

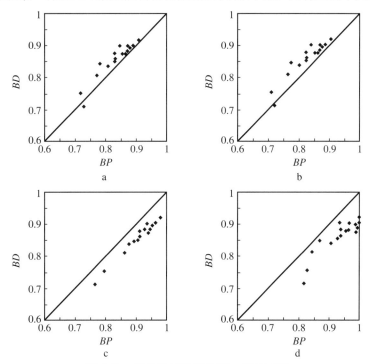

图 2.61　模型法与直接法 Biot 系数比较

横轴 BP—模型法预测 Biot 系数；纵轴 BD—直接法测定 Biot 系数；

a—IF 模型；b—BAM 模型；c—自适应模型（孔隙面比和颗粒相等）；d—自适应模型（颗粒面比近于 1）

2.4.5　White 理论 [79、83、84]

White 理论论述了二层结构以及其中气水分界面上慢纵波弥散产生的损耗机制。

气藏中通常是气层下是水层或油层，这是一个双层孔隙介质结构。White 提出了一个双层孔隙介质理论。假设这两层厚度各为 d_1、d_2，垂直于地层的 P 波复模量便为

$$\widetilde{M} = \left[\frac{1}{M_0} + \frac{2(r_2 - r_1)^2}{i\omega(d_1 + d_2)(I_1 + I_2)} \right]^{-1} \tag{2.194}$$

式中

$$M_0 = \left(\frac{p_1}{M_1} + \frac{p_2}{M_2} \right)^{-1} \tag{2.195}$$

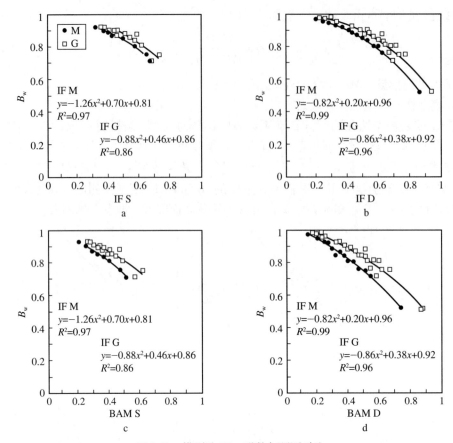

图 2.62　模型法 Biot 系数与预测对比

a—IF S 模型，水饱和；b—IF D 模型，干燥；c—BAM S 模型，水饱和；d—BAM D 模型，干燥。
黑点 M—P 波模量；白框 G—切变模量；纵轴—Biot 系数；横轴—模型的自由参数

是单层 P 波模量 $M_{1,2}$ 的百分和；p 是各层所占厚度百分比：$p_l=d_l/(d_1+d_2)$，$l=1$，2。

$$M_l = K_l + \frac{4}{3}\mu_d$$

是单层纵波模量；$\mu_d=\mu_l$ 是干燥岩石切变模量，不受流体性质的影响；而 r 是快纵波流体张量对总正应力的比。

$$I_{P2} = \frac{\eta_f}{k\widetilde{k}} \coth\left(\frac{\widetilde{k}d}{2}\right) \tag{2.196}$$

是慢纵波阻抗；η_f 为流体黏滞系数；k 为渗透率；$\widetilde{k}$ 为复波数，即

$$\widetilde{k} = \sqrt{\frac{i\omega\eta}{kK_e}} \tag{2.197}$$

式中：K_e 是有效体积模量。干燥岩石快纵波模量为

$$M_d = K_d + \frac{4}{3}\mu_d \tag{2.198}$$

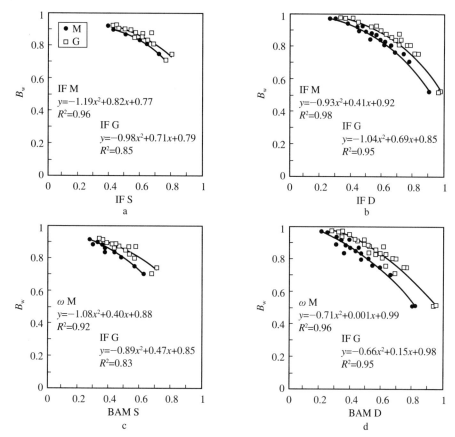

图 2.63　模型法 Biot 系数与预测对比（临界孔隙度）

a—IF S 模型，水饱和；b—IF D 模型，干燥；c—BAM S 模型，水饱和；b—BAM D 模型，干燥。
横轴—模型的自由参数；纵轴—Biot 系数；黑点 M—纵波模量；白框 G—切变模量

　　假定介质 1 和 2 的岩石框架性质相同，则它们物性的差别就完全取决于饱和流体的性质，譬如水和气。由于 Biot 慢波从气水分界面弥散（diffuse）而产生吸收和波散。它的尺度远大于颗粒和孔隙尺寸而近于纵波波长。在部分饱和岩石中，在低频域，就有足够的时间使孔隙压力趋于均衡，均衡的过程受弥散方程（diffusion equation）和弥散常数（diffusivity constant）D_f 的控制，即

$$D_f = \frac{kK_e}{\eta} = M_L K_e \qquad (2.199)$$

可见弥散常数与流动性 M_L 成正比。而弥散损耗的弛豫长度 L 由置

$$\left| \tilde{k} L \right| = 1 \qquad (2.200)$$

而得到，也就是弛豫长度 L 是复波数倒数的绝对值，或

$$L = \sqrt{\frac{D_f}{\omega}} \qquad (2.201)$$

如果弛豫长度 L 能与层理的周期 $(d_1 + d_2)$ 相比拟，则流体压力将能达到均衡。但如果

频率足够高（弥散长度较小）就没有足够时间进行压力均衡，流体流动效应也就丧失了，这种情况下被不同流体类型饱和的岩层会保持不同的压力，也就产生不了慢波及其弥散损耗。

划分弛豫和非弛豫状态的近似的转换频率或弛豫峰值的近似位置为

$$f_{\mathrm{m}} = \frac{8k_1 K_{e_1}}{\pi \eta_1 d_1^2} = \frac{8M_{L1} K_{e_1}}{\pi d_1^2} \tag{2.202}$$

式中：下标 1 指的是水。$M_L = k/\eta$ 是流体的流动性。这是宏观损耗机制，随着流体黏滞度增高和渗透率降低即流动性降低，峰值向低频方向移动，正好与 Biot 弛豫机制相反，Biot 耗散的峰值频率是

$$f_{\mathrm{m}}^B \approx \frac{\phi \eta \rho}{2k \rho_{\mathrm{f}} (\rho t_{\mathrm{u}} - \phi \rho_{\mathrm{f}})} = \frac{\phi \rho}{2\pi M_L \rho_{\mathrm{f}} (\rho t_{\mathrm{u}} - \phi \rho_{\mathrm{f}})} \tag{2.203}$$

式中：ρ_{f} 是流体密度；t_{u} 是迁曲度，它与孔隙度关系用下式（2.143 式）表示，即

$$t_{\mathrm{u}} = \frac{1}{2}\left(1 + \frac{1}{\phi}\right)$$

f_{m}^B 与 Biot 参考频率 f_{c} 有如下关系，即

$$f_{\mathrm{m}}^B = f_{\mathrm{c}} \frac{\rho}{\rho t_{\mathrm{u}} - \phi \rho_{\mathrm{f}}} \tag{2.204}$$

式中：$f_{\mathrm{c}} = \eta \phi / 2\pi k \rho_{\mathrm{f}} = \phi / 2\pi M_L \rho_{\mathrm{f}}$ [（2.49）式]。可见它随流体流动性的降低而向高频方向移动，正好与慢波弥散损耗相反。

3 孔隙弹性地震参数

3.1 孔隙流体黏滞系数 η_f

笔者在 [8] 中说黏滞系数对储层的分辨率很低，"暂时不必考虑"，这是指对分辨油气水储层，是指储层这一固流综合体，但对流体就不一样了。分辨孔隙流体中油、气、水，利用黏滞系数是大有可为的。黏滞系数分有效黏滞系数和流体黏滞系数。有效黏滞系数是指岩石整体的黏滞系数，包括固体和流体，用 η 代表。流体黏滞系数是指孔隙中流体的黏滞系数，用 η_f 代表。

3.1.1 黏滞系数的物理意义

黏滞系数（viscosity，黏性，黏性系数，黏滞性，黏滞度，黏度）在中国大百科全书中的解释是"流体阻碍随时间较快地变形并引起动能转化成热能的一种性质，它的重要表现之一是出现切应力。另外一层意思是流体具有黏附于同它接触并有相对运动的固体的表面的性质。"

牛顿黏滞性定律为

$$\tau = \eta \frac{\mathrm{d}u}{\mathrm{d}y} \tag{3.1}$$

就是说切应力 τ 与应变率 $\mathrm{d}u/\mathrm{d}y$ 成正比，比例系数就是黏滞系数。这里 y 是流体离固体壁的距离，$\mathrm{d}u/\mathrm{d}y$ 是应变在空间的改变率。在 2.2 节中曾提到牛顿黏滞性定律是随时间的改变率，这都是可以的。

达西公式为

$$q = k \frac{A}{\eta_f} \frac{\Delta p}{L} \tag{3.2}$$

式中：黏滞系数为 η_f 的流体受到压力差 Δp 的驱动在长 L，截面积 A 的岩样里渗滤得到流量 q 时岩样的渗透率为 k。岩样的渗透率是未知的，但是固定的，渗出的流量决定于流体的黏滞系数。η_f 愈大，流量愈小。黏滞系数是阻止流体流动的一种性质。

3.1.2 流体的黏滞系数

黏度有动态黏度（动力黏度、绝对黏度）和运动黏度。通常都用动态黏度，单位为泊（poise−p），并有厘泊（cp）、微泊（μp），SI 制称帕斯卡·秒（帕秒 −Pa·s），1cp=10^{-3}Pa·s=mPa·s。（[8] 中附录 C 误印为 10^{-2}，应予更正。）

大体上，已知油、气、水的黏滞系数如下：

（1）石油为 $(1 \sim n) \times 10$cp=$(1 \sim n) \times 10$mPa·s；

（2）天然气为 $n(10^{-2} \sim 10^{-3})$cp= $n(10^{-2} \sim 10^{-3})$mPa·s；

（3）水为 1.01cp=1.01mPa·s。

油水差 1 个数量级，油气差 3 ~ 4 个数量级，气水差 2 ~ 3 个数量级，三者之间分辨率极高。

但原油黏度差别极大，大致可以分成 4 级：

（1）常规油小于 100mPa·s；

（2）稠油不小于 100 ~ 10000mPa·s；

（3）特稠油不小于 10000 ~ 50000mPa·s；

（4）超特稠油（沥青）大于 50000mPa·s。

水的黏度随温度变化较大，如表 3.1 所示。

表 3.1　水的黏度随温度而变

温度（℃）	5	10	15	20	25	30
黏度（mPa·s）	1.5188	1.3097	1.1447	1.0087	0.8949	0.8004

其他一些流体黏滞系数和密度如表 3.2 所示。

表 3.2　流体黏滞系数和密度（20℃，1atm）

	清水	汽油	空气	CO₂	氮
η_f(mPa·s)	1.01	0.291	0.0183	0.0147	0.0175
ρ(kg/m³)	998.2	680.3	1.204	1.83	1.17

3.1.3　黏滞系数在孔隙弹性理论中的作用

到目前为止，我们已经在下列多处碰到过黏滞系数（公式仍用原始号）。

（1）弛豫时间：

$$\tau = \frac{\eta}{\mu}$$

损耗的弛豫时间与黏度成正比，比例系数是切变模量的倒数。这个黏度是有效黏度。

（2）Biot 特征频率 [（2.49）式]：

$$f_c = \frac{\eta_f \phi}{2\pi \rho_f k}$$

Biot 定义 $f \leqslant 0.15 f_c$ 为低频域，这时流体通过孔隙是泊肖流。流体黏滞系数对特征频率起重要作用，可见 η_f 愈小特征频率愈小，低频的上限愈小。

（3）黏滞项系数 [（2.36）式]：

$$b = \eta_f \phi^2 / k$$

弹性波动方程加上黏滞项就可以变成黏弹滞性波动方程。其中黏滞性起决定性作用。

（4）流体弥散系数 [（2.63）式]：

$$D = \frac{k M_\phi M_d}{\eta_f C_b}$$

与黏度成反比。

（5）泊肖流的频率上限 [（2.28）式]：

$$f_\mathrm{p} = \pi \upsilon / 4d^2$$

式中，动态黏滞系数 $\qquad\qquad \upsilon = \eta_\mathrm{f} / \rho_\mathrm{f}$

亦即 $\qquad\qquad\qquad\qquad f_\mathrm{p} = \pi \eta_\mathrm{f} / 4d^2 \rho_\mathrm{f}$

可见黏度愈小上限愈小。

（6）趋肤深度 [（2.139）式]：

$$\mathrm{d}s = \sqrt{\frac{2\eta_\mathrm{f}}{\rho\omega}}$$

流体黏度愈小，趋肤深度成方根地减小，流体在毛细管壁内运行时愈是紧贴管壁。

（7）慢纵波低频域相速度 [（2.171）式]：

$$c_{\mathrm{p_{II}}} = (2\omega k K_\mathrm{A} / \eta_\mathrm{f})^{1/2}$$

式中：K_A 为综合体积模量。

慢纵波低频域相速度随流体黏度加大成方根地减小。

（8）BISQ 模型纵波速度喷流因子 [（2.72）式]：

$$\xi = \sqrt{\mathrm{i}} \sqrt{\frac{R^2 \omega \eta_\mathrm{f} \phi}{kF}} = R\sqrt{\mathrm{i}\frac{\omega \eta_\mathrm{f} \phi}{kF}} = R\lambda$$

流体黏度会严重影响喷流机制中的相速度。

（9）Kelvin 黏弹性体的纵横波损耗

纵波损耗 [（2.104）式]：

$$Q_\mathrm{P}^{-1K} = \frac{\omega \eta_\mathrm{P}^2}{v_\mathrm{P}^2}$$

横波损耗 [（2.105）式]：

$$Q_\mathrm{S}^{-1K} = \frac{\omega \eta_\mathrm{S}^2}{v_\mathrm{S}^2}$$

可见黏度加大，损耗成平方地增加。

3.1.4 流动性（Mobility－M_L）[40]

3.1.4.1 流动性定义

与黏滞性对立的是流动性，它是渗透率与黏度的商，即

$$M_\mathrm{L} = k / \eta_\mathrm{f} \qquad\qquad\qquad (3.3)$$

渗透率愈大，黏滞度愈小，流动性就愈大。上列许多参数都可用流动性表示为

$$f_\mathrm{c} = \frac{\phi}{2\pi \rho_\mathrm{f} M_\mathrm{L}} \qquad [参见公式 (2.49)] \qquad (3.4)$$

$$b = \phi^2 / M_\mathrm{L} \qquad [参见公式 (2.36)] \qquad (3.5)$$

$$D = \frac{M_L M_\phi M_d}{C_b} \quad \text{[参见公式 (2.63)]}$$

$$c_{p\text{II}} = \left(2\omega M_L K_A\right)^{1/2} \quad \text{[参见公式 (2.171)]}$$

$$\xi = R\sqrt{\text{i}\frac{\omega\phi}{M_L F}} = R\lambda \quad \text{[参见公式 (2.72)]}$$

流动性中的 η 都是流体的黏滞系数 η_f。

3.1.4.2 流动性与喷流特征长度 [41]

Best2007 年报告了用实验室超声脉冲对 7 个储层砂岩作了流动性 M_L 与喷流特征长度 R 关系的测量，其中三种岩石（Elgin 砂岩、Berea 砂岩、北海油砂岩）的结果如图 3.1 所示，三种岩石的物性参数如表 3.3 所示。可见三种岩石都是流动性随特征长度的增加而减小，几乎成线性关系。Elgin 与北海的几乎重合，Berea 有一个样品不是很正常。它们的变化范围大致为：R 为 0.01 ~ 10mm，M_L 为 0.005 ~ 1000mD/cp。

表 3.3　样品物性参数

参数	Eigin	Berea	北海
ϕ（%）	10.3 ± 1.9	20.5 ± 1.9	14.8 ± 1.1
k（mD）	152 ± 53	519 ± 93	5.0 ± 1.3
K_S(GPa)	$26.43 \pm$	15.68 ± 1.89	21.29 ± 2.86
G（GPa）	25.80 ± 0.94	13.67 ± 0.70	17.93 ± 1.29
K_g(GPa)	35.0	35.0	35.0
ρ(kg/m³)	2632	2634	2645
t_u	1.8	1.8	1.8

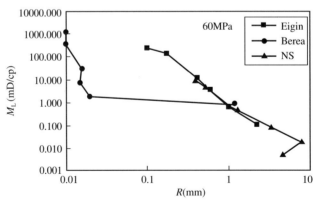

图 3.1　流动性与喷流特征长度
横轴—喷流特征长度 R；纵轴—流动性 M_L；
双对数坐标；NS—北海

喷流机制中喷流特征长度 R 如同渗透率一样是孔隙岩石的固有性质，是可以由实验确定的。

3.1.4.3 流动性对弹性常数的影响

图 3.2 说明了一些有趣的现象[98]。弹性常数低时速度也低，下面用速度代替弹性常数予以说明。最低速出现在孔隙中的去水状态，这时孔隙压力与围岩压力是均衡的；流动性最高。最高速是在孔隙间压力不均衡的时候产生的，此时正是在未弛豫条件下；流动性最低；也是 Biot 机制产生的时候。孔隙压力增加使岩石变硬，弹性常数增加。弛豫条件是：孔隙压力增加岩石框架的刚性，但孔隙间的压力却保持常数。在这种弛豫条件下，Gassmann 方程可以发挥作用。

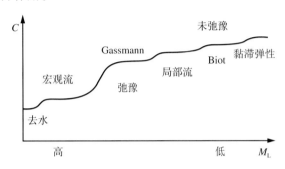

图 3.2　流动性对弹性常数的影响
横轴—流动性；纵轴—弹性常数

3.1.4.4 流动性对特征频率的影响[99]

图 3.3 横轴下端是黏滞系数 η_f，上端是渗透率 k。每个图框渗透率是常数，黏滞系数是变数。因而横轴可以看作是流动性 $M_L=k/\eta_f$ 尺度。纵轴是临界频率，也就是该损耗机制占优势时的频率，或称特征频率。我们已知 Biot 机制的特征频率是（2.49）式，即

$$f_c{}^B = \frac{\phi\eta_f}{2\pi\rho_f k} = \frac{\phi}{2\pi\rho_f M_L}$$

而喷流机制的特征频率为

$$f_c{}^s \approx \frac{K_g a^3}{\eta_f} \tag{3.6}$$

可见黏滞系数对这两种机制特征频率的作用是相反的。用表 3.4 中有关重油和沥青砂岩的参数进行计算作图 3.3。每幅图渗透率不变，黏滞性改变，相等于流动性改变。由图 3.3 可见：Biot 特征频率随黏滞性增加（流动性减小）而变大（红色）；喷流特征频率则相反，随黏滞性增加而减小（蓝色）。地震（黄色）、测井（橘色）、超声（绿色）频段逐个升高，特征频率都不随黏滞性－流动性而变。

表 3.4　计算特征频率的典型数据

参数	数值
ϕ	0.2 ~ 0.4
ρ_f(kg/m³)	1080
k(D)	0.1 ~ 5
K_g (GPa)	36.6
η_f （cp）	1 ~ 10⁶

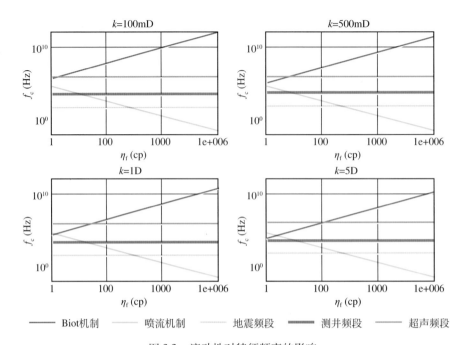

图 3.3 流动性对特征频率的影响

横轴—流动性（η_f, k），计算作图；纵轴—特征频率；

红色—Biot 机制；蓝色—喷流机制；黄色—地震频段；橘色—测井频段；绿色—超声频段

3.1.5 黏滞系数与纵波损耗 [41]

利用 BISQ 模型可预测得岩石波损耗随黏滞系数的变化。同时在岩石中注入不同黏度的流体（各种流体的参数见表 3.5）在实验室用 800kHz 测定这个变化，都示于 图 3.4 至图 3.6 上，这就是三种岩石的 $Q_P^{-1} - \eta_f$ 图。由图可见损耗有弛豫现象，亦即损耗在低黏度和高黏度趋于降低，在中间有峰值，类似于随频率的变化。但由于观测点不多，曲线并不完整，有的更复杂。具体如下：

（1）100Hz 的地震频率范围（1 线）损耗极低，Elgin 和 Berea 砂岩近于零，只北海砂岩在约 70cp 处有一小峰值约 0.01。

（2）10kHz（2 线），曲线很不规整，只北海砂岩有一约 20cp 处 0.015 的峰值。

（3）800kHz（3 线）Elgin 有一 20cp 处 0.023，Berea 有一 20cp 处 0.025，北海砂岩有一 1cp 处 0.020 的显著峰值；

（4）实验数据在 0.3 ~ 1000cp 范围内有峰值，Elgin 砂岩约 300cp；Berea 砂岩约 70cp，还有一次级峰值约 1cp；北海砂岩主峰在 1cp，次峰在 70cp。它与 BISQ 预测的相近但并不完全符合。

表 3.5 流体参数表

	η（cp）	ρ(kg/m³)	K(GPa)
己烷	0.33	658	0.75
甘油 / 水 3	23	1002	2.22
甘油 / 水 4	74	1011	2.29
甘油 / 水 2	456	1075	2.86
甘油 / 水 1	943	1157	3.72

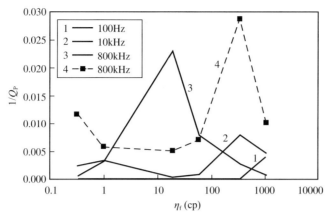

图 3.4　Elgin 砂岩损耗—黏度图

横轴—流体黏滞系数；纵轴—纵波损耗；

实线—BISQ 模型；虚线—实验数据；参数—频率

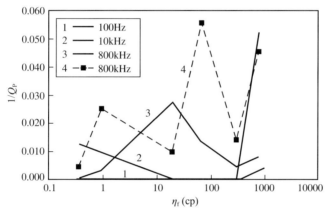

图 3.5　Berea 砂岩损耗—黏度图

横轴—流体黏滞系数；纵轴—纵波损耗；

实线—BISQ 模型；虚线—实验数据；参数—频率

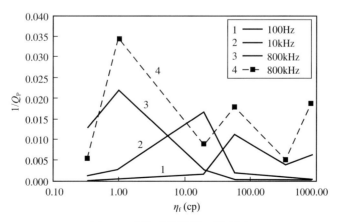

图 3.6　北海砂岩损耗—黏度图

横轴—流体黏滞系数；纵轴—纵波损耗；

实线—BISQ 模型；虚线—实验数据；参数—频率

3.1.6 黏滞系数与横波损耗 [44]

在 Berea 砂岩中注入不同饱和度的甘油，测定在不同温度下的横波速度 v_S 和损耗 Q_S^{-1}，得到图 3.7 和图 3.9。甘油的黏度随温度而变，如图 3.8 所示。也就是说，测的是不同流体黏度下的横波损耗。可见随黏度的变化有两个高峰，高温（低黏）端的是喷流现象，低温（高黏）端的是弛豫现象。甘油的黏度随温度而变的规律很稳定，因而常被用来当做改变黏度的试验流体。

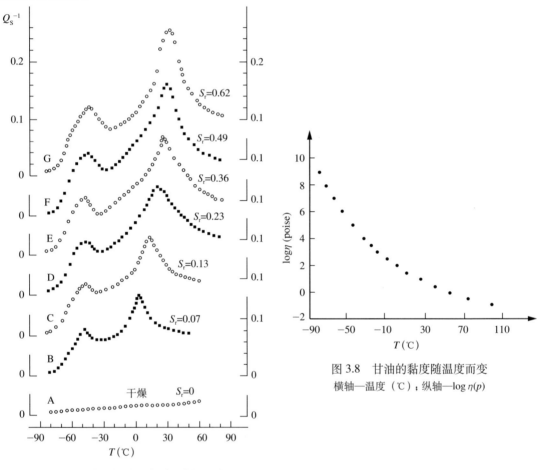

图 3.7　横波损耗随温度（黏度）而变
横轴—温度（℃）；纵轴—横波损耗；
S_r—甘油饱和度；A—干燥曲线

图 3.8　甘油的黏度随温度而变
横轴—温度（℃）；纵轴—$\log \eta(p)$

3.1.7　品质因数与黏滞系数 [42]

3.1.7.1　弹滞性体 (Maxwell 体)

对于弹滞性体应变可视作一个弹簧（完全弹性体）与一个阻尼（黏滞体）串联的结果，如图 3.18（3.2.3.2 节）所示。完全弹性体应力 σ 与应变 e_1 有如下关系，即

$$\sigma = M^M e_1 \tag{3.7}$$

黏滞体有

$$\sigma = \eta \dot{e}_2 ， \quad \dot{e}_2 = \sigma / \eta \tag{3.8}$$

整体应变为

$$e = e_1 + e_2 \tag{3.9}$$

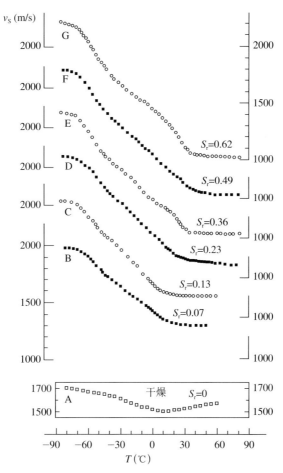

图 3.9　横波速度随温度黏度而变

横轴—温度（℃）；纵轴—横波速度；

S_r—甘油饱和度；A—干燥曲线

它的时间导数为

$$\dot{e} = \dot{e}_1 + \dot{e}_2 \qquad (3.10)$$

应力的时间导数为

$$\dot{\sigma} = M^M \dot{e}_1 \ , \quad \dot{e}_1 = \dot{\sigma} / M^M \qquad (3.11)$$

因此有

$$\frac{\dot{\sigma}}{M^M} + \frac{\sigma}{\eta} = \dot{e} \qquad (3.12)$$

对此作傅里叶变换有

$$\frac{i\omega\sigma}{M^M} + \frac{\sigma}{\eta} = i\omega e$$

重新整理后有

$$\sigma = \frac{\omega\eta}{\dfrac{\omega\eta}{M^M} - i} e = \widetilde{M}(\omega)e \qquad (3.13)$$

这就是说复弹性模量是

$$\widetilde{M}(\omega) = \frac{\omega\eta}{\dfrac{\omega\eta}{M^M} + i} = M_R + M_I \tag{3.14}$$

我们已知（2.24）式，即

$$Q = \frac{M_R}{M_I}$$

因此有

$$Q^M = Q = \frac{\omega\eta}{M^M} \tag{3.15}$$

$$Q^{-1M} = \frac{M^M}{\omega\eta}$$

Q^M 就是 Maxwell 体品质因数，倒过来就是损耗 Q^{-1M}。

3.1.7.2　黏弹性体（Kelvin-Voigt 体）

Kelvin 体的弹性体（弹簧）和黏滞体（阻尼）是并联关系，如图 3.19 所示。用与对 Maxwell 体同样的步骤可以得到品质因数和损耗的表达式，即

$$Q^K = \frac{M^K}{\omega\eta} \tag{3.16}$$

$$Q^{-1K} = \frac{\omega\eta}{M^K}$$

Q^K 与 η 成反比，而 Q^M 与 η 成正比，两者截然相反，可见具有更大的模型意义，更标准的应是 Zener 体。

3.1.7.3　黏弹滞性体（Zener 体）

Zener 体是一个弹性体（弹簧）与一个 Kelvin 体（弹簧与阻尼并联）串联的结果，如图 3.20 所示。这是更接近于真实岩层的模型，是标准的线性固体模型（SLS）。它的品质因数和损耗构成也相应地比较复杂，即

$$Q^Z = \frac{1 + \omega^2\tau_0\tau_\infty}{\omega(\tau_0 - \tau_\infty)} \tag{3.17}$$

$$Q^{-1Z} = \frac{\omega(\tau_0 - \tau_\infty)}{1 + \omega^2\tau_0\tau_\infty}$$

式中

$$\tau_\infty = \frac{\eta}{M_0 + M_1}, \ \tau_0 = \frac{\eta}{M_1} \tag{3.18}$$

是弛豫时间。M_0、M_1 分别是图 3.20 中的弹性模量。由上二式可见品质因数随频率和黏滞系数而变。黏滞系数很低和很高时品质因数较高，这时固体的行为是弹性的；而在中间品质因数有最低点，这时黏滞系数中等，固体行为是黏滞性的；与随频率的变化一样，表现了明显的弛豫特征。它与 Kelvin 体及 Maxwell 体比较有较高的品质因数，即

$$Q^Z > Q^K, \ Q^M \tag{3.19}$$

要特别注意这里的黏滞系数是有效黏滞系数，包括固体和流体的黏滞系数，不能用来反求流体黏滞系数。上面的 Maxwell 体和 Kelvin–Voigt 体也是如此。

3.1.7.4 富泥砂岩的品质因数与黏滞系数[43]

图 3.10 是三种富泥砂岩的纵品质因数与黏滞系数关系图。这三种岩石参数如表 3.6 所示。York 砂岩泥质含量高达 14% ~ 20.8%，渗透率极小只 0.3 ~ 2.6mD, 因而品质因数随黏滞系数的变化极小。而 Berea 砂岩泥质含量不太高，为 7.4%，渗透率较高有 264mD，因而它的品质因数随黏滞系数变化较大，也就是损耗（Q_P^{-1}）受黏滞系数影响较大：黏滞系数小时损耗小，黏滞系数大到近 20cp，损耗突然加大，由近 0.005（$Q_P=200$）升至近 0.04（$Q_P=25$）。但横波损耗基本不随黏滞系数变化，如图 3.11 所示。

表 3.6　富泥砂岩物性

砂岩	$\phi(\%)$	$k(mD)$	$\phi_n(\%)$
York1	11.2	0.3	14.0
York2	13.5	2.6	20.8
Berea	20.5	264.0	7.4

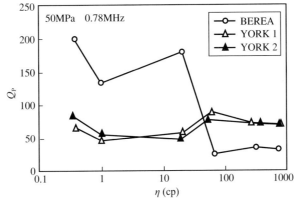

图 3.10　富泥砂岩纵品质因数随黏滞系数的变化
横轴—流体黏滞系数；纵轴—纵波品质因数

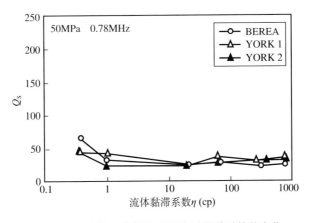

图 3.11　富泥砂岩横品质因数随黏滞系数的变化
横轴—流体黏滞系数；纵轴—横波品质因数

3.1.8 对数衰减与黏滞系数 [45]

O'Hara 分别于 1985 和 1989 年在实验室测定了不同流体饱和的 Berea 砂岩的圆柱形样品拉伸波和扭曲波对数衰减与频率和流体黏滞系数的关系，如图 3.12 至图 3.16 所示。可见：

（1）如果频率不变，对数衰减随流体黏滞系数的升高呈指数升高；

（2）拉伸波与扭曲波的衰减大小和趋势基本一致；

（3）盐水的衰减显著高于烃类；

（4）图 3.12 的曲线可拟合成公式为

$$\delta = \delta_0 \left(f \eta_f \right)^m \tag{3.20}$$

式中：m 是拟合指数，m 随有效压力而变，变化情况如表 3.7 所示。

表 3.7 不同压力下的拟合指数

p_e(MPa)	5.0	10.0	20.0	40.0
m	0.31	0.23	0.18	0.12

拟合指数 m 随有效压力增加（流体压力减小）而减小，曲线即变平缓。

我们知道 $Q^{-1} = \dfrac{\delta}{\pi} = \dfrac{\alpha v}{\pi f}$，因此（3.20）式可以写成 Q^{-1} 或 α 的函数，即

$$Q^{-1} = \delta_0 \left(f \eta_f \right)^m / \pi \tag{3.21}$$

$$\alpha = f \delta_0 \left(f \eta_f \right)^m / v \tag{3.22}$$

（5）随有效压力的降低，m 的升高，对数衰减升高。

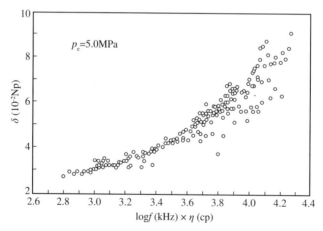

图 3.12 庚烷饱和砂岩的拉伸波对数衰减
随频率和流体黏滞系数而变
横轴—对数频率 × 黏滞系数；纵轴—拉伸波对数衰减；
p_e—有效压力；p_f—流体压力；p_c—围压

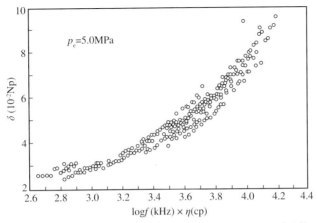

图 3.13 庚烷饱和砂岩的扭曲波对数衰减随频率和流体黏滞系数而变

横轴—对数频率 × 黏滞系数；纵轴—扭曲波对数衰减。

p_e—有效压力；p_f—流体压力；p_c—围压

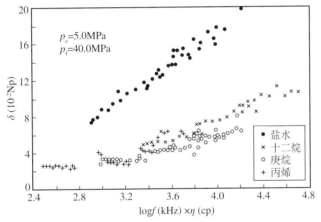

图 3.14 不同流体饱和砂岩拉伸波对数衰减比较

横轴—对数频率 × 黏滞系数；纵轴—拉伸对数衰减。

p_e—有效压力；p_f—流体压力；p_c—围压

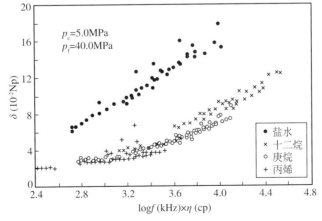

图 3.15 不同流体饱和砂岩扭曲波对数衰减比较

横轴—对数频率 × 黏滞系数；纵轴—扭曲波对数衰减。

p_e—有效压力；p_f—流体压力；p_c—围压

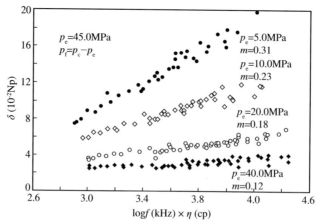

图 3.16 盐水饱和砂岩的拉伸波对数衰减与 f、η 关系随 p_e 而变

横轴—对数频率 × 黏滞系数；纵轴—拉伸波对数衰减（10^{-2}Np）。

p_e—有效压力；p_f—流体压力；p_c—围压；m—拟合指数

3.1.9 吸收系数与黏滞系数 [48]

Nur 等 1969 年观测了 Barre 花岗岩 P 波和 S 波的相对吸收系数。花岗岩孔隙度只有 0.6%，注入甘油，甘油的黏滞系数随温度而变，改变样品环境的温度就可改变孔隙流体的黏滞系数。图 3.17 展示了 S 波的结果，可见 S 波吸收系数作为流体黏滞系数的函数有明显的弛豫峰值，它的特征弛豫时间等于波的周期。

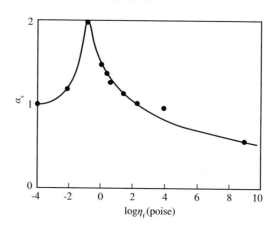

图 3.17 S 波相对吸收系数与流体黏滞系数的关系

横轴—流体黏滞系数的对数；纵轴—岩石 S 波相对吸收系数

3.1.10 由流体黏滞系数预测油气的几点考虑

3.1.10.1 利用油、气、水黏滞系数的差别

由 3.1.2 节可知油、气、水的黏滞系数差别较大，油水差 1 个数量级，油气差 3 ~ 4 个数量级，气水差 2 ~ 3 个数量级，三者之间分辨率极高。因此如果能预知孔隙流体的黏滞系数，可以说：

$\eta_f \leqslant 10^{-2}$mPa·s 是天然气的可能性大；

$\eta_f \geqslant 5$mPa·s 是石油的可能性大；

$\eta_f \leqslant 2$mPa·s 是水的可能性大。

但气油比高时或轻质油,石油的 η_f 会相应降低,这时可能与黏度较高的非清洁水较难区分,就必须有其他参数,譬如流体密度、流体体积模量。

3.1.10.2　利用已知公式求流体黏滞系数

以上许多公式中都可找到黏滞系数与其他多个参数的关系,可利用来预测黏滞系数。但要注意必须是孔隙流体的黏滞系数,而不能是有效黏滞系数。为此在本节我将流体黏滞系数专门用 η_f 标明。利用这些公式有许多难度,特别是怎样取得原始参数本身。这里只能提供一些建议,希望后人能有所成就。可利用的公式建议如下。

(1) 利用流体弥散系数 [(2.63) 式],即

$$D = \frac{kM_\phi M_d}{\eta_f C_b}$$

由此可得

$$\eta_f = \frac{kM_\phi M_d}{DC_b} \tag{3.23}$$

D 也是裂缝机制 (2.2.4 节) 中归一化圆频率 [(2.62) 式]

$$\Omega = \frac{\omega H_{fr}^2 M_\phi^2}{4C_b^2 D}$$

中的一个参数。而 (2.59) 式为

$$C_b = M_d + \alpha^2 M_\phi$$

式中:C_b 是没有裂缝时背景材料的 P 波模量;M_d 是干燥岩石 P 波模量;M_ϕ 是孔隙空间模量;α 是 Biot-Willis 系数。后三个参数是可以测量的,知道了 C_b,就只剩 D 了。(2.62) 式中 H_{fr} 是裂缝平均宽度,Ω 是归一化圆频率,只要再有这两个参数,就可得到 D 了。有了 D,再有渗透率 k,由 (3.23) 式就可得到 η_f 了。难度是怎样求得归一化圆频率。

(2) 利用趋肤深度 [(2.139) 式],即

$$ds = \sqrt{\frac{2\eta_f}{\rho_f \omega}}$$

可得

$$\eta_f = \frac{1}{2}ds^2 \rho_f \omega \tag{3.24}$$

如果我们能够测得趋肤深度和流体密度,就可得到流体黏滞系数了。

(3) 利用慢纵波低频域相速度 [(2.171) 式],即

$$c_{pII} = (2\omega k K_A / \eta_f)^{1/2}$$

可得

$$\eta_f = 2\omega k K_A / c_{pII}^2 \tag{3.25}$$

式中

$$K_A = \frac{[(\overline{K} + 4\overline{\mu}/3)/(K + 4\mu/3)]}{[\phi/K_f + (1-\phi)/K_s - \overline{K}/K_s^2]}$$

式中 K、μ 和 $\overline{K}$、$\overline{\mu}$ 分别是封闭样品和裸露样品体积模量和切变模量。K_s 是岩石骨架体积模量。K_f 为孔隙流体体积模量。测得这些参数是容易的，问题在慢纵波相速度。在没有突破慢纵波观测技术以前，这是不可能的。因此这个技术很有前途但还得等许多年。

（4）利用 Biot 特征频率 [（2.49）式]，即

$$f_c^B = \frac{\eta_f \phi}{2\pi \rho_f k}$$

可得

$$\eta_f = \frac{2\pi \rho_f k f_c^B}{\phi} \tag{3.26}$$

式中：ρ_f，k，ϕ 都较易测得，问题在特征频率本身如何估计。只要确定了 f_c^B，就可得到流体黏滞系数了。

（5）利用流动性 M_L。

① 利用 3.1.4 节中任意一个公式，只要得到了流动性 M_L，就可利用公式

$$\eta_f = k/M_L \tag{3.27}$$

由渗透率求得流体黏滞系数。

② 利用喷流特征长度 R。

如图 3.1，实验室测定 M_L–R 关系，得到拟合曲线乃至拟合公式，以后就可根据喷流特征长度 R 求得流动性 M_L，测得渗透率后由（3.27）式得到流体黏滞系数。

测定 R 的过程得益于 k 的测定过程的启发，两者过程基本上很相似，因此这一方法很有实践的可能。

（6）利用损耗求流体黏滞系数 。

利用 BISQ 模型求得岩石的 Q_P^{-1}–η_f（f_1）关系，如图 3.4 至图 3.6 所示；但应有更多点子，使曲线圆滑；然后测得 Q_P^{-1}–f 曲线，求得 Q_P^{-1}（f_1），得到 η_f。

（7）利用对数衰减与黏滞系数的关系（3.20），即

$$\delta = \delta_0(f\eta_f)^m$$

由此可有

$$\eta_f = \frac{1}{f}\left(\frac{\delta}{\delta_0}\right)^{1/m} \tag{3.28}$$

（8）利用吸收系数与黏滞系数关系。

把甘油注入储集岩样品，改变样品温度以改变孔隙流体黏滞系数，再测定不同温度下的吸收，可得到该储层 α–η_f 图，可利用来由吸收系数求得流体黏滞系数。

3.2 吸收参数——吸收系数 α、损耗 Q^{-1}、品质因数 Q、速度波散 D_v

品质因数的逆就是损耗，在频率与速度不变的情况下损耗与吸收系数成正比，吸收系数与波散在复平面下成耦合关系，因此这 4 个参数常常作为一个参数 – 吸收参数或简称吸收来考量。

3.2.1 基本概念

吸收与波散是岩石黏滞性表现的两个方面，它们都是频率和波数的函数，也是时间和距离的函数（$v=x/t=k/f$）。振幅随时间和距离衰减就是吸收，相速度随频率变化就是波散。它们可以用复数表示，实数代表速度，虚数与实数结合代表吸收；两者密切不可分割。譬如，复数纵波模量为

$$\widetilde{M} = M_R + iM_I \tag{3.29}$$

即纵波复模量

$$\widetilde{M}_P = \widetilde{K} + \frac{4}{3}\widetilde{\mu} \tag{3.30}$$

横波复模量

$$\widetilde{M}_S = \widetilde{\mu} \tag{3.31}$$

式中复体积模量及复切变模量为

$$\widetilde{K} = K_R + iK_I \tag{3.32}$$

$$\widetilde{\mu} = \mu_R + i\mu_I \tag{3.33}$$

纵波相速度就是

$$v_P = \left[\frac{M}{\rho}\right]^{1/2} = \left[\frac{K + 4\mu/3}{\rho}\right]^{1/2} \tag{3.34}$$

式中没有下标的 K，μ 就是实数。纵波吸收（损耗）就是

$$Q_P^{-1} = \frac{K_I + 4\mu_I/3}{K_R + 4\mu_R/3} \tag{3.35}$$

而横波相速度

$$V_S = \left[\frac{\mu}{\rho}\right]^{1/2} \tag{3.36}$$

横波吸收（损耗）

$$Q_S^{-1} = \frac{\mu_I}{\mu_R} \tag{3.37}$$

这样弹性参数就可转化为黏弹滞性参数，就如我们在第 2 章中所见到的。

吸收系数、损耗与品质因数已由公式（2.24）式密切结合在一起，知道了一个就可以知道另一个：

$$\alpha = \frac{\pi f}{Qv} = \frac{\pi f}{v}Q^{-1}, \quad Q = \frac{\pi f}{\alpha v}, \quad Q^{-1} = \frac{\alpha v}{\pi f}$$

因此这三个参数可以放在一起考察。

3.2.2 吸收系数 α 的简单定义

原始振幅 A_0 在厚度 h 为一波长 $(h=\lambda)$ 的岩层中传播后衰减为 A，则有

$$A = A_0 e^{-ah} \tag{3.38}$$

两边取自然对数整理后有

$$\alpha = -\frac{1}{h}\ln\frac{A}{A_0} = \frac{1}{h}\ln\frac{A_0}{A} = \frac{\delta}{h} \tag{3.39}$$

量纲为 $[m^{-1}]$；也可记作每米奈培：Neper/m(N/m)，或常用对数的每波长分贝：dB/λ。对数衰减为

$$\delta = \ln\frac{A_0}{A} = \alpha h = \alpha\lambda = \frac{\alpha v}{f} = \pi Q^{-1} \tag{3.40}$$

这就是吸收系数的最简单定义。如果取振幅谱 $A(\omega)$，$A_0(\omega)$ 则有随频率变化的吸收系数，即

$$\alpha(\omega) = -\frac{1}{h}\ln\frac{A(\omega)}{A_0(\omega)} \tag{3.41}$$

也可将吸收特征写为

$$A(\omega) = e^{i\tilde{k}(\omega)h} \tag{3.42}$$

式中：h 为岩层厚度或样品长度或旅行距离；$\tilde{k}(\omega)$ 为复波数，即

$$\tilde{k}(\omega) = \frac{\omega}{V(\omega)} + i\alpha(\omega) \tag{3.43}$$

因而有

$$A(\omega) = e^{i\omega h/V(\omega)}e^{-\alpha(\omega)h} = e^{i\kappa h}e^{-\alpha(\omega)h} \tag{3.44}$$

式中：$\kappa = 2\pi k$ 为圆波数。

吸收的相位特征由（3.43）式的实数部分构成，即

$$\varphi_A(\omega) = \frac{\omega}{V(\omega)} - \omega t_0 \tag{3.45}$$

时间迟后为

$$\tau_A(\omega) = \frac{\varphi_A(\omega)}{\omega} = \frac{1}{V(\omega)} - t_0 \tag{3.46}$$

3.2.3 各类介质模型的逆品质因数 Q^{-1}——损耗 [3, 164]

在 2.2 节开头就提到各类黏弹滞性介质，为了研究这些介质的地震特性，许多学者提出了多种模型。Maxwell 模型研究了弹滞性体，Kelvin−Voigt 模型研究了黏弹性体，而 Zener 模型研究的是普遍适用的实际地层介质，称为标准线性固体（SLS）模型。在 2.3 节中

已经给出了一些基本数学公式。这里对它们的损耗再作些叙述。

3.2.3.1 基本概念

黏弹滞性介质有弹性也有滞性，在岩石物理中常用弹簧表示弹性，它服从虎克定律，应力 σ 与应变 e 成正比，即

$$\sigma = ce \tag{3.47}$$

这是一维的情况，(2.85) 写出了三维三分量的情况。式中比例常数 c 就是弹性常数或弹性模量，三维三分量中就是物性矩阵 D_{ij} 或弹性常数矩阵 C_{ij}。用阻尼（有时用活塞）代表滞性，它服从牛顿黏滞性定律，应力与应变率（速率，时间导数）呈正比，即

$$\sigma = \eta \frac{\partial e}{\partial t} \equiv \eta \partial_t e \equiv \eta \dot{e} \tag{3.48}$$

式中：比例常数 η 就是黏滞系数。时间导数的三种表达式是恒等的，可以任意表示。各种黏弹滞性体可以用上述两种元素（弹簧、阻尼）串联、并联或者复合来表示。

3.2.3.2 Maxwell 弹滞性体模型

重油饱和岩石是典型的黏弹滞性介质，它最简单的模型就是 Maxwell 弹滞性体模型。

3.2.3.2.1 纵波损耗

用一个弹簧和一个阻尼器串联代表 Maxwell 模型，如图 3.18 所示。弹簧与阻尼有相同的应力 σ，而应变则不同。弹簧的应变为 e_1，阻尼的应变为 e_2。在 3.1.8 节中已经推导了它的品质因数，倒过来就是损耗了，即

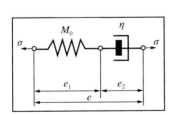

图 3.18　Maxwell 弹滞性体模型
M_0—弹簧模量；η—阻尼黏滞性；
e_1—弹簧应变；e_2—阻尼应变；e—总应变；σ—应力

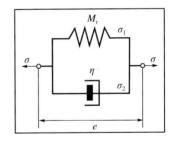

图 3.19　Kelvin 黏弹性体模型
M_r—弹簧模量；η—阻尼黏滞性；e—总应变
σ—总应力；σ_1—弹簧应力；σ_2—阻尼应力

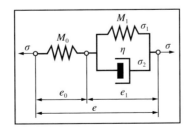

图 3.20　Zener 黏弹滞性体模型
M_0—主弹簧模量；M_1—支弹簧模量；
η—阻尼黏滞性；e—总应变；σ—总应力；e_0—主应变；e_1—支应变

$$Q^{-1M} = \frac{M_I}{M_R} = \frac{M^M}{\omega\eta} \tag{3.49}$$

3.2.3.2.2 横波切变模量

同样的算法可得到横波的复切变模量，即

$$\tilde{\mu}(\omega) = \mu_\infty / \left(\frac{1}{-i\omega\tau} + 1 \right) \tag{3.50}$$

式中：μ_∞ 为在极高频率（或快速形变）时的实数切变模量。而

$$\tau = \frac{\eta_S}{\mu_\infty} \tag{3.51}$$

是弛豫时间（弛豫频率 ω_0 的倒数）。η_S 为同一介质低频（或缓慢形变）时动态横波黏滞系数。注意：由（3.50）可见，当高频时，$\omega\tau \gg 1$，$\tilde{\mu} \approx \mu_\infty$，即复切变模量接近于高频的实切变模量。相反，在低频时，$\omega\tau \ll 1$，$\tilde{\mu}(\omega) = \mu_\infty /(-\mu_\infty / i\omega\eta_S) = -i\omega\eta_S$。转换到时间域有：$\tilde{\mu} = -\partial_t \eta_S$，这意思是在时间域切变应力正比于切变变形的时间导数（或改变速率），这正是牛顿流体的行为特征。但 Batzle 等发现 [171] 实际观测到的频率依赖性没有 Maxwell 模型描述的那么强，因此他们提议用一种带有连续弛豫谱的模型，如 Cole−Cole 所建议的 [172]，有

$$\tilde{\mu} = \mu_0 + (\mu_\infty - \mu_0) / \left(\frac{1}{(-i\omega\tau)^\beta} + 1 \right) \tag{3.52}$$

式中：指数 β 满足 $0 < \beta < 1$，是一个可调节的参数；μ_0 是常数标量切变模量。参数 β 用得合适时这第二种关系与图 3.18 中的实测结果吻合得很好很合理。但是按照这个模型，在低频时复切变模量近似是

$$\tilde{\mu} \cong \mu_0 + (\mu_\infty - \mu_0)(-i\omega\tau)^\beta \tag{3.53}$$

这样，在低频极限时，复切变模量近似于实值 μ_0，它相当于低频同时也是高频时的弹性行为。但这与普遍假设的概念相矛盾：在低频时油的行为更像流体。如果我们还坚持这个概念，那我们必须假定 $\mu_0=0$，这时 (3.53) 式变为

$$\tilde{\mu} \cong \mu_\infty(-i\omega\tau)^\beta = \mu_\infty^{1-\beta}(-i\omega\eta_S)^\beta \tag{3.54}$$

这样，在低频时，复切变模量的绝对值就正比于 η_S^β，而不是在牛顿流体中的 η_f，那在这里黏滞系数的概念就成问题了。为了保证在低频极限中油的行为是牛顿型，他们建议对方程（3.50）修改成

$$\tilde{\mu} = \mu_\infty / \left[\frac{1}{(-i\omega\tau)} + \frac{1}{(-i\omega m\tau)^\beta} + 1 \right] \tag{3.55}$$

式中：m 为附加的无量纲参数。

3.2.3.2.3 横波波散和损耗

当孔隙流体是牛顿型的，饱和有这种流体的岩石弹性模量可以用 Gassmann 方程由干燥岩石性质和流体压缩系数算得。相应的动态弹性模量可以由 Biot 孔隙弹性方程得到。可是如果孔隙充满了黏弹滞性材料，Gassmann 方程和 Biot 方程就都不能应用。因为 Gassmann 方程是基于 Pascal 定律，也就是说在没有体力的情况下流体压力在全部孔隙空间都是一样的。这个定律不能用于切变模量有有限分量的固体或任何介质。而 Biot 理论是 Gassmann 理论对有限频率的延伸，也就不能用于黏弹滞性介质。

为了测定孔隙充满这种介质后的黏弹滞性对岩石弹性整体的影响，首先确定一种弹性层和黏弹滞性层相间的周期性系统模型。这种模型有许多人用过，它的好处是简单，可以知道确切的波散方程。这个方法可以应用于任何流变学问题，而且没有任何对于孔隙大小和层的性质的要求。

横波延层传播并平行于层位极化，波散方程可写为 [173]

$$p\left[\tan^2\frac{\beta_m h_m}{2} + \tan^2\frac{\beta_f h_f}{2}\right] + \left(1+p^2\right)\tan\frac{\beta_m h_m}{2}\tan\frac{\beta_f h_f}{2} = 0 \qquad (3.56)$$

式中：足标 m 表示弹性固体层；f 表示黏滞流体层；而

$$\beta_m^2 = \omega^2\left(1/v_{Sm}^2 - 1/\tilde{v}_{SH}^2\right), \ \beta_f^2 = \left(1/v_{Sf}^2 - 1/\tilde{v}_{SH}^2\right)$$

其中

$$v_{Sm} = \left(\mu_m/\rho_m\right)^{1/2}, \ v_{Sf} = \left(\mu_f/\rho_f\right)^{1/2}$$

分别是固体层和黏滞流体层横波速度。

式中：

$$p = \mu_f\beta_f/\mu_m\beta_m$$

ρ_m, ρ_f, h_m, h_f 分别是固体层和黏滞流体层的密度和厚度；$\tilde{v}_{SH}$ 是要求取的 SH 横波的复数速度。因而横波相速度就是横波复速度的实数部分，即

$$v_S = \mathrm{Re}\,\tilde{v}_{SH} \qquad (3.57)$$

它的损耗（无量纲吸收或逆品质因数）类似于（2.24）式的纵波损耗，但略有不同，是复慢度的虚数部分与实数部分的比，即

$$Q_S^{-1} = 2\frac{\mathrm{Im}\,\tilde{v}_{SH}^{-1}}{\mathrm{Re}\,\tilde{v}_{SH}^{-1}} \qquad (3.58)$$

它的波散方程没有解析解，只能用数值解。波散和损耗的数值解示于图 3.22。图中还显示了 Biot 孔隙弹性理论预测的结果。可以看到在低温时（流动性减小）S 波波散与油的黏弹滞性行为一致，而在高温时（流动性增加）显露出了一些 Biot 波散的迹象。当 40℃ 时有较高的波数。波散和损耗受温度的影响都很大。在 20 ~ 40℃ 时可在地震频段内看到平缓的损耗峰值，240℃ 时在 10^5 Hz 时可见到 Biot 预测的损耗峰值。这是因为重油弹性模量严重受制于温度及频率的缘故，如图 3.21 所示。

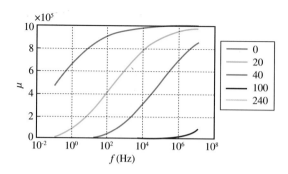

图 3.21　重油切变模量随频率和温度变化
横轴—对数频率；纵轴—重油切变模量；色标－温度（℃）

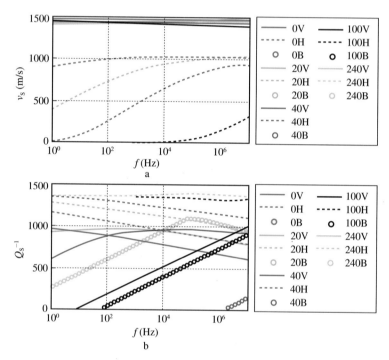

图 3.22　油固混合物横波波散与损耗
a—波散；b—损耗；0～240（℃）；B—Biot 预测（圈线）；
V—垂向；H—横向

3.2.3.3　Kelvin–Voigt 黏弹性体模型

此模型如图 3.19 所示，是一个弹簧与一个阻尼并联。用上述相同的运算方式得到的（3.16）式，它的倒数就是 Kelvin–Voigt 体的损耗公式，即

$$Q^{-1K} = \frac{\omega \eta}{M^K} \tag{3.59}$$

可见黏弹性体损耗与黏滞系数成正比，而弹滞性体损耗与黏滞系数成反比。

3.2.3.4　Zener 黏弹滞性体模型

如图 3.20 所示，是串联并联结构。（3.17）式的倒数就是它的损耗，但没有推导，这里作一补充。

总应变为

$$e=e_0+e_1 \tag{A1}$$

弹簧 1 的应力应变关系为

$$\sigma=M_0e_0 \tag{A2}$$

弹簧 2 与阻尼并联后应力应变关系为

$$\sigma = \sigma_1 + \sigma_2 = M_1e_1 + \eta\partial_t e_1$$

进一步简写成

$$\sigma = M_1e_1 + \eta\dot{e}_1 \tag{A3}$$

式中：$\dot{e}_1 = \partial_t e_1$ 是时间导数的进一步简写。
令

$$\tau_\infty = \frac{\eta}{M_0 + M_1}, \quad \frac{1}{M_\infty} = \frac{1}{M_0} + \frac{1}{M_1} \tag{A4}$$

式中：τ_∞，M_∞ 分别是特征弛豫时间和延迟弹性模量。
则由（A1）～（A4）式可得

$$\sigma + \tau_\infty \dot{\sigma} = M_0\tau_\infty \dot{e} + M_\infty e \tag{A5}$$

此微分方程的解可写为

$$\sigma(t) = \int_{-\infty}^{\infty} r(t-\tau)\frac{\mathrm{d}e}{\mathrm{d}t}\mathrm{d}\tau \tag{A6}$$

式中：$r(t)$ 是弛豫函数，即

$$r(t) = M_\infty + (M_0 - M_\infty)\exp\left(-\frac{1}{\tau_\infty}\right), t \geq 0 \tag{A7}$$

$$r(t)=0, \quad t < 0 \tag{A8}$$

对（A6）进行分部积分可得

$$\sigma(t) = \int_{-\infty}^{\infty} m(t-\tau)e(\tau)\mathrm{d}\tau \tag{A9}$$

式中

$$m = \frac{\mathrm{d}r}{\mathrm{d}t} \tag{A10}$$

利用（A7）和（A10）可得 zener 模型的复模量，即

$$\widetilde{M}(\omega) = M_R(\omega) + iM_1(\omega) \tag{A11}$$

式中：复模量实数部分为

$$M_R = M_0 \frac{1 + \tau_0\tau_\infty\omega^2}{1 + \tau_\infty^2\omega^2} \tag{A12}$$

虚数部分为

$$M_1 = M_0 \omega \frac{\tau_0 - \tau_\infty}{1 + \tau_\infty^2 \omega^2} \tag{A13}$$

式中

$$\tau_0 = \tau_\infty \frac{M_0}{M_\infty} \tag{A14}$$

因为由（3.20）式和（A4) 式有

$$\frac{\tau_0}{\tau_\infty} = \frac{M_0 + M_1}{M_1} = \frac{M_0 M_1}{M_1 M_\infty} = \frac{M_0}{M_\infty}$$

当频率趋向于零时，复模量趋向于延迟弹性模量：$\widetilde{M}(0) \approx M_\infty$，这时的复模量称作弛豫模量。这时的波动运动已变得无限缓慢，应变率接近零：$\dot{e} \approx 0$。当频率趋向无限大，$\widetilde{M}_\infty \approx M_0$，这是未弛豫模量，运动变得非常快，以致 $\dot{e} \approx \infty$。

根据损耗的定义 [（2.24）式] 可得 Zener 模型损耗为

$$Q^{-1Z} = \frac{M_1}{M_R} = \frac{\omega(\tau_0 - \tau_\infty)}{1 + \tau_0 \tau_\infty \omega^2} \tag{3.60}$$

可以证明此式与（2.25）式和（2.26）式（$Q^{-1} = \Delta_M \dfrac{\omega \tau}{1 + (\omega \tau)^2}$，$\Delta_M = \dfrac{M_U - M_C}{M_C}$）是一致的。
因为如图 2.11 所示，峰值频率如为 ω_m，则当

$$\omega_m \tau = 1 \tag{B1}$$

时有最大损耗 Q^{-1}_m[对（2.25）式微分取零可知]，这时的损耗为

$$Q^{-1}_m = \frac{\Delta_M}{2} \tag{B2}$$

同样对（3.60）式微分取零可得

$$\omega_m = \frac{1}{\sqrt{\tau_0 \tau_\infty}} \tag{B3}$$

则由（B1）、（B3）式可得

$$\tau = \sqrt{\tau_0 \tau_\infty} \tag{B4}$$

将（B3）代入（3.60）式可得

$$Q^{-1}_m = \frac{\tau_0 - \tau_\infty}{2\sqrt{\tau_0 \tau_\infty}} \tag{B5}$$

由（B2）、（B4）、（B5）式可得模量亏损为

$$\Delta_M = \frac{\tau_0 - \tau_\infty}{\sqrt{\tau_0 \tau_\infty}} \tag{B6}$$

将（B4）、（B6）式代入（2.25）式就可得到（3.60）式。

3.2.4 吸收系数的依赖关系[48]

3.2.4.1 与应变振幅的关系

对于像地震这样的低应变振幅，吸收与应变振幅无关；而对大于 10^{-6} 这样的应变，吸收系数随应变的增加而迅速增加。

3.2.4.2 与流体饱和度的关系

流体饱和岩石的吸收大于干燥岩石的吸收，并且与饱和度、流体类型和频率成复杂关系。对于由低黏滞性流体（如水、石油）全饱和的岩石在超声频段时 $Q_S^{-1} > Q_P^{-1}$，横波损耗大于纵波损耗。Q 与饱和度的关系可见图 3.23 至图 3.26。

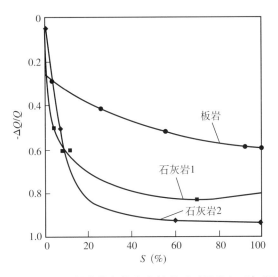

图 3.23 Q 的变化与饱和度的关系（板岩和石灰岩）

横轴—饱和度（%）；纵轴—品质因素减小率

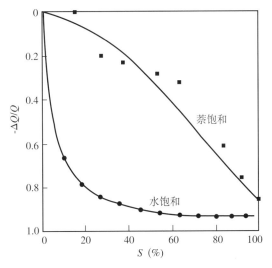

图 3.24 Q 的变化与饱和度的关系（氧化铝被水或萘饱和）

横轴—饱和度（%）；纵轴—品质因素减小率；
黑方块—萘饱和；黑圆点—水饱和

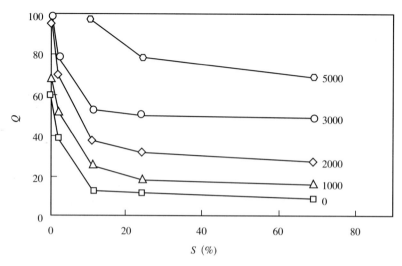

图 3.25　Q 随饱和度变化（Berea 砂岩，拉伸模式）

横轴—饱和度（%）；纵轴—品质因数；参数—有效压力（psi）

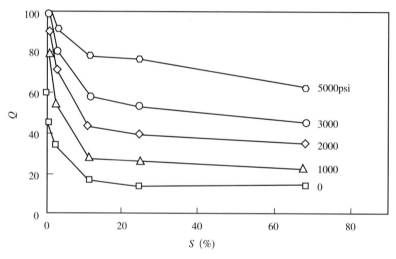

图 3.26　Q 随饱和度变化（Berea 砂岩，扭转模式）

横轴—饱和度（%）；纵轴—品质因数；参数—有效压力（psi）

由图可知：

（1）损耗 Q^{-1} 随饱和度的减小而迅速降低，饱和度愈大损耗愈大；

（2）干燥岩石品质因数升至最高，损耗降至最低；

（3）石灰岩饱和度增至 100% 时品质因数降低约 95%，而板岩只降低 60%，石灰岩的损耗大于板岩的损耗；

（4）水饱和的损耗大于烃类饱和的损耗；

（5）拉伸波与旋转波损耗随饱和度而变的情况基本一致。

3.2.4.3　与压力的关系

吸收与压力的关系参见图 3.27 至图 3.31。

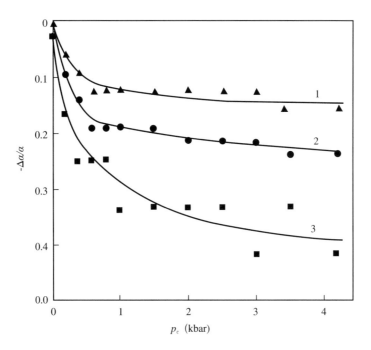

图 3.27 吸收系数随压力的变化（辉绿岩硬砂岩）

横轴—有效压力；纵轴—吸收系数减小率；

1—辉绿岩 1；2—辉绿岩 2；3—硬砂岩

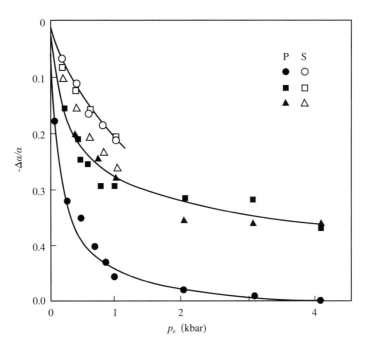

图 3.28 吸收系数随压力的变化（片麻岩）

横轴—有效压力；纵轴—吸收系数减小率；

P—纵波（黑色）；S—横波（白色）；

圆点—片麻岩 257（样品号，下同）；方块—267 号；三角—268 号

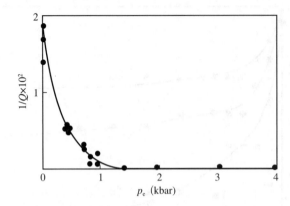

图 3.29　损耗随压力而变、（花岗岩）
横轴—有效压力；纵轴—损耗

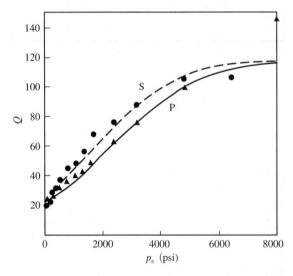

图 3.30　品质因数随压力而变（Berea 砂岩，干燥）
横轴—有效压力，孔隙压力为 1bar（14.7psi）；
纵轴—品质因数；P—纵波（三角）；S—横波（黑圆点）

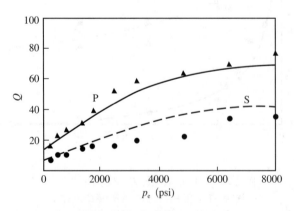

图 3.31　品质因数随有效压力而变（Berea 砂岩，盐水饱和）
横轴—有效压力；纵轴—品质因数

由图可见：

（1）吸收系数减小率随有效压力的增加而增加（图3.27），亦即吸收系数随有效压力的增加而减小，反之品质因数随有效压力的增大而增大；

（2）吸收系数片麻岩小于硬砂岩又小于辉绿岩（图3.27、图3.28）；

（3）干燥的Berea砂岩S波损耗略小于P波（图3.30）；而被盐水饱和后情况反转，S波损耗显著大于P波（图3.28）；

（4）花岗岩的损耗随有效压力的增加而减小，但大于1kbar后变化不大（图3.28、图3.29）。

（5）由摩擦机制差生的损耗显著大于由流体流动（Biot流）产生的损耗，并随有效压力增加而降低；流体流动产生的损耗随有效压力的增加而缓慢增加（图3.32）。

3.2.4.4　与频率的关系

我们已经知道吸收系数与频率密切相关。在极高频与极低频时吸收趋于零，而在其间有吸收峰值，出现典型的弛豫现象，如图2.13和图2.14。在地震频段吸收与频率有接近线性的关系，吸收随频率的增高而增强。不过大量实验室测定Q在很宽的频带范围内（$10^{-2} \sim 10^{7}$Hz）不依赖于频率，如表3.8所示，特别是某些干燥岩石。在流体中Q^{-1}与频率成正比[46]，因此在某些高孔隙与高渗透岩石中总体的Q^{-1}中包含有频率依赖成分。这就是说孔隙岩石中固体骨架的摩擦损耗与频率无关，而流体流动喷射的损耗与频率密切相关。但这种频率依赖成分在地震频段，乃至在未固结的海中沉积物中可以忽略不计。

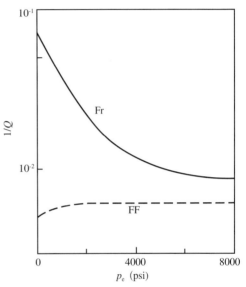

图3.32　不同机制损耗随压力变化
横轴—有效压力；纵轴—损耗
Fr—摩擦机制；FF—流体流动机制

表3.8　各种岩石品质因数为常数的频率范围

岩石	Q	f (Hz)	测定方法
Quincy 花岗岩 （空气干燥）	125 166	$(0.14 \sim 4.5) \times 10^{3}$	长伸共振 扭转共振
Solenhofen 灰岩 （空气干燥）	112 188	$(3 \sim 15) \times 10^{6}$	P波脉冲 S波脉冲
石灰岩（空气干燥）	165	$(5 \sim 10) \times 10^{6}$	P波脉冲
Hunton 灰岩 （烘箱干燥）	65	$(2.8 \sim 10.6) \times 10^{3}$	拉伸共振
Berea 砂岩 （盐水饱和）	10	$(0.2 \sim 0.8) \times 10^{6}$	P、S波脉冲
Navajo 砂岩 （空气干燥） （水饱和）	21 7	$50 \sim 120$ $(0.2 \sim 0.8) \times 10^{6}$	弯曲振动 P、S波脉冲
Pierra 页岩 （现场）	32 10	$50 \sim 450$	P波现场 S波现场

各种损耗机制与频率的关系有不同的特点。如图 3.33 是 Berea 砂岩在地表压力下的喷流机制和黏滞弛豫机制作为频率函数的 P 波和 S 波损耗。明显地有两个峰值，较低频的是喷流机制，较高频的是黏滞弛豫机制。弛豫峰值的这种复杂形态反映了孔隙裂缝形态分布的谱。注意，大约在 50kHz 处有一分界点，小于此频率时 $Q_P^{-1} > Q_S^{-1}$，大于此频率时 $Q_S^{-1} > Q_P^{-1}$。黏滞弛豫机制的损耗远大于喷流机制的损耗，S 波的差别更大于 P 波；P 波损耗峰值各为 0.001 和 0.07，S 波峰值各为 0.0003 和 0.1。喷流机制峰值（Sq）频率在 1kHz 处，黏滞弛豫机制峰值（$\eta\mu$）频率在 1GHz 处，相差百万倍。

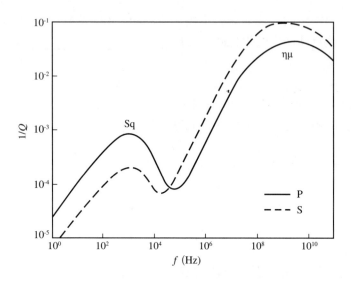

图 3.33　喷流与弛豫机制的损耗
横轴—频率（对数）；纵轴—损耗（对数）；
实线—P 波；虚线—S 波；
Sq—喷流机制峰值；$\eta\mu$—黏滞切变峰值；
地表压力

图 3.34 和图 3.35 是 Berea 砂岩各种机制 P 波损耗随频率变化的特征，前者在地表，后者在 10000ft 处。可见：

（1）各种机制无一例外在小于 10MHz 的频率下都是吸收系数随频率的增高而增加，摩擦和散射近于线性，喷流和 Biot 流有些复杂变化；

（2）（内）摩擦损耗（2.2.1 节）产生的吸收系数最大，它也是形成常数 Q 的基础；其次是喷流损耗（2.2.5 节）；Biot 流的损耗（2.2.4 节）小于喷流，但在 10kHz 至 2MHz 之间相反了；最小的是散射损耗；

（3）地表和深部观测结果基本一致，只是深部吸收系数略小，喷流的拐点在更小的吸收系数时出现。

3.2.4.5　与温度的关系

对于低熔点岩石品质因数一般与温度无关，但在接近孔隙流体的沸点处吸收系数强烈地受温度的影响。在冰冻条件下吸收有强烈的变化，如图 3.36 所示。在 −2℃ 下损耗突然升高，然后随温度降低损耗缓慢降低，逐渐稳定，但仍比 −2℃ 前高。

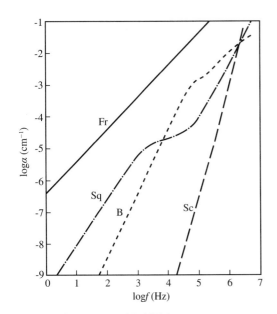
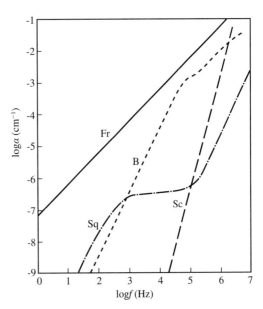

图 3.34　各种机制 P 波损耗特征（地表 Berea 砂岩）
横轴—频率（对数）；纵轴—吸收系数（对数）；
Fr —摩擦（常数 Q）；Sq—喷流；
B—Biot 流；Sc—散射；
黏滞弛豫机制损耗包含在喷流之中

图 3.35　各种机制 P 波损耗特征（10000ft 处 Berea 砂岩）
横轴—频率（对数）；纵轴—吸收系数（对数）；
黏滞弛豫机制损耗包含在喷流之中；
符号同图 3.34

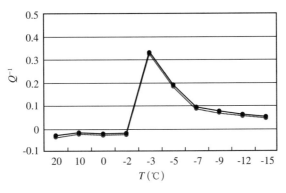

图 3.36　损耗因冰冻而突变
横轴—温度；纵轴—损耗

3.2.5　各种波的不同损耗 [31、52]

3.2.5.1　Q_S^{-1}，Q_E^{-1}，Q_P^{-1}，Q_K^{-1} 的关系

我们在第 2 章中介绍了 Winkler 的 3 个公式 [（2.176）式]，并说它容易被错误地应用。但实际上这 4 种波的损耗是真实存在的。Q_S^{-1}，Q_E^{-1}，Q_P^{-1}，Q_K^{-1} 分别代表了切变波、拉伸波、P 波和体积模量损耗，并且下列关系必有一种是真实的，即

$$Q_S^{-1} < Q_E^{-1} < Q_P^{-1} < Q_K^{-1} \tag{3.61}$$

或　　　　　　　　　　$Q_S^{-1} = Q_E^{-1} = Q_P^{-1} = Q_K^{-1}$

或　　　　　　　　　　$Q_S^{-1} > Q_E^{-1} > Q_P^{-1} > Q_K^{-1}$。

Winkler 研究了 Massilon 砂岩的各种波的损耗。此种砂岩孔隙度 22%，渗透率 ~750mD，各向异性小于 1%，最小 $Q \approx 20$。在不同压力下观测了流体全饱和（FS）、部分饱和（PS）及干燥（D）条件下各种波的损耗随压力而变的情况（Q_K^{-1} 为计算所得），如图 3.37 至图 3.40 所示。

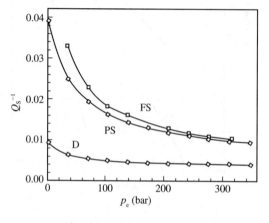

图 3.37　切变波损耗（砂岩）
横轴—有效压力；纵轴—切变波损耗；
PS—部分饱和；FS—全饱和；D—干燥

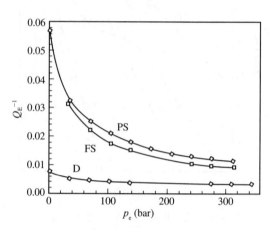

图 3.38　拉伸波波损耗（砂岩）
横轴—有效压力；纵轴—拉伸波损耗；
PS—部分饱和；FS—全饱和；D—干燥

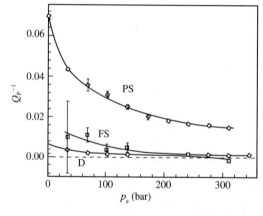

图 3.39　P 波损耗
横轴—有效压力；纵轴—P 波损耗；
PS—部分饱和；FS—全饱和；D—干燥

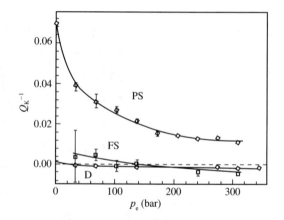

图 3.40　体积模量损耗（计算所得）
横轴—有效压力；纵轴—体积模量损耗；
PS—部分饱和；FS—全饱和；D—干燥

由图可见：

（1）只有 Q_S^{-1} 全饱和的损耗大于部分饱和的损耗，又大于干燥岩石的损耗；其他都是部分饱和时大于全饱和时，干燥岩石损耗总是最低；

（2）各种损耗都随有效压力的升高而降低，逐渐趋向平稳；

（3）就部分饱和的情况而言存在 $Q_S^{-1} < Q_E^{-1} < Q_P^{-1} < Q_K^{-1}$ 的关系。

3.2.5.2　Q_P^{-1}，Q_μ^{-1}，Q_K^{-1} 的关系

P 波损耗可以由切变模量损耗 Q_μ^{-1} 和体积模量损耗 Q_K^{-1} 构成：

$$Q_P^{-1} = \frac{4v_P^2}{3v_S^2} Q_\mu^{-1} + \left(1 - \frac{4v_P^2}{3v_S^2}\right) Q_K^{-1}$$

(3.62)

3.2.6　各种岩石包括储层的吸收

3.2.6.1　油田砂页岩吸收 [46]

对 Glenn Pool 油田 29 块砂岩 13 块泥岩样品用超声波测了吸收系数。部分样品岩性和物性参数如表 3.9 所示。其中三个典型样品的曲线如图 3.41 至图 3.43 所示。

表 3.9　Glenn Pool 岩石样品参数

样品号	石英 (%)	碳酸 (%)	长石 (%)	泥质 (%)	颗粒 (μm)	ϕ (%)	k (mD)	ρ (g/cm³)	v_P (m/s)	α (N/m)	D (%/oct)
192	20	17	2	61	—	—	—	2.54	2838	34	0.65
22	21	24	2	53	—	—	—	2.54	3025	38	0.65
282	25	21	3	51	—	—	—	2.57	3619	42	1.53
202	37	17	7	39	—	—	—	2.59	2925	39	0.65
51	84	3	4	9	60	13.7	3.5	2.42	4039	61	3.67
92	94	0	4	2	100	19.6	77.6	2.30	3643	108	4.93
121	77	7	5	11	140	22.7	239.0	2.26	3368	110	5.04
182	89	0	5	6	140	24.2	345.0	2.23	3489	150	6.12

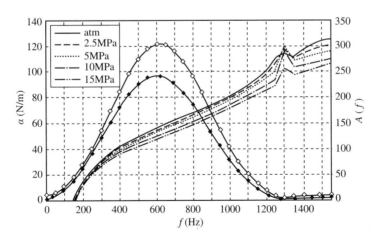

图 3.41　低孔隙砂岩的吸收系数
样品号：51，ϕ=13.7%，k=3.5mD；
横轴—频率；纵轴左—吸收系数；纵轴右—子波振幅谱；
曲线黑菱—p_e= 大气压力；曲线白菱—p_e=15MPa；黑实线—大气压

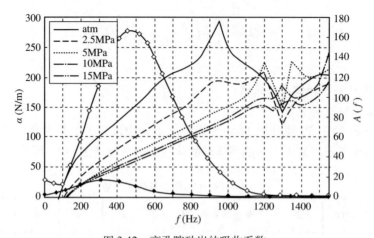

图 3.42　高孔隙砂岩的吸收系数

样品号：121，ϕ=22.7%，k=239mD；

横轴—频率；纵轴左—吸收系数；纵轴右—子波振幅谱；

曲线黑菱—p_e= 大气压力；曲线白菱—p_e=15MPa；黑实线—大气压

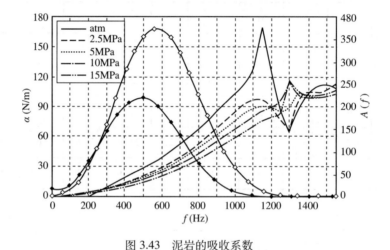

图 3.43　泥岩的吸收系数

样品号：282；

横轴—频率；纵轴左—吸收系数；纵轴右—子波振幅谱；

曲线黑菱—p_e= 大气压力；曲线白菱—p_e=15MPa；黑实线—大气压

由图可见：

（1）有明显的弛豫现象，频率极大和极小时，α 趋于零。这是因为吸收系数与损耗按下列关系紧密相连 [式（2.24）]，即

$$\alpha = \frac{\pi f}{v} Q^{-1}$$

吸收系数 α 当然也与损耗 Q^{-1} 一样显示弛豫现象。

（2）吸收峰值随有效压力 p_e 而变，p_e 愈大吸收系数愈小（子波振幅愈小）。高孔隙砂岩的吸收峰值在有效压力为大气压时可以低到 25N/m。

（3）吸收峰值；高孔隙砂岩（275N/m）大于泥岩（170N/m)，又大于低孔隙砂岩（120N/m）；泥岩的吸收系数可以大于低孔隙砂岩。

（4）吸收峰值频率在 400 ～ 600kHz 之间，远离地震频段。

（5）在地震频段（10 ～ 200Hz），高吸收砂岩的吸收系数也可达 100N/m；但 100Hz 以下只有 20 ～ 25N/m，低吸收砂岩只在 5 ～ 10N/m 之间。

3.2.6.2　页岩吸收 [49]

对 Pierre 页岩在野外作了 6 个点的纵波观测，用傅里叶分析求得各频率的吸收系数，平均结果如图 3.44。线性拟合公式为

$$\alpha_P = 0.120f$$

最佳拟合结果为非线性，即

$$\alpha_P = 0.0653f^{1.1} \tag{3.63}$$

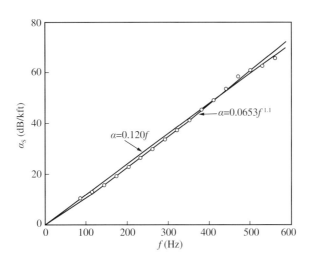

图 3.44　Pierr 页岩纵波吸收系数

横轴—频率；纵轴—纵波吸收系数

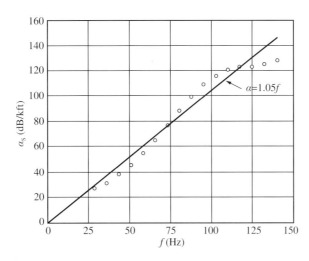

图 3.45　Pierr 页岩横波吸收系数

横轴—频率；纵轴—横波吸收系数

即吸收系数与频率的 1.1 次方成正比。另外做了横波观测，如图 3.45。可见线性拟合

公式为

$$\alpha_S = 1.05f \qquad (3.64)$$

横波吸收大约比纵波收要大 8 ～ 9 倍。

3.2.6.3　重油砂的波散和吸收[161～166]

重油砂是一类重要的油气资源，在我国辽河、胜利、河南、新疆和海上已形成重要的产油区，加拿大和世界各地都有相当的远景，值得地震勘探重视。为此多花一些篇幅。

3.2.6.3.1　重油的性质

重油是甚高分子的混合物，它不仅有似液体的行为，还可能开始有固体的行为。重油性质受温度的影响比较严重。当温度降低时就会到达"玻璃点（glass point）"，这就相当单纯物的冰点。一个重要性质是黏滞度，它会强烈影响地震性质。虽然它也受压力和气含量的影响，但主要是油比重和温度的函数。Beggs 等 1975 提出了一个典型关系[168]，即

$$\log(\eta_T+1) = 0.505y(17.8+T)^{-1.163} \qquad (3.65)$$

而 y 是油密度 ρ_o（在 STP- 标准温度和压力下）的函数，即

$$\log y = 0.5693 - 2.863/\rho_o \qquad (3.66)$$

式中：η_T 为摄氏 T 度时的黏滞度（单位厘帕 cp）。所以黏滞度是油密度和温度的函数。由图 3.46 可见黏度随温度降低，随重度（API 度）升高（密度降低）黏度降低。不同重油产地有不同的变动曲线，图中也列出了文献 [167，169] 中的曲线。

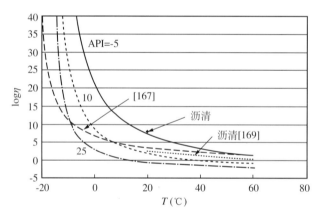

图 3.46　重油黏滞度随温度变化
横轴—温度；纵轴—对数黏滞度；
实线—甚重油（沥青）；API—重度（参数）；[167] 参考文献

概括起来重油砂有下列特点：

（1）砂包：重油砂主要是未固结砂，有高孔隙度、高渗透率和低固结度。它的主要参数包括颗粒大小、颗粒分选度、孔隙度和固结度。

（2）孔隙流体：重油是孔隙流体的主要成分。重油速度决定于 API 重度、组分和相（流体、似固体和玻璃体相）。这些又反过来决定于黏滞度，并在更大程度上受温度的控制。

（3）储层条件：温度是控制黏滞度、流动性、孔隙压力、液压弛豫长度（hydraulic relaxation length) 和重油生气的最重要参数，同时会改变颗粒接触和岩石骨架。在某些条件下压力影响也是重要的。液压弛豫长度为

$$L_{re} = \sqrt{\frac{kK_f}{\eta_f f}} \tag{3.67}$$

它是渗透率 k、流体体积模量 K_f、流体黏滞系数 η_f 和频率 f 的函数。

（4）油在孔隙空间中的位置：砂既可被水浸也可被油浸。对于水浸砂，油就是简单的孤立孔隙流体，没有过压。对于油浸砂，在砂包中油的位置可能是复杂的，决定于现场的条件。油一部分可能是孔隙流体，一部分可能是骨架或者是胶结物。砂可能是悬浮物互相接触但不固结，或者是紧密的或者是胶结的，重油砂的实际状态可能以上各种情况都有，决定于温度。图 3.47 就是重油在孔隙空间分布的一些可能场景。

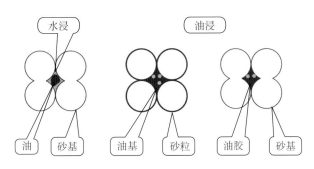

图 3.47　重油在砂中的可能位置

黄色—砂粒；褐色—重油；绿色—水

（5）弹性波在重油砂中传播时，油和砂，油和别的孔隙流体（水和气）的性质都随频率而变。因为液压弛豫长度依赖于频率和黏滞度，这使得油中的应力以及砂骨架和孔隙流体的有效模量随之变化。图 3.48 是各种模量随温度的变化。重油 P 波模量随温度升高而降低，升至沸点（120℃）化成气，模量大幅度降低，与天然气模量一致，接近于零，但不是零；跨过沸点接近零以前成为混合物（图中虚线），切变模量消失（$M=K+4G/3=K$），只剩体积模量，体积模量（图中三角线）继续随温度下降。

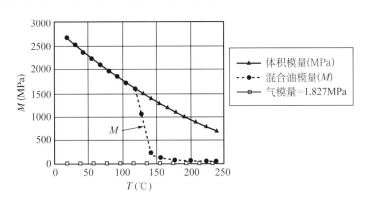

图 3.48　重油模量随温度变化

油重度 7，气油比 2L/L，压力 2MPa。横轴—温度；纵轴—模量；

三角线—体积模量（MPa）；黑圆点虚线 M—混合油模量；方框线—气模量 =1.827MPa

3.2.6.3.2　重油的地震特性

（1）半固体相重油模量决定于液压弛豫长度 L_{re} 与特征长度 L_t 的比。当 $L_t \gg L_{re}$ 时，未弛豫，呈包裹体及等应变状态；当 $L_t \ll L$ 时，为弛豫状态，在等应力条件下；在这两种状态下岩石系统都呈弹性条件。而在这两种极端状况之间岩石和流体甚至系统中的波就有波散和吸收。对于高黏滞性油，L_{re} 甚至在地震频段内都可能小到微米级。而重油砂的特征长度可以大到毫米级。重油砂和重油水（或气）系统的性质可以在不同温度下随频率显著地改变。

（2）纵波特性。

如图 3.48 所示。这个重油 API 重度 =7，气油比 GOR=2L/L, 有效压力 p_e=2MPa。重油体积模量随温度升高而均匀降低（图中三角）。纵波速度如图 3.49。10 ~ 150℃间速度从1820m/s 降至 1150m/s。从 20 ~ 150℃速度非线性下降 25%。温度在 90℃升至 150℃时速度呈线性下降，就像轻质油一样。低于 70℃时就偏离线性。低温时到达玻璃点，行为就像固体了。速度还深受油在砂中的位置的影响，如图 3.47 所示。对于水浸，油在砂中一部分是孔隙流体，承受孔隙压力，但没有过压，因而对速度的影响是小的，与水饱和砂一样。对于油浸，油直接接触砂质颗粒，油在砂质骨架中有复杂的情况：

①如果油足够重且黏（如焦油砂）并富（高饱和度），它能形成连续骨架，而砂粒悬浮在其中，则 Hashin–Shtrikman 的下界 [170] 可以用来模拟它并得到低速。

②砂是颗粒接触。重油是砂骨架的一部分胶结砂颗粒，而部分是孔隙流体，则依赖于油的黏度和波的频率。速度高于①的情况。

③通常是①和②混合的情况，油砂速度就决定于重油位置分配的百分比。

④高温时重油是液态相，油将流出颗粒接触面。砂是骨架而油是孔隙流体。浸润的状态将不重要。

温度对速度的影响可概括如下：

①重油的模量和速度随温度的升高而递减，因而重油砂也是如此。

②油黏度随温度升高而减小。重油相将随之由高黏度（≫ 80cp）的似固体相转换为低黏度（< 80cp）的液体相。

③液体相时重油基本上如同普通油。重油砂的波散可以忽略。

④似固体相时重油速度有波散，振幅有吸收；从而重油砂也是如此。超声波速度可以代表地震速度的上限。

⑤温度增加时重油的体积膨胀，压力增加。

(3) 横波特性。

当混合流体温度到达玻璃点时黏滞度就很高，这时就会有切变模量，会通过横波，如图 3.46 中的甚重油 (API=−5)。在低温 −12.5℃时会有一尖锐的横波波至，如图 3.50 所示，有一个尖锐的横波脉冲；而当温度升至 49.3℃时振幅显著下降变缓。这就是一个固体或者玻璃体。增加温度不仅横波速度变慢，并且振幅突然降低，这时已经是在固体的边缘。假定这油还是固体，可以确定它的有效体积模量和切变模量，如图 3.48 所示，可见随着温度升至 80 ~ 140℃切变模量降至接近零，固体特性开始消失。

我们还可以看到许多甚黏流体能支撑切变应力，传播切变横波。用 Maxwell 黏弹滞性模型可以将此描述为

$$\sigma = \tilde{I}\, \frac{\partial u}{\partial t} \tag{3.68}$$

式中：σ 为应力；u 为位移；$\widetilde{I}$ 复数声阻抗。这个复声阻抗可以表示为

$$\widetilde{I} = \left(\frac{\mathrm{i}\eta\omega\rho_{\mathrm{f}}}{1+\mathrm{i}\eta\omega/G} \right)^{1/2} \tag{3.69}$$

这是一个黏滞系数 η、流体密度 ρ_{f}、有效高频切变模量 G 和圆频率 ω 的函数。横波速度可写作

$$v_{\mathrm{S}} = \left| \widetilde{I} \right| / \rho_{\mathrm{f}} \tag{3.70}$$

注意，这个流体密度就是重油体（甚黏流体）的密度了。

这个横波速度的频散如图 3.52。可见频散受温度影响很大，0℃时没有频散，温度升高则频散增大。高频时，如用实验室的超声波，行为如固体；而在地震波段，行为如液体，有横波弛豫而没有横波切变模量。这种重油在 40℃ 时超声波在完全不同于黏弹滞性域中运行，不会给出地震频段的结果。测井频段则是过度状态，会给出某些中间数值。正由于这种过渡，测井频段会遭遇高吸收。重油的这种行为又被共振技术所证实。图 3.53 是重油棒的共振振幅谱。可见低温时的高频（高速）谱有尖锐的双峰，随着温度的降低，速度降低，吸收增加，谱变宽变缓。

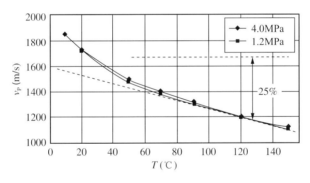

图 3.49　重油速度随温度变化
API=7；横轴—温度；纵轴—纵波速度；
菱形—p_{e}=4MPa；方形—p_{e}=1.2MPa

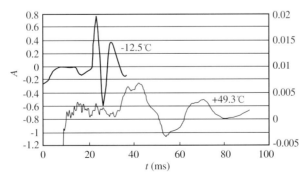

图 3.50　甚重油横波波形
横轴—时间；纵轴—振幅；参数—重油温度

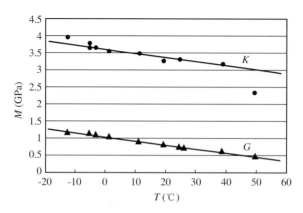

图 3.51　重油降温时模量变化

横轴—温度；纵轴—模量；

圆点—体积模量；三角—切变模量

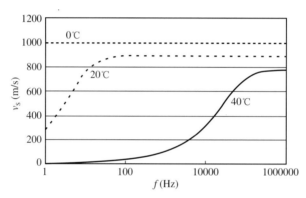

图 3.52　重油横波波散

横轴—频率；纵轴—横波相速度；

参数—重油温度；API 重度 = -5

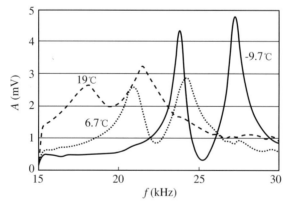

图 3.53　重油共振振幅谱

横轴—频率；纵轴—振幅；参数—温度

3.2.6.3.3　重油砂速度

（1）一个重油砂样品切片。

如图 3.54，这是加拿大 Alberta 一个浅层重油矿床的标本。这个样品是被 380 ～ 500m

深之间的重油黏结起来的，矿物颗粒密度是 2.65g/cm³ 上下，孔隙度实测 36% ~ 40%。颗粒大小轻微变化，从细到中粒。样品显示油砂清洁，分选好，没有胶结。渗透率 7 ~ 10D(达西)，这是这类油砂的典型数据。这些样品饱和了油，水被弄干了。油饱和度大约 90%。

图 3.54　重油砂切片

孔隙度 =37%；渗透率 ≈ 7D；颗粒密度 =2.65g/cm³

（2）重油速度。

由图 3.55 可见重油纵波速度随温度升高而降低（图中黑菱形为实测），与模型结果（三角）一致。变化范围在 1.8km/s（温度 −15℃）到 1.0km/s（190℃）。在 30℃ 左右与盐水纵波速度交会，30℃ 以下油速高于水速，以上油速低于水速。横波速度也是实测与模型一致，从 −10℃ 的 0.45km/s 到 88℃ 的 0.02km/s 左右；这时几乎已是液体，横波要消失了。

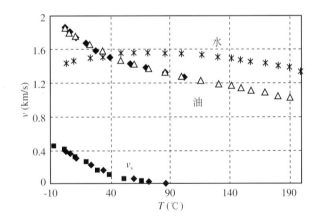

图 3.55　重油砂速度

横轴—温度；纵轴—速度；叉—盐水纵波速度实测；
三角—重油纵波速度模型；上黑菱形—纵波速度实测；
下黑菱形—横波速度模型；黑方—重油横波速度实测

重油随温度的变化或相变服从下面的模式（图 3.56）：温度最低时重油是一种固体混合物，称玻璃体 (Glass—GL)，随着温度降到玻璃点（P_G）重油进入固液之间的过渡态，称作似固态 (Quasi-Solid—QS)，这时速度随温度降低而非线性继续下降，直至液态点（P_L）转化为液体（L），速度呈线性下降。纵波速度降低范围受最低速度线（LV_P）的限制。横波速度过了液态点 P_L，应该说是进入似液态 (Quasi-Liquid—QL) 状态，就快要消失；到了切变消失点（P_{S0}）切变模量成为零。

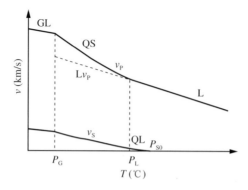

图 3.56　重油相变模式

横轴—温度；纵轴—速度；GL—玻璃体；QS—似固体；QL—似液态；
L—流体；Lv_P—最低纵波速度线；P_G—玻璃点；P_L—液态点；P_{S0}—横波终结点

（3）重油砂速度。

做了 6 个重油砂样品的纵波速度随温度变化的测量，如图 3.57 所示，6 个样品液态点大致在一条横线上（图中虚线），可称液态线。液态线以上速度随温度下降而呈非线性下降，液态线以下呈线性下降。速度愈低，液态点温度愈低。液态点分布在 50 ~ 70℃之间。

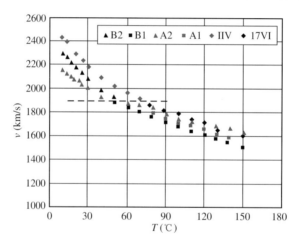

图 3.57　6 个重油砂样品速度

6 种符号 –6 个样品；虚线—液态点

（4）重油砂油饱和度的影响。

在 150℃时用注水的办法增加水饱和度，降低油饱和度（箭头方向），图 3.59 记录了纵波速度随饱和度的变化。可见重油砂速度随油饱和度的降低而增加，随油饱和度由 70% 降低到 20%，速度升高了约 10%。

（5）Gassmann 方程用于重油砂。

将 Gassmann 方程用于重油砂时要假定：

①油的性质要是高频测量时才能用；

②在室温下测得的干燥速度要在所用温度下保持常数；

③用 Gassmann 方程计算不同温度下的速度时要用所测重油的性质。

按上述条件将计算结果与实测结果进行对比，如图 3.58 示。可见在 60℃液态点温度以上速度呈线性下降，计算的与实测的一致。在液态点以下温度，速度变化呈非线性，且计算的与实测的不一致，实测的速度更高。这证实液态点就在 60℃ 左右。在 60℃ 以下重油有波散，Gassmann 计算不再与之匹配，即使用超声波的高频。干燥油砂速度不随温度而变。

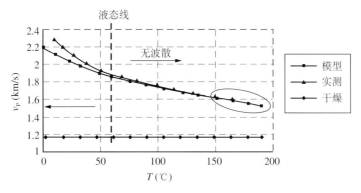

图 3.58　Gassmann 方程用于重油砂

横轴—温度；纵轴—纵波速度；圆点—模型；三角—实测；
黑菱形—干燥粗；黑虚垂线—液态线；椭圆内—计算结果，无实测

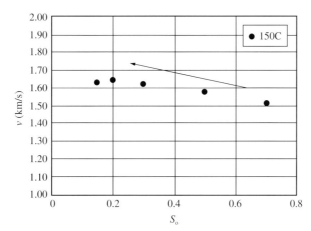

图 3.59　重油砂速度随油饱和度的变化

横轴—油饱和度；纵轴—纵波速度

3.2.6.3.4　重油砂纵横波速度比 γ

图 3.60 是重油砂纵横波速度比 γ 随温度的变化，可见 γ 从 10℃ 的 2.55 升至 42℃ 的 2.78；温度继续升高至 130℃，γ 下降至 2.47。在 40～50℃ 之间有一高峰。为了解释这个现象，请注意重油会随着温度的升高而膨胀。如果假定孔隙体积是常数，则油压会随之升高。当温度由室温向上升时，孔隙压力也随之加大，颗粒之间被油分离，横波速度降低，纵横波速度比升

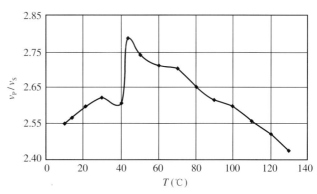

图 3.60　重油砂 γ 随温度变化

横轴—温度；纵轴—纵横波速度比

高。温度继续升高时，重油会降低黏滞度，热应力被释放，重砂颗粒又趋向紧密，横波速度加大，γ 随之降低。各种因素的交互作用造成 γ 由低至高，又由高至低，出现高峰。总的来说，重油砂的纵横波速度比偏高（在 2.5 以上），当然泊松比也就偏高（在 0.4 以上）。

3.2.6.4 不同流体饱和的石灰岩吸收 [51]

作了实验室样品的吸收测定。样品来自中东碳酸盐岩石油储层。三个典型样品的物性数据如表 3.10。

表 3.10 岩石样品物性

样品号	ϕ（%）	k(mD)	ρ_g(g/cm³)
100	32.79	6.8	2.714
200	30.46	21.0	2.714
300	20.30	53.6	2.705

300 号样品有较高渗透率。岩石中的流体为丁烷、盐水，另有干燥状态。测了体积压缩损耗 Q_K^{-1} 和切变损耗 Q_S^{-1}，如图 3.61 和图 3.62 所示。

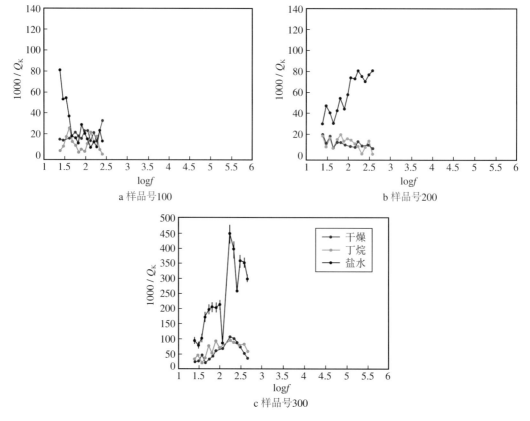

a 样品号100　　　　　　　b 样品号200

c 样品号300

图 3.61　体积压缩损耗

横轴—对数频率；纵轴—千倍体积压缩损耗；100、200、300—样品号；
红—干燥；绿—丁烷；蓝—盐水

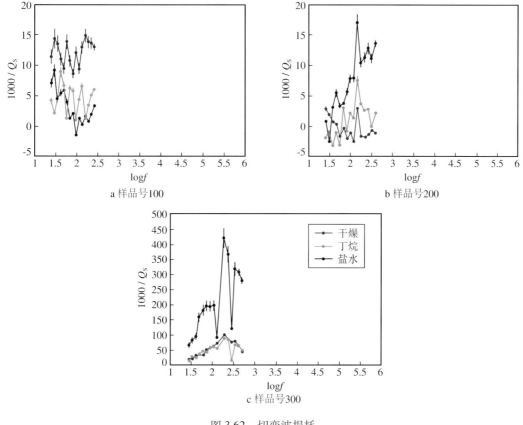

a 样品号100

b 样品号200

c 样品号300

图 3.62　切变波损耗

横轴—对数频率；纵轴—千倍体积压缩损耗；

100、200、300—样品号；

红—干燥；绿—丁烷；蓝—盐水

由图可见：300 号高渗透石灰岩盐水饱和的损耗最大；丁烷饱和与干燥灰岩损耗基本一致；两者与含盐水石灰岩的损耗差别明显。而该储层是用盐水驱动采油，因此地下没有干燥岩石。丁烷可代表轻质原油，因此有希望利用吸收损耗参数来识别地下高渗透石灰岩层的油与水，用于勘探，特别是有利于开发监测。

3.2.6.5　砂岩吸收 [73]

作了两大类 7 种砂岩的吸收观测，一类是高渗透纯净砂岩，一类是富泥砂岩，它们的物性如表 3.11 所示。可见 1、2、3 种属第一类，为少泥纯净砂岩，4、5、6、7 种属第二类，为富泥砂岩。富泥砂岩泥质含量和泥孔比显著地高，渗透率、孔隙直径显著地低。前一类可说是高渗砂岩，后一类是低渗砂岩。砂岩中饱和了 6 种流体，它们的物性如表 3.12 所示，其中有黏性很小和很大的流体。对不同饱和流体的不同砂岩用 0.78MHz 在 50MPa 有效压力下进行了实验室纵横波品质因数观测，结果如表 3.13 所示，还注明了每个样品饱和流体的黏滞度。为了进行核定和比较，也用 Biot 理论计算了各种岩石的 Q 值和速度值，结果如图 3.63 至图 3.67。可见两类岩石有着截然不同的结果：

（1）低泥高渗砂岩（表 3.11 中 1、2、3）Biot 理论计算结果与实验数据基本相符，而富泥低渗砂岩（表 3.11 中 4、5、6、7）Biot 理论计算结果纵横波损耗都要比实验数据低 1 ～ 2 到 2 ～ 3 个数量级；York 甚至差 3 ～ 4 个数量级，差别甚大；

表 3.11　各种砂岩物性

种类	1	2	3	4	5	6	7
岩石名	Elgin1	Elgin2	Berea	北海北	York1	York2	Weakden
ϕ (%)	10.3	11.7	20.5	14.8	11.2	13.5	19.5
k(mD)	152.0	218.0	519.0	5.0	0.2	5.7	18.0
ϕ_n(%)	2.7	2.8	7.4	14.1	19.1	20.8	22.6
泥孔比（%）	0.262	0.239	0.361	0.953	1.705	1.541	1.159
颗粒大小（μm）	225	250	180	300	110	150	50
孔隙直径（μm）	38.66	39.80	28.10	14.17	14.07	14.53	18.57
颗粒密度（kg/m³）	2631	2626	2634	2645	2593	2644	261º
v_P(m/s)	4938	4811	3935	4481	4051	4136	3894
v_S(m/s)	3241	3161	2571	2870	2768	2631	2446
Q_P	>200	>200	>200	63	93	184	109
Q_S	50	39	109	68	68	78	157
K(GPa)	24.4	21.6	14.2	20.4	14.5	18.1	15.3
μ(GPa)	24.7	22.0	18,4	18.4	18.0	15.9	12.7

表 3.12　各种饱和流体物性

物性（20℃）	η（cP）	ρ(kg/m³)	v_P(m/s)	K(GPa)
己烷	0.33	600	1070	0.756
水	1.0	1000	1500	2.250
溶液 1	943	1249	1880	4.414
溶液 2	456	1242	1868	4.333
溶液 3	23	1177	1763	3.658
溶液 4	74	1210	1811	3.968

表 3.13　各种饱和流体岩石品质因数 Q

饱和流体	己烷	水	溶液 3	溶液 4	溶液 2	溶液 1
Elgin1						
Q_P	>200	152±104	>200	904±0	35±3	81±16
Q_S	96±14	49±4	32±2	26±1	73±8	76±9
η_f(cP)	0.33	1.0	20	61	311	1047
Elgin2						
Q_P	71±11	63±9	60±12	143±91	72±120	>200
Q_S	55±5	46±33	46±3	48±4	30±1	26±1
η_f(cP)	0.37	1.0	20	67	311	765

饱和流体	己烷	水	溶液 3	溶液 4	溶液 2	溶液 1
Berea						
Q_P	>200	133±62	179±128	24±1	33±3	30±2
Q_S	66±5	32±1	23±1	27±1	21±1	23±1
η_f(cP)	0.37	1.0	20	67	311	765
北海北						
Q_P	190±130	46±4	125±71	95±40	167±158	45±4
Q_S	26 1	21 1	17 1	24 1	23 1	24 1
η_f(cP)	0.33	1.0	20	55	335	943
York1						
Q_P	68±9	47±4	57±8	88±18	71±16	67±10
Q_S	45 3	42 2	25 1	34 2	29 1	33 2
η_f(cP)	0.38	1.0	20	61	267	765
York2						
Q_P	85±14	55±6	49±5	77±13	69±11	68±11
Q_S	46 3	24 1	22 1	25 1	29 1	29 1
η_f(cP)	0.34	1.0	19	53	362	849
Wealden						
Q_P	>200	80±12	149±85	35±3	55±6	47±5
Q_S	48±3	20±1	18±1	25±1	20±1	22±1
η_f(cP)	0.33	1.0	20	55	391	765

（2）孔隙流体黏滞度高的砂岩理论与实际差别较大；

（3）理论计算的损耗随流体黏滞度的增高而降低，实验所得损耗则基本不随黏滞度而变，因而理论与实际损耗差别也加大；

（4）横波损耗一般都要高于纵波损耗；

（5）实测时频率有改变，结果说明品质因数在一个很宽频带内不随频率而变。也就是说损耗测量对频率是稳定的，上述实验结果基本是不受频率影响的。

Biot 理论的这种低估是因为：（1）Biot 理论的前提就是清洁砂岩；（2）喷流损耗没有在他估计之内；（3）Biot 理论描述的全局性的流体流动主要是在清洁砂岩中，而富泥低渗砂岩中是局部流体的流动为主，未在 Biot 考虑之内。对于速度，不管纵波还是横波，理论和实际都比较接近（图 3.68），说明 Biot 理论本身是可靠的，只是因为损耗机制过于复杂，Biot 理论只考虑了损耗的 Biot 机制，对其他许多机制造成的损耗没有考虑，当然结果要比总体损耗小，甚至小很多。

溶液 1～4 是甘油和水按不同比例均匀混合的液体，它可以使流体黏滞度从很小到很大。

此表基本上是表 3.5 扩充了 v_P 和水，η 完全一致，其他略有更改。

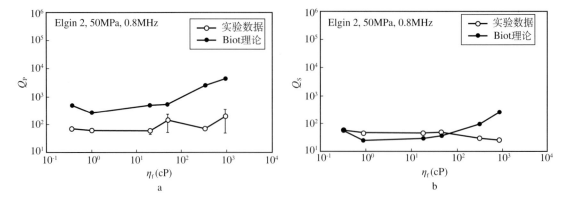

图 3.63　Elgin2 砂岩 Q 值理论与实验比较

横坐标—流体黏度；纵坐标—品质因素；

a—纵波；b—横波

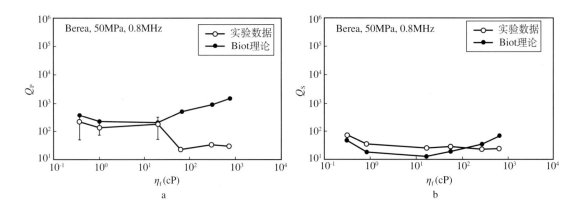

图 3.64　Berea 砂岩 Q 值理论与实验比较

横坐标—流体黏度；纵坐标—品质因素；

a—纵波；b—横波

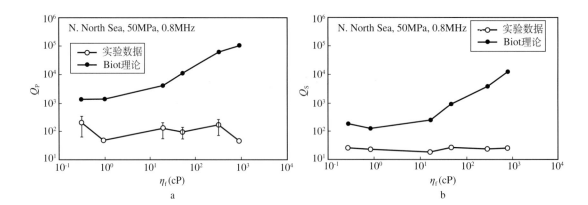

图 3.65　北海北部砂岩 Q 值理论与实验比较

横坐标—流体黏度；纵坐标—品质因素；

a—纵波；b—横波

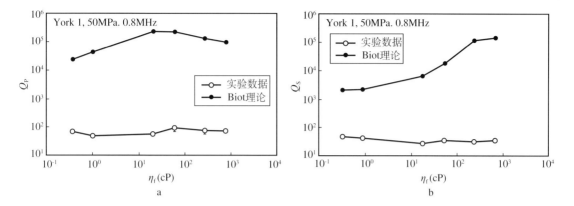

图 3.66 York1 砂岩 Q 值理论与实验比较

横坐标—流体黏度；纵坐标—品质因素；

a—纵波；b—横波

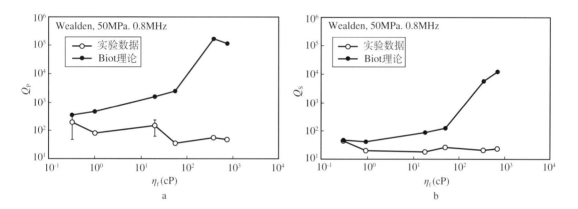

图 3.67 Wealden 砂岩 Q 值理论与实验比较

横坐标—流体黏度；纵坐标—品质因素；

a—纵波；b—横波

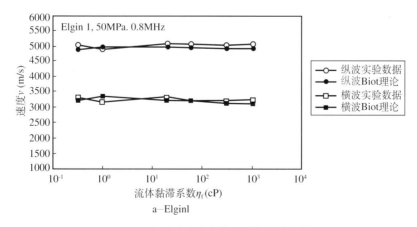

a—Elgin1

图 3.68 各种砂岩速度值理论与实验比较

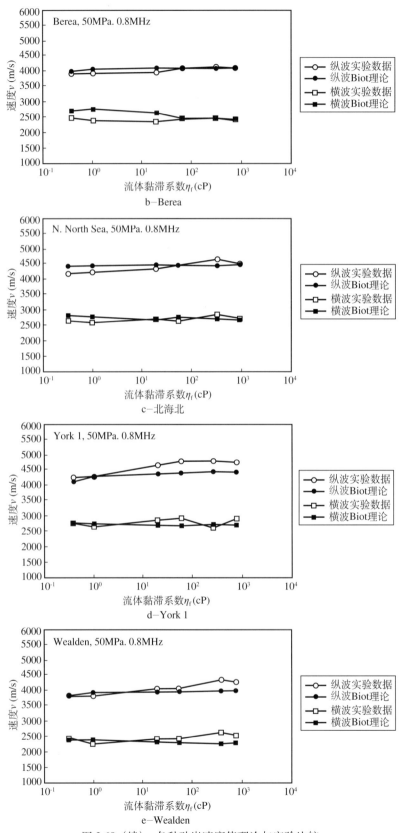

图 3.68（续） 各种砂岩速度值理论与实验比较

3.2.6.6 三维不均匀孔隙岩石中的吸收 [74]

3.2.6.6.1 复纵波数

Müller 等 2004 年开发了一个在三维随机不均匀孔隙弹性介质中波致流体流动（Biot 机制）产生的地震吸收和波散的模型。他们从 Biot 方程出发，推导了一个 P 波复波数公式，即

$$\tilde{k}_p = k_{P1}\left[1 + \sum_{n-1}^{3}\left((c_n + h_n)\Phi_n(0) + c_n k_{P2}^2 \int_0^{\infty} r\Phi_n(r)\exp(ik_{P2}r)dr\right)\right] \tag{3.71}$$

式中

$$c_1 = \frac{1}{2}\frac{B_\beta^2 M P_d}{P^2}, \ c_2 = -2c_1, \ c_3 = c_1$$

$$h_1 = \frac{1}{2}\frac{P_d^2}{P^2}, \ h_2 = 2c_1, \ h_3 = \frac{1}{2}\frac{\alpha^4 M^2}{P^2}$$

而

$$\Phi_1 = \Phi_{PP}, \ \Phi_2 = \Phi_{PM}, \ \Phi_3 = \Phi_{MM}$$

是（自、互）相关函数，相关半径为 r。

$$P = P_d + B_W^2 M_{kt} \tag{3.72}$$

是饱和岩石 P 波模量，P_d 是干燥岩石 P 波模量。

$$B_W = 1 - K_d/k_g$$

是 Willis−Biot 系数 [（2.177）式]。

$$M_{kt} = \left[(B_W - \phi)/K_g + \phi/K_f\right]^{-1} \tag{3.73}$$

是孔隙弹性模量。K_g，K_d，K_f 分别是固体骨架颗粒 (K_s)、干燥岩石和流体的体积模量。k_{P1}、k_{P2} 分别是快、慢纵波波数。它们可分别定义为

$$k_{P1} = \omega\sqrt{\rho/P}, \ \text{因为} \ v_{P1} = \sqrt{P/\rho} = \omega/k_{P1} \tag{3.74}$$

$$k_{P2} = \sqrt{i\omega\eta/kN_{kt}}, \ N_{kt} = M_{kt}P_d/P$$

式中：k 是渗透率。波数虽也用 k，但都有顶标或上下标，可资区分。

3.2.6.6.2 波散

由复波数实数部分可以得到相速度，即

$$V_p(\omega) = \omega/\mathrm{Re}\,\tilde{k}_p \tag{3.75}$$

如图 3.69 所示。此图横轴频率用特征频率 f_c=100kHz 归一化，背景速度 $v_p = \sqrt{P/\rho} = 3000\text{m/s}$，相关半径 r 各为 1、10、50cm，参数 P_d、M_{kt} 的均方差各为 $\sigma_P^2 = 0.1$，$\sigma_M^2 = 0.08$，$\sigma_{PM}^2 = 0$。可见相关半径愈大，波散曲线愈向低频转移。

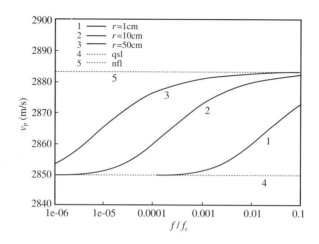

图 3.69　三维不均匀孔隙岩石波散

$f_c \approx 100\text{kHz}$；r—相关半径；qsl—视静止极限；nfl—无流体极限

3.2.6.6.3　吸收

由复波数虚数部分可以得到吸收系数 α，由此可得损耗，即

$$Q^{-1} = 2\alpha / \operatorname{Im} \tilde{k}_p \tag{3.76}$$

绘制如图 3.70。可见三维不均匀孔隙岩石和一般孔隙岩石一样有弛豫现象，高、低频时损耗显著降低，但高低频有显著的不同。在低频时，方程（3.71）中的指数近似于1，因而吸收系数 $\alpha \propto \omega^2$，因为 $Q^{-1} \propto \alpha / \omega$，因而有

$$Q^{-1} \propto \omega \tag{3.77}$$

而在高频时（3.71）式中的 $\varPhi(r)$ 只有在 r 数值小时才重要，可以展开为级数形式来计算该式中的积分，从而可以得到

$$Q^{-1} \propto \omega^{-1/2} \tag{3.78}$$

可见，低频时损耗与频率成正比，而高频时损耗与频率方根成反比，两者截然不同。

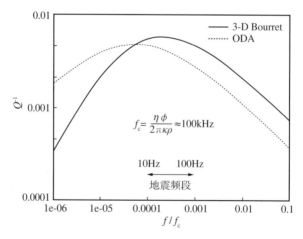

图 3.70　三维不均匀孔隙岩石损耗

$f_c \approx 100\text{kHz}$

3.2.6.6.4 P_d 和 M_{kt} 变化对吸收的影响

如图 3.71 及 3.72 所示，当 $P_d - M_{kt}$ 负相关，相关系数 $\Phi_{PM} = -0.53$ 时（曲线 3），波散和损耗都增至最大。这就是说，当干燥骨架松软（P_d 变小）而孔隙流体变稠，体积模量 K_f 增加，从而孔弹模量 M_{kt} 增加时，波散和损耗都增加。正相关时，如相关系数到 0.53，即骨架和流体都变硬或都变软，模量都增加或都减小，则波散和损耗都降低。

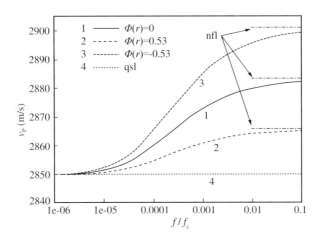

图 3.71　不同相关对波散的影响

qsl—视静止极限；nfl—无流体极限

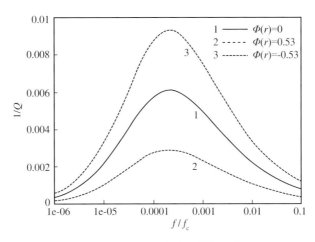

图 3.72　不同相关对损耗的影响

3.2.6.7　部分饱和气层的吸收 [140]

怎样判断孔隙流体的性质是地震直接找油气的核心问题。用流体密度 ρ_f、流体黏滞性 η_f、流体体积模量 K_f 等都是很好的办法，本书和参考文献 [8] 中都有所介绍。这里是要说用吸收（损耗）来判断孔隙中多相流体饱和度的问题。气只是部分饱和，其余是盐水。知道了气的饱和度也就知道了这是否能成为一个商业气层。它理论上与单一流体完全不同，因而发展出一种部分饱和理论（partially saturated theory），最早始于 White1975 的著作 [84]。他的模型是将第二种流体以球状"气泡"的形式存在，这种气泡会显著改变岩石的吸收和波散，它强力地依赖于频率、岩石的渗透率、流体黏滞性和气泡的半径。他的理论很有可能成为解释所观察到的与气有关的吸收异常的候补机制。2.4.4 节只介绍了他慢波弛豫损耗机制理论的一部分。Dvorkin 对喷流机制作了精彩的论述[20]，也提供了对于第二种流体以"补丁（patches）"方式存在于第一种饱和流体中情况的解。但他未能说清不同流体分布的几何形态的影响。Carcione 等用数字波动传播模型发现自己的结果与 White 模型预测结果相当吻合[141]。Gist 分析了由实验室共振棒测定的不同饱和度的岩石速度[142]。他很有说服力地提出，要解释这个结果须要有两种不同的概念：基于 White 解的"气袋（gas pocket）"模型和喷流机制。可见 White 理论是有可能与喷流机制一样成为一种新的损耗机制的，但由于它还在被许多学者不断地研究和发展中，因而笔者没有把它列入 2.2 节的损耗机制内，而是被当做候补机制另立。最终 Gist 对原始的 White 模型作了校正，用测量的速度替代了预测的速度。当用这个方法能很好地解释所测量的速度时，还不太清楚怎样把这个简单方法用于分析吸收，而这对模拟 Batzle 等报告[132]中的宽带测量类型是很重要的。

为了补救理论发展中的下述两个缺陷，Chapman 等[140, 143]提出了一个新的模型。这两个缺陷就是：将喷流机制与"补丁"模型结合的困难，以及不能考虑两种流体的复杂的分布状态。他们给出了一个"包裹模型（inclusion model）"，孔隙空间兼容了球状孔隙和横纵比较小的圆形裂缝。每个孔隙裂缝中都可以有两种流体，为简单起见把它们认为水和气。这模型的原理是假定在一个给定的裂缝或孔隙中的所有流体都在同样的压力下，但在不同的裂缝和孔隙中存在压力差。当波传播时不同的裂缝和孔隙中的流体相互交换以响应这个压力差。为简单起见，先只考虑一个单一裂缝和一个单一孔隙的情况，随后任意多个裂缝和孔隙可以用同样的方法解决。首先从每一个裂缝和孔隙开始推导一个公式，它把包裹内每一个流体的质量与包裹的几何形态、所加应力和公共流体压力联系起来，给出下列方程，即

$$\frac{m_1^W}{\rho_W^0} + \frac{m_1^G}{\rho_G^0} = V_1^0\left(1 - \frac{\sigma}{S_1} + \frac{p_1}{S_2} + \kappa p_1 + \varepsilon p_1\right) - 2\varepsilon\frac{m_1^G}{\rho_G^0} \tag{3.79}$$

此式实质上是体积的平衡。左边是两种流体的体积和，右边第一项是包裹体体积 V_1^0、受应力 σ、压力 p，以及体积模量变化的影响所作的修正，第二项是对气的体积变化再作修正。

式中：m_1^W，m_1^G 分别是包裹中水和气的质量；ρ_W^0，ρ_G^0 是无应力状态下水和气的密度；V_1^0 为包裹的体积；σ 为所加的应力场；p_1 是流体压力；S_1，S_2 是与包裹体几何形态有关的因子[144]；κ，ε 为水和气的综合体积模量，由式（3.80）定义，即

$$\kappa = \frac{1}{K_W} + \frac{1}{K_G}, \quad \varepsilon = \frac{1}{K_W} - \frac{1}{K_G} \tag{3.80}$$

（3.79）式与以前的标准结果的重要差别是在裂缝中的流体质量是所加应力和流体压力的非线性函数。其中最后的非线性项正比于与流体体积模量差有关的参数 ε，在波传播中起着重要作用。流体在标有 1 和 2 足标的两个包裹体之间流动是假定受下列方程控制：

$$\partial_t m_G^1 = \frac{1}{\gamma_G}(p_2 - p_1), \quad \partial_t m_W^1 = \frac{1}{\gamma_W}(p_2 - p_1) \tag{3.81}$$

这方程意思是说气、水随时间 t 变化的质量与两个包裹体之间的压力差成正比，比例

系数是参数 $\gamma_{G,w}$ 的倒数，而 γ_{G}，γ_{w} 是两个流体渗透率、黏滞性、质量的函数。它导引出一个重要概念："有效流体黏滞度（effective fluid viscosity）"，它对吸收起着重要作用。

（3.79）与（3.81）式联合就形成一个微分方程的非线性系统，它描述所加的依赖与时间的弹性场与每个裂缝和孔隙压力的关系。为了简单，假定所加的弹性场是一个频率为 ω_0 的余弦场，即

$$p_1 = G\cos\omega_0 t + \frac{B\cos\omega_0 t}{\sqrt{\dfrac{A}{\omega_0}\sin\omega_0 t + C}}$$

(3.82)

式中：A、G 是模型输入参数的直接混合；而参数 B、C 则是积分常数，可以由模型的初始条件组导得。每一个裂缝和孔隙在时间 $t=0$ 时的初始物理条件是已知的，用这些条件通过方程（3.79）可以计算每个包裹体在 $t=0$ 时的压力和常数 B、C。以这种方式，参数 B、C 相当于将波在不同的可能的流体分布状态下的影响进行了编码。这意味着我们可以分别考虑一个范围内的不同的流体分布。譬如，饱和气的裂缝及饱和水的孔隙与每个裂缝和孔隙分布气和水时的区别。

由（3.82）式可知压力与频率密切相关。在甚低频率的极限下流体有时间移动以释放压力梯度，因而每一个包裹体间的压力都会趋于一致。在这种情况下这个模型就与熟知的"有效流体模型（effective fluid model）"吻合，它综合应用流体混合理论和 Gassmann 方程。在高频极限下，流体没有时间移动，压力就如同孤立包裹体时一样。这样，这里的结果就在最广的水平上与譬如在 [100] 中讨论的一致。这些我们在 2.2 节中已经讨论过，也就是弛豫现象，在高低频两个极限上损耗趋于零，而在非极限处有损耗（吸收）出现。

这个模型可以用来研究不同流体分布对吸收的影响，包括不同气饱和度的影响。当气引入岩石饱和水中时会产生两种影响，一是流体体积模量的改变，二是流体黏滞度的改变。当有更多的气体介入时，流体有效体积模量降低而使吸收增加；流体黏滞性也会因不同流体相的质量凝聚而改变。这样产生吸收的频率范围也会随着气浓度的改变而改变。图 3.73 给出了两个不同"有效流体黏滞度"条件下的 P 波损耗随气饱和度而变的例子。可见损耗随气饱和度的增高而增高，又受有效流体黏滞度的显著影响。

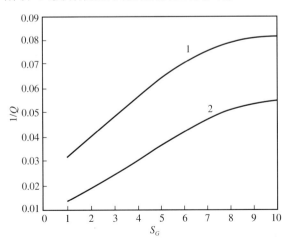

图 3.73　损耗随气饱和度和有效黏滞性而变

横轴—气饱和度；纵轴—损耗；曲线参数—不同的有效流体黏滞度 1、2

3.2.7 吸收系数与物性的关系

3.2.7.1 吸收系数与孔隙度的关系 [48]

3.2.7.1.1 岩性因素

图 3.74 反映了大类岩性品质因数与孔隙度的关系，反过来就是损耗与孔隙度的关系。可见火成岩与变质岩孔隙度低，损耗也低；砂岩孔隙度高损耗也高；石灰岩则处于中间，孔隙度与损耗都是中等，但与砂岩有部分交叉。

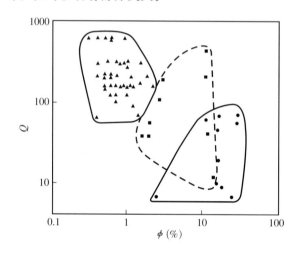

图 3.74　不同岩性品质因数与孔隙度的关系
横轴—孔隙度；纵轴—品质因数；三角—火成岩与变质岩；
方块—石灰岩；圆点—砂岩

3.2.7.1.2 吸收系数随孔隙度升高而增大

如图 3.75 所示，线性拟合公式为

$$\alpha_P = 5.7286\,\phi - 21.02, \quad R^2 = 0.81 \tag{3.83}$$

这是 Glenn Pool 油田的砂岩数据[46]，线性度还较高，有相当的代表性。

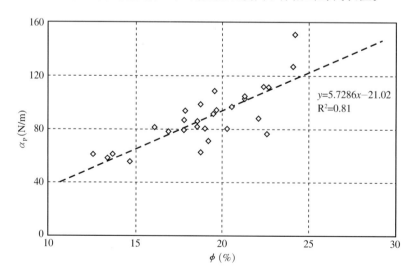

图 3.75　砂岩吸收系数与孔隙度
横轴—孔隙度；纵轴—吸收系数

3.2.7.1.3 与泥质含量密切相关[53]

图 3.76 是 42 块砂岩样品测定结果，所用围压 42MPa，频率 1MHz，泥质含量 0 ～ 30%。可见砂岩纵波吸收系数有随孔隙度增高而加大的趋势；但受泥岩含量影响极大，使点子极其分散，但用双变量拟合能得出较好结果。拟合公式为

$$\alpha_P=0.0315\,\phi-0.241\,\phi_n-0.132, \quad R^2=0.88 \tag{3.84}$$

式中：ϕ_n 为泥质含量。相关系数达 0.88，拟合效果相当好。

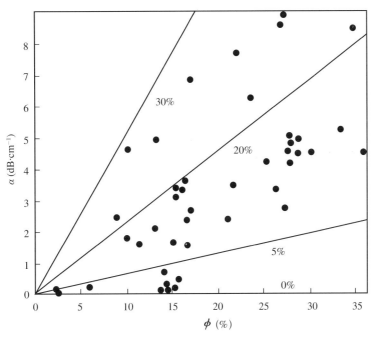

图 3.76　砂岩吸收系数与 ϕ 及 ϕ_n 的关系
横轴—孔隙度；纵轴—吸收系数；
实线—泥质含量（0 ～ 30%）

3.2.7.2　吸收系数与渗透率的关系[53]

图 3.77 与 3.78 表明了吸收系数与渗透率的关系，也是用围压 40MPa，频率 1MHz 实验室测定结果。前者是常数坐标，42 个样品全部数据；后者是双对数坐标，孔隙度为 8% ～ 36%。都可见到 $\alpha-k$ 分成两个部分。前者一部分集中在 $k \leqslant 50$mD，$\alpha=0$ ～ 10dB/cm 区域，另一部分集中在 $k=50$ ～ 300mD，$\alpha \leqslant 3$dB/cm 区域；后者一部分集中在 $k=0.01$ ～ 500mD，$\alpha=1$ ～ 10dB/cm，另一部分在 $k=100$ ～ 500mD，$\alpha=0.1$ ～ 10dB/cm 区域。可见吸收系数与渗透率关系比较复杂。孔隙度较单一时点子集中度较好一些，如图 3.79 及图 3.80 所示。不管怎么变，有一个基本事实，即吸收系数随渗透率的增加而减小，这是因为流体流动通畅时黏滞力减小的缘故。但只有到了一定的程度才会显出，这就是关系曲线分成两段的原因。由图 3.81 品质因数与渗透率的关系图看得就更明显。在渗透率等于 0.01 ～ 50mD 之间 Q 基本不变，而在 50mD 以后 Q 突然加大，也就是损耗才突然减小。

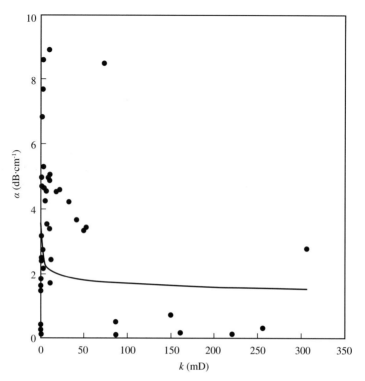

图 3.77　砂岩吸收系数与渗透率的关系

横轴—渗透率；纵轴—吸收系数（42 个样品）

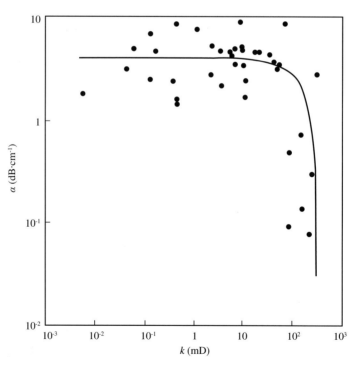

图 3.78　砂岩吸收系数与渗透率的关系

横轴—渗透率；纵轴—吸收系数；

双对数坐标；$\phi = 8\% \sim 36\%$

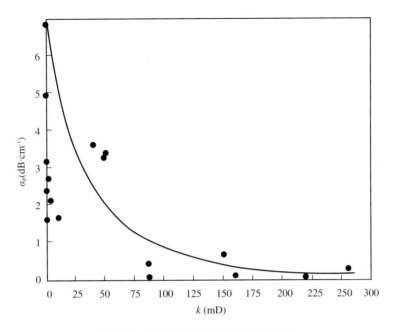

图 3.79　砂岩吸收系数与渗透率的关系
横轴—渗透率；纵轴—吸收系数；
双对数坐标；$\phi=15\%\pm2\%$

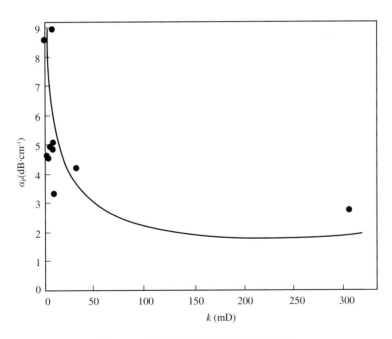

图 3.80　砂岩吸收系数与渗透率的关系
横轴—渗透率；纵轴—纵吸收系数；
$\phi=28\%\pm1\%$

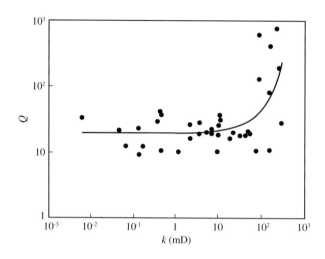

图 3.81　品质因数与渗透率关系
横轴—渗透率；纵轴—品质因数；
双对数坐标；ϕ=8% ～ 36%

3.2.7.3　吸收系数与泥质含量的关系 [53]

这里再展示一个吸收系数与泥质含量的关系图（图 3.82）。拟合公式为

$$\alpha=0.265\,\phi_n+0.188，R^2=0.868 \tag{3.85}$$

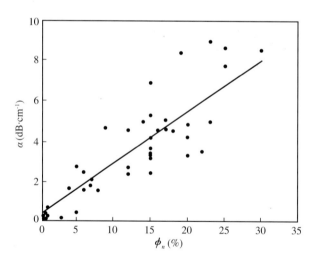

图 3.82　吸收系数与泥质含量关系
42 个砂岩样品
横轴—泥质含量；纵轴—吸收系数；
P_c=40MPa；f=1MHz

吸收系数随泥质含量的升高而增加。当然品质因数也就随泥质含量的增加而降低，如图 3.83 所示。拟合公式为

$$Q=179\,\phi_n^{-0.843}，R^2=0.91 \tag{3.86}$$

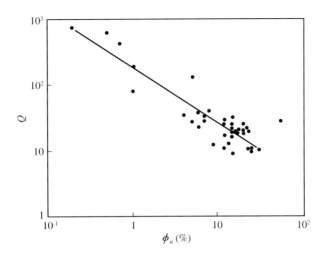

图 3.83　品质因数与泥质含量关系

39 个砂岩样品；孔隙度 6% ～ 36%

P_c=40MPa；f=1MHz

纵坐标—品质因数，横坐标—泥质含量

3.2.8　纵横波品质因数比 γ_Q 和吸收系数比 γ_α[54]

纵横波品质因数比 γ_Q 的倒数就是纵横波损耗比 γ_Q^{-1}：

$$\gamma_Q^{-1} \equiv Q_P^{-1}/Q_s^{-1} \equiv \gamma_{Q^{-1}} \tag{3.87}$$

我们已知（2.24 式的倒数）：

$$Q_P = \frac{\pi f}{\alpha_P v_P}, \quad Q_S = \frac{\pi f}{\alpha_S v_S}$$

故

$$\gamma_Q = \frac{Q_P}{Q_S} = \frac{\alpha_S v_S}{\alpha_P v_P} = \frac{1}{\gamma_\alpha \gamma} \tag{3.88}$$

或

$$\gamma_Q^{-1} = \gamma_{Q^{-1}} = \gamma\gamma_\alpha \approx 2\gamma_\alpha \tag{3.89}$$

式中：γ 是纵横波速度比。也就是说纵横波品质因数的倒数就是纵横波吸收系数比乘上纵横波速度比。一般纵横波速度比接近 2，因此纵横波品质因数比一般接近纵横波吸收系数比的两倍。

图 3.84 是 Q_P 与 Q_S 交会图，是对 29 块水饱和或盐水饱和砂岩（Navajo 砂岩和 Berwa 砂岩）样品在 60 ～ 70MPa 围压及 0.8 ～ 0.85MHz 条件下多次观测的结果。由图可见纵横波品质因数比 $\gamma_Q \equiv Q_P/Q_S$ 可分三个区间：γ_Q=1.0，1.625，2.55 ≥ 1.0，纵波品质因数总是大于横波品质因数，也就是说这批样品测量结果横波吸收系数都大于纵波吸收系数，与我在 [8] 中介绍的结果一致。但也必须说明会有不一样的结果，要靠实际测定。这批样品的纵横波吸收系数比大约在 0.2 ～ 0.5 之间，横波吸收系数大于纵波吸收系数 2 ～ 5 倍。

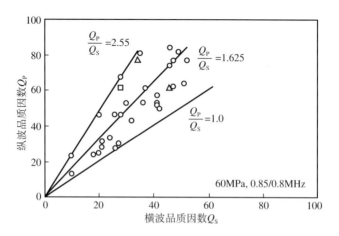

图 3.84 纵横波品质因数（水饱和）

由图 3.84 可得中间线该两参数的回归方程，即

$$Q_P=1.42Q_S+4，R^2=0.73 \tag{3.90}$$

拟合结果不是很好。

3.2.9 薄层介质有效吸收各向异性 [55, 59, 60]

3.2.9.1 速度各向异性

速度和速度各向异性由下列公式表示，即

$$v_{P0} \equiv \sqrt{\frac{C_{33}}{\rho}}, \quad v_{S0} \equiv \sqrt{\frac{C_{44}}{\rho}} \tag{3.91}$$

$$\varepsilon \equiv \frac{C_{11} - C_{33}}{2C_{33}} \tag{3.92}$$

$$\delta \equiv \frac{(C_{13} + C_{44})^2 - (C_{33} - C_{44})^2}{2C_{33}(C_{33} - C_{44})} \tag{3.93}$$

$$v \equiv \frac{C_{66} - C_{44}}{2C_{44}} \tag{3.94}$$

式中：C_{ij} 是弹性常数；Thomson 原文 [60] 中用 γ，为避免与纵横波速度比相混，这里改用 v。

诸各向异性系数意义见参考文献 [13，60，55]，大致是：δ 为 45° 方向与垂向纵波速度的商及水平向与垂向速度的商的综合函数，可称综合各向异性；v 为水平向和垂向 SH 波的百分差，可称 SH 各向异性；ε 为水平向和垂向纵波速度百分差，可称常规各向异性。

$$C_{33} = \lambda + 2\mu = K + \frac{4}{3}\mu \tag{3.95}$$

C_{33} 是 P 波模量。

$$C_{44}=\mu \tag{3.96}$$

C_{44} 是切变模量。

这是各向同性常数。各向同性只有这两个独立常数。最简单的各向异性是薄层介质、垂直裂缝介质或称横各向同性介质（TI），有 5 个独立常数，另 3 个是：C_{11}，C_{66}，C_{13}。它们作下列变换就回归各向同性，即

$$
\begin{aligned}
C_{11} &\to C_{33} \\
C_{66} &\to C_{44} \\
C_{13} &\to C_{33} - 2C_{44}
\end{aligned}
\tag{3.97}
$$

3.2.9.2 有效吸收系数各向异性

定义如下：

$$
\varepsilon_Q \equiv \frac{Q_{33} - Q_{11}}{Q_{11}}
\tag{3.98}
$$

$$
\delta_Q \equiv \frac{\dfrac{Q_{33}-Q_{44}}{Q_{44}}C_{44}\dfrac{(C_{13}+C_{33})^2}{C_{33}-C_{44}} + 2\dfrac{Q_{33}-Q_{13}}{Q_{13}}C_{13}(C_{13}+C_{44})}{C_{33}(C_{33}-C_{44})}
\tag{3.99}
$$

$$
\nu_Q \equiv \frac{Q_{44} - Q_{66}}{Q_{66}}
\tag{3.100}
$$

式中：$Q_{ij}=C_{ij}/C_{ij}{'}$ 是品质因数矩阵，而 $C_{ij}{'}$ 是复弹性的虚数部分。

两层结构的各向异性如图 3.85、图 3.86 所示，每层都是各向同性的。图 3.85 每层各向同性有效品质因数分量相同，$Q_{33}^{(1)}=Q_{33}^{(2)}=100$，$Q_{44}^{(1)}=Q_{44}^{(2)}=50$，上下层各用角标（1）（2）标明。速度差与平均值之比为：$\Delta C_{33}/\overline{C}_{33}=90\%$，$\Delta C_{44}/\overline{C}_{44}=70\%$；上层纵、横波速度和密度为：$v_{P_0}^{(1)}=3200\text{m/s}$，$v_{S_0}^{(1)}=1550\text{m/s}$，$\rho=2.45\text{g/cm}^3$。可见上层体积为零和 100% 时各向异性都为零，上层体积百分比为 50% 时各向异性最大。而图 3.86 的上下层完全不同质，它们的参数如表 3.14 所示。由图可见吸收各向异性不再对称，而是随着上层体积百分比的增加而升高。

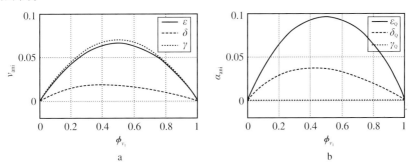

图 3.85　双层同质各向异性

纵轴：a—有效速度各向异性；b—有效吸收各向异性。

横轴：上层体积百分比

表 3.14　同质双层参数

$\Delta C_{33}/\overline{C}_{33}$	$\Delta C_{44}/\overline{C}_{44}$	$\varepsilon^{(1)}$	$\varepsilon^{(2)}$	$\delta^{(1)}$	$\delta^{(2)}$	$\nu^{(1)}$	$\nu^{(2)}$
30%	−30%	0.05	0.25	0	0.2	0.05	0.25
$\Delta Q_{33}/\overline{Q}_{33}$	$\Delta Q_{44}/\overline{Q}_{44}$	$\varepsilon_Q^{(1)}$	$\varepsilon_Q^{(2)}$	$\delta_Q^{(1)}$	$\delta_Q^{(2)}$	$\nu_Q^{(1)}$	$\nu_Q^{(2)}$
60%	−60%	−0.1	−0.5	0	−0.4	−0.1	−0.5

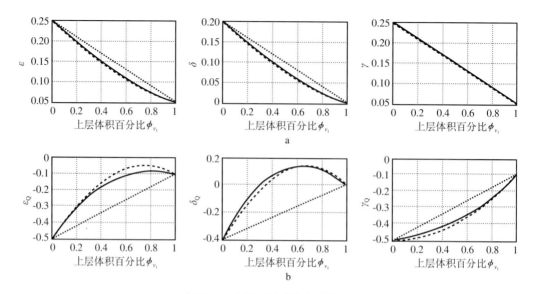

图 3.86　双层不同质各向异性

a—有效速度各向异性；b—有效吸收各向异性

3.2.10　提取吸收参数的方法

3.2.10.1　谱比法 (Spectral Ratio Method—SRM)[56、57]

3.2.10.1.1　基本理论

根据定义吸收影响地震子波传播的振幅谱以及最终的地震图。一个在吸收介质内的球状简谐波 $A(R,\omega)$ 可描述为

$$A(R,\omega)=A_0(R_0,\omega)G(R)G(I)K(r)\exp[-\alpha(\omega)R]\exp(-\mathrm{i}\,\omega R/V) \tag{3.101}$$

式中：$\alpha(\omega)=\omega/(2VQ)$ 为吸收系数，$A(R,\omega)$ 为离震源 R 距离处的振幅；$A_0(R_0,\omega)$ 为起始振幅，V 为相速度；$G(R)$ 为几何扩散；$G(I)$ 为仪器响应；$K(r)$ 为反射和透过损失。指数项 $\exp[-\alpha(\omega)R]$ 表示介质的弹性吸收；$\exp(-\mathrm{i}\,\omega R/V)$ 表示相位滞后。如果假定吸收系数 $\alpha(\omega)$ 在一定的频率范围内是频率的线性函数，则在此频率范围内 Q 就接近常数，波散也就很小。一个地震记录是许多波阻抗差产生的反射的叠合，时间上相互重叠。可是如果我们能将两个同相轴分开，用谱比法估计 Q 就可写成下式，即

$$\frac{A_2(R_2,\omega)}{A_1(R_1,\omega)}=\frac{R_1}{R_2}\frac{G(I_2)}{G(I_1)}\frac{K(r_2)}{K(r_1)}\exp\alpha(\omega)\big(R_1-R_2\big)\exp[\mathrm{i}\omega(R_1-R_2)] \tag{3.102}$$

式中：指数项 $\exp[\mathrm{i}\,\omega(R_1-R_2)]$ 纯粹是时间迟后，不进入振幅，因而可以忽略，上式可变为

$$\alpha(\omega)=\Delta R^{-1}\left(\ln\frac{A_2(R_2\omega)}{A_1(R_1\omega)}-\ln\frac{R_1}{R_2}-\ln\frac{G(I_2)}{G(I_1)}-\ln\frac{K(r_2)}{K(r_1)}\right)=\frac{\pi f}{QV} \tag{3.103}$$

令

$$\ln\frac{R_1}{R_2}+\ln\frac{G(I_2)}{G(I_1)}+\ln\frac{K(r_2)}{K(r_1)}=C$$

C 就是与距离（如是储层的顶底板反射，则就是厚度 h）、仪器因素及反射和透过损失有关的常数。这样前式就成为

$$\alpha = (-h)^{-1}\left(\ln\frac{A_2}{A_1} - C\right) = \left(\ln\frac{A_1}{A_2} + C\right)/h \tag{3.104}$$

或

$$\ln\left(\frac{A_2}{A_1}\right) = -\frac{\pi f h}{QV} + C, Q = \frac{\pi f h}{V}/\ln\frac{A_1}{A_2} \tag{3.105}$$

将（2.24）式的 $\alpha = \pi f/vQ$ 以及上述有关项代入（3.101）式有

$$A = A_0 e^{-ah} = A_0 e^{-\pi fh/vQ} = A_0 e^{-\pi f \Delta t/Q} \tag{3.106}$$

考虑激发、接收、发散等对振幅的影响因素，对原始振幅加上常系数 B，即

$$A = BA_0 e^{-\pi f \Delta t/Q}$$

或

$$\frac{A}{A_0} = Be^{-\pi f \Delta t/Q}$$

取自然对数可得

$$\ln\frac{A}{A_0} = \frac{-\pi f \Delta t}{Q} + C$$

或取振幅谱的形式有

$$\ln\frac{A(\omega)}{A_0(\omega)} = \frac{-\omega \Delta t}{2Q} + C \tag{3.107}$$

或

$$\frac{A(\omega)}{A_0(\omega)} = \exp\left(-\frac{\omega \Delta t}{2Q} + C\right) \tag{3.107}'$$

这也相当于 [63] 中的 (5) 式。式中 $\Delta t = h/v$ 是目的层时间厚度，h 是目的层厚度，v 是速度。

$C = \ln B$，还是常数。

由（3.107）式就可求得 Q，即

$$Q = \frac{\pi f \Delta t}{C - \ln A(\omega)/A_0(\omega)}$$

或

$$Q^{-1} = \frac{C - \ln A(\omega)/A_0(\omega)}{\pi f \Delta t} \tag{3.108}$$

3.2.10.1.2 实例 [56]

在墨西哥湾 Green Canyon 区 King Kong 气田的 Kin Kong（KK）商业气层上方浅层有一低饱和度 Lisa Anne（LA）气层。用低速度异常两者无法分辨，因而用谱分析法和谱比吸收系数法结果两者能明显地区分。

用均方根（RMS）谱质量比快速傅里叶（FFT）谱高得多，如图 3.87 所示。作了两个合成记录和所用雷克子波的谱分析，可见 RMS 谱（3 号、4 号线）基本接近子波谱（5 号线），而 FFT 谱（1 号、2 号线）变化多端，质量很差。对 KK 层和 LA 层各 40 道的上部和下部 200 ～ 600ms 段（400ms 厚）作了 RMS 谱分析，频谱图如图 3.88 所示。从图可见 KK 层上部（左上图）、下部（右上图）的平均峰值频率和其差（上－下）分别为：17.36Hz、14.5Hz 和 2.86Hz，而 LA 层的为：18.85Hz、14.08Hz 和 4.77Hz。LA 层的上下两部分平均峰值频率差大于 KK 层，说明 LA 层（非商业气）吸收大于 KK 层（商业气），也即部分饱和的非商业气吸收大于商业气。由峰值频率差的三维切片（图 3.89）可以更清楚地看到 LA 层吸收大于 KK 层。从上下频宽差（图 3.90）也可看出 LA 层吸收大于 KK 层。因为上下频宽差愈大说明透过该层被吸收的高频成分愈多，该层吸收系数愈大。

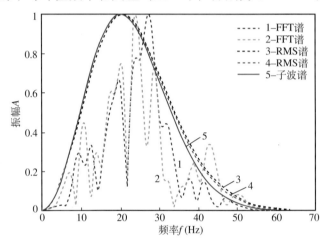

图 3.87　RMS 谱与 FFT 谱比较

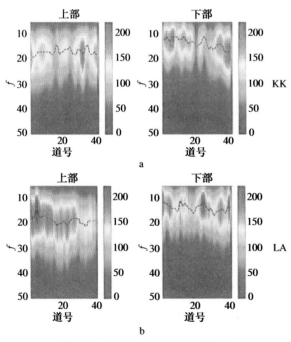

图 3.88　KK 与 LA 层上下谱比较

a—KK 层；b—LA 层；横轴—道号；纵轴—频率；色标—谱振幅，红高兰低；黑虚线—谱的峰值频率

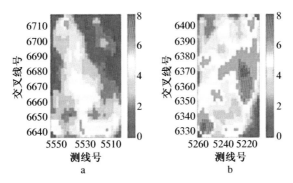

图 3.89　KK 与 LA 峰值频率差比较

a—KK 层；b—LA 层；色标—峰值频差，红高蓝低

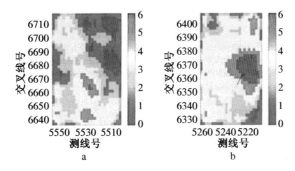

图 3.90　频宽差比较

a—KK 层；b—LA 层；色标—频宽差，红高蓝低

现在再用谱比法。用 (3.108) 式时先要求常数 C。[56] 中用两个相对频率谱的对数差，即

$$C = 2\ln\left[\frac{A(10)}{A_0(10)}\right] - \ln\left[\frac{A(20)}{A_0(20)}\right]$$

求得的 Q 值如图 3.91 所示。可见 LA 的 Q 值在 20 左右，而 KK 层的大部分测线高于 25。LA 层的吸收系数显著大于 KK 层，与峰值频率差的预测结果和频宽差的结果一致：饱和非商业气的 LA 层的吸收比饱和商业气的 KK 层的吸收大得多。

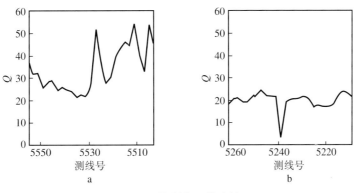

图 3.91　谱比法 Q 值比较

a—KK 层；b—LA 层；横轴—测线号　纵轴—品质因素

3.2.10.2　中心频移法（Centroid Frequency–Shift Method–CFSM)[58, 50, 57]

利用中心频率通过地层吸收而偏移的情况来估计吸收。

3.2.10.2.1　基本理论

（3.101）式是射线通过单层被吸收的情况，如果输入谱是 $S(f)$，通过多层介质反射回地面被接收，接收谱是

$$R(f)=G(f)H(f)S(f) \tag{3.109}$$

式中：$G(f)$ 包括几何发散、仪器响应、震源—接收耦合、散射、波型转换、反射系数和由传播产生的相位转换等影响振幅的因素，就是 3.2.10.1 节中的 C、B。$H(f)$ 就是吸收响应或吸收滤波器，即（3.106）式中的 e^{-ah}，但在这里 h 变成了整条射线的长度。由于 α 在射线穿过的各个地层中是可变的，但射线的频率 f 可以看作不变，因而有

$$\alpha=\alpha_0 f \tag{3.110}$$

α_0 可以看作是不随频率而变的基本吸收系数。因此由（2.24）式有

$$\alpha_0 = \frac{\pi}{Qv} \tag{3.111}$$

吸收响应就变成

$$H\left(f\right) = \exp\left(-f \int_{\text{ray}} \alpha_0 \mathrm{d}l\right) \tag{3.112}$$

式中：$\int_{\text{ray}} \cdot \mathrm{d}l$ 就是沿射线（ray）的积分。

假定 G 不依赖于频率 f，即 $G(f)=G$，则接收的中心频率 f_R 及方差 $\sigma_R{}^2$ 也就独立于 G，这样利用频谱的中心和方差来估计吸收就比利用实际振幅优越得多。

发射（S）和接收（R）的中心频率和方差的定义是

$$f_{\mathrm{S}} = \frac{\int_0^\infty fS\left(f\right)\mathrm{d}f}{\int_0^\infty S\left(f\right)\mathrm{d}f} = f_0 \tag{3.113}$$

$$\sigma_{\mathrm{S}}^2 = \frac{\int_0^\infty \left(f - f_{\mathrm{S}}\right)^2 S\left(f\right)\mathrm{d}f}{\int_0^\infty S\left(f\right)\mathrm{d}f} \tag{3.114}$$

$$f_{\mathrm{R}} = \frac{\int_0^\infty fR\left(f\right)\mathrm{d}f}{\int_0^\infty R\left(f\right)\mathrm{d}f} \tag{3.115}$$

$$\sigma_{\mathrm{R}}^2 = \frac{\int_0^\infty \left(f - f_{\mathrm{R}}\right)^2 R\left(f\right)\mathrm{d}f}{\int_0^\infty R\left(f\right)\mathrm{d}f} \tag{3.116}$$

我们先考虑输入谱 $S(f)$ 是高斯型（图 3.92）的情况，即

$$S(f) = \exp\left[-\frac{(f-f_0)^2}{2\sigma_S^2}\right] \tag{3.117}$$

则接收谱应是

$$
\begin{aligned}
R(f) &= GS(f)H(f) \\
&= G\exp\left[-\frac{(f-f_0)^2}{2\sigma_S^2} - f\int_{ray}\alpha_0 dl\right] \\
&= G\exp\left[-\frac{f^2 - 2ff_R + f_R^2 + f_d}{2\sigma_S^2}\right] \\
&= A\exp\left[-\frac{(f-f_R)^2}{2\sigma_S^2}\right]
\end{aligned} \tag{3.118}
$$

式中

$$f_R = f_S - \sigma_S^2\int_{ray}\alpha_0 dl \tag{3.119}$$

$$f_d = 2f_0\sigma_S^2\int_{ray}\alpha_0 dl - \left(\sigma_S^2\int_{ray}\alpha_0 dl\right)^2 \tag{3.120}$$

$$A = G\exp\left[-\frac{f_d}{2\sigma_S^2}\right] \tag{3.121}$$

f_R 就是接收谱的中心频率，A 就是它的振幅。

（3.119）式可以写为

$$\int_{ray}\alpha_0 dl = (f_S - f_R)/\sigma_S^2 \tag{3.119}'$$

也可写成离散形式为

$$\sum_i \alpha_{0i}\Delta l_i = \frac{f_S^i - f_R^i}{\sigma_{Si}^2} \tag{3.119}''$$

第 i 个样点（第 i 层）的吸收为

$$\alpha_{0i} = \frac{1}{\sigma_i^2}\frac{\Delta f_i}{\Delta l_i} \tag{3.122}$$

式中：$\Delta f_i = f_S^i - f_R^i$ 是第 i 层的输入谱中心频率与输出谱中心频率的差，也就是中心频率的频移。在图 3.92 中可以看到一个实例，输入谱中心频率是 400Hz，经过吸收，输出的中心频率低移至 389.8Hz。

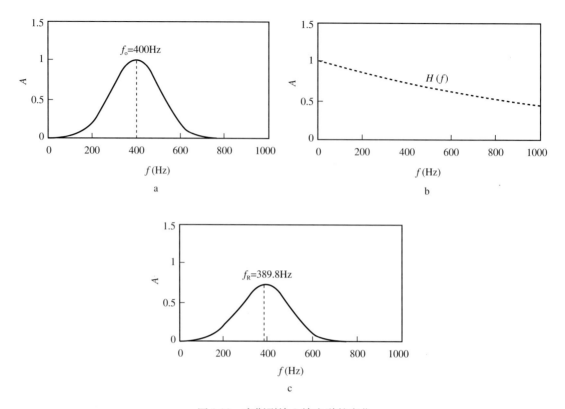

图 3.92 高斯型输入输出谱的变化

a—输入谱；b—吸收滤波器；c—输出谱；横轴—频率；纵轴—振幅

$\sigma_i^2 = \sigma_{Si}^2 = \sigma_{Ri}^2$ 是输入谱和输出谱的方差。

将（3.111）式和（3.122）式联合可知

$$Q_i = \frac{\pi}{\alpha_{0i} v_i} = \frac{\pi \sigma_i^2 \Delta t_i}{\Delta f_i} \tag{3.123}$$

或

$$Q_i^{-1} = \frac{\Delta f_i}{\pi \sigma_i^2 \Delta t_i} \tag{3.124}$$

代入（2.24）式有

$$\alpha_i = \frac{f \Delta f_i}{\sigma_i^2 \Delta l_i} \tag{3.125}$$

式中：$\Delta t_i = \Delta l_i / v_i$，是速度为 v_i，层厚为 Δl_i 层的时间厚度。

（3.124）式或（3.125）式就是中心频移法的基本公式。谱比法和中心频移法结果比较如图 3.93，可见同样条件下谱比法所得损耗值比中心频移法略高。

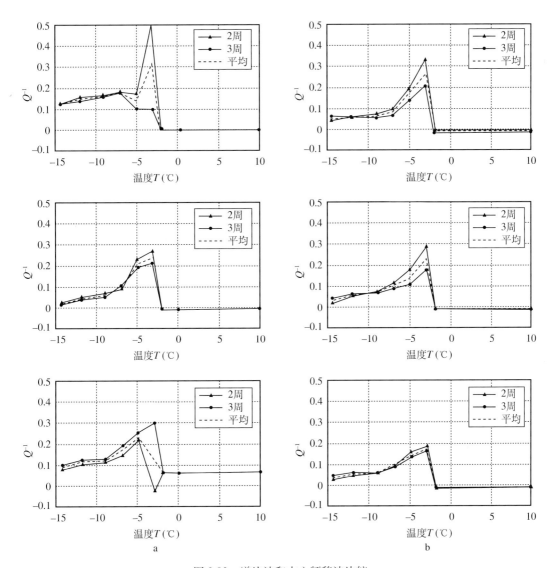

图 3.93 谱比法和中心频移法比较

a—谱比法；b—中心频移法；横轴—温度；纵轴—损耗；源检距 2 ~ 4cm；线式—波周期数

3.2.10.2.2 实验室测定部分冰冻盐水的损耗

在孔隙介质中注入盐水，再放入温度箱内改变温度，从室温逐渐降低至冰点以下，盐水逐步结冰，就成为一个可灵活改变未冰冻盐水所占体积百分比的固—液系统（冰—盐水系统）。也相当于一个能灵活改变孔隙度（全饱和）的系统。用了两种核磁共振（NMR）技术，一种是固体回声法用于估计岩样孔隙内未冰冻盐水的体积百分比 ϕ_w；另一是卡揸梅杰（CPMG——Carr-Purcell Meiboom-Gill）法，用于分辨未冰冻盐水中的流动性是大还是小。结果列入图 3.94。可见 -3℃有最大百分比的未冰冻体积（约有 70%）；温度继续降低，未冰冻（未固结）流体体积百分比继续缩小，-15℃时只占 11% 左右。而 -3℃也是未冰冻盐水流动性最大的时候。

这样用超声波实验室装置测定了从 20℃至 -15℃不同温度下的岩样的反射波，做了谱分析，用谱比法和中心频移法分别估算了损耗 Q^{-1}，如图 3.95、图 3.96 所示。可见：

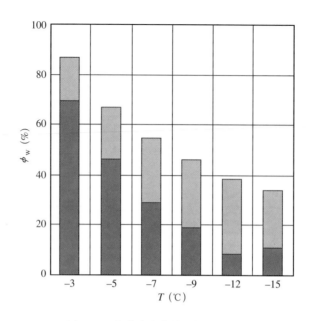

图 3.94　未冰冻流体体积与温度关系

黑色—大的流动性（盐水）；灰色—小的流动性（冰）；

横轴—温度；纵轴—未冰冻盐水体积百分比

（1）谱比法比中心频率法所测损耗略高。

（2）冰冻盐水在 $-3℃$ 时有一个吸收高峰，随温度降低损耗逐渐降低，但总比零上温度时高。

（3）损耗值随源检距和所用波形周期数而变，这是因为中心频率值随它们而变的缘故。因此此二法测得的只是相对吸收值。

（4）损耗值随未冰冻盐水总体积百分比 ϕ_W 的升高而升高，也随其中的高流动性所占体积百分比的升高而升高。这也就是说孔隙中流体部分愈多，或流动性愈大的流体部分愈多，损耗愈大。

损耗 Q^{-1} 分别与未冰冻盐水总体积百分比 ϕ_W，与高流动性未冰冻盐水体积百分比 ϕ_{HL}，与低流动性未冰冻盐水体积百分比 ϕ_{LL}，与低、高流动性未冰冻盐水体积百分比之比值 $\phi_{L/H}$ 成线性关系（图 3.96），即

$$Q_P^{-1}=0.0033\,\phi_W-0.0846，R^2=0.99 \tag{3.126}$$

$$Q_P^{-1}=0.0027\,\phi_{HL}+0.0109，R^2=0.98 \tag{3.127}$$

$$Q_P^{-1}=-0.0114\,\phi_{LL}+0.3689，R^2=0.65 \tag{3.128}$$

$$Q_P^{-1}=-0.0407\,\phi_{L/H}+0.1532，R^2=0.61 \tag{3.129}$$

ϕ_{LL} 及 $\phi_{L/H}$ 与损耗成负相关，低流动性愈大损耗愈低。而流动性（$M_L=k/\eta_f$）与孔隙结构及渗透率密切相关，因此孔隙结构和渗透率也会影响到孔隙介质的吸收参数。

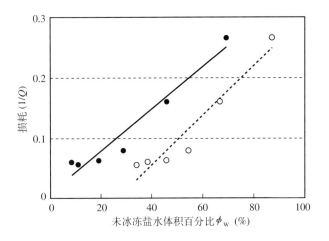

图 3.95　Q^{-1} 随 ϕ_{W} 变化

白圈—未冰冻盐水总体积百分比；黑点—仅大流动性部分体积百分比

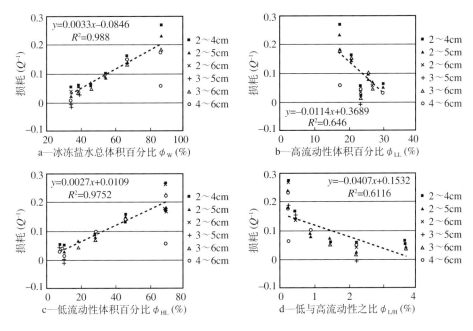

图 3.96　损耗与孔隙盐水冰冻状态的关系

2～4cm 的源检距

3.2.10.3　最佳匹配地震子波法（Modified Best Matching Seismic Wavelet–MBMSW）[61]

（1）子波表达式为

$$\psi(t;\Lambda) = \mathrm{e}^{-\alpha(t-\tau)^2}\left\{p(\Lambda)\left[\cos(f_{\mathrm{m}}t) - k(\Lambda)\right] + iq(\Lambda)\sin(f_{\mathrm{m}}t)\right\} \tag{3.130}$$

式中：$\Lambda = (f_{\mathrm{m}}, \alpha, \tau)$；$f_{\mathrm{m}}$ 为子波的调制频率；α 为能量的吸收；τ 为能量的延迟；f_{m}，α，$\tau \in R$，f_{m}，$\alpha \geqslant 0$。它的实部和虚部子波形态及振幅谱示于图 3.97, 图中所用参数为：$f_{\mathrm{m}}=1$，$\alpha=0.25$，$\tau=0$。

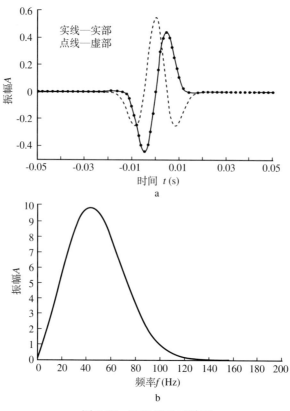

图 3.97 MBMSW 子波图

a—子波波形；b—振幅谱；$f_m=1$, $\alpha=0.25$, $\tau=0$

（2）二维地震时间剖面为 $S(x, t)$，x 为接收点坐标，t 为时间坐标。它的子波变换为 $\{W_S(f, x, t), 0 < f < F\}$，$f$ 是频率，F 是高切频率。

在子波域地震吸收剖面定义为

$$Q^{-1}(x, t)=W_S(f_H, x, t)-W_S(f_L, x, t) \tag{3.131}$$

式中 $W_S(f_{H,L}, x, t)$ 分别为偏高频和偏低频子波变换剖面。因为高频吸收大，低频吸收小，高、低频子波剖面的差可以显示出吸收剖面的特征。

（3）实际的吸收剖面。

图 3.98 是一条实际剖面。a 是地震剖面，b 是 MBMSW 子波法提取的品质因素剖面；c 是 Morlet 子波法剖面。Morlet 子波如图 3.99 所示，用于与 MBMSW 法对比。很显然，Morlet 子波比 MBMSW 频带仄得多，MBMSW 会有较高的时间分辨率。图 3.98 是中国一个砂岩气田上的一条剖面，蓝色是高品质因数低吸收，红色是低品质因数高吸收，有较好的时间分辨率。井 1 处并向右延伸最红的被虚黑线圈起的一层吸收最强。井 1 是一口已知的高产井；井 2 是一口已知的低产井，它处于右边红色层的外端。因此认定吸收强的红色层有大气。在左边红色层中预测了一口井，井 3，钻探结果得工业天然气。而在 Morlet 法所得剖面上（图 c），红色高吸收层垂向分辨率太低，不能准确地圈出气层，没法预测高产部位。

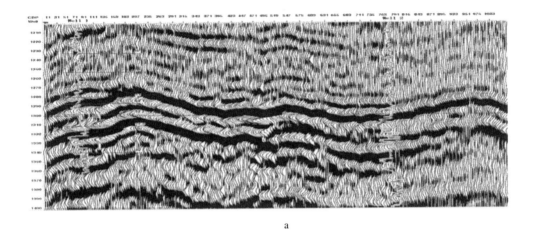

a

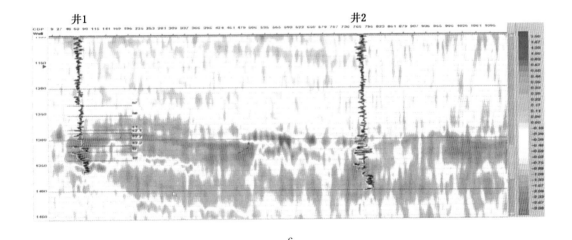

b

井1　　　　　　　　　　井3　　　　　　　　　　　井2

井1　　　　　　　　　　　　　　　　　　　　　井2

c

图 3.98　子波法 Q 剖面

a—地震剖面；b—MBMSW 法 Q 剖面；c—Morlet 法 Q 剖面；

井 1、井 2—合成记录；井 3—预测井

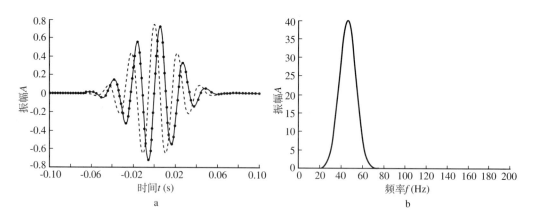

图 3.99　Morlet 子波图

a—子波波形；b—振幅谱；f_m=1，α=0；实线—实部；点线—虚部

3.2.10.4　时频谱差法（Time-Frequency Spectra Differences Method——TFSDM）[62]

3.2.10.4.1　方法原理

中心频移法中公式（3.109）至（3.125）式，说明了激发谱 $S(f)$ 经过传播谱 $G(f)$ 和吸收谱 $H(f)$ 的改造，如何建立振幅 A 与吸收 a_0 的关系的过程。本法也是从这里出发。定义 Δf 为频率与中心频率的差，（3.118）式表明接收谱 $R(f)=R(\Delta f)$,再定义接收谱的差为

$$\Delta R(\Delta f)=R(f_S-\Delta f)-R(f_S+\Delta f) \tag{3.132}$$

式中：f_S 为激发中心频率。这就是对应于两个对称于激发中心频率 f_S 的两个频率的接收谱的差。如果在传播途中吸收系数不变，而路径长为 L，则（3.119）式变为

$$f_R=f_S-\sigma_S^2L\alpha_0 \tag{3.133}$$

则由（3.132）式和（3.133）式可以有

$$\Delta R(\Delta f)=A\exp\left[-\frac{\left(\alpha_0L\sigma_S^2\right)}{2\sigma_S^2}\right]\left[1-\exp(-2L\alpha_0\Delta f)\right] \tag{3.134}$$

因为通常 α_0 在 10^{-5} 数量级；如目的层较薄，路径 L 较小；相对于 Δf，$\sigma_S^2L\alpha_0$ 可以忽略，并且 $2L\alpha_0\Delta f \ll 1$，上式可以简化为

$$\Delta R(\Delta f)\approx 2AL\alpha_0\Delta f\exp\left(-\frac{\Delta f^2}{2\sigma_S^2}\right) \tag{3.135}$$

当 α_0 高阶忽略后，（3.121）式可以简化为

$$A=G\exp(-f_SL\alpha_0)\approx G(1-f_SL\alpha_0) \tag{3.136}$$

将（3.136）式代入（3.135）式有

$$\Delta R(\Delta f)\approx 2GL\Delta f\alpha_0\exp\left(-\frac{\Delta f^2}{2\sigma_S^2}\right) \tag{3.137}$$

因而有

$$\alpha_0 \approx \frac{\Delta R(\Delta f)}{2GL\Delta f} \exp\left(\frac{\Delta f^2}{2\sigma_S^2}\right) \tag{3.138}$$

这就是可以用来计算吸收系数的公式，应用时要充分注意被简略的实际条件。应用此式计算吸收时应使 Δf 为最佳，也就是使接收谱的差在 $f_S - \Delta f$ 时极大，并且 $f_S - \Delta f$ 也极大，也就是 Δf 使下列微分为零，即

$$\frac{\partial}{\partial \Delta f}\left[\Delta R(\Delta f)\right] = 0$$

并且用 $2L\alpha_0 \Delta f \ll 1$ 将上式简化为

$$\Delta f^2 + \alpha_0 L \sigma_S^2 \Delta f - \sigma_S^2 = 0 \tag{3.139}$$

于是有

$$\Delta f = -\alpha_0 L \sigma_S^2 / 2 + \sigma_S \sqrt{1 + L^2 \alpha_0^2 / 4} \approx \sigma_S \tag{3.140}$$

将 (3.140) 式代入 (3.138) 式可得

$$\alpha_0 \approx \frac{R(f_S - \sigma_S) - R(f_S + \sigma_S)}{2GL\sigma_S \exp(-0.5)} \tag{3.141}$$

对于侧向厚度变化不大的储层，(3.141) 式的分母接近常数 C，有

$$\alpha_0 \approx \frac{1}{C}\left[R(f_S - \sigma_S) - R(f_S + \sigma_S)\right] \tag{3.142}$$

因此，两个激发谱中心频率加减激发谱标准偏差的接收谱（反射谱）的差可以表示基本吸收系数。

3.2.10.4.2 碳酸盐岩合成记录例子

图 3.100 是一个碳酸盐岩合成记录地震偏移剖面，有 9 个溶洞，大小不一。用加拿大 Tesseral 公司的模型软件按照野外地层计算了共炮点合成记录，用雷克子波主频 25Hz，作了速度分析、叠加和叠后偏移并对此作时频分析。各种主频雷克子波谱的中心频率及标准偏差如表 3.15 所示。主频 25Hz 时中心频率及偏差各为 26.2 和 11.7，中心频率加减偏差各约为：38Hz 及 15Hz。图 3.101 就是频率各为 15Hz 和 38Hz 的时频谱剖面及其差。可见除 1 号溶洞基本没有吸收外，各个溶洞都有吸收，而 2～6 号溶洞吸收相近，显著高于 7～9 号溶洞。这是因为 2～6 号充满了流体，而 7～9 号充满了轻的固体物质。

表 3.15　雷克子波参数

子波种类	主频 f_0(Hz)	中心频率 f_S(Hz)	标准偏差 σ_S (Hz)
a	25	26.2	11.7
b	30	31.2	14.3
c	35	36.5	16.5
d	40	41.7	19.1

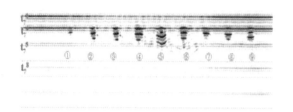

图 3.100　合成记录地震偏移剖面

①~⑨—溶洞编号

3.2.10.4.3　野外实际例子 [62]

Tahe 油田储层发育在地震标准层 T_7^4 以下 0～60ms。对 T_7^4 波作谱分析用高斯曲线拟合得中心频率和标准偏差各为 32.2Hz 和 11.4Hz。求相应于 32.2−11.4 ≈ 21Hz 和 32.2+11.4 ≈ 44Hz 的反射谱的差可得吸收的相对大小，作了三维吸收图，图 3.102 是时窗

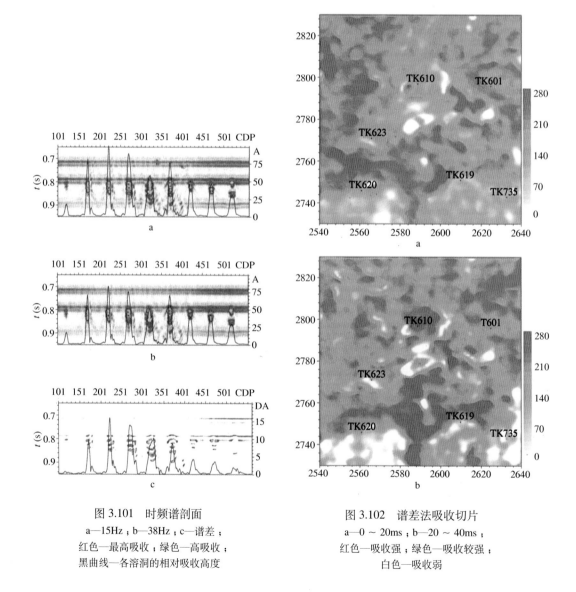

图 3.101　时频谱剖面

a—15Hz；b—38Hz；c—谱差；

红色—最高吸收；绿色—高吸收；

黑曲线—各溶洞的相对吸收高度

图 3.102　谱差法吸收切片

a—0～20ms；b—20～40ms；

红色—吸收强；绿色—吸收较强；

白色—吸收弱

切片，a 为 0 ～ 20ms，b 为 20 ～ 40ms。在切片 a 上，TK601 井有强吸收，是充满油的溶洞。在 TK619 和 TK735 井有较强吸收，是充满油的裂缝和溶洞。在 TK620 和 TK623 井之间有一片大的吸收异常，推断为裂缝区。在切片 b 上，TK610 井的高吸收异常是充满油的裂缝的反应。因此推断在 TK620 和 TK619 井之间的相对吸收异常（红色）是裂缝和溶洞发育的反应。

3.2.10.5　相位谱差法（Phase Spectral Difference Method−PSDM）[63]

谱比法、谱差法等用的都是振幅谱，能否应用相位谱。

由（3.106）式可有

$$A = A_0 \mathrm{e}^{-\pi f \Delta t / Q} = A_0 \mathrm{e}^{-\omega h / 2vQ} \tag{3.106}'$$

可变相位部分是：$\omega h / v$。如果储层顶部深度是 z，储层厚度是 $h = \Delta z$，则在 $z + \Delta z$ 处相位谱是

$$\phi(\omega, z + \Delta z) = \phi(\omega, z) + \frac{\omega \Delta z}{v(\omega, z)} \tag{3.143}$$

据此可以写出相位随深度而变的微分方程，即

$$\frac{\mathrm{d}\phi}{\mathrm{d}z} = \frac{\omega}{v(\omega, z)} \tag{3.144}$$

对此积分可得

$$\phi(\omega, z) = \phi_0(\omega) + \omega \int_{z_0}^{z} \frac{\mathrm{d}z'}{v(\omega, z')} \tag{3.145}$$

式中：ϕ_0 是深度 z_0 处的相位谱；z' 是有别于 z 的深度。

Kjartansson 在地震吸收的常数 Q 模型中将相速度与频率通过波散方程联系起来[64]，即

$$\frac{v(\omega)}{V_0} = \left(\frac{\omega}{\omega_0}\right)^{\varsigma} \tag{3.146}$$

式中：V_0 是参考频率 ω_0 时的相速度。$\pi\varsigma = \theta$ 是（2.24）式中的相位角：$Q^{-1} = \tan\pi\varsigma$。当 θ 很小时，$\varsigma \approx 1/\pi Q \ll 1$，可以将上式展开为 MacLaurin 多项式[65]，即

$$\frac{V(\omega)}{V_0} = \left[1 - \frac{1}{\pi Q} \log\left(\frac{\omega}{\omega_0}\right)\right]^{-1} \tag{3.147}$$

将（3.147）式代入（3.145）式，并用 $\mathrm{d}\tau/\mathrm{d}z = 1/V(\omega)$ 中的时间 τ 替代相速度 $V(\omega)$，可得

$$\phi(\omega, \tau) = \phi_0(\omega) + \omega \int_{\tau_0}^{\tau} \left[1 - \frac{1}{\pi Q(\tau')} \log\left(\frac{\omega}{\omega_0}\right)\right] \mathrm{d}\tau'$$

或

$$\phi(\omega,\tau) - \phi_0(\omega) = \omega(\tau - \tau_0) - \frac{\omega}{\pi}\log\left(\frac{\omega}{\omega_0}\right)\int_{\tau_0}^{\tau} Q^{-1}(\tau')d\tau' \qquad (3.148)$$

式中：τ_0 是深度为 z_0 处的时间；$\tau(z_0) = \tau_0$。由此式可见相位谱差 $\phi(\omega,\tau) - \phi(\omega)$ 是损耗 Q^{-1} 的线性函数，它不是线性比例于频率，而是线性比例于 $\omega\log(\omega/\omega_0)$。这个公式就可以由相位谱估计吸收。但必须做到两条：一是这个公式强烈地依赖 τ，不仅积分项里有，还有一项 $\omega(\tau - \tau_0)$，因此要有 τ 的信息。但要取得 τ 的信息又比较困难，只能近似地而不能确切地知道。另一条就是要有测井或 VSP 控制，否则很难准确地估计相位谱，也就不能应用（3.148）式来估计吸收。因此用此法估计吸收可能有较多不确定性。但如果综合应用振幅谱和相位谱法误差还是比单独的谱比法和相位差法小，如图 3.103 所示：资料噪声水平愈高，整体误差愈大，出现大误差的几率愈大，出现的最大误差愈大；如噪声水平为 1 时（b, 即信噪比为 1），最大误差可达 ±160%；而当噪声水平降至 0.01 时（c），最大误差降至 ±4% 以内。相位差法（虚线）零误差几率最小，误差范围最广，高误差几率最多。而用综合法时零误差几率最大，最大可能出现的误差当噪声水平为 0.01 时降至 ±2%。

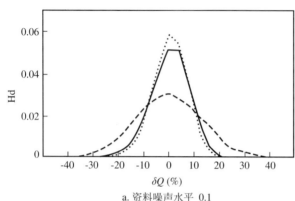

a. 资料噪声水平 0.1

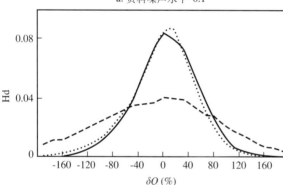

b. 资料噪声水平 1

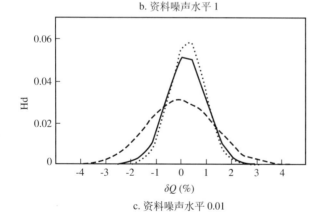

c. 资料噪声水平 0.01

图 3.103 各种方法吸收估计误差比较
资料噪声水平：a 为 0.1；b 为 1；c 为 0.01；
实线—谱比法；虚线—相位差法；
点线—综合振幅相位法；
横轴—品质因数百分误差；纵轴—统计密度

3.2.10.6 数值模拟法（Numerical Modeling of Attenuation Method—NMAM)[66]

利用 Brajanovski 的裂缝孔隙弹性理论[16～18]，用数值模拟计算波散和吸收。

3.2.10.6.1 基本理论

我们已知一个被流体饱和的周期性（有一定宽度按一定间隔排列）的裂缝系统的纵波模量为（2.58）式，即

$$\frac{1}{C_{33}} = \frac{1}{C_b} + \frac{\Delta_N(R-1)^2}{M_d\left[1-\Delta_N+\Delta_N\sqrt{i\Omega}\cot\left(\frac{C}{M_\phi}\sqrt{i\Omega}\right)\right]}$$

已说明了它的推导过程。并且在（2.67）式、（2.68）式中也从复数速度出发表达了计算相速度和吸收的公式。现在我们再遵照（3.29）式至（3.35）式的规律将复纵波模量分解为实数和虚数两部分，即

$$\widetilde{C}_{33} = C_{33}^R + C_{33}^I \tag{3.149}$$

相速度是用它的实数部分，即

$$V_P = \sqrt{C_{33}^R/\rho} \tag{3.150}$$

损耗是用它的实数与虚数部分的比值，即

$$Q_P^{-1} = C_{33}^R/C_{33}^I \tag{3.151}$$

式中：ρ 是体积密度 [（2.34）式]，即

$$\rho = \rho_S(1-\phi) + \rho_f\phi$$

在低频域，（3.150）式与各向异性 Gassmann 方程一致；在高频域，在顺裂缝方向，这个速度不受裂缝影响，它是 $V_P^H = \sqrt{C_{33}/\rho}$。

3.2.10.6.2　理论例子

计算水饱和裂缝砂岩的波散和吸收，给定一系列参数，利用（3.150）式和（3.151）式分别计算相速度和损耗，如图 3.104 所示。坐标中是被 V_P^H 归一化了的速度和被归一化了的频率。孔隙率用固定值 $\phi = 20\%$，裂缝弱度 $\Delta_N = 0.05 \sim 0.20$。所用其他参数为：石英颗粒的 $K_g = 37\text{GPa}$，$\mu_g = 44\text{GPa}$，$\rho_g = 2.65\text{g}\cdot\text{cm}^{-3}$；体积模量与颗粒体积模量之比为：$K/K_g = \mu/\mu_g = (1-\phi)^{3/(1-\phi)}$。由图可见：

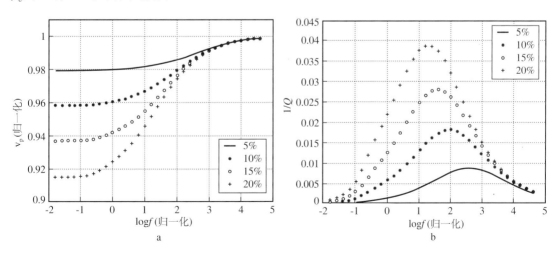

图 3.104　模型法理论波散和吸收

横轴—归一化对数频率；纵轴—a 为归一化纵波速度，b 为损耗；曲线参数—裂缝弱度 Δ_N

（1）吸收有典型的弛豫现象，低频与高频吸收都趋向于零；

（2）裂缝弱度愈小，裂缝愈不发育，吸收愈小，波散愈小；吸收和波散正比于裂缝弱度；

（3）吸收峰值随裂缝弱度减小而向高频移动；

（4）波散和吸收有较大的频率范围。

3.2.10.6.3 模型对比

建立三个模型 A、B、C，所有模型用 24 个厚的低孔隙度（20%）背景层和 24 个细的高孔隙裂缝组成，裂缝弱度为 0.1。

A：背景层厚度 39.99m，裂缝宽度 0.01m，都是常数；

B：裂缝随机分布，背景层平均厚度 39.99m，裂缝宽度为常数 0.01m；

C：随机裂缝宽度随机裂缝分布，平均背景厚度 39.99m，平均裂缝宽度 0.01m。

三个模型所得波散和吸收如图 3.105 至图 3.107 所示。

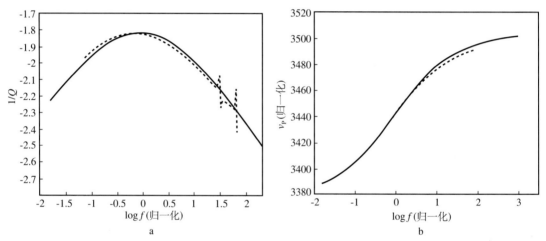

图 3.105 模型 A 与理论比较

横轴—归一化对数频率；纵轴—a 为归一化损耗，b 为归一化纵波相速度

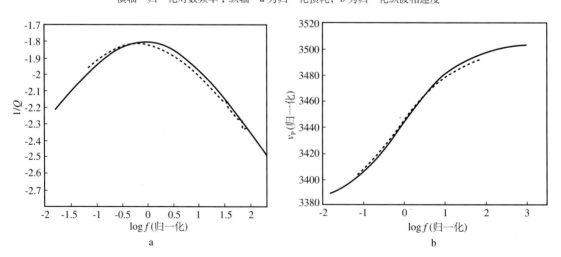

图 3.106 模型 B 与理论比较

a—吸收；b—波散；横轴—归一化对数频率；纵轴—a 为归一化损耗，b 为归一化纵波速度；

实线—理论结果；虚线—数字模拟结果

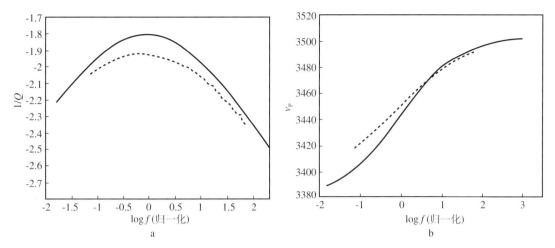

图 3.107　模型 C 与理论比较
a—吸收；b—波散；
横轴—归一化对数频率；纵轴—a 为损耗，b 为纵波速度；
实线—理论结果；虚线—数字模拟结果

由图可见：

（1）A 和 B 两个模型结果与理论结果吻合很好，说明平行垂直裂缝随机分布对波散和吸收预测结果影响不大；

（2）模型 C 与理论结果相差较大，说明裂缝宽度随机分布使波散和吸收预测结果产生较大误差。

3.2.10.7　联合时频分析法（Gabor-Morlet Joint Time-Frequency Analysis Method-JTFAM)[71]

上面各种方法所用的频谱理论上都应是稳定的，也就是说上下层位对比等所用的频谱应有两个条件：一是稳定的子波谱，二是只有本征吸收（岩石本身的吸收）而没有非本征吸收（如散射等）。但实际上用的是野外地震资料，子波形态极不稳定，频谱也就不稳定；并且没有排除散射等非本征吸收，因此所得吸收数据质量不高，严重影响效果，特别是影响预测储层的效果。本法用了 Gabor−Morlet 变换和联合时频分析（JTFA），用来分析地震记录这类不稳定的数据，可以提供稳定的子波形态和频谱，极大地提高了吸收数据的质量和预测储层的效果。

3.2.10.7.1　方法原理

（1）用 Gabor 子波 $g(t)$ 带形态因子 b，即

$$g(t)=\exp(-bt^2)\exp(i\omega t) \tag{3.152}$$

它的傅里叶振幅谱为

$$G(\omega) = \int_{-\infty}^{\infty} g(t)\exp(-i\omega t)\mathrm{d}t = \sqrt{\frac{\pi}{b}}\exp\left[-\left(\omega-\omega_c\right)^2/4b\right] \tag{3.153}$$

式中：ω_c 是中心频率，在此有谱的极大值。使用 Gabor 谱是因为它能提供稳定的、光滑的谱。

（2）进行谱均衡。

大多数 Q 估计方法是将上时间层与下时间层对比，这在无噪声的合成记录中是有效的，但对有着不稳定的子波的地震资料来说就成问题了。这里的 Q 估计方法企图克服这个缺陷。关键的一点是将有着原始吸收的数据与消除了本征吸收（没有 Q 影响）的同一层作比较。消除本征吸收的过程就是作 Q 补偿，对吸收影响作振幅谱和相位谱的校正，在作这种校正时必须满足 Kramers-Krönig 关系。但作谱均衡时只需作振幅谱校正，而不作相位谱校正。相位谱校正是因为有波散，理论上说本征吸收必然伴随有波散，但这里假定波散可以忽略，这样谱均衡剖面就可以恰当地代表没有 Q 影响的数据了。

（3）JTFA 频移法估计 Q。

吸收可以看作是一个低通滤波过程，它滤掉高频的成分比低频多。这样如果我们能测得数据中的所有频移，我们就能估计相对的或近似的 Q 了。我们的目标是发现与油气储层有关的异常吸收带，中心任务就是要消除非本征的吸收（散射等）影响，同时保护体现岩性油气的本征吸收。这用"趋势消除法"来达到。假定这种趋势是由散射效应产生的，并是随着时间逐渐增加的一种吸收剖面。

为此，首先作谱均衡。然后由谱均衡数据中减去原始数据。这个差将会显示吸收异常带，同时显示原始数据和谱均衡数据间的趋势差。最后计算这个剩余数据的平均频率，即

$$\bar{f} = \frac{\sum_i f \cdot |G_i(f)|}{\sum_i |G_i(f)|} \tag{3.154}$$

式中：$|G_i(f)|$ 是振幅谱的子频带。

对平均频率曲线（3.154）式作低通滤波就可以由剩余数据拟合出一条该区的趋势线。对大量地震道这样做。由平均频率曲线和趋势线之间的差就可给出吸收异常带。

（4）JTFA 对数谱比法估计 Q。

这个方法类似于频移法，只是取 JTFA 谱的自然对数，并直接求解 Q^{-1}，采用下列表达式，即

$$A(f, t) = A(f, 0)\exp(-\pi ft/Q) \tag{3.155}$$

式中：$A(f, t)$ 是所观测吸收道的联合时频（JTF）谱。$A(f, 0)$ 是谱均衡道的 JTF 谱。$\exp(-\pi ft/Q)$ 是描述 Q 模型的本征吸收算子。取两边的自然对数有

$$\ln[A(f, t)] - \ln[f, 0] = -\pi ft/Q \tag{3.156}$$

由此可得所需的损耗，即

$$Q^{-1} = \{\ln[A(f, 0)] - \ln[A(f, t)]\}/\pi ft \tag{3.157}$$

3.2.10.7.2 试验结果

至今已试验了 8 处，有 3 处地震质量不好，又采取了会削弱成果的处理措施，在测井指出有吸收异常的层位没有发现吸收异常。因此一个重要启示是：在提取吸收异常前，必须严格检验地震资料的质量，特别是有无采取会削弱吸收异常的处理措施。现显示其中一处的成果见图 3.108 至图 3.111。

图 3.108　联合时频法联井剖面

对数谱比法 Q 估计；

1—井柱（VSP）；2—Q 剖面；3—外围（地震剖面）；

井左侧黑曲线—VSH；井右侧洋红曲线—水饱和度；

井右侧黑曲线—Q；井右侧红线—有效孔隙度；蓝曲线—PR；井中小圆圈—储层；

地震剖面：橘红色层—吸收异常层；Q 剖面：红低蓝高，黑箭头—储层

图 3.109　联合时频法联井剖面频移法 Q 估计

1—井柱—VSP；2—Q 剖面；3—外围—地震剖面；

井左侧黑曲线—VSH；井右侧洋红曲线—水饱和度；

井右侧黑曲线—Q；井右侧红曲线—有效孔隙度；蓝线—PR；井中小圆圈—储层；

地震剖面：橘红色层—吸收异常层；Q 剖面：红低蓝高，黑箭头—储层

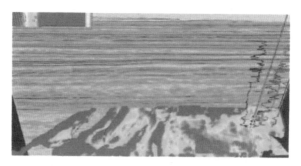

图 3.110　联合时频法切片

对数谱比法 Q 估计；背景—地震剖面；

彩色切片—储层顶部 Q，红色吸收异常；

右边测井说明同图 3.108

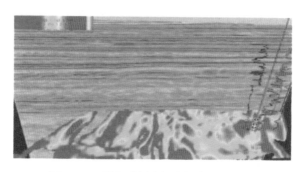

图 3.111　联合时频法切片频移法 Q 估计

背景—地震剖面；彩色切片—储层顶部 Q，红色吸收异常；

右边测井说明同图 3.109

　　图中 Q 剖面上红色层位是吸收异常层，井中小圆圈是储层，有一个已用箭头标明。这两种方法异常大致吻合，细节差别则很多。在图 3.110 和 3.111 的切片图上红色吸收异常两种方法差别更多。因此对所得吸收异常，不管用哪种方法，都需做多方校验，最重要的是要用多参数复合，得到最佳复合异常，切不可迷恋单一参数异常，详见文献 [8]。

　　3.2.10.8　测井模拟法（Well Log Modeling Method—WLMM）[69]

　　3.2.10.8.1　求损耗峰值

　　我们先来看第 2 章中的图 2.11，逆品质因数（损耗）与弹性模量在一张图上，这两者有着密不可分的关系。这个关系就是

$$Q_{\mathrm{m}}^{-1} = (M_{\mathrm{H}} - M_{\mathrm{L}})/(2\sqrt{M_{\mathrm{H}}M_{\mathrm{L}}}) \tag{3.158}$$

式中：Q_m^{-1} 为损耗的极大值；M_{H}、M_{L} 分别是弹性模量的极高频值和极低频值，也就分别是未弛豫模量 M_{U} 与弛豫模量 M_{C}。图 2.11 中的模量，可以是杨氏模量也可以是 P 波模量，我们用 P 波模量 (M 或 P)：

$$v_{\mathrm{P}} = \sqrt{M/\rho}$$

　　或

$$M = v_P^2 \rho \qquad (3.159)$$

P 波模量是 P 波速度的平方乘以密度。

在一个 Biot 机制和喷流机制同时起作用的孔隙介质中，有为水完全饱和的孔隙和为气部分饱和的孔隙裂缝，则在低频时完全饱和的孔隙中的毛细压力由于震动慢，有可能与其外围介质中部分气饱和的孔缝达到压力平衡，因此流体整体有效体积模量 K_f 就是水和气的体积模量的调谐平均，即

$$K_f^{-1} = S_W K_W^{-1} + (1 - S_W) K_G^{-1} \qquad (3.160)$$

运用 Gassmann 方程，可以由流体体积模量算得岩石体积模量：

$$K = K_d + \frac{\left(1 - K_d / K_m\right)^2}{\phi / K_f + (1 - \phi) / K_m - K_d / K_m^2} \qquad (3.161)$$

式中：K_d、K_m 分别是干燥岩石和岩石骨架的体积模量。

由此可得低频 P 波模量为

$$M_L = K + \frac{4}{3}\mu \qquad (3.162)$$

而高频体积模量就不同了。由于高频时振动速度快，完全水饱和的孔隙与部分饱和孔缝之间就不能达到压力平衡，我们就假定将二者完全分开，将部分气饱和中的水与完全饱和的孔隙中的水集中成完全饱和的孔隙，饱和度为 S_w，其余的气饱和，$S_G = 1 - S_w$。而将前者的 P 波模量称为 模量 M_w，后者的称为干模量 M_d，同时假定两者的切变模量一致，则高频 P 波模量就是两者之调谐平均，即

$$M_H^{-1} = S_W M_W^{-1} + (1 - S_W) M_d^{-1} \qquad (3.163)$$

而 M_w 和 M_d 可由 Gassmann 方程得到，如果干燥岩石和孔隙流体分量及孔隙度已知的话。

3.2.10.8.2 残余饱和度 S_{Wi} 与吸收的关系

残余饱和度对岩石的吸收起着重要作用，是模型中的重要参数。图 3.112 是一个孔隙度为 0.3 的清洁砂岩样品中残余饱和度对损耗—饱和度关系的理论计算结果，可见：

(1) S_{Wi} 大时损耗显著降低。这是因为高的剩余饱和度常常是由于有强的毛细管力，而这又是由于颗粒尺寸小及分选性差。强的毛细管力限制了孔隙流体的流动性，减少了波动引起的周期性流动，从而减少了黏滞损耗和吸收；

(2) $S_{Wi} = 0.6$ 时（泥质砂岩）在 $S_w = 0.7$ 处的损耗与 $S_{Wi} = 0.2$ 时（纯净砂岩）在 $S_{Wi} = 0.45$ 处的损耗相等。这说明利用吸收来分辨流体及其饱和度时只能在相同的岩性中进行，因为这时才有接近相同的残余饱和度，也就是说必须排除岩性从而残余水饱和度的干扰。

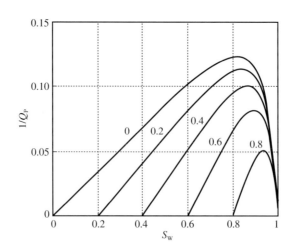

图 3.112　残余饱和度对损耗的影响

孔隙度 0.3 的清洁砂岩；横轴—水饱和度；纵轴—纵波损耗；

参数—残余饱和度，从左至右 0 ~ 0.8，每线增 0.2

3.2.10.8.3　纵横波损耗比 $\gamma_{Q^{-1}}$

根据实验和野外数据，横波损耗（或品质因数）明显地有下列特点：

（1）很少依赖于水饱和度；

（2）在水饱和度为 100% 时接近于纵波损耗。

因此在理论上就可如此处理：

（1）Q_S 与随频率而变的切变模量波散的关系可以采用与 Q_P 一样的黏弹滞性模型；

（2）随频率而变的切变模量波散与随频率而变的纵波模量波散密切联系。为了模拟这种联系假定在水饱和岩石中纵波模量在高频与低频之间的减少是由于引入了破碎系统（如裂缝）。其次假定切变模量在高频与低频之间的减少是由于引入了同一个破碎系统。于是应用裂缝固体的 Hudson 理论就可以将切变模量波散与纵波模量联系起来，只要应用一个 $\gamma(v_P/v_S)$ 函数的比例系数，这个系数可以是纵横波品质因数比：

$$\gamma_Q = \frac{Q_P}{Q_S} = \left(\frac{2\gamma^2}{3\gamma^2 - 2} + \frac{\gamma^2}{3\gamma^2 - 3} \right) \bigg/ \frac{5(\gamma^2 - 2)^2}{4(\gamma^2 - 1)} \tag{3.164}$$

或用纵横波损耗比：

$$\gamma_{Q^{-1}} = \frac{Q_P^{-1}}{Q_S^{-1}} = \frac{Q_S}{Q_P} = \frac{5(\gamma^2 - 2)^2}{4(\gamma^2 - 1)} \bigg/ \left(\frac{2\gamma^2}{3\gamma^2 - 2} + \frac{\gamma^2}{3\gamma^2 - 3} \right) \tag{3.165}$$

此式中 γ=1.9，或泊松比 σ=0.3 时 $\gamma_Q \approx 1$，也就是 $Q_S \approx Q_P$。当然 γ 为其他数时就不一样了，如 γ=2 时，σ=1/3，$\gamma_{Q^{-1}}$=1.34，也即 Q_P^{-1}=1.34Q_S^{-1} 纵波损耗显著大于横波损耗。而当 γ=1.7 时，$\gamma_{Q^{-1}}$=0.37，Q_P^{-1}=0.37Q_S^{-1}，横波损耗又显著大于纵波损耗。可见纵横波损耗比，或横波损耗是否大于纵波损耗，完全受制于纵横波速度比，受制的形式就是（3.165）式。

3.2.10.8.4　模型测井损耗实例

（1）实例 1：图 3.113，是一个气水合物测井例子。第 2 栏是气水合物饱和度，第 5 栏就是模型反演的纵波损耗 Q_P^{-1}。可见水合物饱和度高的三层 P 波损耗异常显著。

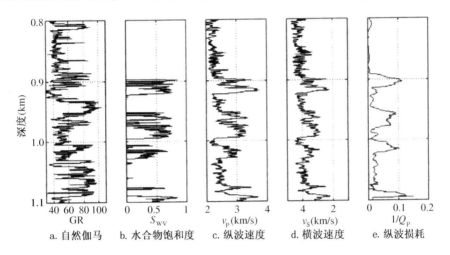

a. 自然伽马　　b. 水合物饱和度　　c. 纵波速度　　d. 横波速度　　e. 纵波损耗

图 3.113　气水合物测井

（2）实例 2：图 3.114，是墨西哥湾的气、水层测井例子。第 2 栏是水饱和度 $S_W=1-S_G$，水饱和度低，气饱和度就高。第 5 栏就是模型反演纵波损耗。可见在水饱和度低的 5 个层位（除第 3 层外都是复合层）处，气饱和度高，纵波损耗就明显地高。

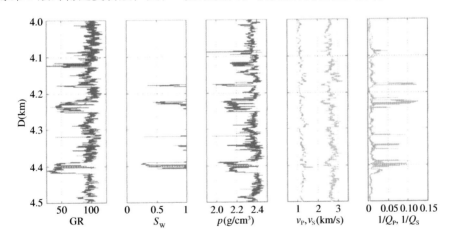

图 3.114　一个气井的损耗

1 栏—自然伽马；2 栏—水饱和度；3 栏—密度；4 栏—纵（蓝色）、横（黄色）波速度；
5 栏—纵横波损耗；右—纵波（蓝色）；左—横波（黄色）

（3）利用图 3.114 中的测井数据，用公式（3.165）计算得图 3.115。可见：

① γ_Q^{-1} 随 γ 的升高而升高，有一个上行的弧线；也就是说大多数情况下 γ_Q^{-1} 大于 1，纵波损耗大于横波损耗，只是 $\gamma \leqslant 1.9 \sim 2.1$ 时才有 $Q_S^{-1} \geqslant Q_P^{-1}$ 的情况。

②这与饱和度密切相关，水饱和度愈大曲线愈缓（棕色），γ_Q^{-1} 随 γ 升高的梯度愈小；反之，气饱和度愈大（蓝色），曲线愈陡，纵波损耗愈大，纵横波损耗比也愈大；由此可以清楚地分辨气层和非气层。左图中蓝色是气层，红色是水层。

③这也与自然伽马密切相关。自然伽马愈大，泥质含量愈高，曲线愈缓（橙色），纵横波损耗比随纵横波速度比的增高愈慢；反之，砂质含量愈高，纵波损耗上升愈快，这与砂

岩气含量的升高密切相关。右图中蓝色是砂岩气层。

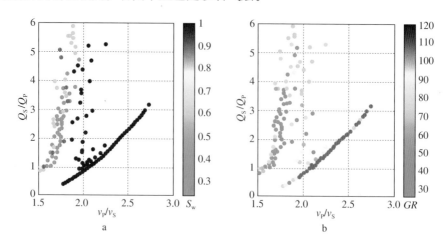

图 3.115　$\gamma_Q^{-1} - \gamma$ 图

a—色标水饱和度，红高蓝低；b—色标自然伽马，红高蓝低；
横轴—纵横波速度比；纵轴—纵横波损耗比

3.2.10.8.5　合成记录损耗

图 3.116 是正入射 30Hz 零偏合成记录，红线是有吸收的，与无吸收的蓝线进行对比。可见随着时间深度的加大，吸收逐渐加大，振幅逐渐变小。由此也可说明，从地面地震也可提取吸收，用以分辨气层。下一节我们可以看到实际例子。

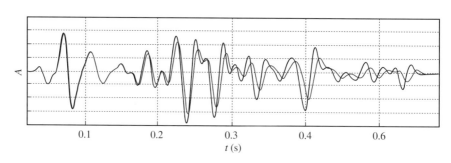

图 3.116　合成记录的吸收

横轴—双程时；纵轴—振幅；
红线—带吸收；蓝线—不带吸收

3.2.10.9　综合检测吸收系数法 [68]

Dvorkin 多相法（Dvorkin Heterogeneous Method-DHM）用测井、合成记录、地面地震、地震反演多相综合，相互促进，相互印证，相互鉴定，提高提取吸收参数的可靠性。方法的前半段已在上一节说明。这里再介绍一个挪威海的实际例子。

方法流程如图 3.117 所示。首先由测井资料获得 v_P、v_S、ρ，并用上节方法求得 Q_P、Q_S、Q_P^{-1}、Q_S^{-1}、γ、γ_Q^{-1}。其次用 Kennett 算式 [70] 作全弹性波合成地震记录模型，这个模型已估计到多次波、透射损耗和吸收。对合成记录集作叠加并作吸收估计，目的是核对地面地震吸收估计的结果。应用联合时频分析法中两种算式，即对数谱比法和频移法 [71]。在对全波合成记录作吸收估计和校验后完成对地震资料的吸收估计。并与合成记录的吸收值核对，与测井吸收值作时深比对，这样，所有这三种估计（测井，合成记录，地震）都相互吻合。结果示于图 3.118。其中第 5 栏是吸收测井 Q_P^{-1}（红色）和 Q_S^{-1}（绿色），上段损耗低，到 2400m 深处升高至 0.01（$Q=100$），因为在 2400m 下为杂岩。至 2750m 处开始有浊积层。上部 70m 浊积层中有储层，饱和有 30% 的轻质油，损耗增加到 $0.06 \sim 0.09$（$Q=10 \sim 20$）（图中左扁椭圆）。其下浊积层平均损耗在 0.01（$Q=100$）。地震剖面吸收示于第 9、10、11 栏，2700m 下储层位置上叠加剖面有个地震标准层，纵横波损耗比高，频移高，用黑色扁椭圆圈了起来（标为 16）。将测井中的 Q_P^{-1} 曲线移到第 10 栏中可以清楚地看到储层的损耗异常。12、13、14 是合成记录和它的纵横波损耗比及频移，13 中也标出了储层明显的损耗异常。

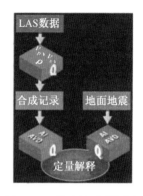

图 3.117　综合法流程框图
长方框—数据；斜立方框—Q 估计；
椭圆框—综合解释

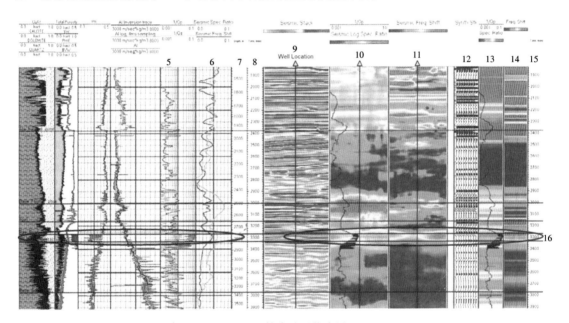

图 3.118　综合法吸收成果图

5—纵波损耗 Q_P^{-1}（红）和 横波损耗 Q_S^{-1}（绿）；6—地震吸收道；7—深度；8—时间；9—地震剖面；
10—彩片为地震测井纵横波损耗比，黑曲线为纵波损耗；11—地震频移；12—地震合成记录；
13—彩片为地震纵横波损耗比，黑曲线为纵波损耗；14—地震频移；15—时间；16—储层

3.2.10.10　连续子波变换法（Continuous Wavelet Transforms Method–CWTM）[181]

3.2.10.10.1　子波谱比法

3.2.9.1 节中的（3.103）式为

$$\alpha(\omega) = \Delta R^{-1}\left(\ln\frac{A_2(R_2\omega)}{A_1(R_1\omega)} - \ln\frac{R_1}{R_2} - \ln\frac{G(I_2)}{G(I_1)} - \ln\frac{K(r_2)}{K(r_1)}\right) = \frac{\pi f}{QV}$$

或

$$\alpha(\omega) = \Delta R^{-1}\left(\ln\frac{A_2(R_2\omega)}{A_1(R_1\omega)} - C\right) = \frac{\pi f}{QV}$$

或

$$Q^{-1} = \Delta R^{-1} \left[\ln \frac{A_2(R_2\omega)}{A_1(R_1\omega)} - C \right] V / \pi f$$

式中：$C = \ln \dfrac{R_1}{R_2} + \ln \dfrac{G(I_2)}{G(I_1)} + \ln \dfrac{K(r_2)}{K(r_1)}$ 是常数。是谱比法求吸收的公式，也可以是两个反射子波谱比求吸收的公式。当然，如果两个反射来自油气储层的顶底板，则有望用此法估计此储层的 Q^{-1}、Q 或 α。

3.2.10.10.2　连续子波变换 CWT

CWT 是一种时频分析法，也就是将子波典（wavelet dictionary，一系列子波）的时间序列对地震道作窄带滤波。子波可以选择，可以用 Ricker 子波，也可用 Morlet 子波或其他。广泛地选择子波便于尽量满足预先设定的数学规则。可以用计算地震道与标定的子波典褶积来完成子波变换，如图 3.119 是频域中的 Morlet 子波典（a）及其振幅归一化子波典（b）。子波典就是频宽由小至大的一系列振幅谱，是用于窄带滤波的，所以频宽只约 5 ~ 15Hz。Morlet 子波在时域和频域的响应对为

$$g_j(t) = \exp(-a_j t^2) \exp(i\omega_j t) \tag{3.166}$$

$$G_j(\omega) = \int_{-\infty}^{\infty} g_j(t) \exp(i\omega t) dt = \sqrt{\frac{\pi}{a_j}} \exp \frac{-(\omega - \omega_j)^2}{4a_j} \tag{3.167}$$

式中：g_j 是时间尺度。必须将依赖于时间尺度的子波能量谱转换为依赖于频率的子波能量谱，以便直接与信号的傅里叶能量谱比较。可选择 $a_j = \dfrac{\ln 2}{4\pi^2} \omega_j^2$，并设计成一个带通滤波器构成子波典，图 3.119 就是转换后的子波典。所选的不同子波可以影响时域与频域的分辨率。

用一个地震信号的合成记录来研究 CWT 法在一个特定区域的性质。图 3.120a 是用具有不同中心频率 25Hz，40Hz，60Hz 的 Ricker 子波作为源子波产生的合成记录道。合成道是子波的叠加。图 b 是时频分析的能量谱分布。图 c 是在时间尺度域作了尺度滤波的结果，也就是作了门槛窗滤波（threshold window filter）的结果。经过时频分析或连续子波变换后（b）可以清晰地从合成道中分辨出 25Hz，40Hz 及 60Hz 的子波谱。门槛窗滤波后（c）时频谱的分辨率很高。利用时频谱的两两比较，应用谱比法公式（3.103）及其变种就可求得吸收系数或损耗或品质因数。

3.2.10.11　用频移法作地震吸收层析成像[58]

3.2.10.11.1　基本理论

3.2.10.2 节已对频移法理论作了介绍，其中（3.119）′式可以成为层析成像反演的线性积分公式，也就是吸收层析成像的基本公式，即

$$\int_r \alpha_0 dl = (f_S - f_R) / \sigma_S^2$$

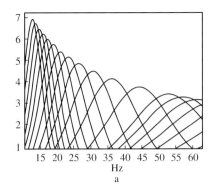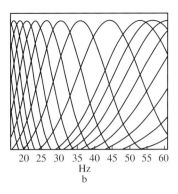

图 3.119　Morlet 子波典—尺度的频率响应

a—频域；b—频域归一化；

横轴—频率；纵轴—振幅

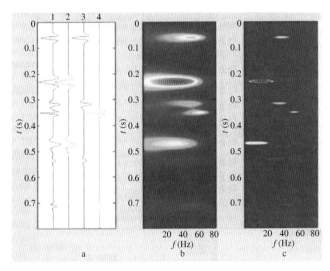

图 3.120　Ricker 子波合成记录

a—合成道：1 为合成道，2 为 Ricker 25Hz，3 为 Ricker 40Hz，4 为 Ricker 60Hz；

b—时频分析；c—门槛窗滤波后

它的离散形式为

$$\sum_i \alpha_{0i}\Delta l = \Delta f / \sigma_S^2 \tag{3.168}$$

式中：$\alpha_0 = \alpha/f$ 是不受频率影响的，有别于通常吸收系数 α 的基本吸收系数，也是本法所要求的；$\int_r$ 为沿射线积分；f_S、f_R 分别是激发谱和接收谱的中心频率；σ_S^2 为接收谱的方差。图 3.92 显示了高斯谱的中心频率和吸收响应。用图中给出的 f_S、f_R 和 σ_S^2 值可以得到与这些数字匹配的反演结果 $\int_r \alpha_0 \mathrm{d}l = 0.0008$。

3.2.10.11.2　垂直地震剖面（VSP）试验

为了考验公式（3.119）′ 的确实性，首先试用一个零偏 VSP 合成例子。在此可以直接测量输入的和透过的两个连续接收谱的中心频率 f_i 和 f_{i+1} 及它们的差 $\Delta f_i = f_i - f_{i+1}$，于是

(3.119) ′ 式可以写为

$$\alpha_{0i} = \frac{1}{\sigma_i^2} \frac{\Delta f_i}{\Delta z_i} \tag{3.169}$$

式中：α_{0i} 是该第 i 层的基本吸收系数；Δf_i 是该层输入输出中心频率差；σ_i^2 是该层输入谱方差；Δz_i 是该层厚度。

将吸收定义进入复速度，有

$$\tilde{v}(f) = v(f_r)\left[1 + \frac{1}{\pi Q}\log\left(\frac{f}{f_r}\right) - \frac{i}{2Q}\right] \tag{3.170}$$

此式可用于 P 或 S 波。$\tilde{v}(f)$ 为随频率而变的复数速度。f_r 为参考频率。这个模型的 P 波速度和 Q 值示于图 3.121, 可用于计算零偏 VSP。用 220 个接收点计算了 VSP 剖面，震源带宽为 10 ~ 20Hz，比实际 VSP 宽得多。选择一个将直达波与外界隔开的时窗。它的直达波谱的中心频率示于图 c，由最初的 380Hz, 经 1000ft（305m）深度后降至 270Hz。将频移数据平滑后应用 (3.169) 式可以得到基本吸收系数 α_0 的估计。用 $Q = \pi / (\alpha_0 v)$ 式，可以得到 Q。绘如图 3.122a。也用了振幅迟后法（b）和谱比法（c），以资比较。可见频移法与谱比法结果基本相似，反演结果除界面附近外，与原模型一致。但在界面处差别较大，可能是在界面处频移值的估计受反射的干扰。因此，厚层的效果比薄层要好，愈薄效果愈差。而振幅迟后法基本不可用。

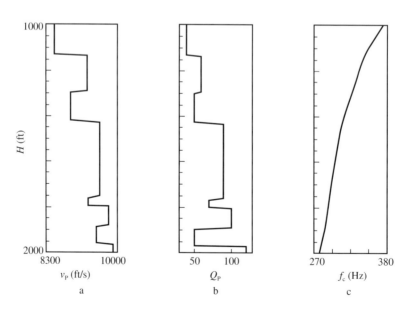

图 3.121　用于计算零偏 VSP 的速度和 Q

a—P 波速度；b—P 波品质因数；c—直达波中心频率

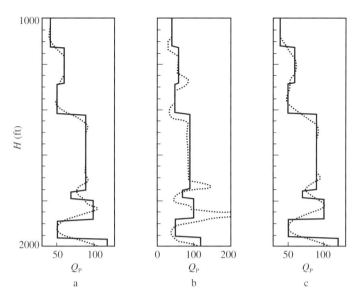

图 3.122　估计的与实际的 Q_P 比较
a—频移法；b—振幅迟后法；c—谱比法；
实线—实际的；虚线—估计的

3.2.10.11.3　井间地震剖面

在图 3.123a 中显示了井间剖面的一维模型，放置了 51 个震源和 51 个接收器，点距 400ft(120m)，b 和 c 是时间域和频率域的共炮点集。层状模型中有速度和 Q 值分层。c 中可以看到中心频率缓慢往低移。图 3.124 是层析成像反演结果，a 是反演结果与模型对比，可见吻合较好。b 是层析成像剖面，灰度显示 Q 值。

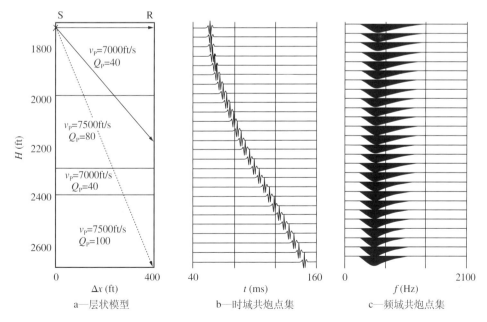

a—层状模型　　　　b—时域共炮点集　　　　c—频域共炮点集

图 3.123　一维井间地震剖面合成记录
S—炮点；R—接收点

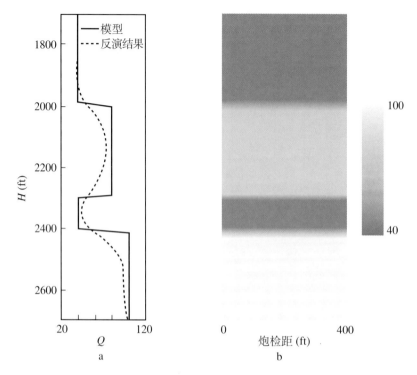

图 3.124　层析成像反演结果

a—反演结果与模型对比；

b—层析成像，色标—灰度，Q 值，浅高深低

3.2.10.11.4　实例

（1）一维例子。

这是 BP 公司的 Devine 试验数据组里的一个例子。层状介质近于一维。野外剖面如图 3.125。界面上下层速度和 Q 值各为 3000m/s 及 4000m/s 和 50 及 80。震源中心频率 1000Hz 和方差 10^5Hz。两个接收点 R_1 和 R_2，间距 10m，中心频率各为 960.1 和 939.6Hz。作了速度误差对 Q 反演结果的影响，如表 3.16 所示。可见速度误差对反演的 Q 误差有较大影响。第 2 层的速度误差对上下两层的 Q 误差都要远大于盖层速度误差引起的 Q 误差。

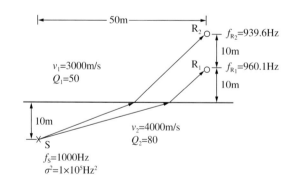

图 3.125　层析成像野外剖面

S 为震源，R_1，R_2 为接收点，v_1，v_2 为 P 波速度，Q_1，Q_2 为品质因数，

f_S，f_R 为炮点和接收点中心频率，σ^2 为炮点谱方差

表 3.16　速度误差对 Q 反演的影响

模型名	v_1(m)	v_2(m)	Q_1	Q_2
模型	4000	3000	80	50
试 1	3500	3000	94	52
试 2	3500	3500	155	44

（2）二维例子合成记录试验。

图 3.126 是一个合成记录例子，左边是地质剖面，在背景 Q_P 及 Q_S 各为 60 及 40 中设计了两个低 Q 层，Q_P 及 Q_S 各为 30 和 20；右边是层析成像反演结果，两个低 Q 层清晰可见。

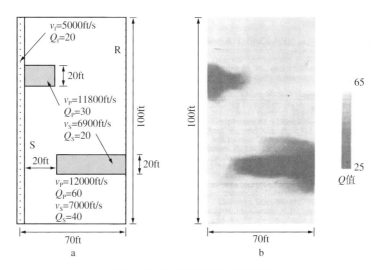

图 3.126　合成记录吸收层析成像

a—地质模型；b—吸收层析成像；
色标—灰度，Q 值，浅高深低；S—震源井；R—接收器井

（3）西 Texas 实际例子。

图 3.127 是西 Texas 井间地震速度和吸收层析成像。a 是接收井声速测井，b 是速度层析成像，c 是 Q 层析成像，d 是震源井声速测井。图中 A、B 是两个低速低 Q 地质体。B 解释为碳酸盐岩岩丘或岩礁，是产油层。声速测井没有反映层析成像中的低 Q 带，是因为它只测了井壁泥浆层。

3.2.10.12　由 VSP 及所得纵横波速度比 γ 估计吸收 [182]

这是加拿大 Saskatchewan 的 Loss 湖重油田的一个零偏移距 VSP 垂直和水平震源所得数据试验结果。

3.2.10.12.1　用谱比法估计吸收

由 VSP 估计吸收常用谱比法。3.2.10.1 节介绍了地面谱比法。由于 VSP 是在井下接收，与球面扩散等有关的常数 C 可以忽略；地面谱比法用的（3.107）式略去 C，得（3.171）式就可以用于零偏移距 VSP：

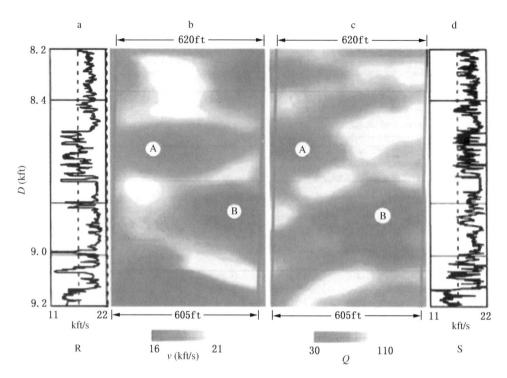

图 3.127 西 Texas 井间层析成像

a—接收井声速；b—速度层析成像；c—Q 层析成像；d—震源声速；
R—接收井；S—震源井；A、B—低速低 Q 层，B—碳酸盐岩丘或礁，产层
色标—灰度，浅高深低，左—速度，右—品质因数

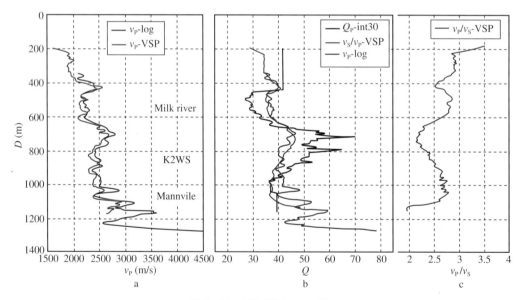

图 3.128 VSP 测定 $Q_P V_P$ 及 γ

a—v_P：红 VSP，黑测井；b—Q_P（蓝），γ（红），v_P（黑）；c—γ（VSP）

$$\frac{A_1(\omega)}{A_2(\omega)} = \exp\left(-\frac{\omega}{2Q}(t_2 - t_1)\right) \tag{3.171}$$

或

$$Q = -\frac{\omega \Delta t}{2} \Big/ \ln \frac{A_1(\omega)}{A_2(\omega)} \qquad (3.171)'$$

或

$$Q^{-1} = -\ln \frac{A_1(\omega)}{A_2(\omega)} \Big/ \frac{\omega \Delta t}{2} \qquad (3.171)''$$

式中：A_1，A_2，t_1，t_2 分别为任意两个用来测定其间层位 Q 值的井下检波器接收的振幅和旅行时。$\Delta t = t_2 - t_1$。

3.2.10.12.2 用 VSP 求纵横波速度比

通常岩石变硬变刚时 v_P、v_S 增加；由于 v_S 对刚性特别敏感，v_S 增加得比 v_P 快，因而 γ 减小；说明岩层坚硬 γ 小，岩层松软 γ 大；坚硬时吸收减少，Q 增加。γ 常用作岩性指标。这次没有 v_S 测井，所以用检测零偏 VSP 的 P、S 波的初至来计算 γ。同时有 v_P 测井作对比。三组曲线示于图 3.128。可见：

（1）左图是 VSP 和测井所得 v_P 对比，VSP 所得纵波速度小于测井所得，但趋势基本一致。

（2）中间是三条线对比，其中红线是 $\gamma_{-}=v_S/v_P=1/\gamma$。蓝线 Q_P 与红线 γ_{-} 同调，与右图 γ 反调，即 Q_P 高时，γ 低，岩石坚硬；Q_P 低时，γ 高，岩石松软。v_P 基本随 γ_{-} 变化。

3.2.10.12.3 由 γ 进而得 Q_P

图 3.129 和 3.130 显示了各种关系。前者是 Q_P 与 v_P、v_S 的关系，可见 Q_P 随速度的升高而升高。后者是 Q_P 与 γ 的关系，可见 Q_P 随 γ 的升高而减低，拟合线性关系为

$$Q_P = 40.39\gamma + 144.18 \qquad (3.172)$$

用此式可以由纵横波速度比 γ 粗略地求得品质因数 Q_P 及纵波损耗 Q_P^{-1}。

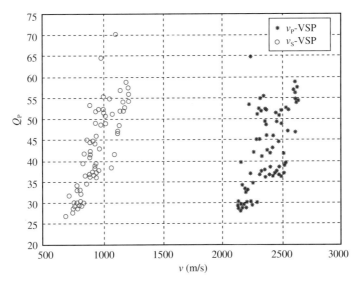

图 3.129 Q_P 与 v_P、v_S 关系

横轴—速度；纵轴—纵品质因数；

红圈—横波；蓝点—纵波

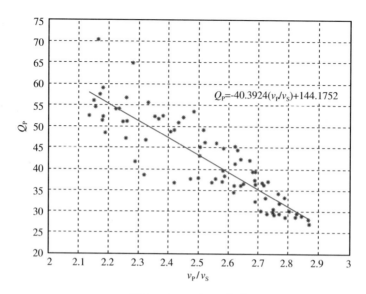

图 3.130　Q_P 与 γ 关系
横轴—纵横波速度比；纵轴—纵品质因数；
直线—拟合线

3.2.11　裂缝系统纵横波损耗比 $\gamma_{Q^{-1}}$

3.2.11.1　各向异性成排裂缝系统的纵横波损耗比 $\gamma_{Q^{-1}}$

我们已经有了一个纵横波损耗比公式：(3.165) 式，现在再介绍一类裂缝系统的纵横波损耗比公式—各向异性成排裂缝系统的 $\gamma_{Q^{-1}}$。

首先假定黏弹滞性介质的逆品质因数（损耗）与模量频散符合标准线性固体的要求 [100]，即

$$Q_P^{-1} = \frac{M_\infty - M_0}{2\sqrt{M_0 M_\infty}}, \quad Q_S^{-1} = \frac{G_\infty - G_0}{2\sqrt{G_0 G_\infty}} \tag{3.173}$$

式中：M、G 分别是纵波模量和切变模量。M_∞，G_∞，M_0，G_0 分别是高频模量和低频模量的极限，亦即 M_H，G_H，M_L，G_L，或未弛豫模量和弛豫模量 M_U，G_U，M_C，G_C。

Dvorkin 和 Mavko 的纵波模量在湿沉积岩中频散理论 [69] 认为吸收的必要条件是岩石中的弹性不均匀性。低频纵波模量的计算，理论上是将孔隙流体模量替代空间平均的岩石干燥框架模量，而高频模量是将不均匀饱和岩石模量进行空间平均。如果岩石的弹性不均匀性是确切的，则这两者的差就是 P 波吸收。

将纵波（压缩）模量与切变（横波）模量联系起来的物理基础是这样一个事实，即在切变变形中有压缩变形成分。Mavko 和 Jizba[77] 就据以估计包含流体的软的裂缝型孔隙在超声频率和孔隙尺寸条件下会对切变模量频散有所贡献（微观喷流），他们显示逆切变模量频散大约是逆体积模量频散的 4/15。Mavko[75] 用同样的原理假定在高频极限和低频极限之间岩石压缩模量之差是由于在材料中引入了一个假设的成排裂缝系统。他将 Hudson 理论引用到裂缝介质以对裂隙进行定量描述。特别是将垂直于此裂缝系统方向的压缩模量之差写为

$$M_\infty - M_0 = \Delta c_{11}^H \approx \rho_{fr} \frac{\lambda^2}{\mu} \frac{4(\lambda + 2\mu)}{3(\lambda + \mu)} \equiv \rho_{fr} \frac{4}{3} \frac{(M - 2G)^2}{G} \frac{M}{M - G} \tag{3.174}$$

因 $M=\lambda+2\mu=\lambda+\mu+G$ 故 $M-G=\lambda+\mu$，$\lambda=M-2G$

式中：$\Delta c_{11}{}^H$ 是 Hudson 理论中各向异性刚性分量的变化；$\lambda, \mu(\mu \equiv G)$ 是背景介质的拉姆系数，即

$$\rho_{fr}=3\phi/(4\pi a) \tag{3.175}$$

是裂缝密度，其中 ϕ 是孔隙度，a 是面比（孔隙两个方向直径之比）。假定

$$M = \sqrt{M_0 M_\infty} \tag{3.176}$$

由 (3.173) 式、(3.174) 式和 (3.176) 式可得

$$Q_P^{-1} = \rho_{fr}\frac{2}{3}\frac{(M-2G)^2}{G(M-G)} = \rho_{fr}\frac{2}{3}\frac{(M/G-2)^2}{(M/G-1)} \tag{3.177}$$

同样对切变模量可有

$$G_\infty - G_0 = \Delta c_{44}^H \approx \rho_{fr}\mu\frac{16(\lambda+2\mu)}{3(3\lambda+4\mu)} \equiv \rho_{fr}G\frac{16}{3}\frac{M}{3M-2G} \tag{3.178}$$

式中：$\Delta c_{44}{}^H$ 是 Hudson 理论中刚性分量的变化。而 $G = \sqrt{G_0 G_\infty}$。由 (3.173) 式和 (3.176) 式可得

$$Q_S^{-1} = \rho_{fr}\frac{8}{3}\frac{M}{3M-2G} = \rho_{fr}\frac{8}{3}\frac{M/G}{3M/G-2} \tag{3.179}$$

将 (3.177) 式与 (3.179) 式结合可得纵横波损耗比，即

$$\gamma_{Q^{-1}} = \frac{Q_P^{-1}}{Q_S^{-1}} = \frac{1}{4}\frac{(M/G-2)^2(3M/G-2)}{(M/G-1)(M/G)}$$

而已知 $\sigma = \dfrac{\lambda}{2(\lambda+\mu)}$，故有

$$\frac{M}{G} = \frac{2-2\sigma}{1-2\sigma} = \frac{v_P^2}{v_S^2} = \gamma^2 \tag{3.180}$$

因此，

$$\gamma_{Q^{-1}} = \frac{1}{4}\frac{(\gamma^2-2)^2(3\gamma^2-2)}{\gamma^2(\gamma^2-1)} \tag{3.181}$$

这就是说纵横波损耗比是纵横波速度比的函数，它完全决定于纵横波速度比；或者说决定于泊松比，因 $\gamma = \sqrt{\dfrac{2(1-\sigma)}{1-2\sigma}}$。

3.2.11.2 非各向异性随机定向排列的裂缝系统的纵横波损耗比 $\gamma_{Q^{-1}}$

因为是随机分布，就不能是各向异性，那么各向同性的切变模量差是

$$G_\infty - G_0 = \Delta\mu^H \approx \rho_{fr}\frac{2}{15}\mu\left[\frac{16(\lambda+2\mu)}{3\lambda+4\mu} + \frac{8(\lambda+2\mu)}{3(\lambda+2\mu)}\right] \tag{3.182}$$

而

$$Q_S^{-1} = \frac{G_\infty - G_0}{\sqrt{G_\infty G_0}} = \rho_{\text{fr}} \frac{16}{15} \left[\frac{2M/G}{(3M/G - 2)} + \frac{M/G}{3(M/G - 1)} \right] \tag{3.183}$$

从而有纵横波损耗比：

$$\gamma_{Q^{-1}} = \frac{5}{4} \frac{(M/G - 2)^2}{(M/G - 1)} \Big/ \left[\frac{2M/G}{3(M/G - 1)} \right] = \frac{5}{4} \frac{(\gamma^2 - 2)^2}{(\gamma^2 - 1)} \Big/ \left[\frac{2\gamma^2}{3\gamma^2 - 2} + \frac{\gamma^2}{3(\gamma^2 - 1)} \right] \tag{3.184}$$

3.2.11.3　随机定向各向同性裂缝系统的纵横波损耗比 $\gamma_{Q^{-1}}$

同样运算可得

$$\gamma_{Q^{-1}} = \frac{4}{3} \frac{1}{\lambda/\mu + 2} + \frac{5}{12} \frac{(3\lambda/\mu + 4)(3\lambda/\mu + 2)^2}{(\lambda/\mu + 2)(9\lambda/\mu + 10)} = \frac{1}{\gamma^2} \left[\frac{4}{3} + \frac{5}{4} \frac{(\gamma^2 - 2/3)(\gamma^2 - 4/3)^2}{\gamma^2 - 8/9} \right] \tag{3.185}$$

这三种情况的公式作图如图 3.131，横坐标是泊松比，纵坐标是纵横波逆品质因数—损耗比。由图可见各向异性成排裂缝系统纵横波损耗比最低（曲线 1），非各向异性随机定向排列的裂缝系统（曲线 2）居中，最高的是随机定向的各相同性裂缝系统（曲线 3）。

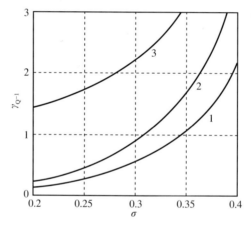

图 3.131　不同裂缝系统的 $\gamma_{Q^{-1}} - \sigma$ 图
横轴—泊松比；纵轴—纵横波损耗比；
1—公式（3.181）；2—公式（3.184）；3—公式（3.185）

3.2.12　一些深层次问题

近年来对孔隙弹性介质的研究愈来愈深入，而焦点是介质的吸收。因为吸收牵涉到品质因数、损耗、波散和吸收系数，对分辨油、气、水及其饱和度有愈来愈重要的作用，因为它分辨率比速度高，内容丰富而确切，愈来愈遭油气预测人士的喜爱和重视，研究正向纵深发展。这里再简单介绍两个问题的初步研究结果，详细推导过程有兴趣的读者可参阅原文。

3.2.12.1　各向异性耗散介质的损耗 [78]

3.2.12.1.1　各向异性吸收的概念

由图 3.132 可以清楚地了解吸收的各向异性特点。一个平面波沿 P 方向传播，但吸收是各向异性的，假定与 P 成 γ 角的方向吸收是 A（同一方向吸收相同），即吸收向量 A 与

传播方向 P 不一致，与 P 距离 D。D 就可以标志吸收的方向不均匀性，称为不均匀参数。一般传播方向并不是能流方向，而能流向量 S 是时间平均 Poynting 向量，它不在 $P–A$ 平面内。对于弱的不均匀平面波（各向异性）在弱耗散介质内传播的问题，参考文献 [81] 中用一阶扰动法求解。他设定一个没有扰动的各相同性参考介质（$D=0$），即一个均匀平面波在一个完全弹性介质中传播，它的各种参数用指标 0 标明，即

$$\sigma^0 = \frac{1}{C^0}, \ \ P^0 = \frac{n}{C^0}, \ \ A^0 = 0 \tag{3.186}$$

式中：C^0 是在参考介质中 n 方向的相速度；σ^0 实际就是参考介质中波传播方向的慢度；σ 就是实际介质中的慢度；在完全弹性介质中没有吸收：$A^0=0$。

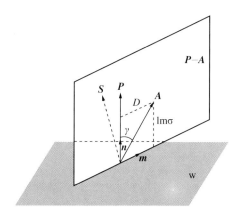

图 3.132 各向异性吸收图解

黑色平面 w—波前面；白色垂面 $P–A$—传播与吸收平面；
n，m—互相垂直的两个单位向量；m—位于波前面；n—位于传播吸收平面；
P—波传播方向，与 n 一致；A—吸收向量；γ–$P–A$ 构成的吸收角；S—能流方向；
D—A 在 n 上的投影线，不均匀参数；$\mathrm{Im}\,\sigma$—传播方向的不均匀性；
S—时间平均 Poynting 向量，能流向量，不在 $P–A$ 平面内，但与 m 垂直

3.2.12.1.2 各相同性损耗—弱各向异性损耗

我们已经指出在各相同性耗散介质中岩石的吸收性质常用品质因数 Q 来说明，它是正数、实数、无量纲、标量、不依赖于波传播方向，很大程度上不依赖于频率。而在各向异性耗散介质中同样是无量纲正实数标量，但依赖于方向。前者用 Q 表示，后者用 $\hat{Q}$ 表示；各相同性损耗用 Q^{-1}，各向异性损耗用 $\hat{Q}^{-1}$。

我们在（2.24）式中已经用一周内总能量 $2\pi E$ 与能量消耗 ΔE 的比表示损耗，即

$$Q^{-1} = \frac{1}{2\pi} \frac{\Delta E}{E}$$

这里再用吸收向量 A 与能流向量 S 的向量乘积表示能量的消耗，用传播向量 P 与能流向量 S 的向量乘积表示总能量[82]，即

$$2\pi E = P \cdot S, \ \ \Delta E = 2A \cdot S \tag{3.187}$$

代入上式得

$$Q^{-1} = \frac{2A \cdot S}{P \cdot S} \tag{3.188}$$

或

$$\hat{Q}^{-1} = \frac{2A \cdot S}{P \cdot S} \tag{3.189}$$

这是一个从各相同性均匀平面波向各向异性不均匀平面波过渡的式子，它对在各相同性或各向异性介质，甚至完全弹性或黏弹滞性介质中传播的均匀和不均匀平面波都是适用的。

传播向量 P 和吸收向量 A 可表示为

$$P = \frac{n}{C^0}, \quad A = \frac{nA^{in}}{2C^0} + D\left[m - n\frac{(u^0 \cdot m)}{C^0} \right] \tag{3.190}$$

式中：向量 n 与传播向量 P 方向一致，向量 m 与其垂直，n、m 构成传播—吸收平面。

C^0 是参考介质中 n 方向传播的相速度。A^{in} 是岩石的本征吸收。

D 是不均匀参数。u^0 是参考介质中能量—速度向量（能量与传播方向一致）。

在参考介质中的能流向量可表示为

$$S^0 = cu^0 \tag{3.191}$$

式中：c 是正实常数，即

$$c = \frac{1}{2}\rho\omega|a|\exp(-2\omega A_n x_n) \tag{3.192}$$

式中：ρ 是密度；a 是标量振幅。

将（3.190）式和（3.191）式中的 P、S 代入（3.189）式可得

$$\hat{Q}^{-1} = 2A \cdot u^0 \tag{3.193}$$

这是在弱耗散介质中弱不均匀平面波传播过程中的损耗，也就是弱各向异性中的损耗。再将（3.190）式中的 A 代入，可得

$$\hat{Q}^{-1} = A^{in} \tag{3.194}$$

式中不均匀参数 D 不见了。这样，即使是对不均匀平面波（$D \neq 0$），损耗也与 D 无关。损耗就是岩石的本征吸收，它对在均匀各向同性或常规各向异性弱耗散介质中传播的纵波 P 和快慢横波 S_1 和 S_2 的均匀和弱不均匀平面波都是确实的。$\hat{Q}^{-1}$ 在各向同性和各向异性耗散介质中都是正值标量，它不依赖于所观察平面波的不均匀参数 D，虽然它的吸收向量 A 可能依赖于 D。因此 $\hat{Q}^{-1}$ 描述了介质的本征耗散特性。在各向异性介质中，$\hat{Q}^{-1}$ 的表达式（3.194）也与在各向同性耗散介质中最普通的 Q 定义完全一致，这代表了它们的通性。它通常是依赖于方向的，它的方向是能流－速度向量的方向（射线方向，图 3.132 中 S），而不是传播向量的方向（图 3.132 中 P）。

3.2.12.1.3　各向异性损耗与吸收系数 α

参照（2.24）式 $\alpha = \pi f / Qv$，由（3.194）式可以写成

$$\hat{\alpha} = \frac{\omega}{2\hat{Q}u^0} \tag{3.195}$$

$\hat{\alpha}$ 是各向异性吸收系数。从而有

$$\hat{Q}^{-1} = \frac{\hat{\alpha}u^0}{\pi f} \tag{3.196}$$

在均匀各向异性黏弹滞性介质中，$\hat{\alpha}$，u^0，$\hat{Q}$ 都依赖于吸收向量方向 A。图 3.133 是 $\hat{Q}^{-1}$ 的极化图。可见 P 波和 S 波极化很不一样，而（3.194）式与（3.189）式结果基本一样，不均匀参数 D 的影响不大。

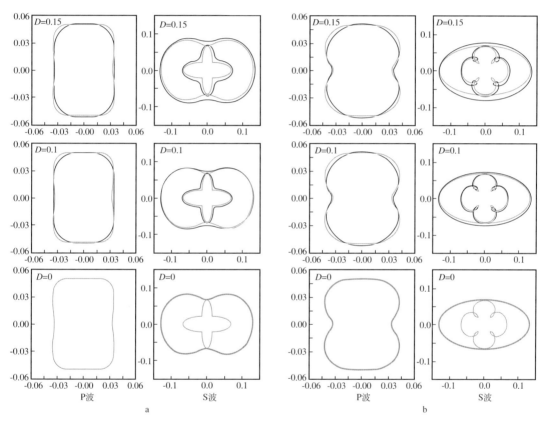

图 3.133　各向异性损耗极化图

a—$\hat{Q}^{-1}$ 不依赖于不均匀参数 D，而 a 依赖于 D；b—$\hat{Q}^{-1}$ 及 α 都不依赖于 D；
黑线—据（3.189）式；红线—据（3.194）式；红粗线—两者重合；
D—不均匀参数（s/km）

3.2.12.1.4　薄层介质中的有效吸收各向异性

砂泥岩薄互层是一种常见的各向异性吸收体。Thomson1986 详细研究了弱弹性各向异性[146]，这里研究孔隙弹性各向异性也借助他的符号。

（1）这是一种 VTI 介质，有效吸收 VTI 模型的 5 个独立复刚性模量可写成下式[147]：

$$\widetilde{c}_{11} = \left\langle \widetilde{c}_{11} \right\rangle - \left\langle \frac{(\widetilde{c}_{13})^2}{(\widetilde{c}_{33})} \right\rangle + \left\langle \frac{1}{\widetilde{c}_{33}} \right\rangle^{-1} \left\langle \frac{(\widetilde{c}_{13})}{(\widetilde{c}_{33})} \right\rangle^2 \tag{3.197}$$

$$\widetilde{c}_{33} = \left\langle \frac{1}{\widetilde{c}_{33}} \right\rangle^{-1} \tag{3.198}$$

$$\widetilde{c}_{13} = \left\langle \frac{1}{\widetilde{c}_{55}} \right\rangle^{-1} \left\langle \frac{\widetilde{c}_{13}}{\widetilde{c}_{33}} \right\rangle \tag{3.199}$$

$$\widetilde{c}_{55} = \left\langle \frac{1}{\widetilde{c}_{55}} \right\rangle^{-1} \tag{3.200}$$

$$\widetilde{c}_{66} = \left\langle \widetilde{c}_{66} \right\rangle \tag{3.201}$$

并有：$\widetilde{c}_{12} = \widetilde{c}_{11} - 2\widetilde{c}_{66}$

式中：$\bar{c}_{ij}$ 是复数模量；$<\cdot>$ 是体积加权平均。

（2）按 Thomson 各向异性符号 VTI 介质的相速度和各向异性系数可写成

$$V_{P0} \equiv \sqrt{\frac{c_{33}}{\rho}}, \quad V_{S0} \equiv \sqrt{\frac{c_{55}}{\rho}} \tag{3.202}$$

$$\varepsilon \equiv \frac{c_{11} - c_{33}}{2c_{33}} \tag{3.203}$$

$$\delta \equiv \frac{(c_{13} + c_{55})^2 - (c_{33} + c_{55})^2}{2c_{33}(c_{33} - c_{55})} \tag{3.204}$$

$$v \equiv \frac{c_{66} - c_{55}}{2c_{55}} \tag{3.205}$$

以上各个各向异性符号的意义请见 3.2.9.1 节。式中 c_{ij} 是 $\bar{c}_{ij}$ 中的实数，$\rho = <\rho>$ 是密度的体积平均。v 相当于 Thomson 中的 γ，为避免与纵横波速度比混淆而改用。

（3）为表征吸收各向异性用 Zhu 等定义的有效吸收各向异性参数[148]：

$$\varepsilon_Q \equiv \frac{Q_{33} - Q_{11}}{Q_{11}} \tag{3.206}$$

$$\delta_Q \equiv \frac{\dfrac{Q_{33} - Q_{55}}{Q_{55}} c_{55} \dfrac{(c_{13} + c_{33})^2}{(c_{33} - c_{55})} + 2\dfrac{Q_{33} - Q_{13}}{Q_{13}} c_{13}(c_{13} + c_{55})}{c_{33}(c_{33} - c_{55})} \tag{3.207}$$

$$v_Q \equiv \frac{Q_{55} - Q_{66}}{Q_{66}} \tag{3.208}$$

式中：$Q_{ij} = c_{ij}/c_{ij}^{\mathrm{I}}$ 是 $\bar{c}_{ij}$ 中的实数和虚数之比，是品质因数矩阵中的元素。这些参数可以极大地简化对 TI 介质中波数归一化吸收系数 $A = k_{\mathrm{I}}/k$（k 和 k_{I} 分别是复波数 $\bar{k}$ 的实数和虚数部分）的描述。

（4）Zhu[148] 符号中还有两个吸收参数——P 波和 S 波在对称方向（垂直于层面的方向）每波长振幅衰减的比率，即

$$A_{P0} = Q_{33}\left(\sqrt{1 + \frac{1}{(Q_{33})^2}} - 1\right) \approx \frac{1}{2Q_{33}} \tag{3.209}$$

$$A_{S0} = Q_{55}\left(\sqrt{1 - \frac{1}{(Q_{55})^2}} - 1\right) \approx \frac{1}{2Q_{55}} \tag{3.210}$$

（5）一阶近似。

将各方程按小参数（速度－吸收各向异性参数和刚性差）展开并忽略高阶项。任一各向异性参数的一阶（线性）近似等于它的体积加权平均[149]，譬如

$$\varepsilon = \langle\varepsilon\rangle = \sum_{i=1}^{N} \phi_{Vi}\varepsilon_i \tag{3.211}$$

式中：ϕ_{Vi} 为第 i 层的体积百分比。对于吸收各向异性参数 ε_Q 同样可以有

$$\varepsilon_Q = \langle\varepsilon_Q\rangle = \sum_{i=1}^{N} \phi_{Vi}\varepsilon_{Qi} \tag{3.212}$$

3.2.12.2　慢波弥散产生的 P 波吸收 [79]

3.2.12.2.1　White 理论概要

详见 2.4.5 节。White 和他的共同作者 [84, 83] 首先指出在部分饱和的孔隙岩石中有一种显著的地震波吸收。他们介绍了这种宏观损耗机制，即慢纵波弥散损耗机制，并给出了一种理论以计算这种被盐水和气饱和的孔隙岩石中的 P 波吸收和波散的近似值。这是所谓的"补丁饱和（patchy saturation）"模型，这描述了一种常见的沉积岩模型，例如在碳酸盐岩储层中气－油和气－水分界面上产生的不均匀补丁饱和区。还有在生产期气可以逸出溶液建立起自由的气袋。他提出了一个二层结构理论，既适用于气"补丁"的分界面，也适用于气、水（油）层状介质。

在地震频段内（即低频域）的这种显著的损耗机制可以用宏观尺度的不均匀性和在界面上的波的模式转换的综合效应解释。这种岩性不均匀一是由于岩性的局部变化；再就是由于存在与外界隔离的流体（如天然气）的小包裹。由于分界面两侧压力梯度在低频时有足够时间达到均衡，从而产生慢波。慢波从分界面弥散，产生能量损耗即慢纵波吸收。它是流体在宏观尺度不均匀体中流动的结果，因而是一种宏观损耗；它的尺度在几十厘米，远比孔隙颗粒尺度大，而又远比波长尺度小。气、水的低黏滞性使趋肤深度降低是产生慢波的重要条件，高黏滞性的油可能会限制慢波的产生。

下面考虑一种周期性的层状介质并且进行数字模型试验以估计在部分饱和岩石中的纵波品质因数。

3.2.12.2.2　数字模型试验

（1）孔隙岩石骨架和流体性质。

这里考虑一种二维层状模型。用迭代分解二维有限元算法在并行计算机中运行以求解 Biot 方程。二维剖面上的计算区域称作 Ω，域内岩性均匀，孔隙度 ϕ=0.3，渗透率

$k=1000$mD, 迂曲度 $t_u=1$。迂曲度等于或大于 1，在高频域内迂曲度会显著影响慢纵波速度，但 White 理论地震频段的复模量并不依赖于迂曲度，因而可以假定为 1。渗透率与孔隙度有关，它们服从 Kozeny–Carman 关系，即

$$k = \frac{B\phi^2 d_g^2}{(1-\phi)^2}$$

(3.213)

式中：d_g 是颗粒直径，这里给定砂岩颗粒直径为 $d_g=80\mu m$，常数 $B=0.003$。用 Krief 等人模型 [86] 得到干燥岩石模量，即

$$K_d = K_g(1-\phi)^{3/(1-\phi)}$$

$$\mu_d = K_d \mu_g / K_g$$

(3.214)

式中：K_g、μ_g 固体颗粒体积模量和切变模量。骨架材料性质如表 3.17 所示。

将二维剖面模拟成二层介质，也就是区域 Ω_1 和 Ω_2，有两种情况。

情况 A：宽 800m，上层 Ω_1 厚 8.8m，下层 Ω_2 厚 791.2m；

情况 B：宽 320m，上层 Ω_1 厚 4.4m，下层 Ω_2 厚 315.6m。

区域 Ω_1 内饱和水，区域 Ω_2 内有 4cm（情况 A）和 2cm（情况 B）厚的水平层交替饱和气和水。流体性质依赖于温度和压力，也就是依赖于深度 z。假定水的性质随深度而变的程度不大，而气的绝热体积模量和密度可由 van der Waals 公式 [87] 算得。

（2）相速度和品质因数。

利用 White 理论中的复模量公式（2.194）式，可以计算复纵波速度，即

$$\tilde{v}_P = \sqrt{\frac{\tilde{M}}{\bar{\rho}}}$$

(3.215)

式中：$\bar{\rho} = \phi_{h1}\rho_1 + \phi_{h2}\rho_2$ 是两层的平均密度；ϕ_{h1}，ϕ_{h2} 是各层的厚度百分比。这样相速度和损耗就是

$$v_P = \left[\text{Re}\left(\frac{1}{\tilde{v}_P}\right)\right]^{-1}$$

(3.216)

$$Q^{-1} = \tan\theta = \left[\frac{\text{Im}(\tilde{v}_P^2)}{\text{Re}(\tilde{v}_P^2)}\right]$$

(3.217)

损耗角为 $\theta = \tan^{-1}\left[\frac{\text{Im}(\tilde{v}_P^2)}{\text{Re}(\tilde{v}_P^2)}\right]$

就表 3.17 的材料计算绘成图 3.134。这是水和气饱和的砂岩在情况 A 和 B 时慢波弥散产生的波散和损耗。可见弛豫现象明显，A 和 B 的波散和损耗峰值都相同，只是情况 A 的弛豫峰值频率低，在 20Hz 左右，是地震的常规低频段；情况 B 的峰值频率在 77Hz。这时下层中的气水层厚度为 4cm，比情况 B 厚，这与 White 理论中预测的弛豫峰值频率（2.202）式规律一致，即厚度 d 愈大，峰值频率 f_m 愈低。这时的损耗角 $\theta=2°$，因而品质因数 $Q=1/\tan2=28$，这是 White 的理论值。

又用合成记录，分别用频移法和谱比法就情况 A 和 B 分别计算品质因数，结果误差如

表 3.18，在 2.1% ~ 4.2% 之间。

表 3.17　模型材料性质

骨架	颗粒体积模量 K_g	37GPa
	颗粒切变模量 μ_g	44Pa
	颗粒密度 ρ_g	2650kg/m³
	干燥岩石体积模量 K_d	8GPa
	孔隙度 ϕ	0.3
	渗透率 k	1000mD
	迂曲度 t_u	1
水	体积模量 K_w	2.25GPa
	密度 ρ_w	1040kg/m³
	黏滞系数 η_w	3cP
气	体积模量 K_G	0.012GPa
	密度 ρ_G	78kg/m³
	黏滞系数 η_G	0.15cp

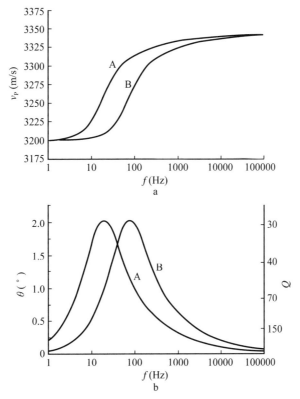

图 3.134　慢波弥散波散和损耗

横坐标—频率；纵坐标：a 为纵波相速度，b 为损耗角（左），品质因数（右）；

A—情况 A；B—情况 B

表 3.18　品质因数误差（合成记录与 White 理论值比较）

情况	频移法平均偏差（%）	谱比法平均偏差（%）
A	3	4.2
B	2.1	2.8

3.2.12.3　中尺度不均匀性对损耗和波散的影响 [103]

岩石的不均匀性大于孔隙尺度而小于波长的叫中尺度不均匀性。这种不均匀性包括岩石骨架而主要是指流体在孔隙中的分布。这种中尺度不均匀性会产生较大的损耗和波散，叫做中尺度效应（mesoscopic effects），是由波致孔隙流体压力梯度的均衡过程产生的。假定孔隙介质行为服从 Biot 方程，并用有限元过程逼近联合边界问题求解。由于中尺度岩石参数分布的不稳定性和随机性，以 Monte Carlo 方式作了压缩波和切变波的测试。通过数字模型试验得到了一批结果。

3.2.12.3.1　给定岩石和孔隙流体参数

参数参见表 3.19 和表 3.20。

表 3.19　岩石固体框架物理性质

	砂岩 1	砂岩 2	页岩
K_g(GPa)	37	37	25
ρ_s(kg/m³)	2650	2650	2550
ϕ	0.3	0.2	0.3
K_m(GPa)	4.8	12.1	3.3
μ(GPa)	5.7	14.4	1.2
k(D)	1.0	0.23	1.5×10^{-5}

表 3.20　孔隙流体物理性质

	水	气	油
K_f(GPa)	2.25	0.012	0.7
ρ_f(kg/m³)	1040	78	700
η_f(Pa·s)	0.003	0.00015	0.01

3.2.12.3.2　流体的不均匀性

孔隙中油、气、水的分布是不均匀的。为作数字模拟假定了这样一个例子：气、水分布如图 3.135，气、水饱和度各 0.5。图中列出了 4 种情况，黑色的是气，白色的是水。这样连同均匀饱和样品，作图的样品总共就有 6 种情况。

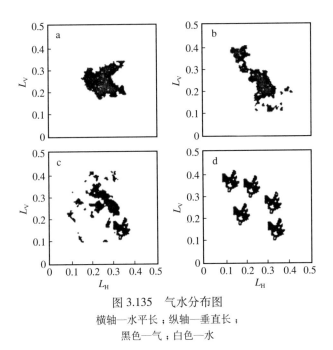

图 3.135 气水分布图

横轴—水平长；纵轴—垂直长；

黑色—气；白色—水

A1：样品中央有一层水平的气饱和层；

A2：样品中央有一饱和的圆球：

A3：不均匀分布如同图 3.135 中 a ；

A4：不均匀分布如同图 3.135 中 b ；

A5：不均匀分布如同图 3.135 中 c ；

A6：不均匀分布如同图 3.135 中 d。

所得损耗和波散结果如图 3.136 和图 3.137。可见在 0.1 ～ 100Hz 地震频段内有弛豫和波散现象。孔隙流体不均匀分布的三种情况（A4，A5，A6）损耗峰值比近于均匀分布的三种情况（A1，A2，A3）要低，波散也较小。最高的球状分布（A2）的损耗峰值最高达 0.13（Q=7.7），最不均匀的 A5 最高损耗也达 0.085（Q=11.8）。而这时气饱和度只 50%，比通常流体均匀分布时的损耗 0.067（Q=15）要大得多。

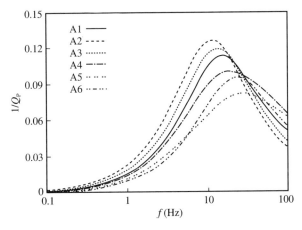

图 3.136 气水分布不均匀岩石的损耗

横轴—频率；纵轴—纵波损耗；参数—不均匀状态

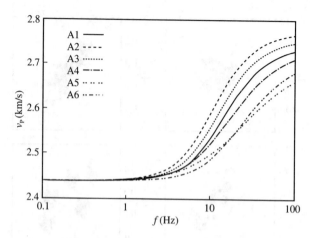

图 3.137　气水分布不均匀岩石的波散
横轴—频率；纵轴—纵波速度；
参数—不均匀状态

3.2.12.3.3　中尺度效应对渗透率的灵敏度

对极不规则球状不均匀分布（图 3.135a）的情况作了 5 种渗透率情况的假设。

B1：$k_1=k_2=0.1D$

B2：$k_1=k_2=1D$

B3：$k_1=k_2=10D$

B4：$k_1=0.1D$，$k_2=10D$

B5：$k_1=10D$，$k_2=0.1D$

k_1 是气饱和的渗透率，k_2 是水饱和的渗透率。作图如图 3.138。可见都有弛豫现象；5 种情况损耗峰值都比较接近；B1、B5 完全一致，正好它们的水饱和渗透率相等；B3、B4 峰值频率最高，频段最宽，超过了地震频段。

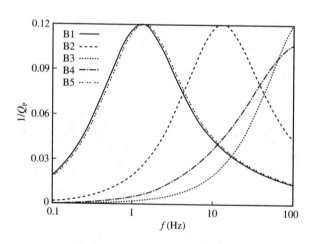

图 3.138　不均匀流体分布时渗透率的影响
横轴—频率；纵轴—纵波损耗；
参数—渗透率状况

3.2.12.3.4　中尺度效应对流体黏滞度的灵敏度

对表 3.19 中砂岩 1 的框架中孔隙流体分布为图 3.135c 式（最分散的一种，但黑的是气，白的是油；只一种情况还是水），对这种岩石的流体黏滞度设计了 6 种情况。

C1: η_G=0.000015Pa·s，　η_O=0.001Pa·s

C2: η_G=0.00015Pa·s，　η_O=0.01Pa·s

C3: η_G=0.0015Pa·s，　η_O=0.01Pa·s

C4: η_G=0.000015Pa·s，　η_O=0.1Pa·s

C5: η_G=0.0015Pa·s，　η_O=0.001Pa·s

C6: η_G=0.00015Pa·s，　η_W=0.003Pa·s

式中：足标 G、O、W 分别指气、油、水。根据这些黏滞度情况绘制了纵波损耗随频率变化图（图 3.139）。可见 C6 峰值损耗最大，因为是水和气；其他油和气损耗峰值显著降低；C3、C4 完全重合，损耗峰值频率最低，因为这时油的黏滞度最高；随着油黏滞度降低峰值频率向高处移动；峰值频率最高的是 C1，这时油、气的黏滞度都最小。

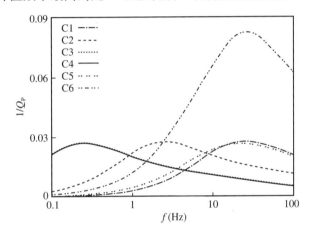

图 3.139　不均匀流体分布时黏滞度的影响

横轴—频率；纵轴 —纵波损耗；

参数—黏滞度状况

3.2.12.3.5　中尺度效应对框架的不均匀性的灵敏度

设计了岩石框架的 5 种不均匀情况，孔隙流体分布都是图 3.135c 式，黑色是气，白色是水。孔隙分布的不均匀性如图 3.140。不均匀性的相关长度：图 a 是 0.005，b 是 0.1。图中黑色部分孔隙度是 0.2，白色部分孔隙度是 0.4，平均是 0.3。分 5 种情况。

D1：孔隙分布如图 3.140a；

D2：孔隙分布如图 3.140b；

D3：整区框架性质不变，孔隙度 0.2；

D4：整区框架性质不变，孔隙度 0.3；

D5：整区框架性质不变，孔隙度 0.4。

作图如 3.141，可见：D5 孔隙度 0.4 时损耗峰值最大，大达 0.19，Q 只有 5.6，注意，这时气饱和度只有 0.5，还不是好的商业气。可见框架的不均匀性对损耗有很大影响；D1 和 D4 曲线几乎重合，是因为 D1 平均孔隙度也是 0.3，与 D4 一致，说明孔隙度起很大作用。D3 损耗最低，这时孔隙度 0.2 最小。

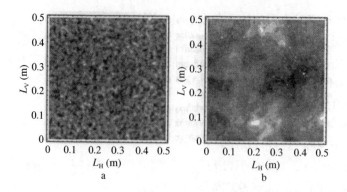

图 3.140　不均匀孔隙分布的影响

a—相关长度 a=0.005m；b—a=0.1m；L_H—水平长；L_V—垂直长；

黑色：ϕ=0.2；白色：ϕ=0.4

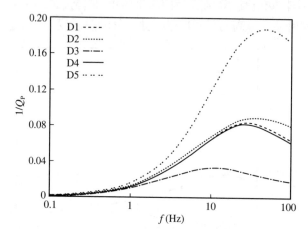

图 3.141　不同骨架性质的影响

横轴—频率；纵轴—纵波损耗；参数—骨架性质

4 孔隙弹性与油气地质特性

4.1 渗透率

渗透率在地震勘探直接找油气技术中有着重要的地位，它一方面是油气藏描述必不可少的实质性参数，另方面又是预测裂缝性油气藏、寻找裂缝发育带的标志性参数。到有油源的碳酸盐岩、致密砂岩、火山岩、变质岩、泥岩等致密岩层中找油气就要寻找裂缝发育带和高渗透带。而在孔隙储层中找油气也最好找到高渗透带，而如有高渗透率参数作指标将会极大地增加预测的信心。由地震数据中提取渗透率信息是最重要的任务之一。提取渗透率信息一般有两类方法，一类是间接法，即由与其他参数的相关曲线或拟合公式求得渗透率。另一类直接法就是由渗透率与其他参数的相互关系公式直接计算或估算渗透率。估算时如有地质和测井的已知的可靠资料，估算精度将会高得多。下面我们就陆续叙说与计算或估算渗透率有关的各种因数以及可能的估算方法。由于还没有非常成功的例子，只是抛砖引玉，希望有所促进。

4.1.1 渗透率的波动影响吸收和对渗透率的估计 [88]

在不均匀孔隙介质中孔隙有复杂的形态和复杂的连通状态，因而流体流通时而畅快，时而阻滞；渗透率时而大，时而小，呈波动状态。渗透率在空间的波动严重影响吸收，要估计吸收必须考虑渗透率的波动，而由地震吸收估计渗透率也必须考虑渗透率的波动。渗透率的波动增加了由地震估计渗透率的难度。

4.1.1.1 有效渗透率 k_e 的估计

在均匀孔隙介质中的慢纵波是一种高波散的波型。在不均匀孔隙介质中有效慢纵波由于不均匀性的相互作用还会增加吸收和波散。有效慢纵波的复波数也就是一种强离散型。

$$\widetilde{k}_{e2}^2 = \widetilde{k}_2^2 [1 + \Delta_s \zeta(\omega)] \tag{4.1}$$

式中：下标 2 指慢波，即它随频率强烈变化。统计平滑后成有效慢波复波数 $\bar{k}_{e2}$。$\bar{k}_2$ 是没有空间波动状态下的背景复波数。不均匀性使孔隙弹性参数在空间波动，在空间 x 点的波动幅度看作是与平均值的偏差，定为 ε_x，它的平均值 $\langle \varepsilon_x \rangle = 0$，方差为 $\langle \varepsilon_x^2 \rangle = \sigma_{xx}^2$。各种孔隙弹性参数的波动为（略去 x 坐标）：ε_B，ε_{K_f}，ε_ϕ，它们分别是 Biot-Willis 系数 $B_W = 1 - K_d/K_g$，流体体积模量 K_f 和孔隙度 ϕ 的波动幅度。上式中离散量 Δ_s 是无量纲系数，就包含了这些参数的波动，即

$$\Delta_s = \left\langle \left(\frac{B_W^2 M_\phi}{P_d} \varepsilon_B - \varepsilon_{K_f} + \varepsilon_\phi \right)^2 \right\rangle + \frac{\sigma_{pp}^2}{3} \tag{4.2}$$

式中：$\langle \cdot \rangle$ 是平均值；M_ϕ 是干燥框架下孔隙空间模量，即

$$M_\phi = \left[\frac{B_W - \phi}{K_g} + \frac{\phi}{K_f} \right]^{-1} \tag{4.3}$$

$p=1/k_0$ 是背景渗透率的倒数；σ_{pp} 是渗透率倒数的方差；P_d 是干燥框架 P 波模量，即

$$P_d = K_d + \frac{4}{3}G$$

频率依赖函数是

$$\zeta(\omega) = 1 + \tilde{k}_2^2 \int_0^\infty r\xi(r)\exp\left(i\tilde{k}_2 r\right)dr \tag{4.4}$$

式中

$$\tilde{k}_2 = \sqrt{i\omega\eta_f /\left(k_0 N\right)} \tag{4.5}$$

是没有波动情况下的背景慢波复波数，与渗透率 k_0 密切相关，k_0 是没有波动时的背景渗透率。η_f 是流体黏滞系数。而

$$N = \frac{MP_d}{P_L} \tag{4.6}$$

是综合孔隙弹性模量。

$$P_L = P_d + \alpha^2 M_\phi \tag{4.7}$$

是 Gassmann 方程，P_L 是含孔隙流体的岩石低频 P 波模量，以后常省去脚标 L。α 是 Willies 系数。

$\xi(l)$ 是归一化互相关函数，注意与频率依赖函数 $\zeta(\omega)$ 符号的区别，l 是相关长度，$l=1$ 时为自相关，$\xi(0)=1$。

根据 (4.5) 式慢波有效复波数应为

$$\tilde{k}_{e2} = \sqrt{i\omega\eta_f / k_e N} \tag{4.8}$$

式中：k_e 就是有效渗透率，是渗透率波动平均的结果，这是一个复数。波动较弱时的有效渗透率可取其实部得到（虚部没有确切意义），其低频极限时在三维空间和一维随机介质中各近似为

$$k_e^{(3D)}(\omega \to 0) \approx k_0\left(1 - \frac{\sigma_{kk}}{3}\right) \tag{4.9}$$

$$k_e^{(1D)}(\omega \to 0) \approx k_0\left(1 - \sigma_{kk}^2\right) \tag{4.10}$$

方程 (4.10) 式相当于渗透率的简谐平均 $\langle 1/k \rangle^{-1}$，而 $\sigma_{kk}^2 < 1$。方程 (4.9) 式正是 Keller 2001 年对 Darcy 定律用平滑法得到的结果 [89]。方程中系数 1/3 正反映了在三维随机介质中统计各相同性的假设，也是在弱不均匀结构中有效渗透率分析的代表 [90]。

在高频极限时，

$$k_e^{(3D)}(\omega \to \infty) = k_e^{1D}(\omega \to \infty) = k_0 \tag{4.11}$$

这正是渗透率的算术平均：$k_0 = \langle k \rangle$。有效渗透率正介于简谐平均值和算术平均值之间，即

$$\langle 1/k \rangle^{-1} \leqslant k_e \leqslant \langle k \rangle \tag{4.12}$$

对于强渗透率波动，$\langle k \rangle \gg \langle 1/k \rangle^{-1}$。

$$r = \left\langle \frac{1}{k} \right\rangle^{-1} \langle k \rangle^{-1} \equiv \frac{\overline{k}_H}{\overline{k}_A} \tag{4.13}$$

是渗透率简谐平均 $\overline{k}_H = \langle 1/k \rangle^{-1}$ 与算术平均 $\overline{k}_A = \langle k \rangle$ 的比值。

有效渗透率的频散现象绘如图4.1。可见高频极限是算术平均，低频极限是简谐平均。一维的有效渗透率变动范围比三维的大得多。一维有效渗透率最小只有背景值的50%，而三维最小是背景值的86%。一维的频率范围宽得多，从归一化频率的 $10^{-8} \sim 10^{-1}$，而三维的只有 $10^{-6} \sim 10^{-1}$。地震频段在 $10^{-4} \sim 10^{-3}$。三维与一维图像都包括有地震频段。

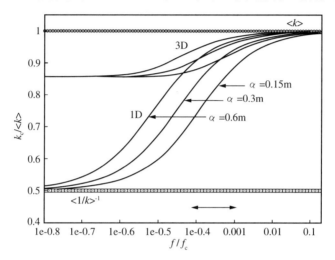

图 4.1　有效渗透率的频散

横轴—归一化频率 f/f_c，f_c=108kHz；纵轴—归一化有效渗透率 $k_e/\langle k \rangle$；
a—渗透率波动相关长度；圆线—上限，算术平均；
方线—下限，简谐平均；双箭头—地震频段

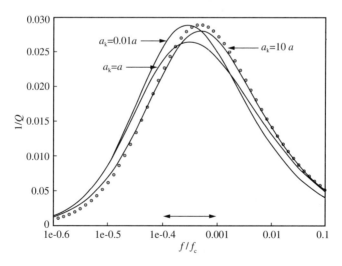

图 4.2　弱渗透率波动对损耗的影响

横轴—归一化频率 f/f_c，f_c=108kHz；纵轴—纵波损耗；
a_k—渗透率波动相关长度；a—孔隙弹性模量波动长度；
圆圈曲线—渗透率无波动；实曲线—渗透率波动；
双箭头—地震频段

4.1.1.2 弱渗透率波动对损耗的影响

对于三维随机介质中弱渗透率波动的情况，估计到波致流体流动的影响，有效快纵波复波数 $\tilde{k}_{\mathrm{e1}}$ 可写为 [91]

$$\tilde{k}_{\mathrm{e1}} = \tilde{k}_1 \left(1 + \varDelta_2 + \varDelta_1 \tilde{k}_2^2 \int_0^\infty r B(r) \exp\left(\mathrm{i} \tilde{k}_2 r \right) \mathrm{d}r \right) \tag{4.14}$$

式中：$\varDelta_1$，$\varDelta_2$ 是各种弹性波方差的综合，即

$$\varDelta_1 = \frac{\alpha^2 M_\phi}{2 P_{\mathrm{d}}} \left(\sigma_{\mathrm{PP}}^2 - 2\sigma_{\mathrm{PC}}^2 + \sigma_{\mathrm{CC}}^2 + \frac{32}{15} \frac{G^2}{P^2} \sigma_{\mathrm{GG}}^2 - \frac{8}{3} \frac{G}{P} \sigma_{\mathrm{HG}}^2 + \frac{8}{3} \frac{G}{P} \sigma_{\mathrm{GG}}^2 \right) \tag{4.15}$$

$$\varDelta_2 = \varDelta_1 + \frac{1}{2} \sigma_{\mathrm{PP}}^2 - \frac{4}{3} \frac{G}{P} \sigma_{\mathrm{PG}}^2 + \left(\frac{4G}{P} + 1 \right) \frac{4}{15} \frac{G}{P} \sigma_{\mathrm{GG}}^2 \tag{4.16}$$

而 $C = \alpha M_\phi$。快纵波波数 $k_1 = \omega / v_{\mathrm{P}}$，$v_{\mathrm{P}} = \sqrt{P/\rho}$，体积密度 $\rho = (1 - \phi)\rho_{\mathrm{g}} + \phi \rho_{\mathrm{f}}$。

由此可以求得波散与损耗。由 White 理论有相速度和损耗，即

$$V_{\mathrm{P}} = \left[\mathrm{Re} \frac{1}{\tilde{v}_{\mathrm{P}}} \right]^{-1} = \left[\mathrm{Re} \frac{\tilde{k}_{\mathrm{P}}}{\omega} \right]^{-1} = \omega / \mathrm{Re} \tilde{k}_{\mathrm{P1}} \tag{4.17}$$

$$Q_{\mathrm{P}}^{-1} = \frac{\mathrm{Im} \tilde{v}_{\mathrm{P}}^2}{\mathrm{Re} \tilde{v}_{\mathrm{P}}^2} = \frac{\mathrm{Im}(\omega^2 / \tilde{k}_{\mathrm{P1}}^2)}{\mathrm{Re}(\omega^2 / \tilde{k}_{\mathrm{P1}}^2)} = \frac{\mathrm{Im} \tilde{k}_{\mathrm{P1}}^2}{\mathrm{Re} \tilde{k}_{\mathrm{P1}}^2} = \frac{\mathrm{Im} \tilde{k}_{\mathrm{e1}}^2}{\mathrm{Re} \tilde{k}_{\mathrm{e1}}^2} \tag{4.18}$$

将（4.14）式代入（4.17）式和（4.18）式就可求得随频率变化的速度（波散）和损耗（品质因数的倒数）。计算时应用表 4.1 中的水饱和固结孔隙砂岩的典型孔隙弹性参数，并用误差 $\varDelta_1 = 0.060$，孔隙弹性模量波动长度 $a = 0.15\mathrm{m}$。渗透率没有波动时用背景渗透率 $k_0 = 250\mathrm{mD}$，得到图 4.2 中的带圆圈曲线。其他实曲线是渗透率有波动时的情况，渗透率波动相关长度 a_{k} 分别是孔隙弹性模量波动长度 a 的 0.01、1 和 10 倍。可见渗透率波动显著影响波的损耗，损耗是弛豫型，损耗峰值都落于地震频段内，损耗的峰值在 0.026 ～ 0.028 之间，即品质因数 Q 在 38 ～ 35 之间；当 $a_{\mathrm{k}} = a$ 即渗透率波动长度与孔隙弹性波动长度一致时损耗的频段最宽，损耗峰值最小。对于没有渗透率波动的情况，峰值损耗产生于下列频率，即

$$\omega_{\mathrm{m}} = k_0 N / (2a^2 \eta) = D_0 / a^2 \tag{4.19}$$

式中：D_0 是背景弥散率，即没有渗透率波动时的弥散率（diffusivity）。

$$D_0 = k_0 N / 2\eta = M_{\mathrm{L0}} N / 2 \tag{4.20}$$

它与背景流动性 M_{L0} 成正比，即渗透率和流动性愈大，弥散率愈高。

表 4.1 典型的砂岩孔隙弹性参数

K_{g}	K_{d}	G	ϕ	k_0	ρ_{g}	K_{f}	η_{f}	ρ_{f}
40GPa	4.5GPa	9GPa	0.17	250mD	2650kg/m³	2.17GPa	0.001Pa·s	1000kg/m³

求峰值频率除掉直接计算外，还可以用两侧渐近线的交点来确定，即

$$\omega_{\mathrm{m}} = \frac{\sqrt{D_{\mathrm{H}}D_{\mathrm{A}}}}{a^2} = \frac{D_A\sqrt{k_{\mathrm{H}}/k_{\mathrm{A}}}}{a^2} = \frac{D_A\sqrt{r}}{a^2} \tag{4.21}$$

式中：D_{H}、D_{A} 分别是含有波动渗透率的简谐平均值和算术平均值 k_{H}、k_{A} 时的弥散率。

由图 4.3 可见，渗透率波动对波散也有一些影响。

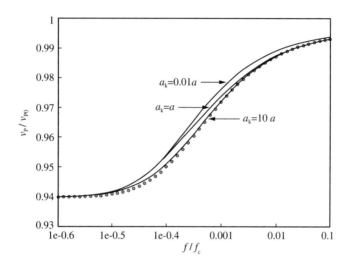

图 4.3　弱渗透率波动对波散的影响

横轴—归一化频率；纵轴—归一化 P 波速度；

圆圈曲线—没有渗透率波动；实曲线—有渗透率波动；

a_{k}—渗透率波动相关长度；a—孔隙弹性模量波动长度

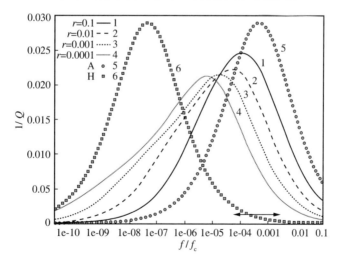

图 4.4　强渗透率波动对损耗的影响

横轴—归一化频率；纵轴—纵波损耗；

圆圈曲线 5—渗透率波动算术平均 A；

方块曲线 6—渗透率波动简谐平均 H；

r—渗透率简谐平均对算术平均之比；

双箭头—地震频段

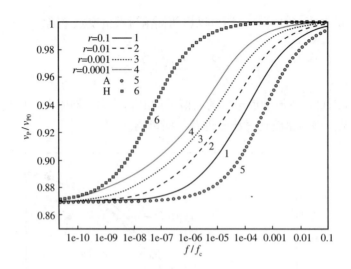

图 4.5　强渗透率波动对波散的影响

横轴—归一化频率；纵轴—归一化速度；

r—渗透率简谐平均对算术平均之比；

A—渗透率算术平均；H—渗透率简谐平均

4.1.1.3　强渗透率波动对损耗的影响

图 4.4 也是用表 4.1 的参数来计算的，而 $\Delta_1=0.075$，$\Delta_2=0.081$，$a=a_k=0.1$m。圆圈曲线渗透率是算术平均结果，方块曲线渗透率是简谐平均结果。$r=\bar{k}_H/\bar{k}_A$。可见算术平均和简谐平均的峰值损耗相同，但峰值频率算术平均的高得多，但仍在地震频段内；而简谐平均的远小于地震频段。随着比值 r 变小损耗峰值逐渐变小并向低频移动。

4.1.2　渗透率的间接估计

估计渗透率信息的间接方法就是由渗透率与别的参数作成交会图求得拟合公式，再由其他参数求得渗透率，拟合的相关度在很大程度上影响渗透率的估值和精度。

4.1.2.1　致密砂岩裂缝气藏的例子 [97, 8]

川西侏罗系上沙溪庙组砂岩气藏砂岩致密，物性差，储层非均质性很强。需要寻找高渗透高裂缝带。我们对井中各参数进行了统计，得到如下一些结果。

4.1.2.1.1　渗透率与气饱和度线性正相关

由图 4.6 可见渗透率与水饱和度线性逆相关，而与气饱和度 S_G 线性正相关，拟合公式为

$$k=1.8622\,S_G-0.5568\pm0.0466 \tag{4.22}$$

线性梯度为 $S_G/k=0.537$/mD，即渗透率每提高 0.1mD，气饱和度就提高 5.37%，结果的均方差为 $\varepsilon=\pm2.5\%$。但此公式只适用于 $k\leqslant1$mD 超低渗透率的情况。

4.1.2.1.2　渗透率与孔隙度呈二次正相关

统计曲线如图 4.7，拟合公式为

$$k=-20.40\,\phi^2+7.35\,\phi-0.12\pm0.05 \tag{4.23}$$

此公式也只适合 $k\leqslant1$mD 的超低渗透率情况。

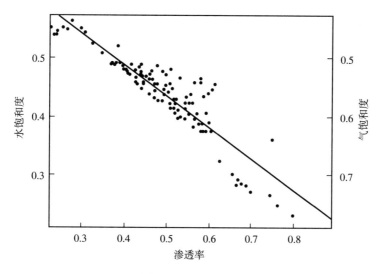

图 4.6　致密砂岩渗透率与饱和度关系

横轴—渗透率（mD）；纵轴—左：水饱和度，右：气饱和度

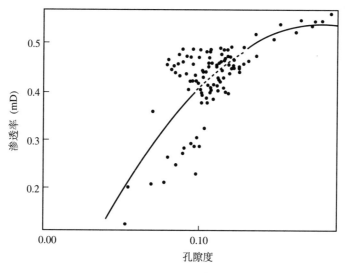

图 4.7　渗透率与孔隙度关系

横轴—孔隙度；纵轴—渗透率（mD）

4.1.2.1.3　纵波速度与渗透率成负相关

因为速度与孔隙度呈弱二次负关，即

$$v_P = 6763\,\phi^2 - 12132\,\phi + 4976 \pm 86 \tag{4.24}$$

如图 4.8 所示，将它与（4.20）式结合可得

$$v_P = -6025k^2 + 2397k + 3830 \pm 206\ (0 \leqslant k \leqslant 1\mathrm{mD}) \tag{4.25}$$

速度随渗透率的增加而降低，数据列如表 4.2。

表 4.2　速度随渗透率的变化

k(mD)	0.1	0.2	0.3	0.4	0.5	0.6	0.7	0.8	0.9
v_P（m/s）	4009	4068	4007	3825	3522	3099	2555	1891	1107
Δv_P（%）	5.0	5.1	5.1	5.4	5.8	6.6	8.1	10.9	18.6

可见 $k \geqslant 0.6$ 时误差已大于 6.6%，基本不能用。

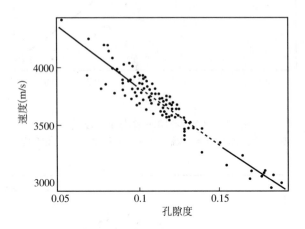

图 4.8　速度与孔隙度关系

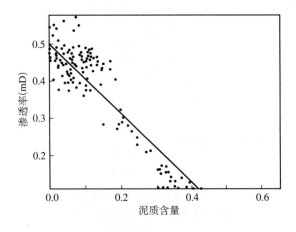

图 4.9　渗透率与泥质含量关系

4.1.2.1.4　渗透率与泥质含量呈线性负相关

拟合公式为

$$k = -0.924\phi_n + 0.499 \pm 0.055 \quad (0 \leqslant k \leqslant 1) \tag{4.26}$$

如图 4.9 所示。

4.1.2.1.5　渗透率与吸收系数成指数正相关

根据布尔贝的实验[3]，我们可以粗略地作出图 4.10，可见吸收系数与渗透率成指数相关，而横波吸收系数比纵波更敏感（我们在吸收参数这一节 −3.2 节介绍了更多纵、横波相互关系的更复杂的情况）。横波吸收系数或横波品质因数是预测渗透率的绝好参数。

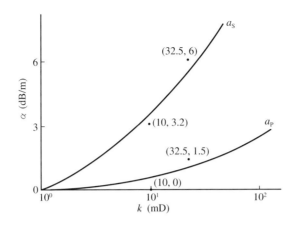

图 4.10　吸收系数与渗透率关系

横轴—对数渗透率（mD）；纵轴—吸收系数（dB/m）；

a_S—横波吸收系数；a_P—纵波吸收系数

4.1.2.1.6　对该区气藏的预测

本区致密砂岩含气层必然是裂缝发育带，而又必然是高渗透率带。我们已经知道渗透率与饱和度、孔隙度、纵波速度、泥质含量及吸收系数密切相关。其中纵波速度和吸收系数是好的指标性参数，利用它们可以取得渗透率，或者得到高渗透率带的指示。纵波速度与渗透率呈弱二次负相关，渗透率愈高，纵波速度愈低。但速度低到 1107m/s 渗透率才 0.9mD，误差大到 18.6%（表 4.2），这就不是一个好的参数。参考文献 [97] 中对纵波速度和横波品质因数有一个有趣的比较，如表 4.3 所示。

表 4.3　参数综合 BES 评价表

	a	b	c	X_{50}	δ_x	B	ΔX	δX	S	E	C	W
v_P	-0.60	4005	39	3972	0.01	0.99	60	0.015	0.02	1.54	0.03	0
Q_S	0.43	60.7	10.5	39	0.27	0.73	43	1.1	1.1	4.09	3.28	3.3

各个符号的详细解释请参阅文献 [8，97]。由表可见纵波速度的可信度 $B=0.99$，虽然很高；但有效性 $E=1.54$，刚够下限 1.50，比较危险；稳定性 $S=0.02 \ll 0.80$，太不稳定，因此它的价值系数 $C=0.03$，很低；加权系数 $W=0$，复合时就被否定掉了。而横波品质因数 $B=0.73$，可信；$E=4.09$，非常有效；$S=1.1>0.80$，很稳定；价值系数大到 $C=3.28$；加权系数达到 $W=3.3$。所以最好是用横波品质因数 Q_S，它是损耗 Q_S^{-1} 的倒数，是吸收系数 a_S 的函数，即

$$\alpha_S = \frac{\pi f}{Q_S v_S} = Q_S^{-1} \frac{\pi f}{v_S} \tag{4.27}$$

由图 4.10 和公式（4.27）就可知低品质因数带就是高损耗带，也就是高吸收带，高渗透率带。可惜布尔贝所得数据太少，不然就可得到 Q_S-k 的拟合公式，由 Q_S 得到渗透率数据。现在我们只能定性地由低横波品质因数判断高渗透率带的存在。我们用延拓法 [8] 做了该区目的层侏罗纪沙溪庙组及其上下层位的横波品质因数分析，图 4.11 是其中的一条典型剖面。

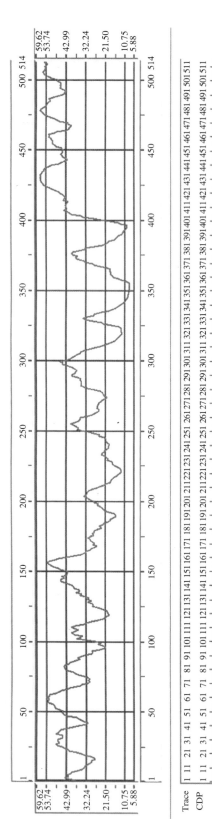

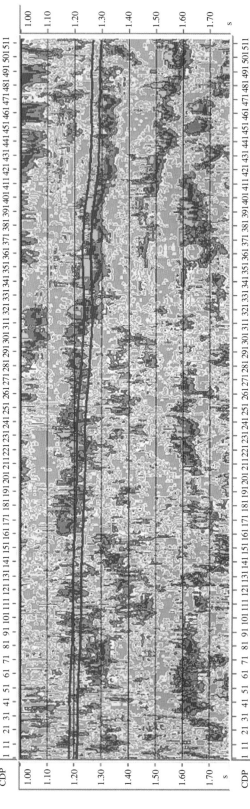

图 4.11 川西横波品质因数剖面

上部—目的层时窗内沿层曲线；横轴—CDP号；纵轴—Q_s 振幅；

下部—横波品质因数剖面；横轴—CDP号；纵轴—双程时；蓝色—低 Q_s；红色—高 Q_s

纵向分辨率10ms，约合18m；Q 彩色分辨率5，延层剖面时窗内均方根值 Q 可读至1。剖面上有三个负异常区：左边一个在CDP120处（见上部曲线图框），最低 $Q_S=20$，较高，吸收系数不会大，估计渗透率也不高，未打井；中间一个在CDP220处，最低 $Q_S=12$，估计渗透率略高，它处在805井与892井之间。805井产能 4000m³/d，802井产能 33000m³/d；右边一个在CDP350处（彩色剖面上目的层内有一片蓝色），最低 $Q_S=8$,平面图上是一个有相当规模的以横波品质因数为最高权系数的复合异常圈闭，如图4.12中729井区（图中中部异常）所示，它正位于鼻状构造的脊梁上，估计是渗透率很高的裂缝发育带。729井，是高产气井（图中黑点），证明低横波品质因数（高横波吸收系数）是高渗透率的裂缝发育带。

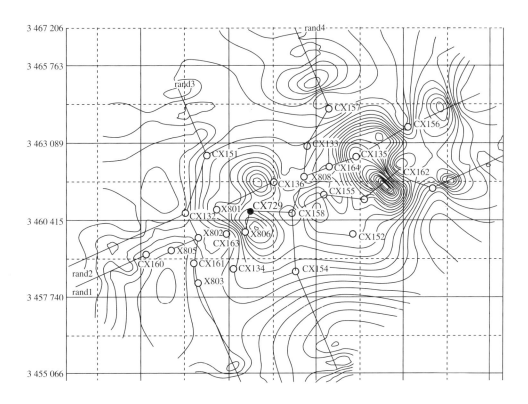

图4.12 以横品质因数为最高权系数的最佳复合异常平面图
等值线—最佳复合异常圈闭；圈点—钻井；折线—地震测线

4.1.2.2 由井中核磁共振和地面波阻抗导出渗透率 [92]

4.1.2.2.1 概况

在美国佛罗里达洲一个碳酸盐岩水区，用井间地震反演波阻抗，用井中核磁共振导出渗透率与之相关，拟合得经验公式。碳酸盐岩岩心薄片如图4.13所示。这是一个密度切片，密度等于零的深蓝—蓝色是晶洞、裂缝和晶洞型孔隙。垂向渗透率可达 4400mD,横向渗透率可达 904～3097mD。核磁测井剖面如图4.14所示，b是高孔低渗砂岩薄片（岩相3），将上下（图中左右）两个高孔渗含水层隔开。c是下水层薄片（岩相4），是甚高孔渗层。作了井间地震，反演波阻抗如图4.15所示。高阻抗红色层是砂岩隔层（岩相3），其上下绿—蓝层是低阻抗高渗透层（岩相2、岩相4）。

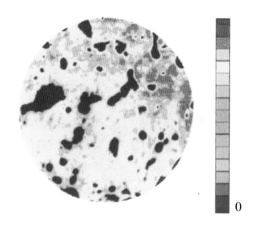

图 4.13　碳酸盐岩岩心薄片

色标—密度，蓝色密度为 0，是晶洞

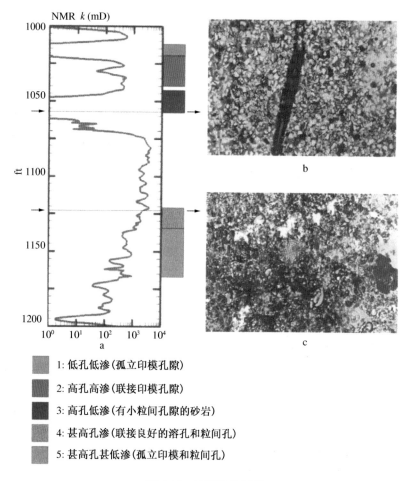

1: 低孔低渗(孤立印模孔隙)

2: 高孔高渗(联接印模孔隙)

3: 高孔低渗(有小粒间孔隙的砂岩)

4: 甚高孔渗(联接良好的溶孔和粒间孔)

5: 甚高孔甚低渗(孤立印模和粒间孔)

图 4.14　核磁测井剖面

a—核磁导出渗透率（mD）；b—第 3 种岩相薄片；c—第 4 种岩相薄片；

1—低孔低渗（孤立印模孔隙）；2—高孔高渗（联接印模孔隙）；

3—高孔低渗（有小粒间孔隙的砂岩）；4—甚高孔甚高渗（联接良好的溶孔和粒间孔）；

5—甚高孔甚低渗（孤立印模和粒间孔）

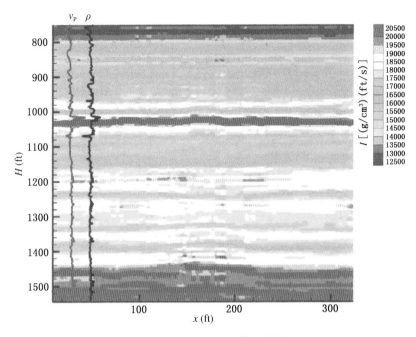

图 4.15　井间地震反演波阻抗

横轴—CDP 号；纵轴—深度；色标—波阻抗，红高蓝低

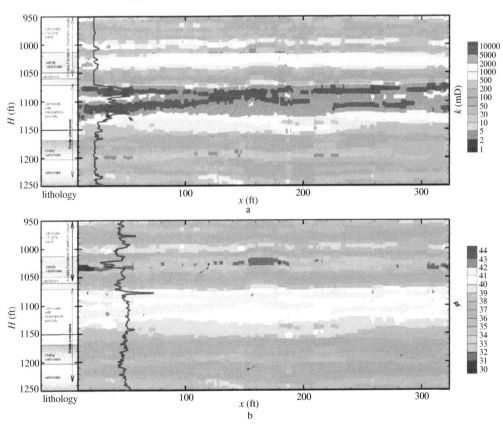

图 4.16　孔隙度与渗透率剖面

横轴—CDP 号；纵轴—深度；

a—渗透率剖面，色标—红高蓝低；b—孔隙度剖面，红高蓝低

4.1.2.2.2　渗透率剖面

将渗透率 k（图 4.14a）与波阻抗 I（图 4.15）相关可得拟合公式，即·

$$k=2\times10^{14}\exp(-1.6\times10^{-3}I) \tag{4.28}$$

$$k=10^{-24}I^{6.28} \tag{4.29}$$

（4.28）式适用于 950～1250ft 全剖面，（4.29）式适用于 1024～1045ft 的层位（相当于岩相 2）。用此二公式得到了渗透率剖面（图 4.16）。1024～1045m 的黄色层位是高孔隙（30%～33%）、高渗透（1000～2000mD）的砂质碳酸盐岩。1075～1125m 的红色层位是带有粒间孔隙和晶洞的特高渗透率碳酸盐岩，孔隙度 40%～41%，渗透率 2000～10000mD。

4.1.2.3　渗透率与孔隙度关系 [93]

Pape 等根据孔隙空间的几何形态，如颗粒半径 r_g、有效孔隙半径 r_e、总孔隙体积 S_p、迂曲度 t_u、地层因子 F、岩性因子 a、胶结因子 m 等，测定了各种岩石的孔隙度与渗透率以及它们的关系，如图 4.17 所示，它们的拟合公式如下，对地震预测渗透率有参考价值。

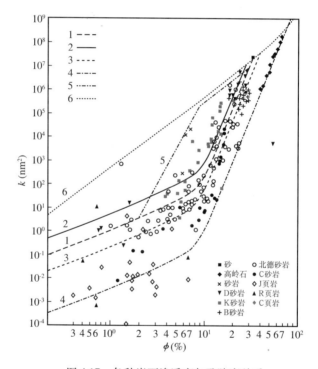

图 4.17　各种岩石渗透率与孔隙度关系

横轴—孔隙度；纵轴—渗透率；

曲线 1—砂岩；2—北德砂岩；3—泥质砂岩；4—页岩；5—极纯净砂岩；6—常用式；

D—Dogger；K—Keuper；B—Bunter；J—Jurassic；R—Rotliegend（砂岩产地名）；C—碳酸盐岩化

砂岩平均拟合公式（图中曲线 1）：

$$k=31\phi+7463\phi^2+191(10\phi)^{10} \tag{4.30}$$

德国北部 Rotliegend 砂岩（曲线 2）：

$$k=155\phi+37315\phi^2+630(10\phi)^{10} \tag{4.31}$$

泥质砂岩（曲线 3）：

$$k=6.2\phi+1493\phi^2+58(10\phi)^{10} \tag{4.32}$$

页岩（曲线 4）：

$$k=0.1\phi+26\phi^2+(10\phi)^{10} \tag{4.33}$$

极纯净砂岩（曲线 5）：

$$k=303(100\phi)^{3.05}, \quad \phi>0.08 \tag{4.34}$$

常用的关系式（曲线 6）：

$$k=0.5r_g^2\phi^3/(1-\phi)^2 \tag{4.35}$$

4.1.3 由纵横波速度比和孔隙度预测渗透率

4.1.3.1 孔隙度、渗透率与比表面积 S_s（specific surface）的关系

Kozeny1927 年就导出了一个渗透率、孔隙度和比表面积关系的方程，即 Kozeny 方程 (2.8) 式：

$$k_K=c\phi^3/S_s^2$$

或

$$S_s=(c\phi^3/k_K)^{1/2} \tag{4.36}$$

其量纲为：

$$[k]=[1/m]^{-2}=[m^2]$$

式中：k_K 是实际测量的但作过 Klinkenberg 校正（考虑滑脱效应的校正）后的克氏渗透率 (Klinkenberg Permeability)。

c 是 Kozeny 系数：

$$c=\left\{4\cos\left(\frac{1}{3}\cos^{-1}\left(\phi\frac{8^2}{\pi^3}-1\right)+\frac{4}{3}\pi\right)+4\right\}^{-1} \tag{4.37}$$

$\phi=0.05\sim0.5$ 时，$c=0.15\sim0.25$。S_s 是与全体积有关的有效比表面积（全体积内孔隙表面积与总体积之比，式中单位是 1/m，典型的应是 m^2/cm^3）。也可以求孔隙比表面积与孔隙体积比，即

$$S_p=S_s/\phi \tag{4.38}$$

或与固体颗粒体积比，即

$$S_g=S_s/(1-\phi) \tag{4.39}$$

或与总体质量比，称为 S_{gm}（m^2/g）。

4.1.3.2 渗透率与孔隙度的关系

统计了三个地区 114 个碳酸盐岩岩心样品的测定结果，S_s 及 S_p 比表面积随孔隙度增加而略有减小，只有 S_g 不随孔隙度而变。因此用固体颗粒体积的比表面积 S_g 的结果绘如图 4.18，图 b 说明 S_g 不随孔隙度而变，图 a 的 $k-\phi$ 关系就不受比表面积 S_g 的影响。图中 NS 是北海上下白垩系的白垩样品，ODP 是北东澳大利亚岸外大洋钻探计划 Leg194 井的新近纪生物灰岩白云石化灰岩样品，UC 是巴哈马钻井计划中 Unda 和 Clino 岩心中新近纪生物灰岩样品。可见渗透率随孔隙度升高而升高，趋势与 S_g 等值线一致，的确未受 S_g 影响。

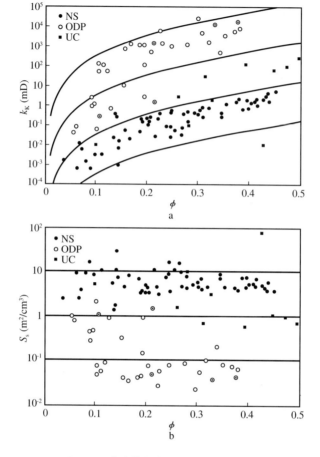

图 4.18　碳酸盐岩渗透率与孔隙度关系

a—渗透率与孔隙度关系；b—比表面积与孔隙度关系；
曲线（a 图）和横线（b 图）—S_s 等值线

4.1.3.3　纵横波速度比 γ 与颗粒比表面积 S_g 的关系

图 4.19a 是 γ 与 ϕ 的关系，虽然极其分散，还有大致的趋势，即

$$\gamma=-0.6\,\phi+1.82$$

γ 随 ϕ 的增高而降低，就是说孔隙度受纵横波速度比的影响较大。为了消除孔隙度的影响，对 γ 作线性变换，即用

$$\gamma(\phi)=\gamma-1.82+0.6\,\phi \tag{4.40a}$$

作纵轴绘制与 ϕ 的关系图，如图 4.18b 所示，趋势即不随 ϕ 而变。由此作 $\log(S_g\times m)$ - $\gamma(\phi)$ 图如图 4.20 所示。纵轴 S_g 乘以 m（米），抵消了原有单位 1/m，成为无量纲数。但 UC 数据（黑方块）远在直线外，可以基本排除（留少数点）。两者基本成线性关系，可得拟合公式，即

$$\log(S_g\times m)=-8.93(\gamma-1.82+0.6\,\phi)+6.39=22.6-8.93\,\gamma-5.36\,\phi \tag{4.40b}$$

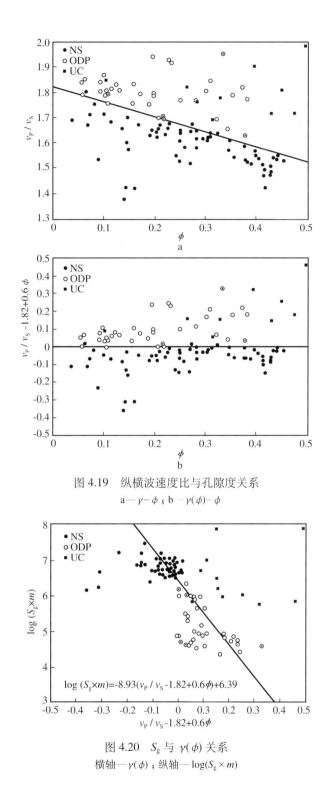

图 4.19　纵横波速度比与孔隙度关系

a—$\gamma-\phi$；b—$\gamma(\phi)-\phi$

图 4.20　S_g 与 $\gamma(\phi)$ 关系

横轴—$\gamma(\phi)$；纵轴—$\log(S_g \times m)$

4.1.3.4　由样品所得 γ，ϕ 预测渗透率

用（4.40b）式，由纵横波速度比和孔隙度求得比表面积 S_g，再用（4.39）式，由 S_g 和 S_s 求得孔隙度，再利用关系式（4.36），由孔隙度和比表面积求得渗透率 k_K。这样我们就有了两组渗透率，一组是由实际测定的孔隙度和比表面积用（4.36）式直接计算并经克氏校

正过的渗透率 k_K，一组是用经验公式（4.40）由纵横波速度比及孔隙度经由比表面积预测得渗透率 k_K'。两者对比如图 4.21。可见图 a 中除少数 UC 区点外，基本在对角线上但有少量偏离。b 中增加了两组试验数据（T_1 和 T_2），基本在对角线两侧。偏离的原因可能是骨架岩性和孔隙类型所致，因此把骨架分成了两组：一组是泥状灰岩（包括泥屑灰岩、粒泥灰岩、泥粒灰岩和悬粒灰岩），另一组是少泥状灰岩（包括粒结灰岩、砾状灰岩、粒状灰岩和所有重结晶样品）。这两者都绘于图 4.22，前者是图 a，后者是图 b。可见泥状灰岩预测结果较好，但其中晶洞灰岩较差（图 a）。另外单独用纵横波速度比或用纵波速度都不能预测渗透率，如图 4.23 所示，无规律可寻。

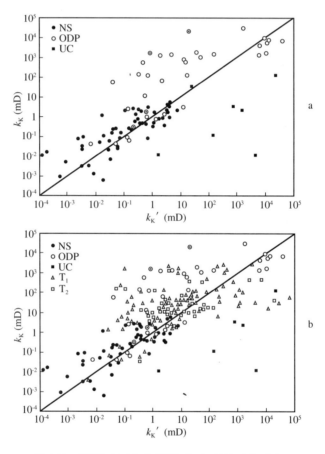

图 4.21　预测（k_K'）与测量（k_K）的渗透率对比

a—三区结果；b—外加 T_1、T_2 两组测试数据

4.1.3.5　由地震所得 γ，ϕ 预测渗透率

为了有更好的效果，直接由地震资料提取渗透率信息有极大的诱惑力。上面是用岩心标本测定所得结果，我们可以引申出由地震资料预测渗透率的一个方法，步骤如下：

（1）求孔隙度 ϕ。可用 [8] 中介绍的最优化方法，由 Lark RP 软件系统求得孔隙度剖面。

（2）求纵横波速度比 γ。可用转换波勘探求得 v_P、v_S 数据体，从而得 γ 数据体和所需剖面 [13]；也可用 Zoeppritz 精确公式由所得 AVO 作广义线性反演，可得 v_P、v_S、γ 和 σ 剖面 [8]。

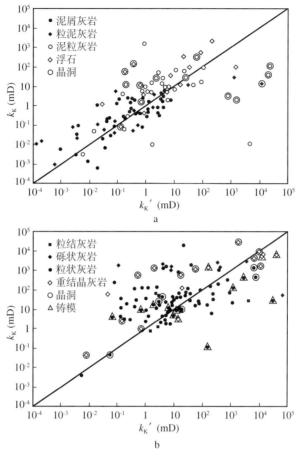

图 4.22　灰岩骨架分类 $k-k'$ 对比

a—泥状灰岩　b—少泥状灰岩

（3）求 $S_g=f(\phi, \gamma)$ 经验公式。（4.40b）式是由当地碳酸盐岩样品测得的，一般不会符合你所研究的地区，因此应用所研究区的实际样品测定 $v_P/v_S=\gamma$、ϕ、k、S、S_g，然后作各种拟合，在 $k-k'$ 拟合相关 $R^2 \geqslant 0.75$ 的条件下得到该类似（4.40a）式的拟合公式（4.40b）式。

测定 ϕ、k、S_s、S_g 要充分利用岩心、标本、样品，求得目的层不同岩性的这些参数的统计分布图和各种平均值，以便校验由地震反演所得结果。

（4）求 S_g。用（4.40b）式，通过 ϕ, γ 剖面求得 S_g 剖面。

（5）求 S_s。用（4.39）式通过 S_g 和 ϕ 剖面求得 S_s 剖面。

（6）求 c 值。用（4.37）式通过 ϕ 剖面求得 c 剖面。

（7）求 k。用（4.36）式通过 c、ϕ、S_s 剖面求得 k_K 剖面。

（8）最终得渗透率 k 的三维数据体。

（9）对三维数据体作地质修饰、校正和解释。

（10）勾画出高渗透率储层圈闭或高渗透率裂缝发育带。

在整个计算过程中要充分注意核实地震反演的每一个参数与样品实测结果的一致性以及误差传递结果的总误差与容许值的差距。

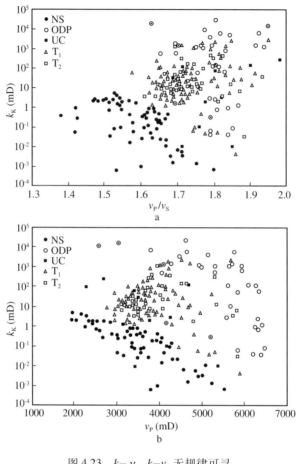

图 4.23　$k-\gamma$，$k-v_P$ 无规律可寻

a—$k-\gamma$；b—$k-v_P$；

T_1，T_2—新增测试数据

4.1.4　由孔隙介质的能量损耗直接求取渗透率

近年来 TLE 和 Geophysics 有几十篇有关渗透率的文章，许多都是由地质岩心和测井获得的参数，有的是由孔隙度、地层因数（electrical formation factor）和核磁共振的弛豫时间求取渗透率，有的是由孔隙度或孔隙半径的几何分布、它的分数维及迂曲度来计算渗透率。鲜有由地面地震资料直接预测渗透率的文章。虽然如此，但能提高由测井所得渗透率值的精确度，这就间接提高了由地震求取渗透率的可靠性。因为由地震求取渗透率必须有测井的渗透率数据作借鉴和约束。这些都给由地震求取渗透率以极大的鼓舞和启发，我们可以据此作进一步思考。

4.1.4.1　弛豫频率 f_r 与渗透率的关系 [95]

4.1.4.1.1　本征吸收与散射吸收

我们知道渗透率与吸收关系极其密切，要求取渗透率可以考虑从吸收着手。一般由地震波振幅衰减所算得的为视吸收系数，其中包括散射吸收（scattering attenuation，Q^{-1}_{sc}）和本征吸收（intrinsic attenuation，Q^{-1}_{in}），要消除散射吸收后才是表征岩石对地震波能量衰减的本征吸收系数。经过多位学者用不同频率（Sato 等用 1 ~ 10Hz，Feustel 等用 1kHz，Sams 等用 100Hz 至 10kHz）估计散射吸收结果都符合简单的定律，即

$$Q^{-1}_{sc} / Q^{-1} = f^{-0.3} \tag{4.41}$$

式中：Q^{-1} 为总视逆品质因素或总损耗。

4.1.4.1.2　波长尺度－Biot 吸收的弛豫频率

由 2.2 节我们知道地震波在储层中传播时能量会在多个尺度上受到损失：波长尺度（大尺度），不均匀性尺度（中尺度），颗粒尺度（微尺度）。即本征吸收系数包括三部分：大尺度、中尺度和微尺度。大尺度吸收是在一个波长范围内波从激发到平复或说压力差达到均衡的一个周期 $T=1/\lambda$ 内所损失的能量，所需时间就是均衡时间或弛豫时间 τ（relaxation time）；弛豫时间与尺度的平方成正比，与弥散系数成反比，不管是哪一种尺度；而对于波长尺度，它等于

$$\tau = \lambda^2/D \tag{4.42}$$

式中：λ 是波长；D 是孔隙压力弥散系数（pore-pressure diffusivity）；而弥散系数与流体弹性模量 M_f 及渗透率 k 成正比，与流体黏滞系数 η_f 成反比，即

$$D = M_f k / \eta_f \tag{4.43}$$

式中：弹性模量 M_f 也可称作流体储存系数（fluid-storage coefficient），近似于饱和流体的体积摸量 K_f 与孔隙度 ϕ 的比，即

$$M_f \approx K_f / \phi \tag{4.44}$$

这样弥散系数就成为

$$D = \frac{K_f k}{\eta_f \phi} \tag{4.45}$$

波长可以写为

$$\lambda = \frac{v}{f} = \sqrt{\frac{P}{\rho}} \frac{1}{f} \tag{4.46}$$

式中：P 是岩石纵波弹性模量；ρ 是密度。将 D、λ 值代入（4.42）式可得

$$\tau = \frac{P}{\rho} \frac{1}{f^2} \frac{\eta_f \phi}{K_f k} = \frac{P}{\rho} \frac{\eta_f}{M_f k} \frac{1}{f^2} \tag{4.47}$$

脉冲波各频率能量的衰减不一样，能量的最大损失（用 Q^{-1} 衡量），即峰值损耗发生在周期等于弛豫时间，即 $1/f = \tau$ 时，这时的频率 f 就是弛豫频率 f_r，即

$$\frac{1}{f_r} = \tau = \frac{P}{\rho} \frac{\eta_f}{M_f k} \frac{1}{f_r^2} \tag{4.48a}$$

因此有

$$f_r = \frac{P}{M_f} \frac{\eta_f}{\rho k} \tag{4.48b}$$

或

$$f_{r1} = \frac{P}{\rho} \frac{\eta_f \phi}{K_f k} = v_p^2 \frac{\eta_f \phi}{K_f k} \tag{4.49}$$

它的量纲如下：

$$[f_{r1}] = [km \cdot s^{-1}]^2 [mPa \cdot s][GPa]^{-1}[mD]^{-1}$$

$$= [10^{10}cm^2 \cdot s^{-2} \cdot 10^{-3} \cdot 10g \cdot cm^{-1} \cdot s^{-2} \cdot s][10^{-10}g^{-1}cm^1s^2][10^3 10^8 cm^{-2}]$$

$$= [10^9 \cdot g^0 \cdot cm^0 \cdot s^{-1}] = G/s = GHz$$

量纲正确预示公式正确。式中 f_{r1} 是指大尺度下的弛豫频率。

我们将它与 Biot[6] 的特征频率 f_c 对照一下可以发现一个有趣的现象。Biot 的特征频率 (2.49) 式为

$$f_c = \frac{\eta_f \phi}{\rho_f k} = \frac{K_f}{\rho_f} \frac{\eta_f \phi}{K_f k}$$

Biot 的特征频率分母中的 2π 已去掉，即都换成了圆频率。我们将两者比较一下得

$$\frac{f_{r1}}{f_c} = \frac{P}{\rho} \frac{\rho_f}{K_f} = \frac{v_{P1}^2}{v_{P2}^2} = \gamma_r^2$$

或

$$f_c = \gamma_r^{-2} f_{r1} \tag{4.50}$$

式中：$v_{P1} = (P/\rho)^{1/2}$ 为快纵波速度；$v_{P2} = (K_f/\rho_f)^{1/2}$ 为慢纵波速度；$\gamma_r = v_{P1}/v_{P2}$ 为快慢纵波速度比。

即 Biot 的特征频率就是（快纵波）波长尺度上吸收的弛豫频率除以快慢纵波速度比平方。或者说 Biot 的特征频率就是慢纵波波长尺度上吸收的弛豫频率，这从式（4.50）的对称形式中可以明显地看出来。因此 Biot 吸收只是慢纵波波长尺度上的吸收。

4.1.4.1.3　不均匀尺度—中尺度吸收的弛豫频率

这种不均匀性有细小砂泥岩夹层、低渗透砂岩节理、裂缝，碳酸盐岩裂缝，砂岩中的疏松团块，饱和流体中的"补丁"等。在其中地震波的压力响应会大于其周围较硬岩石，流体压力均衡就有新的模式。假定这种不均匀尺度为 L，则当弛豫时间 $1/f$ 等于 L^2/D 时能量有最大的损耗，这时有弛豫频率为

$$f_{r2} = \frac{D}{L^2} = \frac{K_f k}{L^2 \eta_f \phi} \tag{4.51}$$

很明显，中等尺度吸收弛豫频率与渗透率成正比，正好与大尺度相反，大尺度吸收弛豫频率与渗透率成反比。

Pride 等 2003 年对这种不均匀尺度的损耗作过模型试验和计算。他们假设了一种双孔隙度—双渗透率系统，一种孔隙是在刚性材料之中，其渗透率为 10mD；另一种是在软的和可渗透材料之中，软性材料只占总体积的 1.5%。孔隙都是小的球体，软性材料中的直径为 a_2，当 a_2=1mm,1cm,10cm 时的速度波散和吸收示于图 4.24。a_2 相当于尺度 L，a_2 (L) 愈小，弛豫频率（峰值频率）愈大，从（4.51）式及图 4.24 都可看出来。在损耗曲线上有一次峰位于 500kHz 处，是大尺度 Biot 损耗的反映。

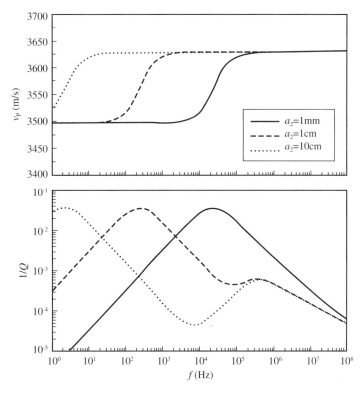

图 4.24 中等（不均匀）尺度的波散和吸收
横轴—频率；纵轴—上速度、下损耗

4.1.4.1.4 微尺度—颗粒尺度吸收的弛豫频率

微尺度—颗粒尺度损耗主要是喷流损耗，详见（2.2.5）节。这时压力均衡的尺度是喷流特征长度 R；如果是微裂隙，则 R 就是微裂隙长度。也是周期（频率 f 的倒数）等于弛豫时间 τ 时有峰值损耗，这时的频率就是弛豫频率 f_{r3}：

$$\frac{1}{f_{r3}} = \tau_3 = \frac{R^2}{D_f} \tag{4.52}$$

式中：τ_3 是微尺度损耗的弛豫时间，当然 τ_1 和 τ_2 就是大尺度和中尺度损耗的弛豫时间。D_f 是流体压力弥散系数（fluid pressure difusivity），即

$$D_f \approx \frac{K_f h_{fr}^2}{\eta_f} \tag{4.53}$$

式中：h_{fr} 是微裂隙孔径；K_f 是流体体积模量。

因此微尺度弛豫频率为

$$f_{r3} = \left(\frac{h_{fr}}{R}\right)^2 \frac{K_f}{\eta_f} = \frac{K_f a^2}{\eta_f} \tag{4.54}$$

式中：h_{fr}/R 就是微裂隙的横纵比 a（microcrack aspect ratio）。这个式子表明了一些有趣的现象：

（1）微尺度弛豫频率与渗透率无关，是因为流体压力弥散系数与渗透率无关，因而不能用来预测渗透率。

（2）因为水的 $K_f / \eta_f = 10^{12}$Hz，因而只有当微裂隙的横纵比 $a = h_{fr}/R \leqslant 10^{-5}$ 时，弛豫频率才会落在地震勘探频段内。不同的流体，要有不同的横纵比，峰值频率才会处于地震勘探频段内。而随着横纵比的减小，微裂隙体积减小，吸收也随之减小。

（3）微尺度弛豫频率与流体黏滞系数成反比，正好与大尺度 Biot 损耗相反；后者的弛豫频率与流体黏滞系数成正比（4.48 式）。这正好说明了文献 [20] 中关于 BISQ 模型的一张图（图 4.25），这是在高孔隙砂岩中试验结果：Biot 模型的弛豫频率（$Q^{-1}-f$ 曲线的峰值）随黏滞系数的减小而减小，而喷流（Squit）模型的弛豫频率则随黏滞系数的减小而增大；BISQ 模型则有较复杂的情况，除主峰与喷流模型基本相同外，低黏滞系数还有一次峰，趋向较小频率。

BISQ 模型只考虑了波长尺度（Biot）和微尺度（Squit，喷射）的能量损耗，而没有考虑中等尺度（裂缝等不均匀性）的能量损耗。从图中我们还可以看到下列几点：

（1）三种模型的弛豫频率都大于 10^5Hz，都远大于地震勘探频段，不是地震勘探所能测知的。这是因为试验的孔隙流体不是低黏滞性的水，颗粒微裂隙的横纵比也不是很小。

（2）Biot 模型测得的损耗远小于喷射模型，即用 Biot 模型所求得的吸收系数远小于实际的吸收系数。笔者在参考文献 [8] 中计算了一个实际例子，用 Biot 公式所得损耗比实际要差几个数量级。

4.1.4.2 由弛豫频率预测渗透率方法的思考

4.1.4.2.1 地震频段内的弛豫频率

从上可知，利用大尺度和中尺度弛豫频率 f_{r1} 和 f_{r2} 公式（4.49）和（4.51）有可能预测渗透率。f_{r1} 与 k 负相关而 f_{r2} 与 k 正相关，两者正好相反。哪一个能落在地震勘探频段内？我们来看一个砂岩储层的例子，看它的三个尺度的弛豫频率和 Biot 参考频率是怎样的。它的各种参数如下：孔隙度 20%，快纵波速度 $v_{P1} = (P/\rho)^{1/2} = 2500$m/s，原油（含气）体积摸量 $K_f = 2$GPa，黏滞度 $\eta = 1$mPa·s，密度 $\rho_f = 0.7$g/cm³，储层渗透率 $k = 1000$mD，储层不均匀性尺度 $L = 1$m，微裂隙横纵比 $h_{fr}/R = 10^{-2}$，则对于波长尺度、不均匀性尺度、微裂隙尺度和 Biot 参考频率分别有：

$$f_{r1} = \frac{2500^2 \times 1 \times 0.2}{2 \times 1000} = 625\text{kHz} = 0.625\text{MHz}$$

$$f_c = \frac{1 \times 0.2}{0.7 \times 1000} = 2.86 \times 10^{-4}\text{GHz} = 0.286\text{MHz}$$

$$f_{r3} = \frac{10^{-4} \times 2}{1} = 2 \times 10^{-4}\text{THz} = 0.2\text{GHz}$$

$$f_{r2} = \frac{2 \times 1000}{1 \times 1 \times 0.2} = 10000\text{mHz} = 10\text{Hz}$$

从上可知只有中尺度弛豫频率落在地震勘探频段内。下面再举两个例子，如表 4.4 所列。

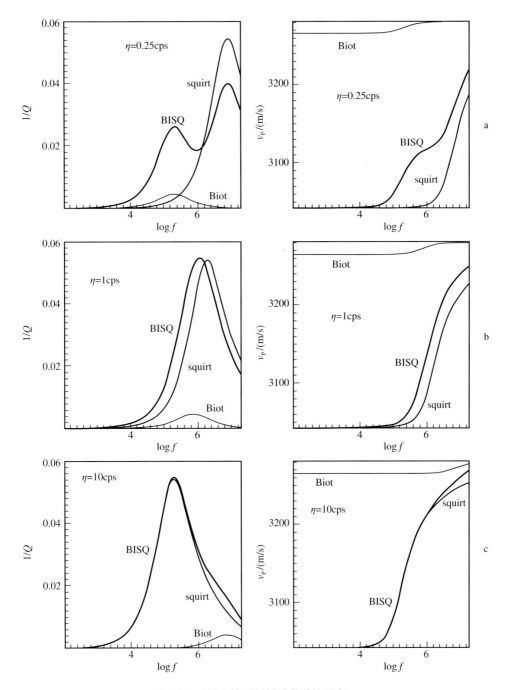

图 4.25　BISQ 模型损耗随黏滞性而变

左—损耗；右—波散；

a—$\eta=0.25$；b—$\eta=1$；c—$\eta=10$cps

表 4.4　不同特性岩石的弛豫频率

例	v_P (m/s)	ρ_f (g/cm³)	η_f (mPa·s)	K_f (GPa)	ϕ	k (mD)	L (m)	h_{fr}/R	f_{r1} (Hz)	f_{cc} (Hz)	f_{r2} (Hz)	f_{r3} (Hz)
1	2000	0.7	1	2.0	0.20	1000	0.1	0.1	0.4M	286k	100	20G
2	2600	0.8	10	1.5	0.15	100	1.00	0.01	67.6G	19k	0.1	15k

由上述分析可见各尺度弛豫频率的巨大差别。只有在不均匀性尺度时最大能量衰减才发生在地震频段内，也就是说在地震资料内的确包含有渗透率信息，它与由夹层、裂隙、包裹体、补丁等引起的储层不均匀性而造成的吸收有关。它的弛豫频率随渗透率及流体体积模量的增大而增大，随流体黏滞系数、孔隙度和不均匀尺度的增大而减小。在波长尺度和微裂隙尺度产生的最大吸收不在地震频段内，实验室内用超声波测量时可于考虑。另外也说明，Biot 公式只考虑了相当慢波长尺度的吸收，这是用 Biot 公式估算吸收系数偏低的主要原因。

4.1.4.2.2　利用不均匀性尺度的弛豫频率公式来提取渗透率信息

由式（4.51）有

$$k = \frac{f_{r2} L^2 \eta_f \phi}{K_f} \tag{4.55}$$

只要知道最大吸收发生时的频率 f_{r2}，不均匀性尺度 L，流体的黏滞系数 η_f 和体积摸量 K_f 以及储层的孔隙度 ϕ，就可以得到渗透率数据。

4.1.4.2.3　怎样求取不均匀尺度下的弛豫频率 f_{r2}

首先要确定所求的是不均匀尺度下的损耗。由于我们用的是地震勘探频段的数据，它的弛豫频率必然是不均匀尺度损耗的弛豫频率，大尺度和微尺度的弛豫频率都在几千赫兹以上，不会与中尺度弛豫频率混淆。不同频率下的损耗不同，有最大损耗的那个频率就是弛豫频率。我们设想采取下列步骤：

（1）首先要得到不同频率地震波的振幅，这可以用分频扫描的办法得到。我们对一个工区的宽频保幅偏移三维地震资料进行了试算，用的分频段是：8 ~ 120Hz 共分至少 16 个频段，每个频段取其中点为指示频率。

（2）对每一分频数据体作 Q 分析，得到至少 16 个分频 Q 数据体 Q_f。

（3）求倒数得损耗 Q_f^{-1} 数据体。

（4）注意至此所得是总视逆品质因素或总损耗，要从其中减去散射损耗 $Q_f^{-1}{}_{sc}$ 才是本征损耗 $Q_f^{-1}{}_{in}$，即

$$Q_f^{-1} - Q_f^{-1}{}_{sc} = Q_f^{-1}{}_{in}$$

利用（4.41）式可得

$$Q_f^{-1}{}_{in} = Q_f^{-1} - f^{-0.3} Q_f^{-1} = （1 - f^{-0.3}）Q_f^{-1} \tag{4.56}$$

（5）在上述数据体中抽取 2 条过井线 L128 及 Arb2 的剖面。L128 线过 9 号井，任意线 Arb2 将 9 井与 105 井、102 井、109 井及 114 井连接起来。各井有已知渗透率数据，可作控制和鉴定。对此二线剖面开时窗，在时窗内求各道 $Q_f^{-1}{}_{in}$ 的平均值。将 $Q_f^{-1}{}_{in}$ 作纵坐标，f

作横坐标绘制各道本征损耗随频率的变化曲线 $Q_{\mathrm{f}}^{-1}{}_{in}-f$ 图。

（6）求取 $Q_{\mathrm{f}}^{-1}{}_{in}-f$ 曲线上的极大值得各道各时窗（各储层或各标准层）不均匀尺度弛豫频率 f_{r2}，它必然位于地震频段内。

4.1.4.2.4　怎样求不均匀尺度 L

有人建议用层速度剖面。这是不可能的，因为速度剖面道间距最小也可能有 5m，而 L 显然小于 5m，甚至只有 1cm。因此我们试用已知井反算。如 9 井 K_{1tg} 层深度在 1794 ~ 1797m 的渗透率平均为 780mD。由式（4.51）有

$$L = \left(\frac{K_{\mathrm{f}}k}{f_{r2}\eta_{\mathrm{f}}\phi} \right)^{1/2} \tag{4.57}$$

由 9 井储层和流体取得参数 K_{f}、η_{f}、ϕ，用 L128 剖面相应深度时窗求得的 f_{r2} 代入就可算得 L。为了准确，可用不同井不同剖面多求一些 L 值，统计平均求得一个合理的 L 值。

4.1.4.2.5　预测渗透率

用上述测得的 K_{f}、η_{f}、ϕ 及 L 值，对 L128、Arb2 等剖面上相应时窗求得的 f_{r2} 值代入（4.55）式可以求得 k 值，与已知各井中渗透率值对比，就可知道所得 k 值是否合理，精度如何，此法是否适用。如果精度合适，就可推广到整个三维数据体中的该层。对每一目的层都可以这样做。

4.1.5　在碳酸盐岩中区分宏观和微观孔隙度以减少预测渗透率的不确定性 [118]

4.1.5.1　将孔隙度区分为宏孔隙度（macroporocity）ϕ_{M} 和微孔隙度 ϕ_{m}（microporocity）

岩心或测井测定的孔隙度为总孔隙度（total porocity），总孔隙度中不是全部空间都可有流体流动，因为连接孔隙的有孔喉，它们是毛细管级的，流体不能自由流动；还有迂曲度效应也会影响流动空间。碳酸盐岩有两类孔隙分布，一类是溶孔和印模孔隙，一类是晶间和骨架间空隙；它们又可以划分为宏孔隙和微孔隙。Anselmetti 等 1998 定义了它们的界线："孔隙面积 500μm²，孔隙长度大致 20μm，大致是薄片的厚度，也是光学显微镜的分辨率。"大于此的就是宏孔隙，也就是说，光学显微镜观测到的就是宏孔隙，不可观测的就是微孔隙。总孔隙中减去薄片观测到的宏孔隙就是微孔隙。

4.1.5.2　将宏孔隙区分为大孔隙和小孔隙

先定义一些孔隙参数：

孔隙形态因子（pore shape factor）r_{p}：在给定的孔隙谱中最大孔隙的平均圆度（roundness of the largest pores，Anselmetti 1998 年原定义符号为 γ）；

主孔隙平均大小 S_{D}（dominent pore size，单位 μm，Weger 2004 年定义给的符号为 DOMsize）；

周面比 P/A_{P}（Weger 2004 年定义为标准化的周长与面积的比，用符号 P/Apor 表示），愈大迂曲度愈高。

图 4.26 用这些参数作聚类分析，将碳酸盐岩宏孔隙度分为两类：一类是大而简单的孔隙，如图中红点所代表的，它的特点是周面比小而主孔隙可以很大；一类是小而复杂的孔隙，如图中黑点所代表的，它的特点是主孔隙小而周面比大。

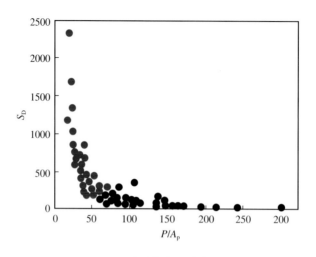

图 4.26　碳酸盐岩孔隙度分类

横轴—周面比；纵轴—主孔隙大小；红点—大孔隙，大而简单孔隙；黑点—小孔隙，小而复杂孔隙

4.1.5.3　用宏孔隙度减小预测渗透率和速度的不确定性

图 4.27a 是宏孔隙度与克氏渗透率的关系，b 是总孔隙度与克氏渗透率的关系。可见用宏孔隙度预测渗透率不确定性比总孔隙度要小近两个数量级。小孔隙度（黑点）渗透率小于 100mD。

顺便可以看到用微孔隙度预测纵波速度不确定性也比总孔隙度降低很多。特别是大孔隙度（红点）收敛得多（图 4.28）。

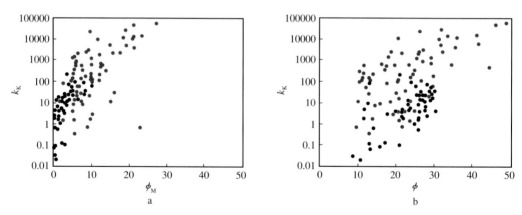

图 4.27　渗透率与孔隙形态的关系

横轴—a.宏孔隙度，b.总孔隙度；纵轴—克氏渗透率；
红黑点—同图 4.26

4.2　孔隙度

孔隙度是石油地质中一个基本参数，也是孔隙弹性介质中的一个核心参数，它与孔隙弹性介质中的多个参数有着不可分割的联系。从地震数据中预测或提取孔隙度参数无论从预测油气本身还是从推测其他参数的作用来说都是十分重要的。由于它的重要性我们能在许多文献中看到它，因此在这里没必要重复许多基本的论述，只介绍一些最新的预测实例、方法和观点。

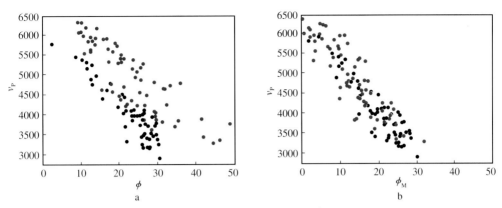

图 4.28　用微孔隙度预测速度

横轴—a.总孔隙度，b.微孔隙度；纵轴—纵波速度；

红黑点—同图 4.26

4.2.1　用 Monte Carlo 法由波阻抗估计孔隙度 [104]

4.2.1.1　理论和方法

通常有了测井中的波阻抗（由速度、密度测井得到）和孔隙度数据（如图 4.29）就可交会得到拟合曲线，如图 4.30 所示，并得到拟合公式：$\phi=f(I)$。这是一个确定性公式，即 $I-\phi$ 一一对应。然后有了地震反演的波阻抗剖面乃至三维数据体，就可由此一一对应求得孔隙度剖面乃至三维数据体。问题是，正如图 4.30 所展示的，有许多误差。测井所得 $I-\phi$ 点是很分散的，它与图中 Willie 理论曲线有差，即使与本身的拟合曲线也有差。这些点的差有一个分布曲线，就是概率分布曲线；点子非常多时就成连续曲线，得到概率密度曲线。通常是高斯分布，会有一个方差，表示点子分散的程度即误差的大小。不仅如此，测井只是剖面上乃至区域内的个别点，这个别点上的对应关系外推时又会产生新的误差。而波阻抗反演本身也有误差，也有误差分布曲线或概率密度曲线。波阻抗—孔隙度就不是一一对应关系，而是 $I+\Delta I \rightarrow \phi+\Delta \phi$ 的映射关系，是一种概率统计关系。一个有误差的波阻抗数值，通过一个有误差的拟合公式，还要外推到未知地区，这要投影成一个怎么样的，带有多少误差的孔隙度算是最准确的呢？这个问题用 Monte Carlo 法可以得到合理的解决。这是一种概率统计估计方法，它首先要建立一个简单的便于实现的符合目标的概率统计模型。反演求解这个模型就能得到我们所需的合理的答案。

对于每一个叠加道定义一个具有参数 $m=\{m_l, m_p\}$ 的模型，这是每一个模型层的波阻抗序列和总孔隙度序列的集合。将求解问题写成包含有各个概率密度函数项的后验概率密度的形式，即

$$\sigma(m_{I,}\ m_p) = cL(m_I)\pi(m_I|m_p)p(m_p) \tag{4.58}$$

这个后验概率密度是地震和石油物理信息综合的结果，这些信息由上式右端的各因数所描述。其中 $L(m_I)$ 是地球物理似然函数（由于是多点误差，要用联合概率密度，即 $\prod\limits_{i=1}^{n}p(m_{Ii})$，即似然函数）。它根据井中合成地震道与井旁地面地震道的误差和误差的高斯分布假设来模拟，核心是波阻抗误差。$\pi(m_I|m_p)$ 是石油物理似然函数，根据井中已知孔隙度（下标 p）时波阻抗（下标 I）的偏差（如图 4.29）确定，是已知孔隙度条件下波阻抗的条

件概率密度。假定总孔隙度与波阻抗的关系适合 Willie 模型，即时间平均方程为

$$\frac{1}{v_P} = \frac{\phi}{v_f} + \frac{1-\phi}{v_m} \qquad (4.59)$$

$$\rho = \phi \rho_f + (1-\phi) \rho_m \qquad (4.60)$$

式中：下标 f、m 分别代表孔隙流体和骨架。纵波阻抗 $I_P = \rho v_P$。波阻抗偏差就是指图 4.30 中与 Willie 理论曲线的偏差，这个偏差服从多变量高斯分布。由区中所有测井资料可描述符合协方差函数的空间特征，并将其包含进这个因数的统计模型。$p(m_p)$ 是孔隙度的先验概率密度，由测井资料确定。将它模拟成一个对数孔隙度的多变量高斯函数，具有由测井数据特征确定的常数平均值和方差。c 是归一化常数，为使后验概率密度的解直接是孔隙度的统计估计值。

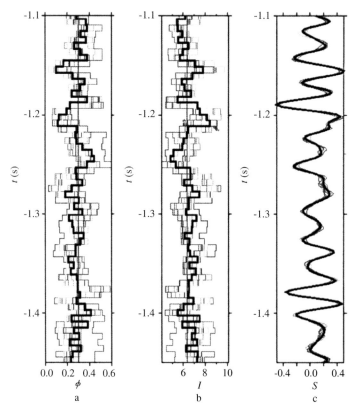

图 4.29　孔隙度和波阻抗反演结果
a—孔隙度；b—声阻抗；c—地震道；纵轴—地震双程时；
彩色—8 个结果对；黑方波—后概率样品链

　　求解后概率密度的反问题时用抽样法（sampling approach），即构建一个算法会产生大量实际的孔隙度－波阻抗数据对，它们在一定的偏差范围内符合地震数据和石油物理信息。把这一算法逐道进行。这个抽样法是综合不同的马尔科夫（Markov）链的 Monte Carlo 技术，以适应（4.58）式给出的概率密度结构。实际孔隙度的高斯时间分布是用通常的协方差矩阵法的平方根由先验概率密度 $p(m_p)$ 产生的。相关的波阻抗是由求得的孔隙度的 Wyllie

变换加上由给出的多变量高斯偏差，用上面提到的方法产生的。最后，地球物理似然函数 $L(m_l)$ 的评价和后验概率密度的抽样用了 Metropolis 算法 [108]。

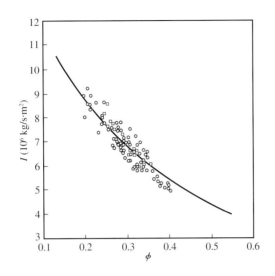

图 4.30　井中孔隙度和波阻抗数据与理论曲线的关系
横轴—孔隙度；纵轴—波阻抗；
曲线—由 Willie 关系算得；散点—测井数据（不同井不同色）

4.2.1.2　反演结果

把这一方法应用于东委内瑞拉一个油田的地震和测井资料，并选定一个储层中的标准层，厚 6ms，相当于地震信号主周期的 1/4。为了提取子波与反演结果比较，用地震测井资料将测井数据作了深时转换。根据测井和地震资料提取了震源波形用于反演。容许所估计的震源函数有较大变化以适应每一道，包括后验概率密度公式中的其他因数，也包括所估计的震源函数偏差的高斯时间分布。容许震源函数相对于测井估计的函数振幅标准偏差为10%。

这个方法中的抽样技术是用于每一道，也就是说各道是相互独立的。每一道可以产生无数波阻抗—孔隙度"结果对"(realizations)。我们将这个"结果对"链的初始模型确定为一个常数孔隙度和波阻抗。经过多次迭代后进入"烙印周期"(burn-in period, 也就是即将收敛的一轮迭代)，数据链收敛，并开始依照后概率密度在模型空间中抽样。在抽样阶段，也即烙印周期以后产生的结果对用来构建模型参数最后的统计值。

图 4.29 显示了井旁 CDP 道在抽样阶段由方块化曲线中截出的 8 个结果对。它们指出了模型的主要面貌，可识别出孔隙度高和低带，以及模型参数的变化。由这些模型算出的所有相应的地震道在数据的一个不确定性范围内与观察的叠加道相吻合。在反演的时间层内所有道振幅范围的 5% 定为数据的不确定性。总孔隙度与波阻抗的所有结果对也符合由测井数据定义的这两种物性的统计关系，如同图 4.31 所介绍的，图中实曲线实际是 willie 变换。这个图中显示的孔隙度和波阻抗就是图 4.29 中的结果对。

在井位处反演的统计结果综合示于图 4.32。图中显示了每个时间层的孔隙度和波阻抗的累积概率分布。这些概率是由在抽样链中产生的所有结果对的频率组分算得的。这累积分布指明了真实值的概率小于横轴的值，完全描述了模型参数的边界概率。这个方法的最

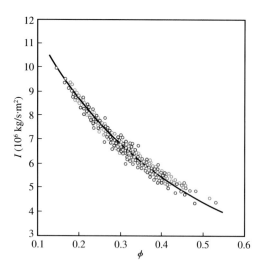

图 4.31　反演结果孔隙度与声阻抗交会图
横轴—孔隙度；纵轴—声阻抗；
彩色—图 4.29 中 8 个结果对数据

佳估计由在链的抽样阶段得到的结果对的平均值给出，如图中的黑色方块化曲线所示。为了比较，图中也显示了由测井算得的结果，用红色方块化曲线标明。对比可知，这个反演方法可成功地区分孔隙度的低和高，及波阻抗的高和低，以及它们的定量数值。由随机抽取的一个结果对的反演道显示为黑色道，与红色的地面叠加道对比，可见吻合度较高。

图 4.33 显示了通过井位的最终反演结果的孔隙度和波阻抗剖面，重叠有地震剖面。图中显示了地层这些特性的连续性和变化与地震信号相对应。图中由测井计算的波阻抗和孔隙度重叠在图上，与反演结果相关得很好。也可看出 a 图偏蓝的低阻抗相应于 b 图偏红的高孔隙度。

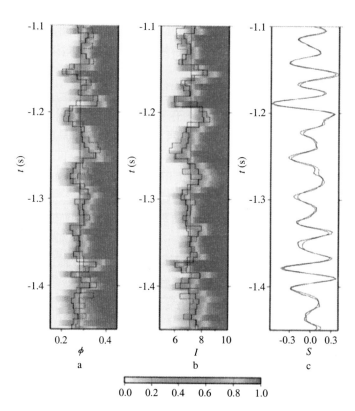

图 4.32　井旁孔隙度和波阻抗的累积概率分布
a—孔隙度；b—波阻抗；c—地震道；
色标—累积概率；黑线—最佳估计；红线—测井算得；
红色曲线—叠加道；黑色曲线—随机反演道

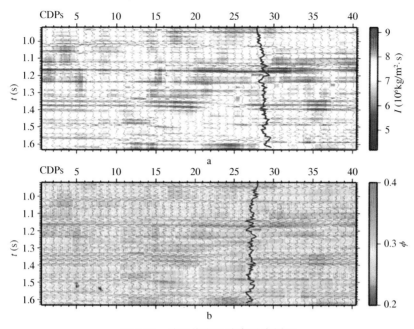

图 4.33　波阻抗和孔隙度反演剖面

a—波阻抗；b—孔隙度；色标—红高蓝低；图底曲线—地震道

4.2.2　由碳酸盐岩速度估计孔隙度

4.1.5 节中介绍了在碳酸盐岩中区分宏孔隙度与微孔隙度可以减少预测速度的不确定性。这里从另一个角度考虑孔隙形态对速度的影响。

4.2.2.1　孔隙度与速度的关系 [105]

图 4.34 是碳酸盐岩储层中孔隙度与速度的交会散点图，可见点子比较分散。由于碳酸盐岩胶结很好，因此颗粒接触弹性相对于别的参数诸如矿物组分和孔隙几何形态的影响就不那么重要 [109]。岩性变化的影响比起孔隙几何性质—形态和大小的影响也是小的 [110]。再者，由于波长远大于孔隙大小，在声波和地震频段孔隙大小比起孔隙几何形态的影响也可忽略 [109]。因此可以合适地假定在图 4.34 中点子的分散主要是因为孔隙形态的影响。

所以在估计碳酸盐岩岩石弹性—速度的有效介质模型中考虑孔隙形态因素是必需的。有了合理的速度估计才有合理的孔隙度估计。

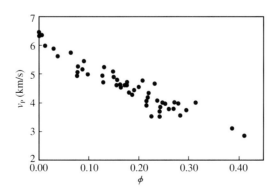

图 4.34　孔隙度—速度关系

横轴—孔隙度；纵轴—纵波速度

4.2.2.2　差异有效介质（Different Effective Medium—DEM）模型

考虑几何因子对弹性模量的影响，建立一种双相介质模型：在骨架（相 1）中的孔隙（相 2）逐渐增加，它的有效体积模量 K 和有效切变模量 μ 用下式计算，即

$$K(\phi + d\phi) = K(\phi) + \frac{1}{3}\left[K_f - K(\phi)\right]\sum_i \phi_i G_1 \frac{d\phi_i}{1 - \phi_i} \tag{4.61}$$

$$\mu(\phi + d\phi) = \mu(\phi) + \frac{1}{5}\left[\mu_f - \mu(\phi)\right]\sum_i \phi_i G_2 \frac{d\phi_i}{1 - \phi_i} \tag{4.62}$$

此式初始条件是孔隙度为零：$K(0)=K_m$，$\mu(0)=\mu_m$。K_m、μ_m 是骨架弹性模量。式中 $K(\phi+d\phi)$、$\mu(\phi+d\phi)$ 是孔隙度 ϕ 有了小的增量 $d\phi$ 后的弹性模量，K_f、μ_f 是孔隙流体的弹性模量，实际上 $\mu_f=0$。G_1、G_2 是与椭球孔隙横纵比 a（定义为短轴对主轴的比）有关的几何因子。孔隙度加上增量是个理论过程，它并不代表实际孔隙度。在双重孔隙类型中，先加上高横纵比的球状孔隙再加上扁的币状裂缝所得弹性模量将与随后也加上球状孔隙的弹性模量显著不同。如图 4.35 所示。可见随着孔隙度升高体积模量降低，饱和岩石体积模量比干燥岩石体积模量高，先加球状孔隙比先加扁状裂缝体积模量要高。球状孔隙 80% 的体积模量比 20% 的要高。孔隙形态对体积模量有重要影响。

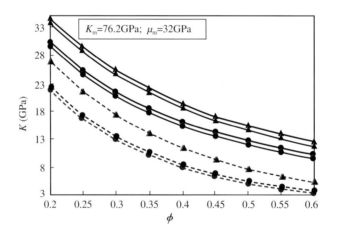

图 4.35　不同类型孔隙的体积模量

横轴—孔隙度；纵轴—体积模量；

实线—饱和流体；虚线—干燥；蓝色—先加球状；黑色—先加扁平状；

圆点—球状孔隙 20%；三角—球状孔隙 80%

4.2.2.3　Gassmann 流体替代方程

孔隙增加流体增加，上面用 DEM 模型法计算了增加后的模量变化。如果在干燥岩石模量 K_d 基础上增加，还可用 Gassmann 流体替代方程，即

$$K = K_d + \frac{\left(1 - K_d / K_m\right)^2}{\phi / K_f + (1 - \phi) / K_m - K_d / K_m^2} \tag{4.63}$$

$$\mu = \mu_d \tag{4.64}$$

$$\rho = \rho_d + \phi\,\rho_f = (1 - \phi)\,\rho_m + \phi\,\rho_f \tag{4.65}$$

两者比较结果如图 4.36 所示。Gassmann 模量比 DEM 模量略低，对切变模量当高横纵比多时两者差别很小，孔隙度小于 0.15 时几乎没有差别。球状孔隙占 80% 时模量高于只占 20% 时。孔隙形态的影响远大于计算方法的影响。

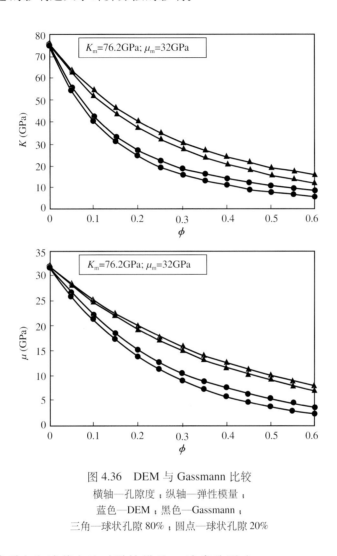

图 4.36 DEM 与 Gassmann 比较
横轴—孔隙度；纵轴—弹性模量；
蓝色—DEM；黑色—Gassmann；
三角—球状孔隙 80%；圆点—球状孔隙 20%

4.2.2.4 孔隙形态和计算方法对弹性模量 – 速度的影响

参考文献 [111] 中显示碳酸盐岩只有粒间和晶间孔隙（原始孔隙）时，P 波速度对 Willie 时间平均方程的偏离很小或没有。包括鲕穴、印模和晶洞孔隙对 Willie 方程有正偏离，而微孔隙和裂缝的影响则是负偏离。DEM 估计粒间孔隙的弹性模量则紧逼该方程。对于球状孔隙（横纵比 $a=1$）DEM 接近 Hashin–Shtricman（HS）的上界（4.66 式），对裂缝（横纵比接近 0.01），DEM 接近其下界（4.67 式）（[8] 中有效介质理论），如图 4.37 所示。可见所有估计都不出 HS 的上下界，球状孔隙岩石纵波速度高于粒间孔隙岩石，又高于微孔隙（裂隙）岩石。球状孔隙正偏离于 Willie 预测，微孔隙、裂缝负偏离于 Willie，含量愈高，偏离愈大。可见不仅孔隙度决定速度，孔隙形态也在很大程度上影响速度。通常用速度估计孔隙度的方法要作很大的形态修正。

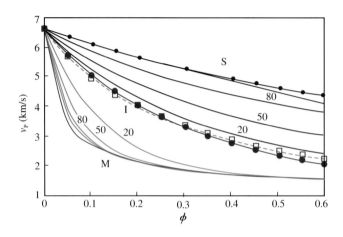

图 4.37　孔隙形态和方法对速度—孔隙度的影响
横轴—孔隙度；纵轴—纵波速度；
黑实线—HS 上限；红实线—HS 下限；虚线—Willie 预测；
蓝线及数字—球形孔隙及百分比；绿线及数字—裂缝及百分比；
S—球状孔隙；I—粒间孔隙；M—微孔隙

4.2.2.5　横纵比 a 的估计

按照下列步骤可以估计各种类型孔隙的横纵比：

（1）对于背景孔隙（粒间孔隙）将给定的骨架孔隙度 ϕ、流体速度 v_f 及骨架速度 v_m 代入 Willie 方程（4.59）式计算纵波速度 v_P。

（2）对球状孔隙用 HS 上限公式 [[8] 中 (2.6b) 式]，即

$$K^+ = K_m - \frac{\phi P_m (K_m - K_f)}{P_m - (1-\phi)(K_m - K_f)} \tag{4.66}$$

计算 v_P。式中 P_m 为骨架纵波模量。

（3）对于裂缝用 HS 下限公式 [[8] 中 (2.6a) 式]：

$$K^- = \frac{K_m K_f}{\phi K_m + (1-\phi) K_f} \tag{4.67}$$

计算 v_P。

（4）对于给定的孔隙度和横纵比的初始估计（背景孔隙 $a=0.1$，球状孔隙 $a=1$，裂缝 $a=0.01$）用 DEM（将（4.61）式和（4.62）式结果代入 $v_P=[(K+4\mu/3)/\rho]^{1/2}$）计算得 $v_{P,D}=f(K_0, \mu_0, a, \phi_0)$，$K_0$、$\mu_0$ 是 $\phi=0$ 时的模量。式中 G_i 是依赖于 a 的几何因子。

（5）如果 $[v_{P,D}(a)-v_P(a)]^2 > \varepsilon$，则 $a=a\pm\delta a$，重新计算修正 $v_{P,D}(a)$。

（6）直至 $[v_{P,D}(a)-v_P(a)]^2 < \varepsilon$，才选定此种孔隙形态的 a 值。

（7）得到的初始孔隙（粒间孔隙）、球状孔隙、微孔隙横纵比各为：a_{pr}，a_{sp}，a_{mi}。

4.2.2.6　估计孔隙度——对孔隙形态的修正

为估计有效原始孔隙度、球状孔隙度和微孔隙度或裂隙度，需要输入比给定速度更多的参数，如其他弹性模量或 S 波速度。通常 P 波速度用于声测井或实验室中水饱和的岩性样品。当用于声测井时，注意输入饱和水的速度。估计孔隙度的主要步骤如下：

（1）对给定的骨架孔隙度用 Willie 方程计算 $v_{P,W}$。

（2）如果实测的速度 v_P 值大于 $v_{P,W}$，则用 $a_1=a_{pr}$，$a_2=a_{sp}$，$\phi_1=\phi_0$，$\phi_2=0$。

（3）计算 $v_{P,D}=f(K_0, \mu_0, a_1, a_2, \phi_1, \phi_2)$。

（4）如果 $(v_{P,D}-v_P)^2 > \varepsilon$ 则 $\phi_1=\phi_1-\delta\phi$，$\phi_2=\phi_2+\delta\phi$。

（5）重复步骤（3）和（4）直至 $(v_{P,D}-v_P)^2 < \varepsilon$。

（6）得到有效初始孔隙度 $\phi_{pr}=\phi_1$，$\phi_{sp}=\phi_2$。

（7）如果实测的速度 v_P 值小于 $v_{P,W}$，则用 $a_1=a_{pr}$，$a_2=a_{mi}$，$\phi_1=\phi_0$，$\phi_2=0$。

（8）重复步骤（3）、（4）、（5）。

（9）得到有效初始孔隙度 $\phi_{pr}=\phi_1$ 及裂缝率 $\phi_{mi}=\phi_2$。

一旦得到了所有孔隙类型的孔隙度还可用 DEM 来计算干燥岩石模量和横波速度。

4.2.2.7 实例

用北美、中东和南亚不同油气田中 22 口井的 52 个碳酸盐岩岩心样品作了测量。这些样品深度 4000ft 到超过 10000ft。孔隙度从 0.01 ~ 0.40。岩心颗粒密度在 2.71g/cm³ 左右。在不同压力下测了 P、S 波速度。用 Gassmann 方程计算了水饱和样品速度。结果示于图 4.38。图中有计算的 HS 上界和下界以及 Willie 纵波速度。注意大部分实测点（蓝点）位于 Willie 预测点的上方，这说明与背景粒间孔隙一起的是球状孔隙，而很少有裂缝。不同压力测定的结果变化不大也说明这一点。点子较分散完全是孔隙形态的影响。饱和 P 波速度可用来约束其他弹性参数的反演，如不同孔隙形态的相对孔隙度、干燥模量、横波速度。计算的和实测的速度对比如图 4.39。可见总体上两者相似，但 S 波计算的略偏高，P 波裂缝个别实测的偏差较大。计算的干燥和饱和样品的纵横波速度比为 γ，示于图 4.40，可见碳酸盐岩干燥岩石的 γ 值随孔隙度的变化不大，在标准的 1.9 上下；而饱和岩石的 γ 值则随孔隙度的增加而略有减小。

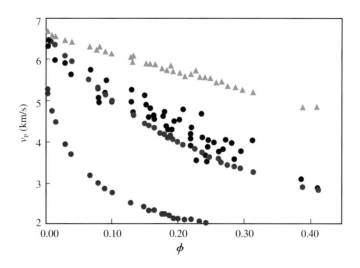

图 4.38　实际样品速度—孔隙度

横轴—孔隙度；纵轴—纵波速度；

蓝圆点—饱和 v_P；上红点—Willie v_P；

绿三角—HS 上界；下红点—HS 下界

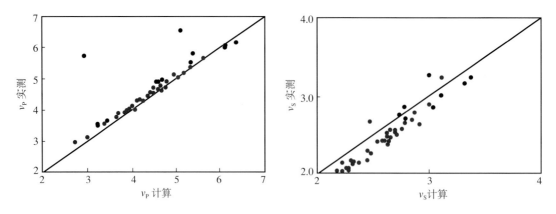

图 4.39　计算的与实测的速度对比
a—P 波速度；b—S 波速度；
横轴—计算速度；纵轴—实测速度；
蓝点—裂缝；红点—球状孔隙

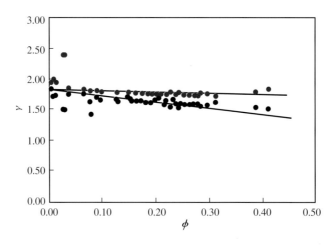

图 4.40　干燥和饱和岩石纵横波速度比—孔隙度
横轴—孔隙度；纵轴—纵横波速度比；
红点—干燥岩石；蓝点—饱和岩石；
全为计算结果

4.2.3　由地层因子（formation factor）估计孔隙度 [106]

由速度可以估计孔隙度，但速度有多重影响因素。水饱和的孔隙岩石的速度不仅决定于孔隙度和泥质含量，还决定于岩石结构。特别是在同样的孔隙度和矿物成分条件下，在胶结（刚性）的弹性岩石和松软岩石之间速度会有惊人的差别，因此有时仅靠速度是不能准确估计孔隙度的 [100]。这时必须考虑胶结因素，地层因子就是一个很好的参数。

4.2.3.1　地层因子

因为电阻率对地层的胶结状态最为敏感，因此可用地层电阻率 R_t 来刻画，为了便于对比，再用水电阻率 R_w 归一化，这就得到地层因子 F：

$$F=R_t/R_w \tag{4.68}$$

它与速度之间的关系服从熟知的 Faust 经验公式 [112]，即

$$v_P = \zeta (HF)^{1/6} \tag{4.69}$$

式中：$\zeta = 2.2888$；H 为深度（km），v_P 为纵波速度（km/s）。绘如图 4.41，各岩石都是盐水饱和。

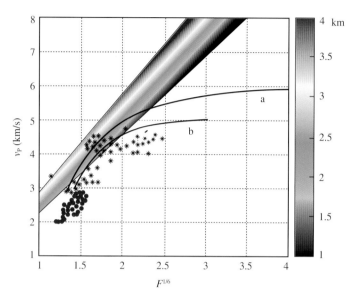

图 4.41　速度与地层因子的关系

横轴—地层因子的 1/6 次方；纵轴—纵波速度；
色标—深度；黑星点—取自 [115]；红圆点—取自墨西哥湾；
a—清洁固结砂岩；b—页岩

4.2.3.2　地层因子与孔隙度关系

地层因子也与孔隙度直接相关，有所谓 Archie 公式[113]，即

$$F = t_u \phi^{-m} \tag{4.70}$$

式中：t_u 为迂曲度；m 为胶结系数。各种不同胶结状态的岩石有不同的胶结系数，如表 4.5 所示[114]。

表 4.5　不同岩石的胶结系数

样品编号	t_u	m	岩性
1	0.81	2.00	固结砂岩
2	0.62	2.15	未固结砂岩
3	1.45	1.54	砂岩平均状态
4	1.65	1.33	泥质砂岩
5	1.00	2.05	清洁颗粒岩石

图 4.42 显示了这各种岩石地层因子与孔隙度的关系。图中曲线编号与表 4.5 中编号的岩性相当。另有一条曲线 6 是 Salem 的拟合得很好的经验公式[115]的显示，即

$$F = 0.2334\, \phi^{-2.4554} \tag{4.71}$$

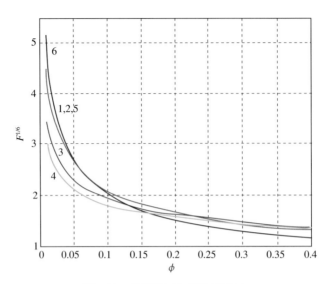

图 4.42　地层因子与孔隙度关系

横轴—孔隙度；纵轴—地层因子的 1/6 次方；

数字（1 ~ 5）—与表 4.5 中编号相当的岩性；6—（4.71）式

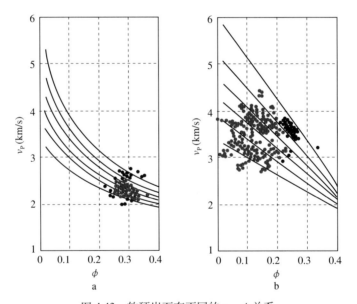

图 4.43　软硬岩石有不同的 $v_P - \phi$ 关系

a—松软砂岩；b—坚硬砂岩；

横轴—孔隙度；纵轴—纵波速度；

模型曲线参数—泥质含量，从上到下：0，20%，40%，60%，80%，100%

蓝色—实测砂岩；红色—实测页岩

4.2.3.3　由速度预测孔隙度

有了（4.69）式，就可以由地面地震剖面取得的纵波速度换算得地层因子 F，即

$$F = v_P^6 / (\zeta^6 H) \tag{4.72}$$

再实测得到当地地层电阻率 R_t 和水电阻率 R_w，用（4.68）式算得 F；然后实测孔隙度，得到 $F^{1/6} - \phi$ 拟合曲线和拟合公式，如（4.71）式和图 4.42 那样。要取得当地储层内外各种

岩性的数据，使孔隙度范围达到 0 ~ 0.4。当然，如果能实测得到当地各类岩石的迂曲度和胶结系数，就可直接用 Archie 公式（4.70）式求得 F。

软岩石与硬岩石的 v_P–ϕ 关系有显著的区别，如图 4.43 所示。这是两口井的

盐水饱和砂岩数据，又用 100% 饱和度计算。左边曲线是松软砂岩模型，右边曲线是坚硬砂岩模型。坚硬砂岩基本呈线性，松软砂岩呈指数曲线。实测砂岩以蓝色标明，页岩以红色标明。坚硬砂岩速度高于软砂岩，砂岩高于页岩。实际拟合的 v_P–ϕ 曲线可与此核对。

4.2.4　用以波阻抗为主的多参数预测孔隙度 [107]

这是 Baicon 油田（BF）Caballos 层的例子。用了地震反演的纵波阻抗和其他各种属性，包括用自然伽马（GR）确定泥质含量，然后作多参数叠加分析或神经网络分析（NNI），并与井中实测孔隙度做了比较，证明参数愈多预测误差愈小。

4.2.4.1　速度和波阻抗与孔隙度关系

图 4.44 是 BF2，4，6 井测井纵波速度与孔隙度（密度孔隙度）关系图。灰黑点是实测的，极其分散，这是因为岩石组分、泥质含量、成岩作用和岩石结构等因素的影响。用 Han[116] 的数据库数据（彩色方块）作了对比，就有规律可循。说明速度和波阻抗对孔隙度是敏感的。图中色块表示泥质含量：淡黄 0，橘黄 3% ~ 7%，橘红 8% ~ 11%，红 12% ~ 17%，蓝色 18% ~ 50%。可见各种泥质含量的 v_P–ϕ 都有一定的线性关系，但有的较分散。随着孔隙度增加纵波速度减小；泥质含量愈高，整体速度愈低。Caballos 下层是由在河流环境中沉积的分选性差的泥质砂岩组成的，具有高泥质含量，高速度和低孔隙度；而上层是由分选性好的清洁的三角州砂岩组成的，泥质含量低，速度低，孔隙度高。区分层位后的波阻抗—孔隙度趋势就改善很多，如图 4.45 所示。椭圆内是目的层 Caballos 层上砂岩组中 KCUC1&2 层（岩柱内淡黄色层）的数据；GR 低，泥质含量低，孔隙度高。

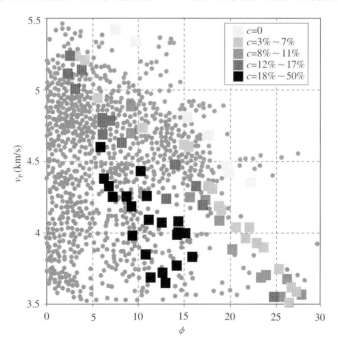

图 4.44　BF 纵波速度与孔隙度关系
横轴—孔隙度（小灰圆点密度测井结果）；纵轴—纵波速度；
彩色方块—泥质含量 c（据 Ham 氏数据库）

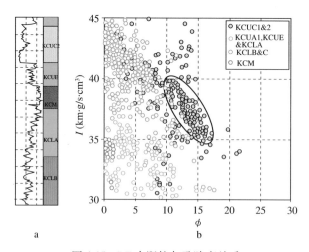

图 4.45　BF 声阻抗与孔隙度关系

a—自然伽马与岩性柱；b—波阻抗与孔隙度；

横轴—孔隙度；纵轴—纵波阻抗；

色标—不同层位；淡黄圆点—KCUC1&2 层位数据，在椭圆内

4.2.4.2　多参数复合预测和神经网络预测孔隙度

用 Hampson-Russell 软件[117]预测孔隙度，用了下列三种方法：

（1）单参数线性变换；

（2）多参数加权复合分析；

（3）神经网络分析。

先用地震反演波阻抗三维数据体单一参数线性变换预测了孔隙度三维数据体。为了排除泥质含量不均匀给 $v_P-\phi$ 关系形成的分散，作了 15/20-25/30 的带通滤波数据处理。作了多种参数处理，如图 4.46 的上 Caballos 层 GR 三维切片，图 4.47 的上 Caballos 砂岩底标准层振幅切片等。最后用神经网络做了多参数加权叠加结果进行了比较。用神经网络分析时加了时间构造图，作为波阻抗、带通滤波以外的第三种参数，这给结果带来了意想不到的好处，如图 4.48 所示。这是 $1/I_P$、15/20-25/30 带通滤波和时间三参数用神经网络预测的上 Caballos 孔隙度分布切片，时间参数给它增加了储层构造和深度因素。由于 BF 储层构造高差大，有的到 900ft（如 B1 和 B4 井之间），增加时间参数是必需的。

附带说一句，用 v_P、I_P、GR、振幅、时间等分辨岩性、地层、构造是大有可为的，但这不符合本书的主题，不再详述。

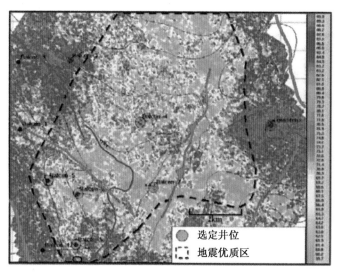

图 4.46　上 Caballos 砂岩 GR 切片

色标—自然伽马值，绿黄低，蓝红高；绿色圆圈—选定的井位；

虚线框—地震质量好的区域；红线条—断层

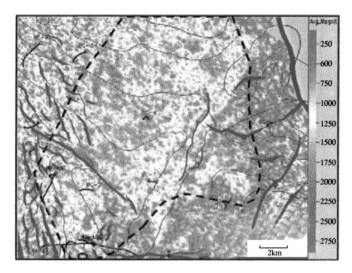

图 4.47 上 Caballos 砂岩底振幅切片
色标—相对振幅值，红高蓝低；
虚线框—地震质量好的区域；淡蓝线条—断层

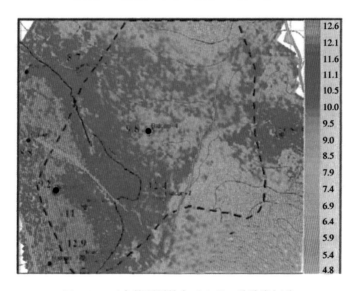

图 4.48 三参数预测的上 Caballos 孔隙度切片
中央黑圆点—选定井位；左黑圆点—Balcon4 井；
虚线框—地震质量好地区；色标—预测孔隙度（玫瑰红高）；红线—断层

4.2.4.3 预测误差分析

在图 4.48 中选了一口 Balcon-4 井（左黑圆点），预测结果与井中实测结果做了对比，如图 4.49 所示。a 图是两参数（$1/I_P$、15/20-25/30）预测结果，因为波阻抗与孔隙度是逆相关，即波阻抗愈小孔隙度愈大，所以用 $1/I_P$ 作基本参数，然后用带通滤波消除泥质含量等带来的干扰。b 图是加了时间，使构造和深度影响凸显后的三参数预测结果。可见三参数预测误差总体上小于两参数预测结果，特别是地层上部误差显著减小。多参数分析和神经网络预测所得孔隙度图相似，说明关键的是参数的选择而不是预测的过程。两者的主要差别是在 Colombia-1 井的区域由神经网络预测的孔隙度与测井的结果更一致。

图 4.50 显示了预测结果与井中实测对比误差。黑线是全部井的对比平均误差，可见参数愈多误差愈小，但差别不是太大，5 参数误差 3.10%，1 参数（I_P）误差 3.73%，差 0.63%。如孔隙度 0.10，只差千分之六点几，可以忽略。所以仅仅为了提高预测孔隙度的准确度，从本例看，增加参数数量意义不大。但从增加带通滤波消除泥质含量等影响，以及增加时间凸显构造和深度影响等考虑，增加这类参数是很有意义的。图中红线是个别目标井的分析。可见只用两参数误差就到极限了，最大误差只有 3.60%，增加参数误差基本不变。因此要否增加 GR、振幅等属性值得考虑。

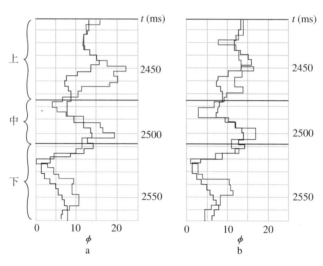

图 4.49　增加时间参数对预测误差影响

a—两参数；b—增加时间参数后；

黑线—观测孔隙度；红线—预测孔隙度

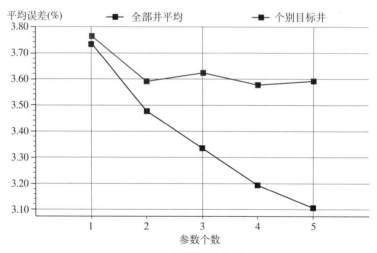

图 4.50　预测误差分析

横轴—参数个数；纵轴—平均误差；

黑线—全部井平均；红线—个别目标井

4.3　弹性参数

孔隙弹性的弹性参数也有自己的特点。

4.3.1 泊松比 σ[119]

泊松比是预测气砂岩很好的参数之一，通常气砂岩的泊松比在 0.1 ~ 0.15，甚至小于 0.1。但在特殊情况下会大于 0.25，乃至 0.3。

4.3.1.1 泊松比与反射系数 r

Hilterman1989 将 Zoeppritz 方程作了近似并以泊松比 σ 作为参数之一，得到纵波入射纵波反射的反射系数为

$$R_{PP}(\theta) \approx R_o \cos^2 \theta + 2.25(\sigma_2 - \sigma_1)\sin^2 \theta \tag{4.73}$$

式中：θ 为入射角；σ_1，σ_2 分别为上下弹性半空间的泊松比。给定这样一个实例：气砂岩孔隙度 25%。泥质含量 90% 在上覆页岩中，10% 在砂岩中。页岩充满盐水，盐水的体积模量和密度各为 2.75GPa 和 1.02g/cm³。砂岩水饱和度为 30%，气饱和度 70%。地下气的体积模量和密度各为 0.07GPa 和 0.21g/cm³。页岩和砂岩的 v_P(km/s)，v_S(km/s)，ρ(g/cm³)，σ 分别为：2.16，0.87，2.12，0.404 和 2.36，1.56，2.15，0.113。气砂岩泊松比 σ_2=0.113。据此所作反射系数—入射角曲线如图 4.51 中粗黑线。如果横波速度改变，曲线也改变。我们知道泊松比与纵横波速度比有如下关系，即

$$\sigma = \frac{\gamma^2 - 2}{2(\gamma^2 - 1)} = \frac{v_P^2 - 2v_S^2}{2(v_P^2 - v_S^2)} \tag{4.74}$$

式中：γ 为纵横波速度比。如气砂岩横波速度作如表 4.6 的改变，则纵横波速度比和泊松比也相应改变。改变后的泊松比 0.306 绘如图中的中间细曲线，0.364 绘如最上的细曲线。

泊松比对反射系数影响极大。

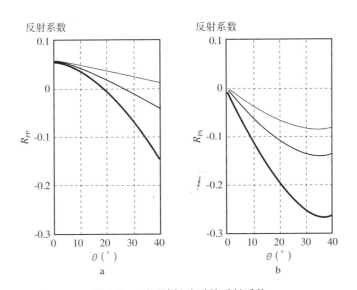

图 4.51 不同泊松比时的反射系数

a—纵波—纵波；b—纵波—横波；横轴—入射角；纵轴—反射系数；

粗黑线—砂岩泊松比为 0.113；最上细线—砂岩泊松比为 0.364；中间细线—砂岩泊松比为 0.306

表 4.6　泊松比随横波速度变化表

纵波速度（km/s）	横波速度（km/s）	纵横波速度比	泊松比
2.36	1.56	1.51	0.113
2.36	1.25	1.89	0.306
2.36	1.09	2.17	0.364

4.3.1.2　砂岩和人工集合体的泊松比

这是 150 块室内干燥的砂岩样品测定结果，示于图 4.52 和图 4.53，前者是固结砂岩，后者是非固结砂岩；前者有效压力 10MPa 和 40MPa，后者 30MPa。可见这些被空气饱和的干燥砂岩泊松比很少超过 0.2。另外对玻璃珠集合体在 0 ~ 40MPa 有效压力下测得的泊松比在 0.1 和 0.2 之间。这些例子证实了 Spencer1994 年 [124] 发现的干燥的非固结砂岩的泊松比在 0.115 ~ 0.237 之间，平均 0.187。这个结果是根据广泛的实验室数据包括天然岩石和人工颗粒集合体得到的。对颗粒材料（纯石英、带泥石英、刚玉、石榴石、钻石、方解石、磁铁矿）测得的泊松比都较小。有效介质理论（参考文献 [8] 的 2.1.1 节）也隐含有干燥孔隙介质 σ_d 是小的结论。例如干燥的相同弹性小球的随机集合体的有效弹性体积模量 K_d 和切变模量 G_d 为 [100]

$$K_\mathrm{d} = \frac{n(1-\phi)}{12\pi R} s_\mathrm{N}, G_\mathrm{d} = \frac{n(1-\phi)}{20\pi R}\left(s_\mathrm{N} + \frac{3}{2}s_\mathrm{T}\right) \tag{4.75}$$

式中：n 为小球间接触点的平均数；ϕ 为集合体的孔隙度；R 为单个小球的半径；s_N 和 s_T 为一对小球的正向和切向刚性（stiffness）。这些刚性随颗粒（小球）之间接触的性质而变（也就是说，这些接触仅仅因为外加应力，还是相反，在任何应力变化之前已经有了胶结）。这两种极端情况和它们对一个集合体的弹性的影响，Dvorkin 和 Nur 1996 就作过严格的分析 [126]。但无论 s_N 和 s_T 怎样，由方程（4.75）推导的集合体的泊松比服从下式，即

$$\sigma_\mathrm{d} = \frac{1 - s_\mathrm{T}/s_\mathrm{N}}{4 + s_\mathrm{T}/s_\mathrm{N}} \tag{4.76}$$

而此式所得泊松比不超过 0.25。这个最高值相当于 $s_\mathrm{T}=0$（也就是质点间没有摩擦）。在这个谱的另一端质点接触时没有滑动，正如 Hertz–Mindlin 模型所描述的 [100]，它提供了下述公式，即

$$\sigma_\mathrm{d} = \frac{\sigma_\mathrm{g}}{2(5 - 3\sigma_\mathrm{g})} \tag{4.77}$$

式中：σ_g 为颗粒材料的泊松比。图 4.54 展示了上两式的曲线。左为集合体随垂向和切向应力比的变化，右为随颗粒材料泊松比的变化。可见两者泊松比都不超过 0.25，而后者甚至不超过 0.1。

根据差异有效介质理论（differential effective medium theory）[100]，如果空洞是细裂缝，则此种孔隙材料的干燥泊松比 σ_d 也是小的。如图 4.55，上为方解石，下为石英，左、中、

右各为体积模量、切变模量、泊松比，曲线参数是空洞横纵比，从上至下为 a=0.2，0.1，0.05，0.02，0.01。可见石英的泊松比几乎都小于0.1，而有 a=0.01 的裂缝时泊松比几乎近于0。

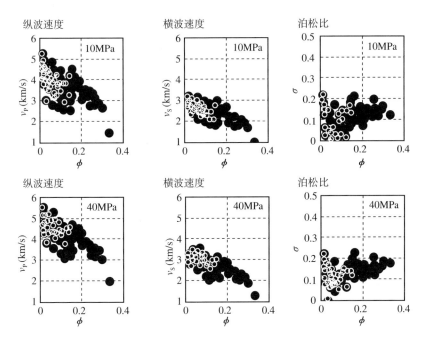

图 4.52　固结砂岩泊松比随孔隙度的变化
上—有效压力 10MPa；下—有效压力 40MPa；
纵轴—左为纵波速度，中为横波速度，右为泊松比；
横轴—孔隙度；黑圈—据 [116]；白圈—据 [121]

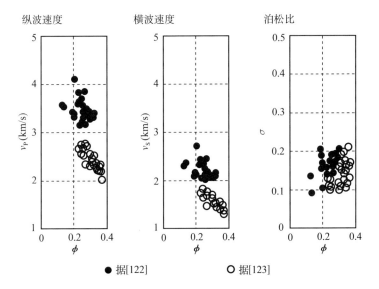

图 4.53　非固结砂岩泊松比—孔隙度
纵轴—左为纵波速度，中为横波速度，右为泊松比；
横轴—孔隙度；黑圈—据 [122]；白圈—据 [123]

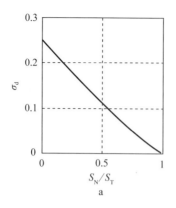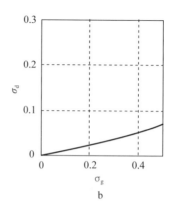

图 4.54　集合体泊松比的变化

a—随应力比的变化，据（4.73）式；

b—随颗粒泊松比的变化，据（4.74）式；

横轴—a 为应力比，b 为颗粒泊松比；

纵轴—干燥弹性球泊松比

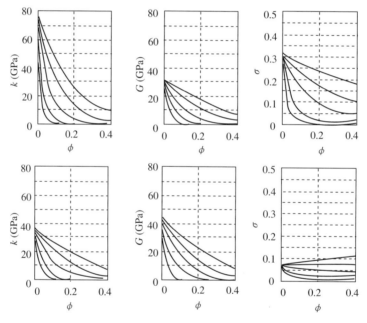

图 4.55　差异有效介质理论的弹性模量

上图为方解石；下图为石英；

左图为体积模量；中图为切变模量；右图为泊松比；

曲线参数—空洞横纵比 a，从上至下，a=0.2, 0.1, 0.05, 0.02, 0.01

以上实验室测定和理论计算气砂岩泊松比都是比较小的，测井也显示气砂岩泊松比可以小到 0.1，不超过 0.25。图 4.56 是两口不同的井，左图是自然伽马，中图是水饱和度，右图是泊松比。自然伽马低及水饱和度低处预示泥质含量低而气饱和度高，是气砂岩。上面一口井泊松比可以低达 0.1，不超过 0.2。下面一口井气砂岩泊松比低于 0.25。

但也有一些井气砂岩泊松比大达 0.3 左右，如图 4.57 所示，气砂岩大达 0.3 左右。

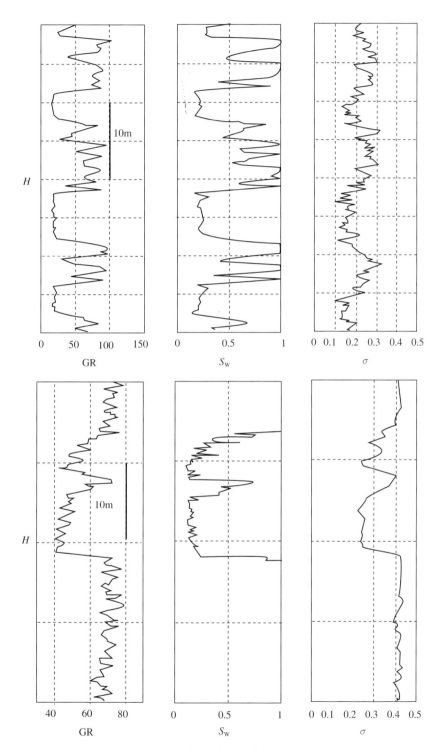

图 4.56　测井显示气砂岩泊松比

上下两口不同井；

左图为自然伽马；中图为水饱和度；右图为泊松比；

H 表示深度

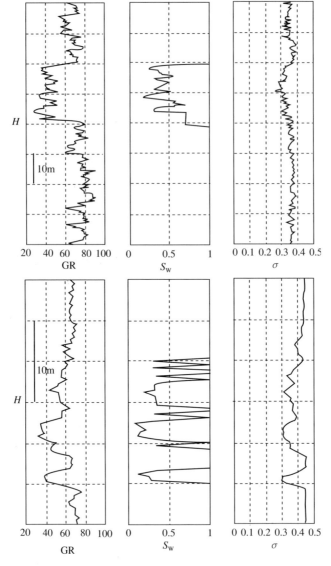

图 4.57　泊松比大的气砂岩测井

上下两口不同的井；

左图为自然伽马；中图为水饱和度；右图为泊松比；

H 表示深度

4.3.1.3　气砂岩为什么有大泊松比

大量实验室测定、理论计算和测井都显示气砂岩泊松比是小的，一般为 0.1，大不过 0.25；但也出现 0.3 的情况，这是特殊情况，经研究有三种可能情况。

4.3.1.3.1　情况 1：气饱和包裹体

考虑 30% 孔隙度和 5% 泥质含量充满气和盐水的未固结砂岩。气的体积模量为 0.07GPa，密度为 0.21g/cm³。盐水的体积模量为 2.75GPa，密度为 1.02g/cm³。它的干燥框架弹性常数可以按照未固结砂岩（软砂岩）模型 [125] 计算。由此干燥框架可以按照 Gassmann 流体替代理论计算水饱和度为 0 ~ 1 的岩石弹性常数。混合气和水的孔隙流体的有效体积模量 K_f 按照简谐平均计算，即

$$K_f = \left(\frac{S_W}{K_W} + \frac{1 - S_W}{K_G} \right)^{-1} \tag{4.78}$$

流体密度则按算术平均计算，已知

$$\rho_f = S_W \rho_W + (1 - S_W) \rho_G$$

如果双相混合流体同时在一个孔隙尺度内存在（如在孔隙空间内均匀分布）则用方程 (4.78) 式计算混合双相流体的有效体积模量是合适的。但当流体不是这样在孔隙尺度均匀分布时 (4.78) 式就不适用了。也许 Domenico 是首先发现按 Gassmann 流体替代理论建立的 (4.78) 式不适合某些实验室数据的人，他 1977 年建立了下面替代 (4.78) 式的方程[126]

$$K_f = S_W K_W + (1 - S_W) K_G \tag{4.79}$$

随后 Brie 等发现在测井数据中有相同的情况，并对上式作了如下的修正，即

$$K_f = S_W^e (K_W - K_G) + K_G \tag{4.80}$$

式中：指数 e 是一个自由参数，当 $e=1$ 时，(4.80) 式就回归 (4.79) 式。

Cadoret（1993）发现参考文献 [128] 这些理论和实验数据间的矛盾是由于存在不同流体相的包裹式（patches，补丁，斑块）分布；也就是说，在一整个岩石样品中，虽然 S_W 可以小于 1，但分布是不均匀的：可以是一个全饱和的包裹紧挨一个部分饱和的包裹。一种极端情况是一些全水饱和的包裹和一些全气饱和的包裹同在一个岩块内，这时有效弹性参数就服从下式，即

$$\left(K_p + \frac{4}{3} G \right)^{-1} = S_W \left(K_1 + \frac{4}{3} G \right)^{-1} + (1 - S_W) \left(K_0 + \frac{4}{3} G \right)^{-1} \tag{4.81}$$

式中：K_p（注意与纵波模量 K_P 的区别）、K_1、K_0 分别是水部分饱和、全水饱和、水饱和度为 0（全气饱和）时的孔隙岩石体积模量。G 是岩石切变模量，不依赖于水饱和度。结果的泊松比是

$$\sigma = \frac{K_p / G - 2/3}{2(K_p / G + 1/3)} \tag{4.82}$$

这是水饱和度的函数，连同以上各式绘如图 4.58。可见：

（1）黑粗线 U 是常规假设流体均匀分布在每一个孔隙空间的情况，按 (4.78) 式计算。在气饱和度大于等于 20%（$S_W \leqslant 80\%$）时，气砂岩泊松比小于 0.1。只有气饱和度小于 20% 时泊松比才大于 0.1，100% 为水时泊松比大达 0.34，但这时已不是气砂岩层了。

（2）黑粗线 P 是用 (4.81) 式计算的气与水包裹式不均匀分布，当气与水饱和度各为 50% 时泊松比小于 0.25，不属于大泊松比范围。而当水饱和度大于 50%，泊松比就大于 0.25 直至 0.34，属大泊松比范围，其中一部分（$S_G=40\% \sim 50\%$）仍应属于气砂岩。因此包裹式分布是气砂岩出现大泊松比的可能原因之一。

（3）当 $e=1$ 时用 (4.80) 计算的曲线（图中最上一条黑细线）表明气饱和度小于 65% 时，泊松比就大于 0.25。这也是一种包裹式分布。

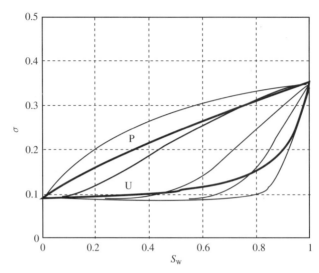

图 4.58　砂岩泊松比随水饱和度而变

横轴—水饱和度；纵轴—泊松比；

U 粗黑线—气水均匀饱和，按（4.78）式；

P 黑粗线—包裹体饱和，按（4.81）式；

细黑线—按（4.80）式，从上到下 $e=1$，2，5，10，20；

e—（4.80）式中指数

实质上，之所以出现包裹式分布是因为波动周期太短，因而来不及使两种流体相的压力达到均衡，这就出现了饱和岩石有较高的体积模量，从而有较高的纵波速度，而横波速度不受流体影响，这样纵横波速度比推高，从而泊松比提高。

Knight 等 1998 年提出了一种新见解[129]，认为这种情况是因为水的排空和吸收的瞬时过程使毛管压力产生轻微的空间不均衡而在部分饱和时发展出包裹体。在井中的这种瞬时过程可以因为在钻井过程中由钻井液侵入过滤而产生。而未被触动过的地层或许不会产生这种饱和包裹体。因此在井中测得的高泊松比可能因为这种钻井液侵入过滤而产生，是一种干扰，因而应该校正；在制作用于井震链接的合成记录模型时，在预测干净地层的地震响应时都应该校正。

考虑饱和是均匀的还是包裹式的并不复杂：气和盐水是不能混合的流体，它们只能成为串珠状（点滴或气泡）。无论用包裹式饱和模型还是用均匀饱和模型都决定于串珠的特征大小。这个大小用来与流体的弥散长度进行比较，而这个弥散长度又反过来依赖于波的频率、岩石的渗透率和两种流体的黏滞度。均匀饱和或包裹式饱和是串珠尺寸远小于弥散长度还是远大于弥散长度的两种极端情况。声测井或地面地震所测的是包裹式还是均匀饱和或介于这两者之间决定于这些参数。控制这个行为的各种因素（White，1983；Johnson，2001；Toms，2006）都已分别讨论过。此外，Batzle 在 2006 年还讨论了包裹体怎样限制了地震所施的频率（对低渗透率的致密砂岩）。

4.3.1.3.2　情况 2：薄互层

如图 4.59 所示，假定有一组砂页岩薄互层，每层厚度均为 0.3cm，砂岩含气，水饱和度 70%，处在水饱和的页岩中。页岩泥质含量 70%，砂岩泥质含量 5%。总孔隙度页岩为 30%，砂岩为 25%。气、水性质如前例，按软砂岩模型计算弹性常数。砂岩中 P 波阻抗 I_P 略小于页岩，而砂岩中泊松比 0.11 则比页岩中 0.36 小得多。这些数据从图上都可看出来。

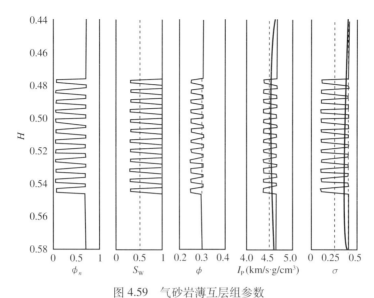

图 4.59　气砂岩薄互层组参数

纵轴—深度；横轴—从左至右：ϕ_n 为泥质含量，S_W 为水饱和度，ϕ 为孔隙度，
I_P 为纵波阻抗，σ 为泊松比

这些气砂岩很薄，厚度低于声测井和偶极测井分辨率。因此所记录的弹性常数只是这些砂页岩的平均值。要完全查明这些低分辨率层对读数的影响就要作全波形模拟。一个简单的定量确定这个影响的近似方法就是通过 Backus 平均[133]，为此例选的平均滑动时窗是10cm（相当 33 个此种薄层）。气砂岩序列 Backus 平均的泊松比为 0.36（图中黑粗线），显著地高于原有的 0.11，这就可以解释气测井中观测到的气砂岩高泊松比来源。如果测井是低分辨率，那么地面地震分辨率更低，由于薄层平均而得的高泊松比就不会正确。可以说页岩层愈多，泊松比愈高；而净气量增多，泊松比随之降低。这些薄层可以由多测井分析检测，特别是如果它们对气量有不同的估计时（如用了自然伽马、中子孔隙度和核磁共振），由此也可与由包裹体饱和产生的高泊松比区分。

还有一点，这些页岩假定是各相同性的。如果有强各向异性将使情况更加复杂，因为泊松比的概念是不能用于一个各向异性固体的。

4.3.1.3.3　各向异性

上述两种特例都是假定地层是各向同性的。各向异性也可使气砂岩泊松比超过预期的低值。

Yin（1992）观测了 Ottawa 砂岩三维超声波速度，如图 4.60 和表 4.7 所示。观测时的压力为：$p_{xx}=p_{yy}=0.172$MPa，p_{zz} 则按表中数据变化。表中压力单位为 MPa，速度单位为 km/s。

表 4.7　不同压力下 Ottawa 砂岩纵横波速度

p_{zz}	v_{zz}	v_{zx}	v_{zy}	v_{yy}	v_{yx}	v_{yz}	v_{xx}	v_{xy}	v_{xz}
1.03	0.76	0.43	0.42	0.74	0.40	0.43	0.76	0.40	0.42
1.38	0.82	0.44	0.44	0.77	0.42	0.44	0.76	0.43	0.44
1.72	0.87	0.46	0.46	0.79	0.44	0.47	0.79	0.44	0.46
2.07	0.90	0.48	0.48	0.80	0.46	0.47	0.79	0.46	0.49

p_{zz}	v_{zz}	v_{zx}	v_{zy}	v_{yy}	v_{yx}	v_{yz}	v_{xx}	v_{xy}	v_{xz}
2.76	0.95	0.52	0.52	0.85	0.48	0.52	0.85	0.48	0.51
3.45	1.01	0.54	0.54	0.87	0.50	0.54	0.87	0.50	0.53

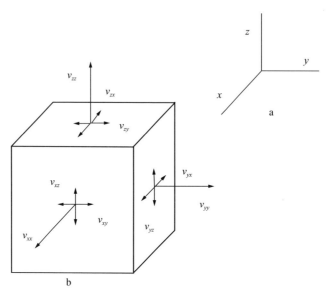

图 4.60　Ottawa 砂岩速度观测坐标

a—三维坐标；b—纵横波速度；

v_{xx}，v_{yy}，v_{zz}—纵波速度；v_{xy}，v_{xz} 等—横波速度

表中数据为每方向一个 P 波速度，两个 S 波速度。各个方向速度不一，显示了各向异性特征。泊松比也会显出两个方向不同的值，即

$$\sigma_{yz} = \frac{v_{yy}^2 / v_{yz}^2 - 2}{2(v_{yy}^2 / v_{yz}^2 - 1)} \tag{4.83}$$

$$\sigma_{yx} = \frac{(v_{yy}^2 / v_{yx}^2 - 2)}{2(v_{yy}^2 / v_{yx}^2 - 1)} \tag{4.84}$$

计算结果示于图 4.61。可见 yz 平面的泊松比仍小于 0.25，而 yx 平面的泊松比 σ_{yx} 则大于 0.25 直逼 0.3，出现了大泊松比现象。Sayers（2002）也给出了应力导致的砂岩弹性各向异性的例子[135]。这些方位各向异性，无论是本征的还是应力导致的，都使计算的气饱和砂岩泊松比有了显见的波动。这个情景的物理原因就是泊松比的概念不能用于各向异性岩石。这个情景可以用现代测井工具进行检测，如偶极声成像仪（交叉—偶极制）或声扫描仪。这个影响在合成记录地震模型中不能被校正，但各向异性可以结合进这种模型。

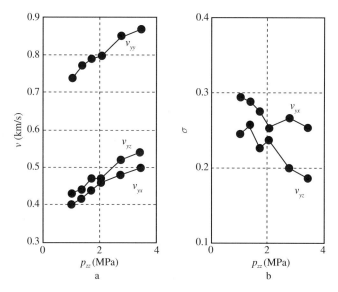

图 4.61　速度和泊松比随压力而变

4.3.2　杨氏模量 E 及切变模量 G[136]

Gardner 等（1964）就用岩心圆柱形样品作实验室测定得到一些规律。

4.3.2.1　杨氏模量、切变模量与共振频率 f_r 的关系

圆柱体样品可以有拉伸和扭动两种振动形式，振动的振幅是频率（位于共振频率附近）的函数。共振频率则与弹性模量密切相关。对于拉伸振动有拉伸速度，即

$$v_{\mathrm{E}} = \sqrt{\frac{E}{\rho}} \tag{4.85}$$

而速度与频率和周期有如下关系，即

$$v_{\mathrm{E}} = f_r \lambda_{\mathrm{E}} \tag{4.86}$$

式中：λ_{E} 为拉伸波波长。从而有

$$E = \rho f_r^2 \lambda_{\mathrm{E}}^2 \tag{4.87}$$

同样对扭动有 $v_{\mathrm{S}} = \sqrt{G/\rho} = f_r \lambda_{\mathrm{S}}$ ，从而有

$$G = \rho f_r^2 \lambda_{\mathrm{S}}^2 \tag{4.88}$$

式中：λ_{S} 为扭动波长。

4.3.2.2　杨氏模量的对数衰减

不同岩石矿物有不同的阻尼容量 C_d（damping capacity），也即弹性模量与对数衰减的乘积。对于杨氏模量有如下关系，即

$$C_d = E \delta_{\mathrm{E}} \tag{4.89a}$$

亦即

$$\delta_{\mathrm{E}} = \frac{C_d}{E} \tag{4.89b}$$

图 4.62 中绘了许多平行的斜线，就是阻尼容量的等值线，可以看到各种岩石所在的

位置。固结砂岩位于 $C_d=10^9 \sim 10^{10}$ 之间，也就是说它的杨氏模量在 $10^{10.5} \sim 10^{11.5}$ dynes/cm^2 (10 dynes/cm$^2=1$Pa) 之间，而对数衰减在 $10^{-2} \sim 10^{-1.5}$ 之间。未固结砂层位于 $C_d=10^8$ 附近，石灰岩在 $C_d=10^9$ 处。铜铝外的三种物质都是用作圆柱样品外套的材料，以研究加套后的影响。

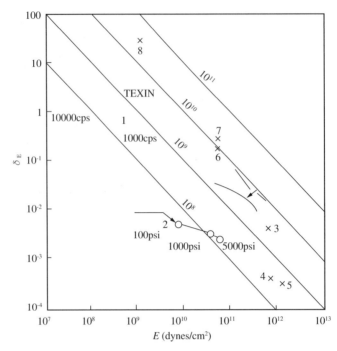

图 4.62　阻尼容量等值图

横轴—杨氏模量；纵轴—对数衰减；斜线—阻尼容量 C_d 等值线；
1—固结砂岩；2—未固结砂层；3—石灰岩；4—铝；
5—铜；6—甲基丙烯酸；7—水硅钙锆石；8—聚四氟乙稀；psi—有效压力

4.3.2.3　杨氏模量与孔隙度

包裹的未固结砂的杨氏模量与孔隙度关系如图 4.63 所示。在 5000psi、1000psi、500psi、100psi(1psi=6.895kPa) 压力下的砂层包裹，它们的相对杨氏模量（被石英杨氏模量归一化后，即 E/E_Q）与孔隙度呈线性关系，压力愈大相对模量愈高。石英的杨氏模量为 $E_Q=85\times10^{10}$ dynes/cm^2，玻璃的杨氏模量为 $E_G=65\times10^{10}$ dynes/cm^2。可见压紧的砂层相对杨氏模量随孔隙度升高而降低，降低的梯度随压力的增高而增大。

4.3.3　由估计流体体积模量概率密度函数区分气层和水层 [137]

在北海用二维，在得克萨斯岸外用三维作了这种研究。

4.3.3.1　方法

用的是概率反演法，来源于 White 等的文献 [138]。Chen 等首先在墨西哥湾的一块三维上做了试验 [139]。

4.3.3.1.1　算法的步骤

（1）建立一个人工合成岩石物理模型，其中饱和流体是气或者盐水。模型中流体是气还是盐水的概率服从一个概率分布函数。

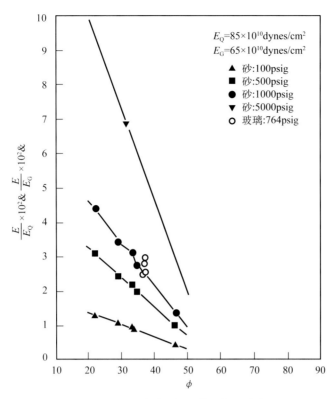

图 4.63　未固结砂的杨氏模量与孔隙度
横轴—孔隙度；纵轴—砂与石英或玻璃的相对杨氏模量；
psi—有效压力单位；E_Q—石英杨氏模量；E_G—玻璃杨氏模量

（2）由 v_P、v_S、ρ 的分布中选一定数量（千分之几十到千分之几百）进行反复实践；这些分布的相应样品的选择通过等分布序列进行，它只需要少量实践；与经大量实践随机产生的比较仍能保留相同的精度。

（3）由模型的和输入的实际地震资料分别计算相对反射系数 R。

（4）将由输入的流体模量和所计算的合成记录 R 的模型比较得到的概率赋予与每一个合成记录 R 值相当的输出流体模量（在一定的范围内）的可能值。

（5）对于目的层中每一个 CDP 的实际的或观测的 R 与合成记录匹配，相应的流体模量的概率 [由第（4）步得到的] 就赋予所在的 CDP；在得到稳定的结果以前必须使试验结果收敛。试验的次数就是实践的次数。

4.3.3.1.2　建立岩石模型

一个合理的和协调的岩石模型是得到最佳结果的基础，因此对岩石物理数据进行详细研究，包括测井和井中信息，是非常必要的。虽然各个变量是相互联系的，但还是可以划分为两类：一类是岩石性质，一类是流体性质。岩石还可分为储层和封闭层。这些应有的参数列如表 4.8。表中每一个参数都有一种分布：高斯分布，均匀分布，定值或对另一个参数趋势的偏差。每一种分布都有描述此种分布的参数，如高斯分布有均值和标准偏差，均匀分布有起始值和终值，要根据当地地质岩石和流体的实际数据研究确定，这可以是一个反复修正的过程。

表 4.8 岩石物理模型应有的参数

岩石性质	围岩			P 波速度
				S 波速度
				密度
	储层岩石	参考例子	常规例子	密度
				颗粒模量
				孔隙度
				极限孔隙度
				极限孔隙度指数模型
流体性质				盐水模量
				盐水密度
				气模量

4.3.3.2 2D 实例

4.3.3.2.1 概况

Troll 油田位于 Viking 地堑东部边沿的挪威北海中，面积约 770km²，在水下 1000 ~ 1100ft 处，储层属侏罗纪，厚度高达 230m。选了一条二维测线，如图 4.64 所示，在 1.65s 处有一高振幅异常，一个大的平点（粗蓝线）被解释为油田的气水分界面。在 1600 ~ 1750ms 间的细蓝线勾画出了背斜轮廓。气帽位于 CDP800-1390 之间。盐水层在 CDP1390 以外处。注意这儿有极性反转（图中红线是正极性蓝线是负极性），这说明页岩／气砂岩界面是正极性，页岩／盐水砂岩界面是负极性。有一些因素会影响这个判断。发现有些 CDP 动校不正确；在 CDP 集中从近道到远道子波不一致，这些因素都会误导标准层的追踪。用 AVO 分析计算了纵横波反射系数 r_P、r_S。这种计算是必需的，因为 r_P、r_S 要作为流体模量反演算法的输入。

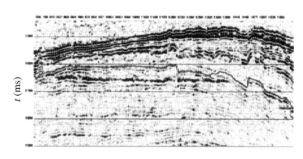

图 4.64 挪威北海二维地震测线

横轴—CDP 号；纵轴—双程时；

红线—正极性；蓝线—负极性

4.3.3.2.2 概率密度函数

图 4.65 显示了图 4.64 中每一个 CDP 流体模量取值 0 ~ 3.4GPa 的概率，孔隙度在 0 ~ 0.35 之间均匀变化。当设定孔隙度在 0.15 ~ 0.35 之间均匀变化时，该目的层流体模量概率就如图 4.66。有了这样的约束，用显示流体模量概率密度函数 PDF（Probability Density

Function) 的办法，气层和盐水层的区别就更清楚了。因为气的模量偏低，低流体模量有高概率就应该是气层的表现。这两个图说明气层范围在 CDP800 ~ 1390 之间。在盐水砂层段流体模量的高值（在 3GPa 上下）有高 PDF（绿色）。这样的孔隙度约束条件还使气层段的低 K_f 概率沿 CDP 的变化变得更均匀和稳定。孔隙度约束范围这样变严格使气和盐水段分得更清楚。

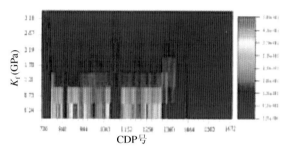

图 4.65　目的层流体模量取值的概率分布
横轴—CDP 号；纵轴—流体模量；
色标—概率，红色高，蓝色低；
孔隙度在 0 ~ 0.35 之间均匀分布

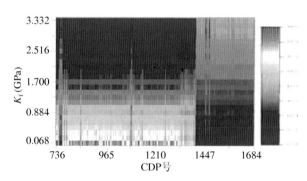

图 4.66　目的层流体模量取值的概率分布
横轴—CDP 号；纵轴—流体模量；
色标—概率，红色高，蓝色低；
孔隙度在 0.15 ~ 0.35 之间均匀分布

4.3.3.3　3D 实例

研究的例子位于美国得克萨斯 Calhoun 城陆上，储层在 Frio 层中。

4.3.3.3.1　地球物理数据

3D 覆盖面积 8.43km²，共 7500 道。在线（in line）距和交叉线 (cross line) 距都是 110ft，数据是正极性，意思是下伏层波阻抗增加出正峰；反之，下伏层波阻抗减小得负峰即波谷。从储层砂岩 B 中抽出的一个振幅切片如图 4.67。在交叉线 110 ~ 120 间和在线 185 ~ 230 间的强负振幅区是碳氢聚合区。储层砂岩是低阻抗所以形成强负振幅。

依据前面说过的流体模量反演的步骤，基于反演模型计算了波阻抗，将之作为程序的输入。

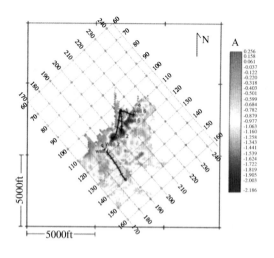

图 4.67　得克萨斯一个三维振幅图

蓝色—负值；红色—正值；色标—振幅，红高蓝低

4.3.3.3.2　概率密度函数

图 4.68 和图 4.69 显示了每一个 CDP 输出的最高概率 K_f 值，前者孔隙度在 0 ～ 0.38 间均匀变化，后者在 0.27 ～ 0.38 间均匀变化。虽然这两张图的空间分布大致相似，但实际数值是变化的：图 4.69 中的气层的 K_f 值比较低，更清楚地显示了气层位置。可以得到特殊 K_f 值：0.064、0.32、2.752、2.805 和 3.136GPa 的概率图。就会出现相应于盐水和气的 K_f 的高概率图。图 4.70 就是 K_f=0.064GPa 的概率图。我们前面已经有过两个记录：表 2.3 中气 K_f=K_G=44.43MPa=0.044GPa。表 3.14 中气 K_f=0.012GPa。可见 K_f=0.064GPa 正是天然气的数量级，可以判断高概率的红色地段就是天然气的反应。它与图 4.69 对气的反应位置是基本一致的。

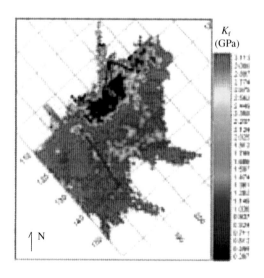

图 4.68　流体模量最高概率密度图

孔隙度均匀变化范围 0 ～ 0.38; 色标—流体模量，红高蓝低

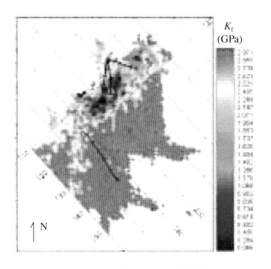

图 4.69　最高概率密度流体模量图

孔隙度均匀变化范围 0.27 ～ 0.38；色标—流体模量，红高蓝低

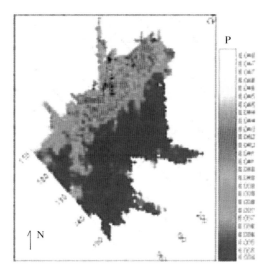

图 4.70　K_f 为 0.064GPa 的概率密度函数

孔隙度均匀变化范围 0.27 ～ 0.38；色标—概率密度函数

5　综合地震参数预测油气

研究孔隙弹性给我们提供了许多能分辨油、气、水的参数，它们多半是孔隙弹性参数。地震预测油气可以用单参数（属性）。单参数也有许多成功的例子，但只有在特殊的有利条件下才有可能；否则经常会模凌两可。因为单一方法如振幅异常或 AVO 异常等常有多解性。为此，一般情况下，我们提倡用多参数复合或综合。复合用加权叠加或统计分析或人工智能，最后合成一个单一参数用于判断油气，或称区分流体性质；综合就是对多个参数每个独立评判然后综合解释是否油或气。用于判断流体性质的参数必须原始资料质量可靠，处理提取结果可靠，最好是经过统计分析，分辨率、可信度、稳定度、精确度都在标准以上的[8]。

5.1　AVO、波阻抗与吸收综合预测油气[145]

在北海 Gullfaks 油田的侏罗纪 Brenthe 和三叠纪 Stafjord 储层至今已生产了大量油气，21 世纪以来注意力放到了白垩纪剖面上。地震发现了很多振幅异常和 AVO 异常。打井测试得到了不同的结果。

5.1.1　AVO 异常

2003 年在目的区打了两口井。一口是 B42B，一口是 A48B。B42B 是 Brent 层的生产井，因在白垩纪层位中发现 AVO 异常，如图 5.1a 所示，进行了测试，遇到大量气。A48B 井（b 图）也钻在 AVO 异常上，钻进了白垩系，不仅没有发现气，甚至没有见到储层品质的砂岩，它的 AVO 异常几乎与 B42B 的一样显著。为什么会这样呢？经过多方专家研究，认为假的 AVO 异常有 4 种可能：

（1）Fizz 水（少量天然气，低饱和度影响岩石弹性，使它具有大量天然气时相同的特征）。

（2）各向异性。由于入射角方向不同，速度不同，波阻抗不同，反射系数就不同，可能出现假 AVO。但要建立能观察到的 AVO 异常，在本区各向异性值需要很大。这并不太可能。

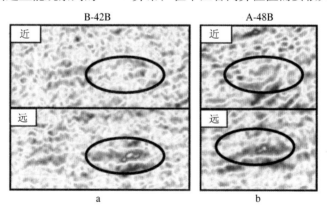

图 5.1　北海 Gullfaks 油田 AVO 异常

上—近道地震切片；下—远道地震切片；
a—B42B 井区；b—A48B 井区；
椭圆—AVO 异常区；红色—AVO 异常

（3）地震假象，包括多次波。本例没有详细研究这类问题，不能完全排除。

（4）页岩矿物的空间变化，如富石英页岩有小的泊松比会产生如气一样的 AVO 异常。纯石英泊松比是 0.08，而纯泥岩泊松比大于 0.35，两者相差极大，因而泥岩中石英增加就会显著降低页岩的泊松比，产生 AVO 异常。富石英页岩的 AVO 异常如图 5.2 所示。

因此单靠 AVO 异常不能断定是否存在天然气。

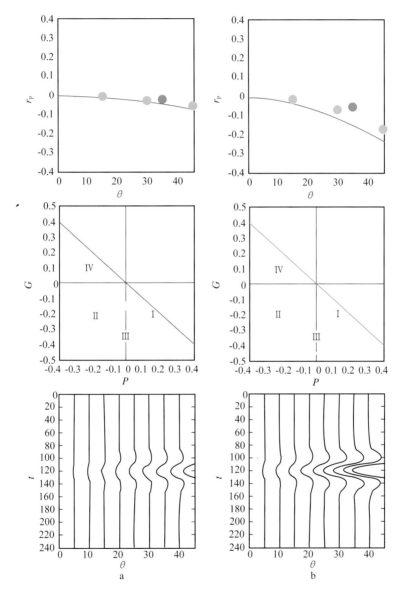

图 5.2　富石英页岩 AVO 异常

a—富石英页岩模型；b—气砂弹性半空间模型；

下—AVA 道集；中—截距 P 梯度 G 图；上—AVA；

I～IV—AVO 类型

5.1.2　建立弹性模型判定岩石物性

判定岩石物性就是确定岩性参数，如矿物成分、孔隙流体内容、骨架、孔隙度等以及它们如何影响速度和密度（从而影响波阻抗）。对 Gullfaks 的白垩系钻井结果做了岩石物性判定。

制作了两个模型，一个用来研究所开发的砂岩储层中孔隙流体内容（水和气）的影响，另一个用来研究在页岩剖面中石英含量百分比对地震反射的影响。结果正如所希望的，气砂有低波阻抗和低泊松比，确实能产生强 AVO 异常，如 B42B 所见。而矿物的变化，如从富泥页岩到富石英页岩也产生 AVO 异常，但不如气砂强烈，如 A48B 所见（图 5.1）。

5.1.3 建立非弹性模型判定岩石物性

为了清楚地区分气砂岩和富石英页岩的 AVO 异常，用了非弹性参数——本征吸收。假定泥岩矿物的改变不会产生吸收异常，而气砂会产生吸收异常。为了证实这个假定作了地震吸收模型。模拟结果支持气砂有强烈吸收异常，弱气有弱吸收异常，而水砂和页岩中的矿物变化不产生吸收异常。根据这个模型，确定地震吸收是勘探白垩纪气砂和区分气砂及非储层岩石的有效参数。

5.1.4 综合参数判断气层

根据上述岩石物理模型的实验结果，气砂有低波阻抗和高吸收。只要有相对声阻抗就可。求取相对声阻抗只要对复数道的实数部分进行积分（道积分），比求取绝对波阻抗的反演过程简单经济得多。相对声阻抗可用来绘制目的层内的阻抗差，可以简单地定性确定岩石性质。因为气砂有低阻抗，所以包含有白垩纪目的层的时窗内的低阻抗值就可能有高孔隙度并含气。

计算地震吸收是对振幅资料用 Gabor–Morlet 型谱分解法（见 3.2.10.7 节）。由于气的存在出现高吸收参数值。由这个模型可以知道低吸收值与低于商业气量有关，而高吸收值则可能指出有商业气。

这两个参数综合成一个参数，被原作者命名为 RaiQ[Rai 就是相对声阻抗（Relative acoustic impedance），Q 代表地震吸收。在他的图中又将吸收写作 AA(Anomalous Absorption)。相对声阻抗是比较而言，绝对声阻抗才是本书和 [8] 中的纵波阻抗 I_P。Q 是品质因数，Q^{-1} 才是损耗，可代表吸收的一种量]，是流体的一种指示器。它的高值相当于气砂，低值相当于 Fizz 气或油，而零值相当于页岩（富泥或富石英页岩）或水砂。图 5.3 说明了 AA–RAI 坐标下气砂等岩石物性的位置。可见气砂位于高吸收和低阻抗处，富石英页岩和涩砂位于低吸收和低阻抗处，其他白垩纪页岩位于低吸收和高阻抗处。将这两种参数综合考虑就可更可靠地判断气砂。

进一步将 RaiQ 通过统计处理（如类似于 [8] 中的加权叠加，这里吸收与阻抗应反向叠加）作为单一的综合参数，成为一种综合流体性质指标。高值相当于气砂，低值相当于 Fizz 气或油，零值相当于页岩（富泥或富石英页岩）或水砂。

将 RaiQ 参数三维数据体作图如图 5.4 所示，与井中遇到的流体类型对比。在图框底角 A48B 周围区域白垩纪剖面中 RaiQ 低值近于零区（图中黑色），无储层砂。在图顶角 B42B 区粉色异常处是 RaiQ 高值区，有商业气层。根据这些预测钻井，大大减少了勘探风险。

5.2 纵横波损耗比预测油气 [150]

油气会显著影响 P 波的吸收，而不会影响 S 波的吸收。因此纵横波吸收比会成为很好的碳氢指示。

这个实例来自墨西哥湾 Eugene 岛 313 区块的 2700 井。

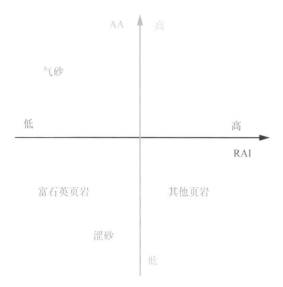

图 5.3　相对波阻抗—异常吸收交会图
横轴—相对波阻抗；纵轴—异常吸收

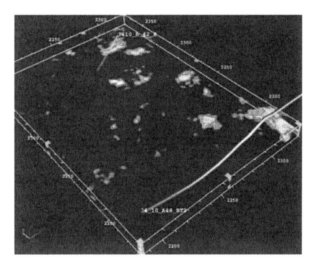

图 5.4　流体指标 RaiQ 数据体
图框底角—A48B 井；图框顶角—B42B 井；
粉色—RaiQ 高值；黑色—RaiQ 低值

5.2.1　测井解释

（1）井中气饱和度由电阻曲线计算，而泥质含量由自然伽马确定。假定地层水的体积模量 2.85GPa，密度 1.01g/cm³，而气的体积模量 0.14GPa，密度 0.26g/cm³。总孔隙度由体积密度计算。2700 井的测井曲线如图 5.5 所示。由测井可知此井有一气层（一个明显的多参数向左突出的薄层）是低泥、低水饱和度（高气饱和度）、高孔隙度、低 P 波阻抗、低泊松比、低 P 波速、略低 S 波速、低密度。这是一个典型的非固结（软砂岩）模型。波阻抗随孔隙度增高而降低，孔隙度随泥质含量的降低而增高。

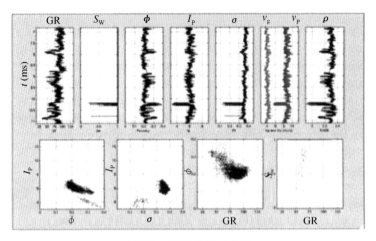

图 5.5　2700 井测井曲线

上图由左至右分别为：自然伽马，水饱和度，
总孔隙度，P 波阻抗，泊松比（预测），S 波速度，P 波速度（预测），体积密度；
下图由左至右：阻抗—孔隙度，阻抗—泊松比，
孔隙度—自然伽马，水饱和度—自然伽马

　（2）图 5.6 把图 5.5 中的相关图放大加彩，左列是波阻抗－孔隙度图，右列是波阻抗－泊松比图。上部色标是自然伽马，下部色标是水饱和度，都是红高蓝低。可见 I_P－ϕ 上图中绝大部分是蓝色，是低泥砂岩；I_P－ϕ 下图中绝大部分是红色，是水；只有一个薄层是气层（蓝色）。泊松比（I_P－σ）图中，上图（色标 GR）有一团蓝色在 0.1～0.2 之间，是低波阻抗；下图（色标 S_W）这一团分成了两半，左蓝色的气砂岩，泊松比在 0.11～0.16；红色的为 0.19～0.24，是水层。这就是说水层也可能有低泊松比，要靠水饱和度来区分。上图中还有一团（右）泊松比在 0.3～0.4 间，一分为 4：泊松比较小的蓝色（深蓝和浅蓝）是泥岩，中间的黄色是泥质砂岩，最大的红色是砂岩；在右下图中这一块都是红色，是水层。图 5.6 是一个非常好的能用于岩性和油气解释的图。综合起来靠 I_P，ϕ，σ，GR，S_W 这 5 个参数解释这口井只有一个薄层是很好的气层（右下图中左下方的蓝色），其余是泥岩、泥质砂岩、砂岩水层。

　（3）再进一步对水层作了研究。这里的弹性和密度全用 P 波计算。根据软砂岩模型计算了不同泥质含量的纵波阻抗—孔隙度曲线和纵波阻抗—泊松比曲线，如图 5.7。下图色标是水饱和度，可见都是红色水层。左上图中最底下的曲线泥质含量为 1，向上或向右每条曲线减 0.2，直至最上或最右一条曲线减至零。可见泥质含量愈低的砂岩波阻抗愈高，泊松比愈高。

5.2.2　吸收模型——纵横波损耗比

　Dvorkin 等（2003）发表了关于 P 波吸收岩石物理模型的理论发展，Mavko 等（2005）又发表了关于 S 波吸收计算理论 [75]。这里利用这些模型计算了 2700 井的吸收曲线，结果指出 P 波损耗（Q_P^{-1}）只有在气层中是显著的，其他层位都小；S 波损耗则各层都小，如图 5.8 所示。

　图 5.9 绘制了纵横波损耗比与纵横波速度比交会图。

纵横波速度比：
$$\gamma = v_P / v_S$$

纵横波损耗比：
$$\gamma_{Q^{-1}} = Q_P^{-1} / Q_S^{-1} = Q_S / Q_P \tag{5.1}$$

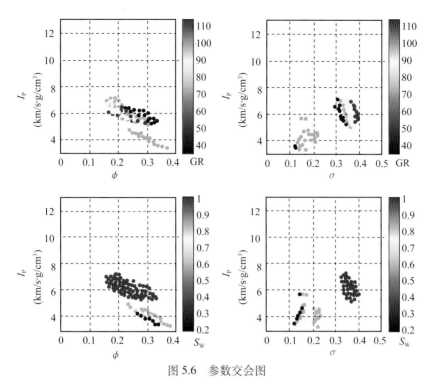

图 5.6　参数交会图

左图：纵波阻抗—孔隙度；右图：纵波阻抗—泊松比；

色标—上图：自然伽马，红高蓝低，下图：水饱和度，红高蓝低

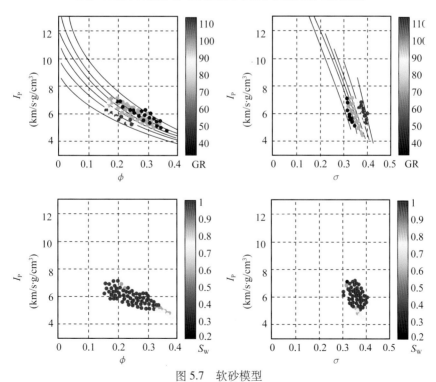

图 5.7　软砂模型

左图：纵波阻抗—孔隙度；右图：纵波阻抗—泊松比；

色标—上图：自然伽马；下图：水饱和度。

曲线和直线参数为泥质含量；从上至下，从右至左分别为 0、0.2、0.4、0.6、0.8、1.0

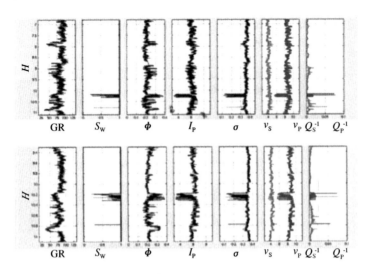

图 5.8　2700 井损耗曲线
最右曲线—损耗；
红色—横波速度、损耗；蓝色—纵波速度、损耗；
其他曲线同图 5.5；下图—上图下段深度间隔放大

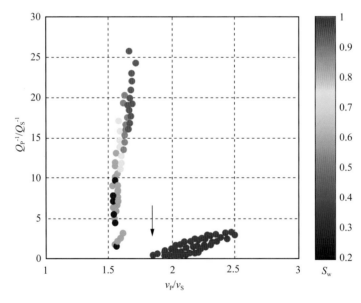

图 5.9　纵横波损耗比与纵横波速度比交会图
横向—纵横波速度比；纵向—纵横波损耗比；
色标—水饱和度；箭头—两个砂层；深蓝—气层

　　图中色标是水饱和度：蓝色是低水饱和度 S_W，即高气饱和度 S_G，深蓝应属商业气层 ($S_W<0.4$)；红色是高水饱和度。由图可见深蓝色气层位于 $\gamma=1.5 \sim 1.6$ 处，属于低值；并在 $1 < \gamma_Q^{-1} < 10$ 处，也是低值。这就是说气层是低纵横波速度比和低纵横波损耗比。只有低 γ 还不一定是气层，因为图中可见 $\gamma=1.6 \sim 1.7$ 也是低值，但是水层（红色 $S_W>0.75$）。所以只有这两个参数综合才是辨别气层的标志。

5.2.3　地震合成记录

5.2.3.1　不考虑吸收

图 5.10 是一个射线追踪地震合成记录，用的是 40Hz 雷克子波，产生了 P–P 反射和 P–S 转换波记录。图中上部是纵波反射记录，从左至右依次是各参数，可见气层（标 2）是强负振幅，低纵波阻抗，微低横波阻抗，低泊松比，低自然伽马（低泥质含量），低水饱和度（高气饱和度），高孔隙度。而水层（标 1）是低负振幅，纵横波阻抗及泊松比无甚异常，低自然伽马（低泥砂岩），高水饱和度，高孔隙度。并且水层有弱负 AVO 异常（图左下标 1），光靠 AVO 容易误导；气层（标 2）有良好的 AVO 异常。这是一套能很好地辨别气、水层的参数。

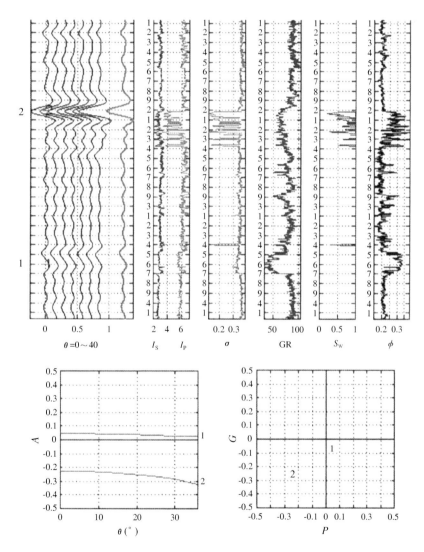

图 5.10　合成记录和 AVO 曲线

上图从左至右：炮集，叠加道（右），波阻抗（纵红横蓝），泊松比，
自然伽马，水饱和度，孔隙度；1—水层；2—气层；
下图：1—水层；2—气层

5.2.3.2　考虑吸收

用 Q 滤波考虑了 P 波和 S 波吸收。图 5.11 展示了其中的一道。可见 2.38s 附近有一气层，纵波阻抗小，泊松比小。气层地震波出现负峰。并因吸收而振幅减小（图中红线；2.3s 前吸收很小，对振幅没有显著影响）。

图 5.11 和图 5.12 显示考虑吸收后气层反射振幅显著降低，说明可用地面地震提取吸收参数。图 5.12 的转换波说明了一个事实：就是 S 波的吸收是很小的，所计算的考虑了吸收的合成记录与不计算吸收的记录没有多大的差别。为了试验在这个合成记录模型中横波损耗 Q_S^{-1} 是否会真正影响到转换波振幅，还计算了一个远道，S 波损耗大于岩石物理模型预测的 10 倍，可见吸收对振幅产生了较大的影响。这意味着 Q_S^{-1} 也可由地面地震转换波提取。用地面地震的纵横波损耗比预测气层是可行的。

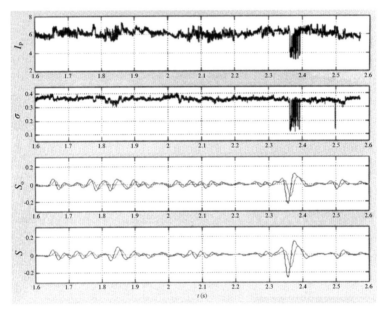

图 5.11　考虑吸收的纵反射合成记录

从上至下：纵波阻抗，泊松比，正入射地震道，偏移地震道；

红线—有吸收；蓝线—无吸收

5.3　由 AVO 反演法区分流体性质 [151]

AVO 能帮助分辨孔隙内容物，$\lambda-\mu-\rho$ 法也可用来识别孔隙内容物 [152]，由 P 波和 S 波阻抗计算的流体因子（fluid−factor）也可区分流体性质 [153]。新发展的加权叠加法可将 AVO 梯度和截距用来识别流体异常 [154, 155]。但这些方法没有估计预测的不稳定性。这里介绍的方法把贝叶斯反演法引入对弹性参数和模量的不确定性分析，并用简化的 Gassmann 方程反演流体体积模量。

5.3.1　贝叶斯 AVO 反演方法

5.3.1.1　Aki−Richards 的三项式

近似反射系数公式反映了振幅随入射角（或偏移距）变化 (AVA 或 AVO) 的实质：

$$R(\theta) = \frac{1}{2}\left(1 + \tan^2\theta\right)\frac{\Delta v_P}{\bar{v}_P} - 4\left(\frac{v_S}{v_P}\right)^2 \sin^2\theta \frac{\Delta v_S}{\bar{v}_S} + \frac{1}{2}\left(1 - 4\left(\frac{v_S}{v_P}\right)^2 \sin^2\theta\right)\frac{\Delta\rho}{\bar{\rho}} \tag{5.2}$$

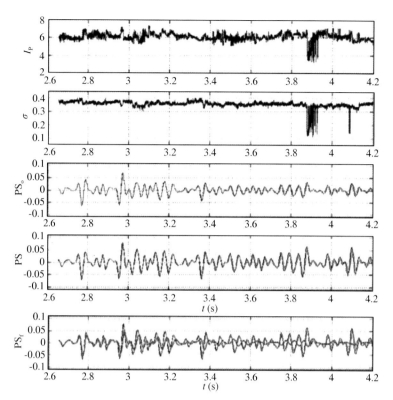

图 5.12　考虑吸收的转换波合成记录

从上至下：纵波阻抗，泊松比，

小近道转换波 PS_o，PS 转换波；红色—有吸收，蓝色—无吸收；

PS_f—远道转换波；红虚线—吸收加大 10 倍

由参考文献 [13](9.24) 式有参数相对差：

$$C_x = \frac{\Delta x}{x} = \Delta \ln x$$

x 是上下层位某一参数的平均值，Δx 是上下层位该参数的差，一般是小值；代入 (5.2) 式变成

$$R(\theta) = \frac{1}{2}(1 + \tan^2 \theta)C_{v_P} - 4\gamma_-^2 \sin^2 \theta C_{v_S} + \frac{1}{2}\left[1 - 4\gamma_-^2 \sin^2 \theta\right]C_\rho \tag{5.3a}$$

式中：$\gamma_- = v_S/v_P = 1/\gamma$。

参数 C_x $(x=v_P,\ v_S,\ \rho)$ 可由叠前地震角道集反演得到，由此可有：

$$x = \exp\left(\int C_x\right)$$

对 C_x 求积分再求指数就可得到目标参数 x $(v_P,\ v_S,\ \rho)$。低频分量由测井数据提取，并入后得到最终参数。(5.3) 式当然也可写成

$$R(\theta) = \frac{1}{2}\left(1 + \tan^2 \theta\right)\Delta \ln v_P - 4\left(\frac{v_S}{v_P}\right)^2 \sin^2 \theta \Delta \ln v_S + \frac{1}{2}\left(1 - 4\left(\frac{v_S}{v_P}\right)^2 \sin^2 \theta\right)\Delta \ln \rho \tag{5.3b}$$

5.3.1.2 岩石物理参数关系

(1) 速度参数有以下关系，即

$$v_P = \sqrt{\frac{P}{\rho}}, \quad v_S = \sqrt{\frac{\mu}{\rho}} \tag{5.4}$$

式中：P 为纵波模量；μ 为切变模量；ρ 为密度。

(2) Gassmann 流体替代方程可简化如下[157]。

岩石孔隙充满流体后的体积模量 K 实际是由两部分组成，一部分是干燥岩石模量 K_d，另一部分就是因为孔隙流体 K_f 的存在而增加的模量 ΔK，因此可有

$$K = K_d + \Delta K = K_d + G(\phi) K_f \tag{5.5}$$

因流体而增加的模量是

$$\Delta K = G(\phi) K_f \tag{5.6}$$

因此 $G(\phi)$ 是增量函数，其本身又随孔隙度而变。切变模量与流体无关，因而

$$\mu = \mu_d \tag{5.7}$$

P 波模量 P 在充满流体后也会在干燥模量 M_d 以外有一个增量，即

$$P = M_d + \Delta K \tag{5.8}$$

这个增量的大小与流体性质密切相关，因而被称作流体识别器（fluid discriminator）。增量函数是孔隙度的函数，受常系数 U 的控制，即

$$G(\phi) = U^2 \phi (2 - U\phi)^2 \tag{5.9}$$

以上各式中下标 f、d 分别代表流体、干燥岩石。K、μ 就是饱和岩石模量。用不同流体互相替代时主要的差别就是体积模量 K 的差别 ΔK。为了计算干燥 P 波模量，作了 $M_d-\mu_d$ 交会图（图 5.13），可见两者成很好的线性关系，拟合结果为

$$M_d = 2.3083 \mu_d \tag{5.10}$$

已知 $v_P = \sqrt{P/\rho}$，$v_P^2 \rho = P$，代入 (5.8) 式有

$$v_P^2 \rho = 2.3083 v_S^2 \rho + \Delta K$$

或

$$\Delta K = v_P^2 \rho - 2.3083 v_S^2 \rho \tag{5.11}$$

由 (5.6) 式有

$$K_f = \Delta K / G(\phi) \tag{5.12}$$

本区泥质砂岩 $\phi = 0.3$，$U = 1.450$，因而 $G(\phi) \approx 2.5$。

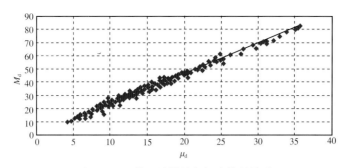

图 5.13　干燥 P 波模量与切变模量关系

横轴—干燥切变模量；纵轴—干燥 P 波模量

5.3.2　不确定性分析

贝叶斯理论提供一个框架由不确定的数据和一个先验概率来估计未知模型参数的后验概率。在这个分析中假定弹性参数是对数分布。由图 5.14 可见这个假设是可接受的，虽然曲线还有些弯曲。

后验期望值和方差可分别写成 [159]

$$\boldsymbol{\mu}_{\mathrm{m|d}} = \boldsymbol{\mu}_{\mathrm{m}} + \left(\boldsymbol{SA}\sum\nolimits_{\mathrm{m}}^{1}\right)^{\mathrm{T}} \sum\nolimits_{\mathrm{d}}^{-1}(d-\mu) \tag{5.13}$$

$$\sum\nolimits_{\mathrm{m|d}} = \sum\nolimits_{\mathrm{m}} - S\left(\boldsymbol{SA}\sum\nolimits_{\mathrm{m}}^{1}\right)^{\mathrm{T}} \sum\nolimits_{\mathrm{d}}^{-1}\boldsymbol{SA}\sum\nolimits_{\mathrm{m}}^{1} \tag{5.14}$$

式中：S 为子波矩阵；A 为反射系数方程中的系数矩阵；$\sum_{\mathrm{m}}^{1}$ 为 $\Delta \ln v_{\mathrm{P}}$，$\Delta \ln v_{\mathrm{S}}$，$\Delta \ln \rho$ 的方差矩阵；$\sum_{\mathrm{d}}$ 为观测数据 d 的方差矩阵；μ_{m}，$\sum_{\mathrm{m}}$ 分别是模型参数 m 的期望矩阵和方差矩阵；$\mu_{\mathrm{m|d}}$，$\sum_{\mathrm{m|d}}$ 分别是模型参数 (m, μ_{d}) 的后验期望矩阵和方差矩阵 (已知数据 d 情况下的条件概率矩阵)。

m、μ_{d} 的后验期望和方差可以根据模量、速度和密度的关系进行计算。

5.3.3　实例

这是墨西哥湾的一个例子用于测试这个分辨流体的方法。这里水深约 4000ft, 储层深 11200ft。围绕 A 井和 B 井各做了一块小三维，井在三维面积中心。A 井发现了气层，B 井则是低饱和气层。测井和合成记录如图 5.15。可见 A 井和 B 井各有两个砂岩储层 1A、2A 和 1B、2B，在储层处都有强振幅，仅从振幅无法分辨孔隙流体性质。由测井提取背景值约束反演，步骤如下：

(1) 用角集反演 P 波速度、S 波速度和密度；

(2) 计算 P 波模量和切变模量并分析不稳定性；

(3) 用模量的最大后验概率模型（maximun a posterior model，MAP) 解反演流体体积模量，作为流体识别器。

图 5.16 提供了最终反演结果，是两个景区的三维流体最大后验概率体积模量切片，A 井区低模量的深蓝色为主，是高饱和气层的反应；B 井区高模量的红色为主，是低饱和气层的反应。为得到较好的结果，必需符合下面这些假定：

(1) 不同入射角的子波是稳定的；

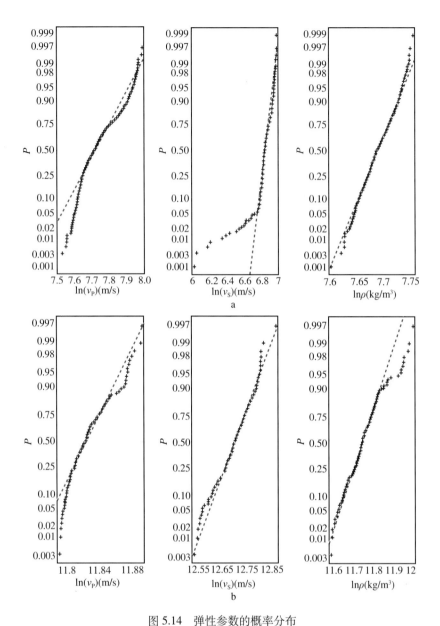

图 5.14　弹性参数的概率分布

a—A 井；b—B 井；

横轴—左：对数纵波速度，中：对数横波速度，右：对数密度；

纵轴—高斯概率；蓝线—实际曲线；红线—拟合直线

（2）由动校拉伸产生的频率损失和由吸收产生的振幅损失在反演前都作了补偿；

（3）反演前消除了对薄层的调谐效应；

（4）地震道是子波和反射系数的褶积。

我们必须强调，作任何用于油气预测的反演前都必需满足这些假定。

贝叶斯线性反演法能由地震角道集反演弹性参数，比起通常的反演方法比较容易处理，花费机时少，费用低；并可对弹性参数和模量进行不确定性分析。反演结果显示区块 A 储层的流体模量比区块 B 低，说明区块 A 的低模量流体是高饱和度气层，区块 B 的高模量流体是低饱和度气层。反演结果还表明了区块 A 气层的大致分布范围。

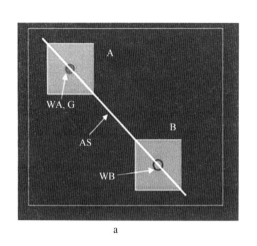
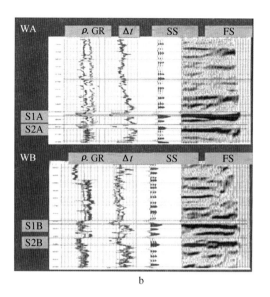

图 5.15　墨西哥湾的两口测井

a—A、B 井区位置，A 为气井，B 为勘探井；b—测井：上图为 A 井，下图为 B 井；

S1A—1A 砂层；S2B—2B 砂层；从左至右：密度，自然伽马，

时差（蓝—纵波，红—横波）；

合成记录叠加道 SS，野外地震道 FS CDP

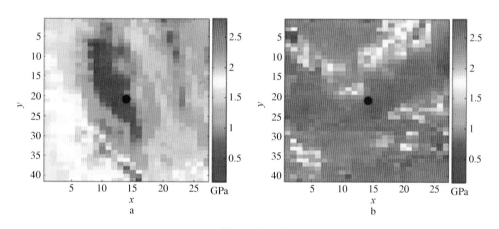

图 5.16　由模量反演流体因子切片

a—A 井区；b—B 井区；

色标—流体体积模量；黑圆点—井位；

深蓝—有气分布的概率大；红色—低气饱和度带

5.4　阿穆尔气砂岩预测

5.4.1　地质地球物理背景

阿穆尔 ABCD 井区是个复杂的油气区，地质地球物理条件大致上可分三类，图 5.17 的三口测井（井 A、B、D）是它们各自的代表。我们先看这三图中间的岩性柱。左侧孔隙度曲线所包的红色是天然气体积 $V_G = \phi(1-S_w) = \phi S_G$；所包蓝色是水体积 $V_w = \phi S_w$。可见 A 井区是河道砂气藏，B 井区是河道砂气藏下加侏罗纪 JM 层砂岩气藏，D 井区是 JM 层下部气藏。下面我们以 D 井区为代表进行研究，有时也会涉及其他井区。

（1）有上下两个主砂岩层，各位于 3274 ~ 3285.5m 及 3290 ~ 3324m 深度处（岩性柱中为黄色，自然伽马柱中为深蓝色），各厚 11.5m 和 34m，两个砂岩上下都为泥岩（棕褐色，自然伽马柱中为淡绿色）区隔。下部厚 34m 的为气砂岩。

（2）砂岩孔隙度上层较低，只有 3% ~ 5%，属低孔隙砂岩；下层较高，约 6% ~ 10%，属高孔隙砂岩（此区比较而言），是本区的主要气层。所有高孔隙砂岩几乎都是气层。另有致密砂岩（孔隙度 ≤ 3%）、泥质砂岩（泥质含量 <30%）、泥岩（泥质含量 >70%）。

（3）泥岩中有一种薄层纯泥岩，如 D 井 3273m 深处，厚只 1m，纵横波速度低，波阻抗低，杨氏系数低、切变模量低，λ，μ 低，是很好的标志层，极易识别。

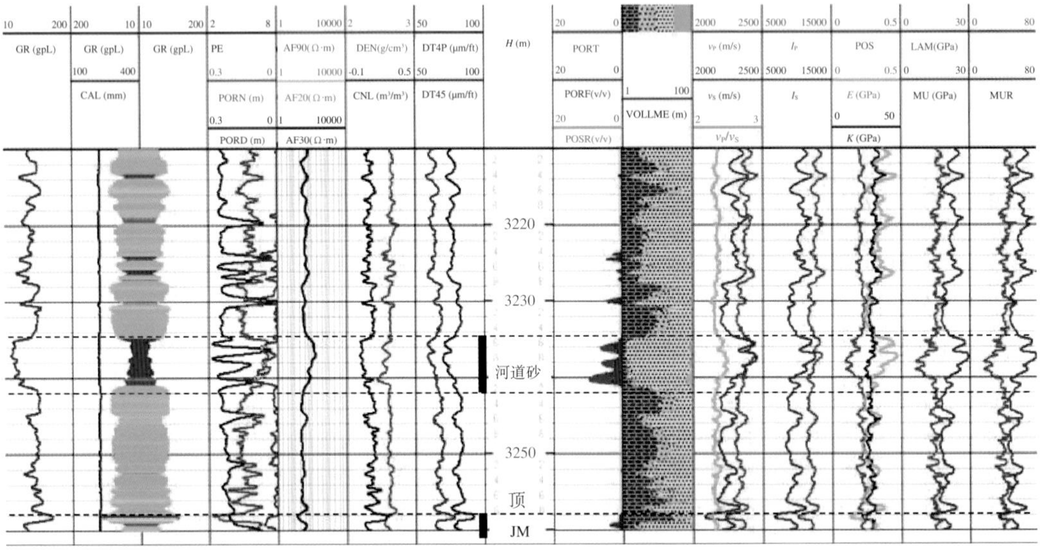

a—A井

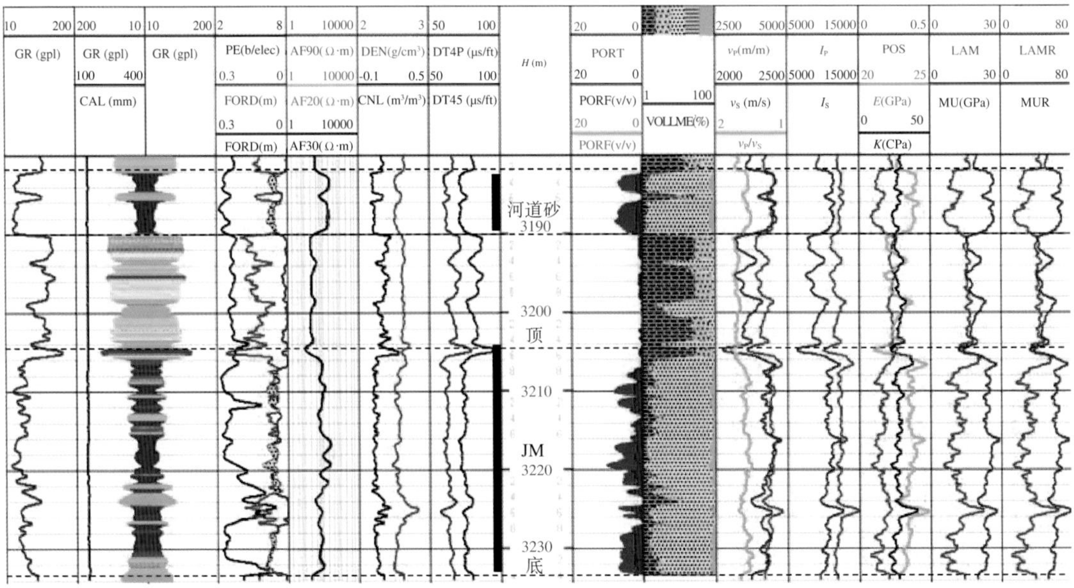

b—B井

图 5.17

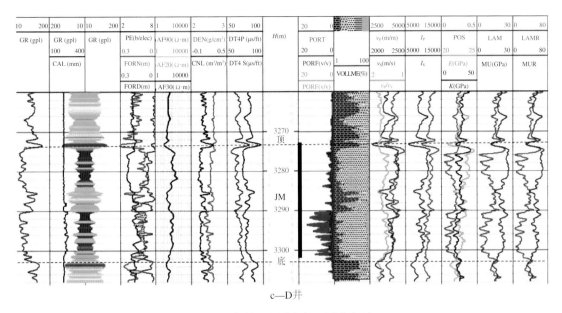

c—D井

图 5.17（续） 阿穆尔气田测井序列

GR—自然伽马；CAL—井径；圆柱—蓝砂绿泥；PE—光电吸收截面；
PORN—中子孔隙度；PORD—密度孔隙度；AF—阵列电阻率；DEN—密度；CNL—中子；
DT4P—纵波时差；DT4S—横波时差；H—深度；PORT—孔隙度；
岩性柱：红—泥质含量，蓝—束缚水，黄—砂岩体积，绿—孔隙度；v_P—纵波速度；
v_S—横波速度；v_P/v_S—纵横波速度比；I_P—纵波阻抗；I_S—横波阻抗；POS—泊松比；
E—杨氏模量；K—体积模量；LAM—拉姆系数；MU—切变系数；LAMR—$\lambda\rho$；MUR—$\mu\rho$

（4）根据测井资料和理论计算，各岩性参数列表如表 5.1。可见低孔隙砂岩比常规页岩的纵波速度高，纵波阻抗高，泊松比高，杨氏模量低，λ 高、μ 低，纵横波速度比高，体积模量高；特别是弹性波阻抗 I_9、I_{40} 高（弹性波阻抗 I_E 区别于纵横波阻抗 I_P、I_S，I_P 又相当于声阻抗 I_A，常用 I 代表。I_E 近道用第 9 道代表，称 I_9，远道用第 40 道代表，称 I_{40}）。靠 v_P、I_P、σ、E、$\lambda\rho$、$\mu\rho$ 和 I_{40} 有可能很好区分低孔隙砂岩和页岩。

表 5.1　阿穆尔气田地震参数

岩性	v_P (m/s)	v_S (m/s)	ρ (g/cm³)	I_P (km/s·g/cm³)	I_S (km/s·g/cm³)	I_E (9⁰)	I_E (40⁰)	γ	μ (GPa)	λ (GPa)	$\mu\rho$	$\lambda\rho$	K (GPa)	E (GPa)	σ
页岩	4484	2661	2.63	11.8	7.0	8451	273	1..69	18.62	15.63	44.00	41.11	28.06	28.67	0.23
低孔砂岩	4964	2625	2.59	12.9	6.8	10073	2291	1.89	17.85	28.13	46.23	72.86	40.08	24.63	0.31
气砂岩	4634	2853	2.57	11.9	7.3	7846	114	1.62	20.92	12.85	53.76	33.02	26.87	33.89	0.19
气砂 / 低孔	0.93	1.09	0.99	0.92	1.07	0.78	0.05	0.86	1.17	0.46	1.16	0.45	0.67	1.37	0.61
气砂 / 页岩	1.03	1.07	0.98	1.01	1.04	0.93	0.42	0.96	1.12	0.82	1.22	0.80	0.96	1.18	0.83
气砂异常 (%)	3	7	−2	1	4	−7	−58	−4	12	−18	22	−20	−4	18	−17

附公式：$\mu = v_S^2 \rho$，$\lambda = v_P^2 \rho - 2 v_S^2 \rho$，$K = v_P^2 \rho - \dfrac{4}{3} v_S^2 \rho$，$\sigma = \dfrac{\gamma^2 - 2}{2(\gamma^2 - 1)}$，$E = 2\mu(1-\sigma)$。

（5）区分气砂岩和低孔砂岩从而识别气层是本区的根本任务。由 D 井测井资料可见井径曲线光滑，测井质量未受井径干扰。直接可见此河道气砂岩 GR 低（泥质含量小），Ω（电阻率）高，ϕ 高，ρ 低，Δt_P、Δt_S 低，v_P、v_S 高，γ 高，I_P、I_S 高，σ 低，E 高，λ、$\lambda\rho$ 低，μ、$\mu\rho$ 高，可用参数极多。表 5.1 列了这些参数多口井中的综合数据，计算了可能的异常，并由此选出了气砂岩与盖层差异大于 15% 的参数，它们是：I_{40}、$\mu\rho$、$\lambda\rho$、λ、E、σ。远道弹性波阻抗、泊松比和拉姆系数等是本区识别气砂岩的最有利参数。因此本区实际上利用了远道弹性波阻抗、泊松比和 $\mu\rho$、$\lambda\rho$；并发现 AVO 道集的极性转换和远、近道叠加的差别起到了最好的作用。

5.4.2　AVO 分析

5.4.2.1　AVO 模型分析

将气砂岩（和低孔砂岩）及其盖层和底层页岩的参数列于表 5.2 中。

表 5.2　气砂岩模型参数

	v_P (m/s)	v_S (m/s)	Δt_P (μs/m)	Δt_S (μs/m)	ρ (g/cm³)	I_P (m/s·g/cm³)	δI_P (%)
盖层页岩	4484	2661	223	375.8	2.63	11793	
气砂岩	4634	2853	215.8	350.5	2.57	11909	0.98
底层页岩	4167	2481	240	403	2.59	10793	
低孔砂岩	5070	2730	197	366	2.57	13030	10.48

根据此表数据用已知软件计算了气砂岩和低孔砂岩的 AVO 曲线如图 5.18 所示。可见气砂岩 AVO 大致属 II 类，但略有区别。它的主要特征是：

（1）气砂岩与其盖层及底层波阻抗差很小，本例最小差只 0.98%；因而零偏移距反射振幅很小；

（2）随着偏移距增大振幅先减小后增大（或绝对值增大）；

（3）随着偏移距增大，极性反转。

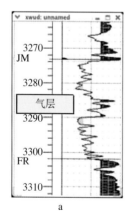
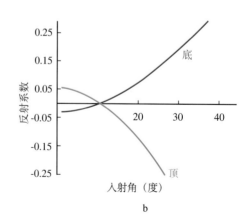

图 5.18　气层 AVO 分析

a—测井显示气层；b—气层顶底 AVO

5.4.2.2　AVO 道集的极性反转

图 5.19 是两个典型的叠前动校 AVO 道集。左边 5 列是测井曲线，依次为：自然伽马、纵波时差、横波时差、密度和泊松比。可见红线所夹的是一个砂岩层（自然伽马低—泥质低）。上图为高孔隙砂层，已知孔隙度 6% ～ 10%，是已知气层。下图为低孔砂岩，孔隙度 3% ～ 5%。

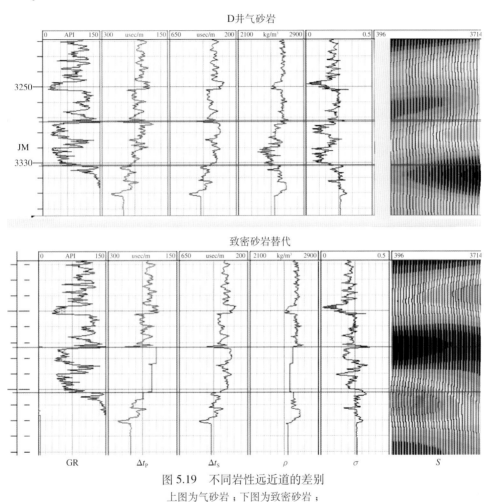

图 5.19　不同岩性远近道的差别

上图为气砂岩；下图为致密砂岩；

左边为测井曲线，分别为：自然伽马，纵波时差，横波时差，密度，泊松比；

右图为动校正合成记录；黑绿—波峰；黄—波谷

可以看到目的层气砂岩 JM 层的顶板：对于气层顶板是从近道的波峰（黑绿色）逐渐转向远道的波谷（黄色）；而非气层的低孔砂岩顶板远近道就都处于波峰位置，从近到远没有变化；这是一个非常重要的识别本区气层的标志。图 5.20 是气层的 6 个实测叠前动校 AVO 道集，目的层气砂岩顶板（上红线）由近道的波峰转换成远道的波谷，底板则由波谷转换成波峰。有这种规律必然产生下列现象：

（1）全道叠加气层振幅必然小于非气层低孔砂岩振幅，如图 5.21。图中下为地震剖面，上为实际联井剖面，地震剖面上面是高孔气层，目的层振幅降低（椭圆内）；而其下替代剖面的低孔砂岩振幅强得多。

（2）气层远、近道叠加振幅的差别除了振幅随偏移距增大而增大的主要因素外，还加上远、近道中各自的相位差而加强了振幅的差别；而非气层远、近道叠加没有振幅差别也没有相位的差别，远、近道叠加振幅相同。如图 5.22 所示，远道叠加图（左）中央振幅异常区在近道图中没有显示，说明中央强振幅区是气层的反应。而远道边沿一块振幅异常在近道也是强振幅区，说明边沿这块是非气的低孔砂岩的反应。

（3）不同岩性远、近道弹性波阻抗从而也有显著差别，是识别气层的重要标志。

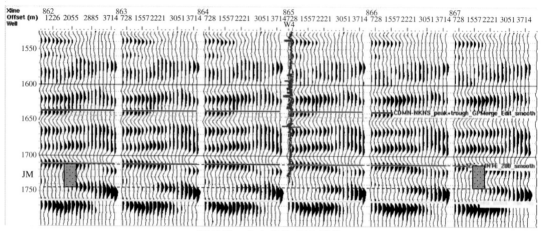

图 5.20　六个动校 CDP 道集
黑—波峰；白—波谷；红实线—气层 JM 顶；红虚线—气层 JM 底

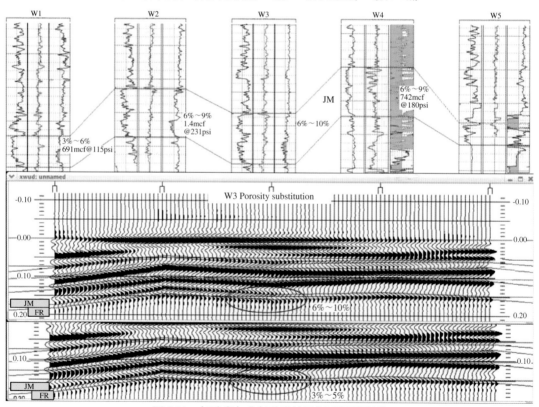

图 5.21　气砂岩与非气砂岩地震剖面振幅差别
上图为剖面所连各井测井，三条曲线各为自然伽马及纵横波速度；
横折线为气砂岩顶底板联井线；6% ～ 10% 等—孔隙度；
下图为地震剖面，上图为实际剖面，下图为替代层剖面；蓝色椭圆—目的层；百分比为孔隙度

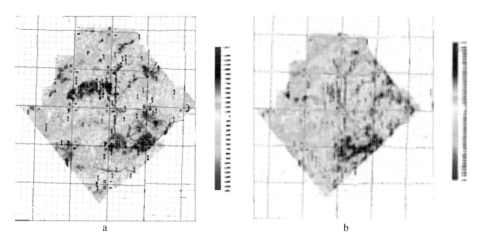

图 5.22　ABCD 井区远近道叠加平面图振幅对比

a—远道叠加；b—近道叠加；色标—振幅

5.4.2.3　AVO 远道叠加和近道叠加

将 AVO 道集中远道和近道分别叠加，由于远道振幅强，叠加后比近道叠加振幅当然强得多，即使有相位差干扰，仍旧要强得多。图 5.22 远道叠加中央异常单绘成图 5.23，这个异常带就是本区主要的气层分布带。

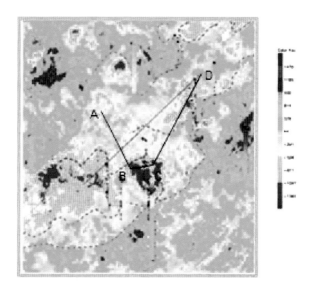

图 5.23　ABCD 井区远道叠加振幅切片

色标—振幅，红高，绿低；

A、B、C、D—井位及黑色联井线

5.4.3　弹性波阻抗

5.4.3.1　弹性波阻抗 I_E 的理论与实际

5.4.3.1.1　理论公式

弹性波阻抗不同于声阻抗，它兼顾了纵、横波性质，是一个十分重要的参数，也是较少出现的参数，在本例中承担了重要的角色。所以要简单回顾一下关于它的理论。

(5.2) 式的 Aki–Rechards 方程整式应为

$$R(\theta)=A+B\sin^2\theta+C\sin^2\theta\tan^2\theta \tag{5.15}$$

式中

$$A=\frac{1}{2}\left[\frac{\Delta v_P}{v_P}+\frac{\Delta\rho}{\rho}\right],\ B+\frac{1}{2}\frac{\Delta v_P}{v_P}-4\left[\frac{v_S}{v_P}\right]^2\frac{\Delta v_S}{v_S},\ C=\frac{1}{2}\frac{\Delta v_P}{v_P}$$

1999 年 Connolly 提出仿照声阻抗式样 $R_{PP}\left(0^0\right)=\frac{1}{2}\frac{\Delta I_P}{I_P}=\frac{1}{2}\Delta\ln I_P$，将弹性波阻抗 I_E 定义为

$$R(\theta)\approx\frac{1}{2}\frac{\Delta I_E}{I_E}\approx\frac{1}{2}\Delta\ln I_E \tag{5.16}$$

考虑到 $\sin^2\theta\tan^2\theta=\tan^2\theta-\sin^2\theta$，由 (5.15) 式可有

$$\begin{aligned}\Delta\ln I_E&=\Delta\ln\left[v_P^{\left(1+\tan^2\theta\right)}\right]-\Delta\ln\left[v_S^{\left(8\gamma^2-\sin^2\theta\right)}\right]+\Delta\ln\left[\rho^{\left(1-4\gamma^2-\sin^2\theta\right)}\right]\\&=\Delta\ln\left[v_P^{\left(1+\tan^2\theta\right)}v_S^{\left(-8\gamma^2-\sin^2\theta\right)}\rho^{\left(1-4\gamma^2-\sin^2\theta\right)}\right]\end{aligned} \tag{5.17}$$

积分并求指数可得

$$I_E\left(\theta\right)=v_P^{\left(1+\tan^2\theta\right)}v_S^{\left(-8\gamma^2-\sin^2\theta\right)}\rho^{\left(1-4\gamma^2-\sin^2\theta\right)} \tag{5.18}$$

通常弹性波阻抗公式中有一常数 K（有的写作 k），即

$$K\equiv\left(\frac{v_S}{v_P}\right)^2\equiv\frac{1}{\gamma^2}\equiv\gamma_-^2 \tag{5.19}$$

式中：$\gamma_-=\frac{1}{\gamma}=\frac{v_S}{v_P}$。为了避免 K 与体积模量混淆，k 与渗透率混淆，我们用 γ_-^2 替代 K（或 k）。因此说弹性波阻抗是入射角 θ 的函数。当垂直入射时，$\theta=0$，上式变为

$$I_E(0^\circ)=v_P\rho=I_P \tag{5.20}$$

即退化为纵波阻抗（声阻抗）。

5.4.3.1.2 弹性波阻抗与声阻抗测井曲线比较

图 5.24 是一条测井曲线，不同的岩性 I_E 与 I_P（或 I_A）关系显著不同。页岩两者基本没有区别，含水砂岩显出 I_E 略低；而气砂岩 I_E 低得很多，这是识别气层的重要标志。

5.4.3.1.3 弹性波阻抗与声阻抗随油饱和度的变化

图 5.25 是两者的对比图。可见弹性波阻抗随油饱和度的变化比声阻抗梯度要大到约 4 倍。测井曲线上可见两个油砂层（自然伽马低）弹性波阻抗有显著低异常，而声阻抗没有反应。

5.4.3.1.4 近、中、远道弹性波阻抗与声阻抗的区别

图 5.26 显示了近道（0～15°）、中道（15°～25°）、远道（25°～35°）三者的区别。可见有 4 个气砂岩（图中白色），远道弹性波阻抗（左曲线）比声阻抗（右曲线）显著要

低，由此容易识别气层；中道两者差别减小，近道基本没有差别。因此要远道弹性波阻抗才易识别气层。

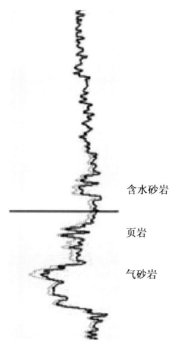

图 5.24　弹性波阻抗与声阻抗的区别
褐色—声阻抗；蓝色—弹性波阻抗

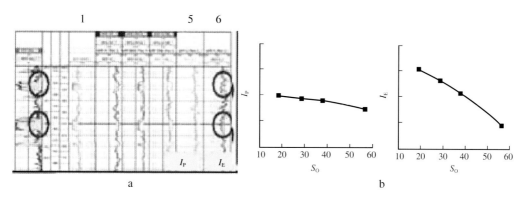

图 5.25　阻抗随油饱和度的变化
a—测井曲线：1 为自然伽马，5 为声阻抗，6 为弹性波阻抗；
b—阻抗：左声阻抗，右弹性波阻抗；横轴—油饱和度，纵轴—阻抗；红圈：油砂层

5.4.3.2　本区弹性波阻抗实测结果

图 5.27 是弹性波阻抗反演剖面。目的层顶板（上部红色曲线 T）下的绿色层是低弹性阻抗气砂岩层的显示。

图 5.28 是一张本区实际的不同岩性弹性波阻抗图，根据右下方的不同岩性远近道不同的 I_E(近道以 $\theta=9°$ 为代表，标为 I_9；远道以 $\theta=40°$ 为代表，标为 I_{40}) 绘出了如图左上方的远近道 I_E 交会图。可见致密砂岩远近道 I_E 都高，位于图中绿色 3 区；页岩远道 I_E 偏低

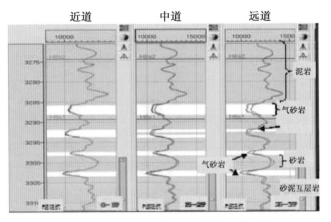

图 5.26　近中远道弹性波阻抗与声阻抗对比

0 ~ 15° 等入射角：左—近道，中—中道，右—远道；
白色—气砂岩；红色—弹性阻抗；蓝色—声阻抗

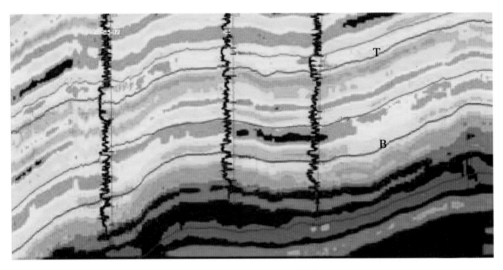

图 5.27　弹性波阻抗反演剖面

色标—弹性波阻抗：棕高绿低；红曲线—目的层顶底板

位于图中蓝色 4 区；低孔砂岩远近道 I_E 相近，位于近对角线的红色 1 区；而气层远道 I_E 偏高，位于图中左上方的黄色 2 区。因此同一道弹性波阻抗远道高近道低是该区识别气层的重要标志之一。但在另一工区又有另外的规律，如图 5.29 所示，红色扁椭圆区是气砂岩，显出相反的规律：远道 I_E 低而近道高。因此不同工区要找到自己的特定规律。

5.4.4　泊松比

由表 5.1 可知气层泊松比为 0.19。图 5.30 显示了 ABCD 井区储层的泊松比平面图。其右侧再现了测井的自然伽马和泊松比。前者标明了气砂层，后者标明了气层是低泊松比。可见目的层切片中央 ABCD 井区黄色到亮绿色低泊松比异常带是气层的反应，此区位置与图 5.23 的 AVO 远道叠加气层异常区基本一致。

5.4.5　拉姆系数

图 5.17D 井剖面及表 5.1 说明利用 $\lambda\rho$ 和 $\mu\rho$ 有可能区分气砂岩。气砂岩 $\lambda\rho$ 低而 $\mu\rho$ 高。我们知道 $\mu\rho$ 与横波速度有关；而 $\lambda\rho$ 与纵、横波速度有关，即

$$v_S = \sqrt{\mu / \rho}$$

因而有

$$\mu \rho = v_S^2 \rho^2 \tag{5.21}$$

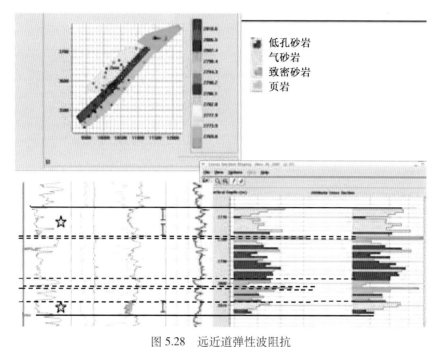

图 5.28　远近道弹性波阻抗

左下图—测井曲线，显示两个气砂层（星号）

右上图—色标：1 红—低孔砂岩，2 黄—气砂岩，3 绿—致密砂岩，4 蓝—页岩；

左上—远近道弹性波阻抗交会图；

横轴—远道；纵轴—近道

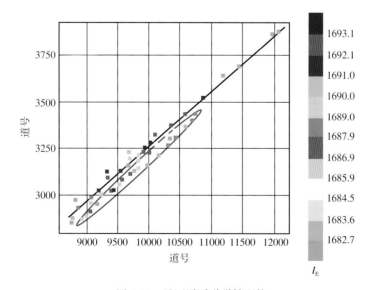

图 5.29　另区远近道弹性阻抗

横轴—远道；纵轴—近道

色标—弹性阻抗值；红扁椭圆—气砂岩

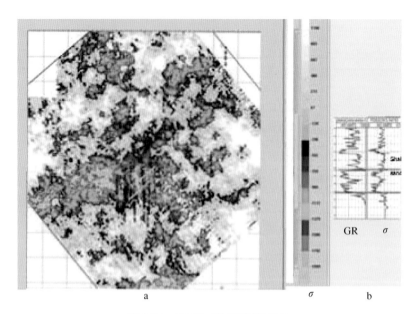

图 5.30　ABCD 井区储层泊松比

a—目的层泊松比切片；b—左：自然伽马，右：泊松比；
色标—泊松比值，黄亮绿低，深蓝白高

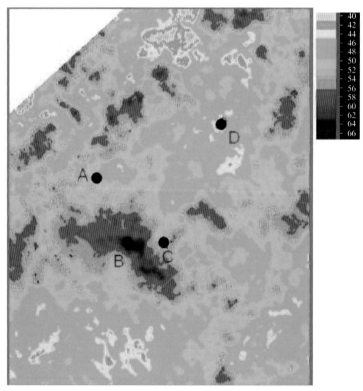

图 5.31　ABCD 井区 $\mu\rho$ 平面图

色标—$\mu\rho$ 值，红低绿高；黑点—已有井位

熟知弹性公式 [8] 为

$$\lambda = \rho(v_P^2 - 2v_S^2)$$

因而有

$$\lambda \rho = v_P^2 \rho^2 - 2v_S^2 \rho^2 \tag{5.22}$$

图 5.31、图 5.32 分别是 $\lambda \rho$，$\mu \rho$ 平面图。可见图 5.31 上 ABCD 目标井区内 $\mu \rho$ 高的绿色带占主要位置。图 5.32 上 ABCD 目标井区内低 $\lambda \rho$ 的紫黄色带占主要位置。

5.4.6　综合解释——气砂岩层及厚度预测

5.4.6.1　气砂岩厚度与地震标准层时间厚度的关系

将井中气砂岩厚度（倾角很小）与井旁道地震标准层双程时对比，作了交会图如图 5.33a，得到线性拟合曲线和拟合公式为

$$h = 1.96 \Delta t - 80.36, \quad R^2 = 0.52 \tag{5.23}$$

式中：h 为气砂岩厚度（m）；Δt 为双程时 (ms)。R^2 为拟合优度，0.52 拟合可用。

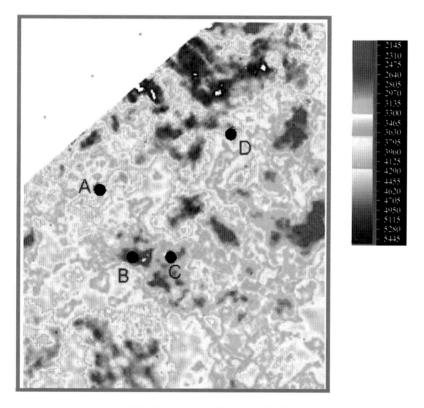

图 5.32　ABCD 井区 $\lambda \rho$ 平面图
色标—$\mu \rho$ 值蓝黄低绿红高；黑点—已有井位

5.4.6.2　气砂岩体等厚度图

（1）根据 AVO 远道叠加 (FOS) 图（权最大），远道弹性波阻抗 (I_{40}) 图（权大），泊松比 (σ) 图（权小），$\mu \rho$，$\lambda \rho$ 图（权最小）综合加权叠加，得到气砂岩体预测图，如图 5.34a 图。棕红至粉红色圈闭就是气砂岩范围，愈近中心（棕红色）气饱和度愈高。

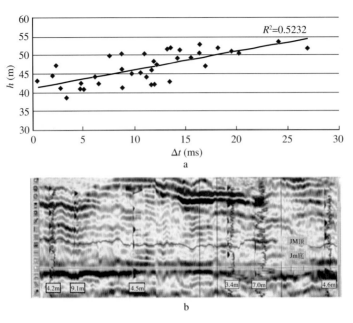

图 5.33　厚度预测依据

a—井层厚与双程时交会图；b—联井地震剖面

（2）对气砂岩体内地震剖面气层标准层测定各 CDP 点双程时 Δt，利用（5.23）式求得气砂岩厚度，绘制等值线如图 5.34b。气砂岩总厚度在 50 ~ 70m 之间（包括夹层）。

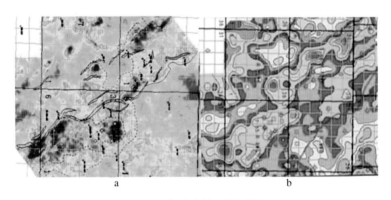

图 5.34　气砂岩体及等厚度图

a—综合解释气砂岩体；b—气砂岩体等厚度

5.4.7　第一批钻探建议和钻探结果

在砂岩体预测图中选择了预计气饱和度高和总厚度大的最有利位置，选择了几条地震剖面和相应的参数剖面；如图 5.35 是其中的典型剖面，是一条 AVO 远道叠加剖面，同时参照 I_{40} 和 σ 剖面，建议了第一批的 5 口井。在图 5.34a 中以亮绿色小圆圈表示。在 5.35 剖面图上标明了井位，井号是：13，14，11，21，65。实际钻探后联井剖面井位如图 5.36。钻井结果如下：65 井见砂层各 7m 和 15m，孔隙度 6% ~ 9%，初产气 15.86×10⁴m³/d。21 井见砂层各 13m 和 21m，孔隙度 6% ~ 11%，初产气 10.19×10⁴m³/d。11 井见两砂层各 11m，孔隙度 6% ~ 11%，初产气 9.34×10⁴m³/d。414 井见砂层各 7m 和 14m，孔隙度 6% ~ 9%，

初产气 $5.95 \times 10^4 \mathrm{m}^3/\mathrm{d}$。13 井见砂层 13m，孔隙度 6% ～ 9%，初产气 $5.95 \times 10^4 \mathrm{m}^3/\mathrm{d}$。第一批建议井很成功。

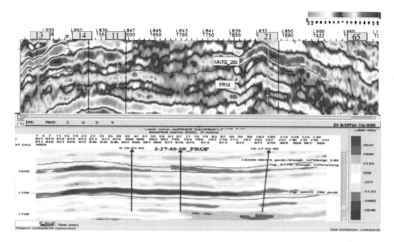

图 5.35　AVO 远道叠加图上投影的建议井位
色标—叠加振幅，红黄高，蓝白低；
垂直绿线—建议井位

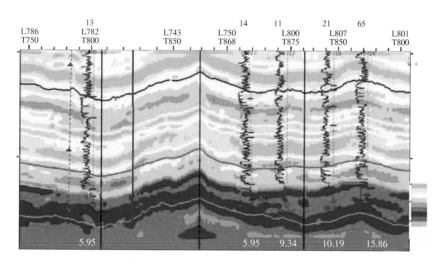

图 5.36　实际钻探井位联井剖面
远道弹性波阻抗剖面；
色标—绿低红高；绿色层—气砂岩层；
纵曲线—自然伽马测井

5.5　用孔隙弹性框架直接估计流体性质 [160]

这是想利用地面地震的低频反射系数和井间地震的高频反射系数来综合求解流体弹性模量以估计流体性质的一种理论，还远没有形成方法，更没有实践，但很有前途，值得介绍。

5.5.1　标准线性固体模型 [standard linear solid（SLS）model]

我们在 3.2.3.4 节已经详细介绍了 Zener 模型，也就是标准线性固体模型。这是一种黏弹滞性模型，弹性（弹簧）和黏滞性（阻尼）如图 3.20 样组合。它的损耗方程如（3.60）式。

5.5.2 替代成孔隙弹性模型

这个模型又称"孔隙边界弛豫模型 [pore boundary relaxation(PBR) 模型]，也就是 Biot 预测模型，是孔隙弹性模型的典型代表。它可以用参数变换直接从 SLS 模型变换过来。也就是说经过参数变换就可将黏弹滞性变成孔隙弹性。表 5.3 就是两者可以互相替代的参数。

表 5.3　SLS 模型与孔隙弹性 PBR 模型替代参数

SLS 黏弹滞性		PBR 孔隙弹性
σ_1	$\approx$	$\dfrac{1}{\Omega_\mathrm{m}}$
$\sigma 2$	$\approx$	$\dfrac{G_\mathrm{u}}{G_\mathrm{r}}\dfrac{1}{\Omega_\mathrm{m}}$
M_1	$\approx$	G_r

表中符号 SLS 遵从图 3.20，PBR 遵从图 5.37。G_r、G_u 分别是等压状态 (iso-baric，$\omega < \Omega_\mathrm{B}$) 和等应变状态（iso-strain，$\omega > \Omega_\mathrm{B}$）的弹性模量。$\Omega_\mathrm{m}$，$\Omega_\mathrm{B}$（或 Ω_m1，Ω_m2）分别是黏弹滞性的弛豫频率和 Biot 孔隙弹性弛豫频率（又称 Biot 临界频率）。可见：

（1）图 5.37 中虚线代表的黏弹滞性（SLS）波散与损耗在频率小于 10^3 以前与 ×× 线代表的孔隙弹性（PBR）波散与损耗完全重合。说明这种参数替代方法是可行的。

（2）×× 线在重合段以后继续前行，说明孔隙弹性波散大于黏弹滞性。黏弹滞性波散大达 $\delta G=3490-2230=1260$m/s（$1 \sim 10^3$Hz），而孔隙弹性波散更大达 1400m/s（$1 \sim 10^6$Hz）。

（3）损耗的 ×× 线继续前行后出现一个新的小高峰，这就是 Biot 孔隙弹性弛豫频率。它的损耗峰值远小于黏弹滞性损耗，小 $0.41/0.04 \approx 10$ 倍，与以前的结论吻合。

（4）黏滞损耗在地震频段内（小于 150Hz），Biot 损耗则在超声频段内（10^5Hz 左右），实验室内可以测得。

用上述参数替代法，可将两个饱和流体的孔隙弹性体接触面上垂直入射的 P 波反射系数，低频域的和高频域的分别写为

$$r_\mathrm{L} \approx \frac{\sqrt{\rho_1 G_\mathrm{r1}}-\sqrt{\rho_2 G_\mathrm{r2}}}{\sqrt{\rho_1 G_\mathrm{r1}}+\sqrt{\rho_2 G_\mathrm{r2}}}\left\{1+i\omega\frac{\sqrt{\rho_1 G_\mathrm{r1}}\sqrt{\rho_2 G_\mathrm{r2}}}{\rho_1 G_\mathrm{r1}-\rho_2 G_\mathrm{r2}}\left[\frac{\delta G_2}{G_\mathrm{r2}}\frac{1}{\Omega_\mathrm{m2}}-\frac{\delta G_1}{G_\mathrm{r1}}\frac{1}{\Omega_\mathrm{m1}}\right]\right\} \tag{5.24}$$

$$\Omega < (\Omega_\mathrm{m1}, \ \Omega_\mathrm{m2})$$

$$r_\mathrm{H} \approx \frac{\sqrt{\rho_1 G_\mathrm{u1}}-\sqrt{\rho_2 G_\mathrm{u2}}}{\sqrt{\rho_1 G_\mathrm{u1}}+\sqrt{\rho_2 G_\mathrm{u2}}}\left\{1+\frac{i}{\omega}\frac{\sqrt{\rho_1 G_\mathrm{u1}}\sqrt{\rho_2 G_\mathrm{u2}}}{\rho_1 G_\mathrm{u1}-\rho_2 G_\mathrm{u2}}\left[\frac{\delta G_2}{G_\mathrm{u2}}\Omega_\mathrm{m2}-\frac{\delta G_1}{G_\mathrm{u1}}\Omega_\mathrm{m1}\right]\right\} \tag{5.25}$$

$$\Omega > (\Omega_\mathrm{m1}, \ \Omega_\mathrm{m2})$$

式中：r_L 为低频段反射系数，适合地面地震和 VSP；r_H 为高频段反射系数，适合井间地震和实验室超声测定。可以设法测定上下层的密度 ρ_1，ρ_2；测定损耗随频率的变化以确定 Ω_m1，Ω_m2；设法测定反射系数随频率的变化并求得复数反射系数与频率的关系。至此 (5.24) 式，(5.25) 式中只有 $G_\mathrm{r1,2}$，$G_\mathrm{u1,2}$（$\delta G=G_\mathrm{u}-G_\mathrm{r}$）两个未知数，求解这两个联合方程

就可得到这两对弹性参数。最好再测定上下层的相速度曲线以取得上下层弹性参数 G_{u1}，G_{u2}，G_{r1}，G_{r2} 及 δG_1，δG_2，如图 5.37 和图 5.38 所示，以核对计算结果。有了每一层的弹性参数再利用 Gassmann 替代方程就有可能得到流体弹性参数，可以判断流体性质。当然这个过程还需要具体化并做实验室和野外实际试验，多方论证后才能成为一个成熟方法。

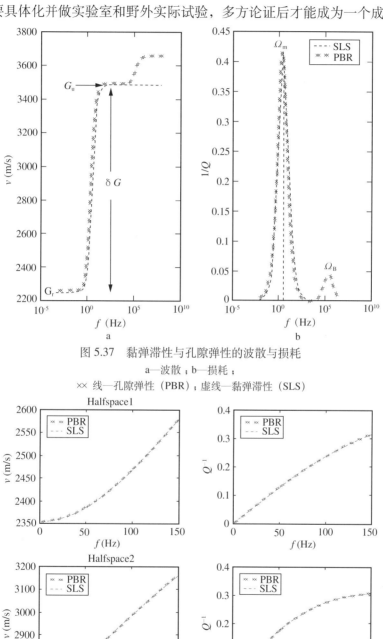

图 5.37　黏弹滞性与孔隙弹性的波散与损耗

a—波散；b—损耗；

×× 线—孔隙弹性（PBR）；虚线—黏弹滞性（SLS）

图 5.38　地震频段的特征

a—波散；b—损耗；

×× 线—孔隙弹性（PBR）；虚线—黏弹滞性（SLS）

5.6 用电震法 (Electromegnetic to Seismic，Electroseismic，ES) 作碳氢检测 [183]

在这里提出的是电震法 (ES) 而不是震电法 (SE)[164]。这是一个全新的方法。19 世纪 30 年代人们就试图将电磁波与地震波结合进行探测。ExxonMobil 公司和其他学者研究 ES 方法已经好多年，从 1993–2005 年不断有试验研究报告，到 2007 年 Tompson 等写了一个总结，肯定了 ES 法对气砂岩和碳酸盐岩油储预测有一定效果。

5.6.1 理论概况

电震（ES）法测量是利用电磁能量转换为地震能量时预测碳氢储层的一种方法。向地面电极输送一种计算机控制的电子编码的电压波形，使得电流在地下流动。遇到不连续的岩性界面就会有一部分能量转换为地震能量。检波器在地面或井下记录地震波，如图 5.39：震源车（PS）把程控电压加诸电极（E），地下产生电流（I），遇到储层（R），在颗粒（Gr）与孔隙中流体间产生偶极。由于储层介质是孔隙弹性，一部分能量转换为地震波（S），被地面检波器（G）接收。

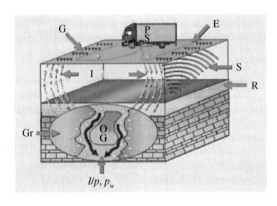

图 5.39　电震法示意图

PS—震源；E—电极；G—检波器；I—电流；
S—地震波；R—储层；Gr—岩层颗粒；O—油；G—气；p—孔隙水压力

电极距相当目的层深度。在电性界面上电场的垂直分量是不连续的。电场梯度建立起孔隙表面偶极层的局部位移。电荷位移建立起孔隙和颗粒空间之间的局部的、相对的流动，或者导引出岩石中的压力梯度。这就是电动力耦合。

许多机制可以建立 ES 耦合。一个应用着的电场作用于一个岩石内部的任意场去建立 ES 耦合。这个场还可以通过电致收缩（electrostriction）引起二次耦合。但一般地说，本文只讨论电动耦合和对孔隙表面偶极层中的流体耦合。

碳氢储层会产生比邻近有着相同岩性的非碳氢储层更强烈的信号，因为碳氢有比水更强的电阻，而储层岩石孔隙空间水和油中的电子是流动的。最大的 ES 信号产生在这样一种地区，在这里有高电阻，能建立起电场垂直分量的大的不连续性；同时，这种高电阻岩石含有残余水，其中有流动的电子。不含有流动水电子的高电阻岩石或者岩石孔隙中空间是不连通的因而流体或电子不能在宏观距离上流通，则在这种情况下是不会产生大信号的。

在现在的技术状况下，产生的信号是弱的，因为受不能将大电流输入地下的限制。用更好的电源和方法，ES 信号有可能如同标准的地震反射那样大 [184]。现在要能够接收小信号必须用特殊设计的震源波形，并在强几阶的噪声背景下作冗余数据集合，然后作恰当的信号处理，如同参考文献 [185] 中所描述的那样。

电震（ES）转换要与它的倒转过程震电（seismic to electromagnetic，SE）转换清楚地区分开来。参考文献 [184，186] 中讨论了倒转过程和这样的事实：虽然线性响应可以预测倒转过程，但一个过程可以比另一个过程更实在地完成，而它们会给出储层性质的不同的信息。他们发现 ES 在野外实现有更大的优点。

有三个性质可以赋予地震和电磁能的转换有大的振幅：（1）声阻抗差；（2）孔隙空间的可渗透性；（3）高电阻的孔隙流体。其中声阻抗差对震电（SE）振幅作用最弱。而地震反射系数是小的，常常小于 1%。因而入射地震能量的大部分能不受阻挠地透过目的层界面传播。小的反射系数使得逆过程更得宠，它使电震转换（ES）更有利。

黏滞性、孔隙度和电性差不能被指望来产生大的 ES 信号。渗透率的差可能是重要的，因为特别小的渗透率没有 ES 作用。ES 转换的理论 [187] 认为渗透率对转换振幅作了二阶贡献。但渗透率和电性在岩石中是相互关联的。因此渗透率和导电性的灵敏度是不可分割的。别的与电性没有直接关系的性质可能对 ES 转换是重要的。例如可湿性的改变可以建立大的电动力差。不同岩性的边界会引发化学电位梯度，从而建立内部电场。可压缩流体和成岩作用（diagenetic）变化梯度也是重要的。

不管这些可能影响 ES 耦合的因素，在单个岩石类型中影响转换振幅最大的单个因素还是孔隙流体的导电性，从而是碳氢饱和度。由电磁波到地震波转换全过程的数值模型试验指出 20% 的油饱和度可以提高 ES 振幅 10%。

5.6.2 美国 Texas 州 Webster 油田：野外实例 1

Webster 油田处于 Texas 海岸，在休斯敦城东南 20mile 处。虽然初产来自 Frio 层，但随后的天然气产自较浅的 5 个砂岩层。这些砂岩是未固结的，孔隙度高达 34%。

5.6.2.1 试验概况

试验的目的是研究从这些浅层气中能否产生 ES 响应。ES 三维地面测量覆盖面积 0.2km²。一个典型的地面布置如图 5.40。图中央是功率源（PWS），有电线（黄色）连接到功率线车（BW），车有输出口连接到埋藏的电极——L 直角形的北电极（黑色—Ne）和东西向直线的南电极（Se），两者极性相反。有 4 条二维地震测线，南北、东西向各两条（红线 S—CW1，CW2，CW3，CW4），还有一块三维ES 区块，8 条东西线，每条 18 个检波

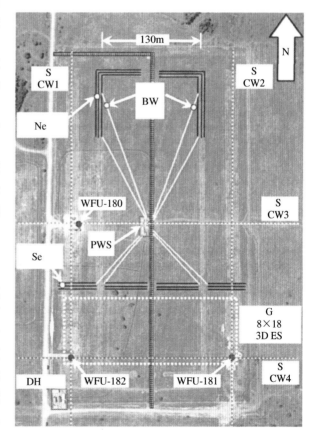

图 5.40　Webster 油田 ES 试验区布置
PWS—功率源；BW—功率线车；Ne—北电极；
Se—南电极；S—CW—地震测线；G—3D—ES—三维地震；
WFU—钻井；DH—防守屋；黄线—电缆；红线—地震线；
L 黑线—北电极线；东西黑线—南电极线；白框—三维地震

器（白框 G8×18）在南电极以南。在此三维区块中还做了震源地震测量。区内有三口钻井 WFU-180、WFU-181、WFU-182（黑点）。

5.6.2.2 试验结果

图 5.41 是电震（ES）剖面与地震（S）剖面的对比。根据两口井 WFU-182 和 WFU-181 作了地层解释。ES 响应剖面上有三个气层，最上 320 砂岩（砂岩编号按其在 WFU182 井中的英尺深度）最薄，紧接的 350 砂岩的稍厚，最下 450 砂岩最厚。ES 响应频率远低于地震（S）频率，因而纵向分辨率也低得多。在地震剖面上 320 气砂岩有明显的强振幅可资分辨，而在 ES 剖面上该层没有地震同相轴显示，只有靠电阻色块（姜黄—红）。在该井下检波器所得数据也显示了气砂岩的 ES 响应。气层的 ES 响应处显示电阻率大于 1000 Ω·m。

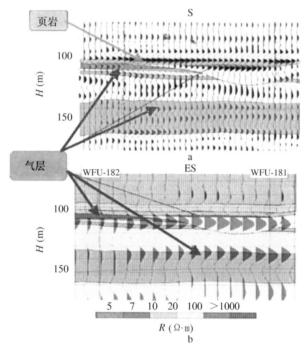

图 5.41 电震剖面与地震剖面对比
a—地震剖面 S；b—电震剖面 ES；
姜黄（偏红）—气层；蓝灰—页岩；
色柱—电阻率，气层大于 1000 Ω·m

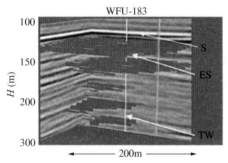

图 5.42 Webster 油田 ES 三维显示
S—地震（白灰褐色）；ES—电震（蓝色）；
TW—试验钻井（垂线）；纵轴—深度 H

图 5.42 是 ES 目标层（events，是事件的意思。在地震剖面上译为同相轴，因为地震标准层常以同相轴的面目出现；但在 ES 剖面上除边界有地震同相轴出现外，整体还有电阻色块，因而译为目标层）的三维显示。白、灰、褐色线条是地震（S），蓝色块是 ES 目标层，共出现 5 层：最上是 320/350 气砂岩，第二是 450 气砂岩。在气砂岩深度处没有强地震响应。深部还有 3 层 ES 响应，但钻井还没有透过。

ES 测量完成后钻了一口深井 WFU-183（图

5.42 中的黄色垂线），并作了测井。图 5.43 中显示了该井测井曲线重叠在 ES 剖面上。WFU-183 井证实穿过了 5 个气砂层，每一个都有 ES 高振幅同相轴：320 气砂岩横跨整个测线，350 气砂岩被一个河道砂在 WFU-182 井以东切断并被页岩充填，便不再有 350 气砂岩。这口井在 140m 处遇到 31m 低饱和度气砂岩，在 250m 处遇到 12m 气砂岩，在 285m 处遇到 6m 气砂岩。这后面两个气砂岩就相当于 0.320s 和 0.370s 深部的 ES 目标层。

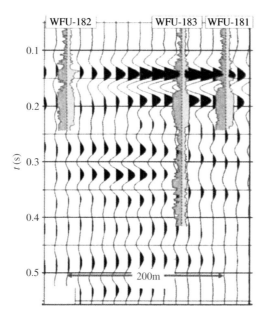

图 5.43 Webster 油田深井与 ES 剖面

纵轴—时间；横轴—距离；

波形—ES 地震道；绿灰垂线—测井曲线；WFU—井号

5.6.2.3 模型试验

为了进一步确认气砂岩的 ES 响应，针对头两个气砂岩层作了 1 维和 3 维的模型计算。计算用的层状模型数据如表 5.4 所示。所作 ES 模型与野外实测 ES 结果对比如图 5.44。模型计算结果放大 5 倍后与野外实测基本一致；略有相位差，模型稍滞后。由于两个砂岩靠近，现有频率不能分辨，只能出现一个大的震动。两个主波峰基本对应两个高电阻层。上气砂岩底板与下气砂岩顶板之间形成一个波谷。由于下气砂岩比较厚（达 31m，上气砂岩只 15m），它的底板在 175m 深处单独形成一个波谷。紧随其后的一些震荡只是多次波的反映。模型与实测的两者在时间上和特征上都匹配得很好；唯一的差别只是下气砂岩的底板，模型的比实测的波形要尖锐些。

表 5.4 Webster 油田 ES 响应层状模型数据

深度（m）	导电率（S/m）	v_P（m/s）	k（m²）	ϕ
0	0.04	1524	10^{-16}	0.39
30	0.1	1646	10^{-18}	0.39
107	0.02	976	10^{-13}	0.38

深度（m）	导电率（S/m）	v_P（m/s）	k（m²）	ϕ
122	0.1	1646	10^{-18}	0.37
137	0.02	976	10^{-13}	0.37
168	0.13	1829	10^{-18}	0.37
244	0.13	2012	10^{-16}	0.36
396	0.25	2134	10^{-16}	0.33
549	0.5	2287	10^{-16}	0.31
610	0.67	2378	10^{-16}	0.31
1311	1	2591	10^{-18}	0.21
1707	0.05	2439	10^{-13}	0.15
1799	1	2744	10^{-18}	0.14
4000	0.1	2744	10^{-16}	0.14

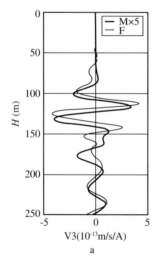 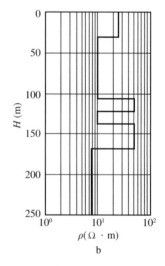

图 5.44　ES 模型计算与实测对比

a—ES 曲线；b—电阻层；

黑粗线—模型振幅的 5 倍（M×5）；黑细线—野外实测（F）

到现在唯一不能确切解释的就是模型振幅为什么小了 5 倍。实际上还观测到一些不能预测野外振幅的例子。假定是因为缺乏模型的详细资料，或者缺乏有关参数的正确信息，如渗透率、导电率、气饱和度，这些原因致使产生振幅差异。ES 的层状模型显示：一个仅 10cm 厚的气层就会搅乱模型的响应。一个薄的可压缩层也能有大的影响。一个 5cm 厚的甚低导电率层会增加振幅响应达 10 倍。

不管薄层的这些影响，还是另外一些潜在影响，要能利用上测井数据的全部分辨率不是一件简单的事。曾经利用测井资料中的所有地层重新做了模型,但结果振幅实质上还是一样。无论如何可以解释 Webster 这种特殊振幅现象的是因为:模型分辨率低于测井分辨率,所选模型参数不精确,或者由于一维模型的局限性。另外应考虑一些三维的影响。

5.6.3 加拿大 Alberta 省 Turin 油田:野外实例 2

Turin 油田位于南 Alberta。下白垩系 Glauconitic 砂岩产油,深 1000m,孔隙度高达 28%,渗透率大到 4D,最大净砂岩厚 35m。邻近 T12-14 和 T8-15 井做了 ES。前者只有薄层油,后者薄层油上还有厚层气帽,如图 5.45 所示。OWC是制图时的油水界面,比测井时电阻测井显示的高,因为这期间油被采走了许多。图 5.46 显示了 ES 响应,上部 a 是薄层油,下部 b 是厚层气,都是高电阻层。模型上薄层油 ES 没有反应,厚层气 ES 有一小峰值;在实际测量中也有这一峰值,与模型相当,并且大部分在 95% 可信度之内。

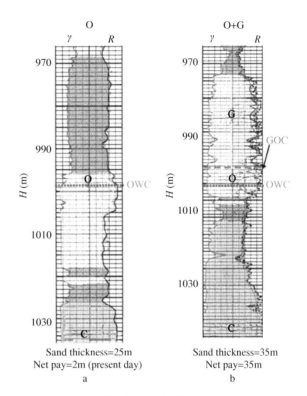

图 5.45　Turin 油田井
a—T12-14 井;b—8-15 井;
γ—自然伽马;R—电阻率;O—油;G—气;GOC—气油界面;
OWC—油水界面;C—碳酸盐岩(粉红);纵轴—深度

5.6.4 美国 Texas 州 Bronte 油田:野外实例 3

Bronte 油田位于 Texas 州 Coke 郡 Midlan 盆地的东海岸。Bronte 油田与上面讨论的油田试验情况完全不一样,在深度、岩石类型和碳氢流体性质方面都与 Webster 和 Alberta 不同。

5.6.4.1　ES 线性响应

在此处作了 ES 线性响应和非线性响应试验。线性响应与 Pride 在 1994 年提出的电动力学线性理论[187]一致。图 5.47 是它的测井(a)和线性响应 ES 测线(b)。剖面上有 4 个层位产油:Palo Pinto, Capps, Goen 和 Cambrian;1 个层位产气:Gardner。储层深度 1310 ~ 1615m。孔隙度 6% ~ 12%。渗透率 7 ~ 200mD。净产层平均厚度 11m。 Palo Pinto 和 Cambrian 产层平均电阻率 250Ω·m,而 Capps, Goen 和 Gardner 层只有 25Ω·m。它们的上面覆盖着 Leonard 碳酸盐岩,再其上是页岩。测井是自然伽马和电阻率曲线。线性响应 ES 是 L10 线的数据,深度经过地震测井的深时转换校验。中间一道黑色曲线是井旁道。可见 5 个产油气层位上有 5 个低自然伽马异常(红色)和 5 个高电阻率异常(蓝色)。而在 ES 线性响应剖面上 5 个产层 ES 都较弱,并且只有 3 个峰值,还不如其上页岩的响应。做的模型试验也如此。这不仅因为孔隙度低,净产层薄,还有 3 层电阻率低;还因为线性理论的不适应。

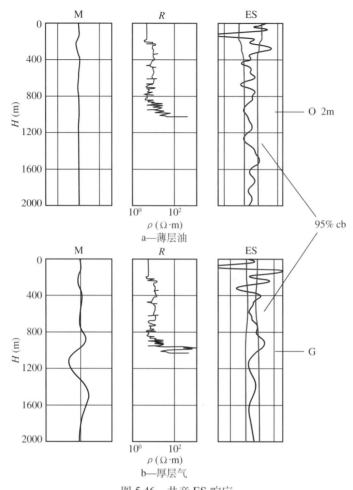

图 5.46　井旁 ES 响应

M—模型 ES；R—电阻率；ES—实测；O—油；G—气；cb—可信度边界

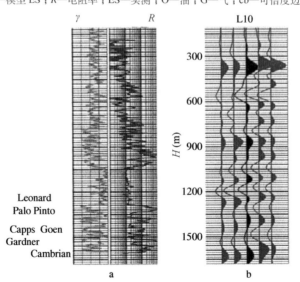

图 5.47　Bronte 油田 ES 线性试验

a—测井（红—自然伽马 γ，蓝—电阻率 R）；b—L10 线电震（黑色—井旁道）；
H—深度，经地震测井校验；左侧英文—地层名

5.6.4.2 ES 非线性响应

Hornbostel 等 2003 年提出了另一种 ES 转换机制，即 ES 转换非线性理论[188]。据此在实验室和野外试验，发现井中二次谐波有更好的信噪比，比标准的线性数据能更好地分辨碳氢。为此发展了一种特殊的震源波型使非线性异常更显著[185]，并用它做了三维 ES 测量。

非线性数据有更好的信噪比，与储层更加一致。图 5.48 是 Bronte 油田 L11 线的非线性 ES 剖面。可见两个高阻油层 Palo Pinto 和 Cambrian 以及一个气层 Gardner 有明显的同相轴，信噪比很高。但两个低阻油层却没有明显的响应。图 5.49 是 Palo Pinto 层非线性 ES 响应振幅的平面切片图，红色最高，其次黄色。红黄色就是 Palo Pinto 油层的平面展布，位于图的西南方，在 FC 大断层上盘。而大断层被认为是油储边界。这就确认了只有连片出现的非线性 ES 响应区才是生产区。在储层内部振幅的变化是很明显的，但原因还没有明了。一个可能是在碳酸盐岩内有相变，孔隙度增大了，或者是旁路油？图 5.50 增加了两个切片以与 Palo Pinto 切片比较，一个是 Cambrin 油层，一个是基岩反射。Cambrin 油层连片面积较小，但仍能确认大断层的西部边界。没有储层的基岩反射 ES 振幅极低，但大断层的边界仍很清楚。

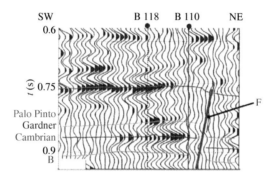

图 5.48 Bronte 油田 ES 非线性试验

B118、B110—井号；F—FC 大断层；
B—基底；左侧—红色油层名，蓝色—气层名

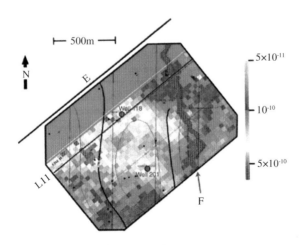

图 5.49 Palo Pinto 油层 ES 平面切片

E—电极；L11—测线号；红圈—试验井；
F—FC 大断层；色标—地震振幅，红高蓝低

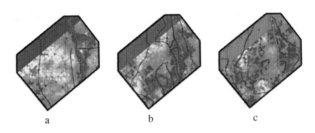

图 5.50　Bronte 油田 ES 切片
a—Palo Pinto 油层；b—Cambrin 油层；c—基岩反射（B）

这第三次 ES 测量进一步证实了初次测量时线性 ES 技术的局限性。这次非线性测量是检测二阶 ES 转换，电磁源频率提高了一倍，因而纵向分辨率也提高了一倍。

5.6.5　结论

（1）前两次 ES 法的野外试验指出，在深 500m，可能到 1000m 的气砂岩上，用地面检波器能检测到电磁能转换成的地震能。根据电动力转换机制做的模型与野外数据定性地一致，虽然振幅的绝对值不一致。

（2）在 Bronte 油田上的第三次试验检测到了埋深大于 1500m 的储层上 ES 转换的二阶响应。用 ES 信号描绘了储层图。二阶转换的频率两倍于电磁源的频率，从而提高了空间分辨率。这是第一次在野外检测二阶转换数据。储层上振幅的同相性和非储层上没有振幅的同相性支持关于二阶转换的解释并提高了进一步研究的兴趣。

（3）非线性响应是一个新的现象，并没有完全弄清楚。电动力转换过程能说明二阶响应这一点理论上并不是很明白。将来的工作需要发展二阶转换的理论解释并确定怎么样的机制产生了 Bronte 油田上的二阶转换。

（4）在 Bronte 所以能检测出二阶响应是因为二阶信号的处理排除了电源噪声。就用在 Bronte 使用的仪器和方法，用 ES 线性法也不可能检测到储层。在这个油田上工作得到的经验引导人们预期在仪器和方法中作数字化改进是可能的。进一步的工作需要去确定能否在深度大过 1000m 岩性如同 Bronte 油田的地段检测到一阶转换。

（5）Turin 的井中试验在深部显示了 ES 转换。检测到的响应的大部分是指示钻井质量，如固井质量、套管连接等。某些可能指示地层或者井旁条件。在 Bronte 和 Webster 的另一些井下试验可以清楚地看到地层中的 ES 转换。可以下结论，井下 ES 试验可以用来检验钻井质量，包括固井的完整与否和井旁的 ES 转换。

（6）更一般地说，电震技术的全部领域，包括线性的非线性的，都需要进一步观测、试验和研究。根据它的潜在能力，观测仪器和技术大有可能改进，电震勘探储层的理论和技术是会逐步趋向成熟的。

5.7　用谱分解法（Spectral Decomposition, SDP）检测储层 [189, 190]

5.7.1　方法概述

多数地质变化会有地震响应，但也有一些只能在宽带数据的一个特定的频域范围内发生。谱分解法能够帮助解释这种现象。谱分解法是近年发展的一种新的技术，它对地震解释很有用，因为分解后的谱成分能够揭示地层和构造的细节，而这些常常被掩盖在宽带数据中。在一个复杂的地质区域，一个地质目标振幅的变化常是频率的函数，在某一频带内能够更清楚地追踪。岩性和孔隙流体诱使频率发生的变化，如由于吸收产生的峰值频移，可以更好地圈定。这样谱分解就成为能帮助地震解释的一种有效技术。

通常使用的谱分解法包括短时窗傅里叶变换（SWFT），Morlet 子波变换（MWT）[191]，匹配追踪分解（Matching Pursuit Decomposation, MPD）[192]。SWFT 包括时窗的显性应用，这会影响时间和频谱的分辨率。似波包谱分解（Wave-Package-Like Spectral Decomposition, WPLSD）虽然有较高的谱分辨率，但会降低时间分辨率，对薄层解释不利。有一种基于谱分解的 S 变换（ST）对谱分解的解释很有用。

5.7.1.1 Morlet 子波变换（MWT）

在 3.2.10.10 节中用到过 Morlet 子波，子波公式如（3.166）式和（3.167）式。

Morlet 子波是一种调整过的高斯函数，虽然它仍有旁瓣。MWT 的分解是尺度域和时间域的。因为尺度关系到频率，可以将 MWT 的产物转换成时间—频率域并用来做谱分解。基于子波变换的谱分解有一个隐性分析时窗，这样就可以避免广泛应用的短时窗傅里叶变换所固有的变尖效应（tapering effects）。

5.7.1.2 S 变换（ST）

S 变换是 Stockwell 等 1996 年提出 [193] 的，是对 Morlet 子波变换的扩展。S 变换的母子波也是一个调整过的高斯函数，但它保持调整部分没有尺度变化和时移。S 变换定义为

$$s(\tau, f) = \int_{-\infty}^{\infty} D(t) g_f(t - \tau) \exp(-i\omega t) dt \tag{5.26}$$

式中：g_f 是高斯函数，即

$$g_f(t) = A \frac{|f|}{\sqrt{2\pi}} \exp[-(ft)^2] \tag{5.27}$$

$D(t)$ 是信号。对 $g_f(t)$ 略加修改有

$$g_f(t) = A|f| \exp[-\alpha(ft - \beta)^2] \tag{5.28}$$

这就变成了广义 S 变换（GST）[194]。式中：A、α、β 是常数。设这些常数是为了增加母子波形式的变化，以便更好地与信号相关。这就能直接将信号分解成频率和时间域。

5.7.1.3 匹配追踪分解（MPD）

匹配追踪分解是唯一适合来提供高分辨率时频谱的技术。它能由一个子波典中找到最佳匹配子波（这个子波典是能覆盖所有时间、频率、尺度和相位范围内的子波的大的集合体）以便能代表信号中的每一个成分，从而没有旁瓣效应，能提高谱的分辨率 [192]。

一个成功的谱分解决定于它的分辨率和坚实性（robustness- 稳定、实在、确切）。在上面三个算法中 MPD 能同时提供最高的时间分辨率和谱分辨率，但是最费机时，由于子波库过分庞大冗余而使结果不是唯一的。因为它的有效性和能够分辨精细的变化，MWT 算法仍被广泛地应用。应用它的振幅分量能补偿它的旁瓣效应。广义 S 变换分享了 MWT 的大部分特征，可是由于母子波的变化仍有较高的谱分辨率。

5.7.2 合成记录对三种方法作比较

图 5.51 是一个合成记录例子。首先建立合成记录，它包括两个有不同起始和终了时间的正弦波和三个有不同频率和时间位置的子波（a）。这两个正弦波频率各为 15Hz 和 25Hz，信号的傅里叶谱位于图 b 的顶部。图 b 是 MWT 的结果，c 是广义 ST 结果，d 是 MPD 结

果。可见经过谱分解后合成记录道中的所有分量都根据它们的频谱和时间特征归位于时频域中的适当位置。而 MPD 谱（d）有最高的分辨率。正弦谱几乎精确地位于 15Hz 和 25Hz 的频率位置上成一直线，只是终止时间略有差异；三个子波几乎各成一个点，位于它们本有的时间和频率上。广义 ST 谱（c）有第二位的高分辨率，但它比 MPD 节约机时。MWT（b）的谱分辨率较低。所以以后还是采用广义 ST 作谱分解。

因为上面方法中所用的子波是复杂的，人们可以用解析法提取信号的振幅和相位信息。子波振幅对分析吸收和地层在时间和频率方面的变化是有帮助的，而子波相位在确定不连续性和识别断裂方面是有用的。

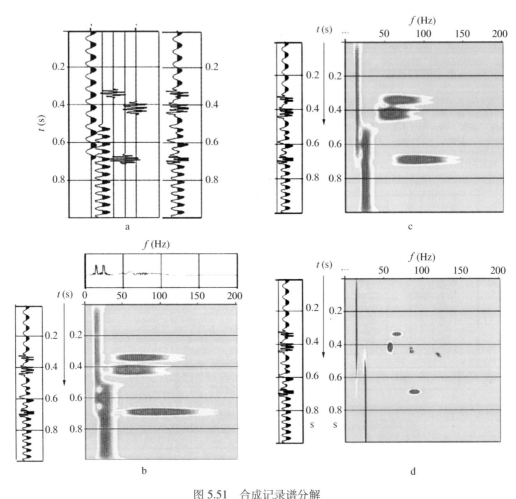

图 5.51 合成记录谱分解

a—记录的合成，左边为 5 个信号，右边为 1 个合成记录；b—MWT 谱分解，左边为上述合成记录，右上为傅里叶谱，右下为时频谱；c—广义 ST 谱分解；d—MPD 谱分解

5.7.3 实例

5.7.3.1 实例 1：加拿大重油储层

目标区有一 4 ～ 5m 厚的煤层，向外延伸至砂岩储层成为它的部分盖层。砂岩厚至 30m，顶部有一油池状储层。在这上部 Mannville 层中发育了岩屑河道。某些河道被切割转成海绿石砂岩，一些砂体的包块被保护下来成为孤立的油包。各个分割的油包油水分界面

是不同的，这也许表明由于岩屑河道的存在会有更好的油捕。这样就使解释变得复杂起来，因而采用了谱分解法。

5.7.3.1.1 瞬时相位切片和净产层厚度

图 5.52 是谱分解的结果。这是一个等频率数据体中一个 65Hz 的切片。彩色代表瞬时相位的变化。它们清楚地勾画出了地层的变化和间断。而根据测井的估计用白色等值线圈出了净产层的厚度。

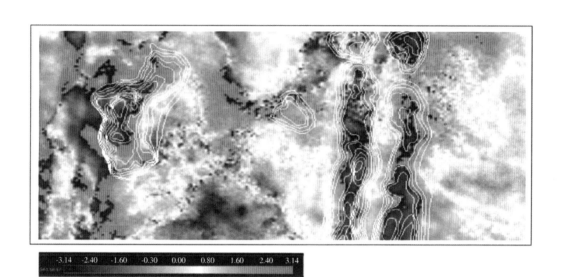

图 5.52 瞬时相位 65Hz 水平切片
色标—瞬时相位变化；白色等值线—净产层厚度

5.7.3.1.2 调谐数据体（tuning cube）

这是应用调谐数据体解释的一个出色的例子。包含目的层振幅谱的调谐数据体可以延层切片。这可用来分析依赖于频率的地层和构造面貌，同时识别试验层位上每一个共中心点的主频率。用由测井信息得到的厚度校验主频率，这样就可以用调谐数据体来估计目的层厚度。图 5.53 是用调谐数据体估计河道砂厚度的例子。图 a 是调谐数据体 60Hz 频率切片，位于一个煤层中 20ms 时窗中心。彩色是振幅，蓝低红高。可见低振幅描绘的河道。图 b 是河道砂的相对厚度，用测井信息对调谐体主频率检验估计得到。可见由红色大厚度勾画的河道，与 a 中低振幅勾画的河道形态位置基本一致。

5.7.3.2 实例 2：墨西哥湾深水气藏

5.7.3.2.1 储层背景

气藏位于墨西哥湾绿谷三维地震区的一个小盆地 King Kong 内，图 5.54 是其中一条二维地震剖面。King kong 储层包含两个气砂岩，即图中的砂 1 和砂 2，两对波峰波谷的强振幅异常。砂岩储层由 CDP3 延展到 45，而商业气砂（$S_w<0.3$）由 CDP6~26。剩下的是低气饱和度砂（$S_w>0.9$）。商业气砂和低饱和度气砂都显示有典型的 III 类 AVO 异常，但在叠加剖面上商业气砂比低饱和度气砂有相对高的振幅响应。

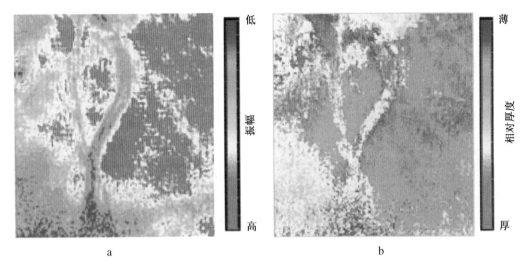

图 5.53　调谐数据体切片

a—调谐数据体 60Hz 切片，色标—振幅，蓝低红高；

b—河道砂相对厚度，色标—相对厚度，红厚蓝薄

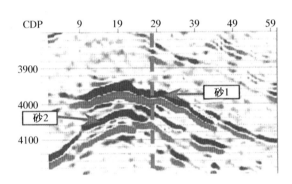

图 5.54　King Kong 宽带叠加地震剖面

横轴—CDP 号；纵轴—双程时（ms）；

S1—气砂 1；S2—气砂 2；

绿虚垂线—商业气层边界

5.7.3.2.2　谱分解特性

图 5.55 是叠加地震数据经 S 变换后的 4 个等频率剖面。其中的 9Hz 气砂 1 中商业气层是亮点，而低气饱和度砂比起背景没有明显的异常。在 15Hz 剖面上商业气砂和低饱和度气砂都有反应，它们的区别变得很微弱。在 23Hz 剖面上商业气层仍亮于低气饱和度层和背景，只是要薄得多。在 40Hz 剖面上气砂完全不见了。可见对于气砂 1，与气有关的异常只出现在低频域。

图 5.56 是气砂 2 的等频率剖面。在 10Hz 剖面上气砂与背景不能分开。在 14Hz 剖面上气砂 2 有振幅异常，但边界不清。在 25Hz 剖面上气砂与围岩的谱分解响应没有区别。40Hz 剖面上气砂有明显异常，但振幅较弱。可见它与气砂 1 只在低频有异常不同，在较高频率处有了气层异常。这两个气砂层反应的差别可能与波阻抗和层厚度有关。

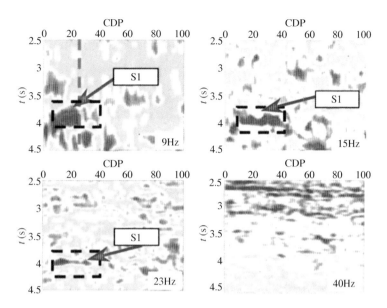

图 5.55　King Kong 等频率剖面
横轴—CDP 号；纵轴—双程时；
S1—气砂 1；绿虚垂线—气砂岩边界

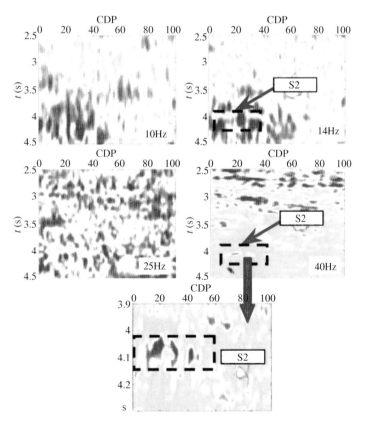

图 5.56　气砂 2 等频率剖面
横轴—CDP 号；纵轴—双程时；
S2—气砂 2

5.7.3.2.3　波阻抗和层厚度对谱分解的影响

作了一个系统的楔状模型以研究这种影响。页岩和气砂（S_W=0.1）的速度和密度取自参考井，用 Backus 平均法求得平均值。下伏页岩的 P 波阻抗大于上覆页岩，如图 5.57a 所示。其中不同气饱和度砂岩的 P 波阻抗用 Gassmann 方程计算，所需孔隙流体性质按照产层现场条件用 Baltze—Wang 关系[196]计算。楔状模型合成地震记录用平面波褶积方法产生，子波用峰值频率为 25Hz 的零相位雷克子波。由合成记录（5.57b）可见气饱和度最高的（S_G=0.9）气层振幅最强，水层（S_G=0）基本没有反应。峰值频率 f_0 随气层厚度有复杂变化，变化幅度随气饱和度的升高而升高，如图 5.58a 所示。当砂岩厚度薄于调谐厚度（1/4波长，大约 18m，气饱和度 0.9）时，在同一厚度时峰值频率随气浓度而增加，这意味着对于气饱和砂比之盐水砂峰值频率向高频移动，最大频率差大约 3.5Hz。对于厚层砂（大于调谐厚度）气饱和砂的峰值频率低于盐水砂的峰值频率。这种现象在频率域可以解释为子波谱和反射序列谱干涉的结果[167, 168]。图 5.58b 显示了楔状砂岩厚度为 22m 时的振幅谱，22m 正是气砂 1 的厚度。可以清楚地看到气砂的峰值频率随着气浓度的增高而略向低频移动。还用常数 Q 模型对同一 22m 厚的砂岩产生了合成记录响应，结果显示峰值频率对 Q 值不敏感，甚至很小的 Q 值也不能使得反射谱有可见的频移。

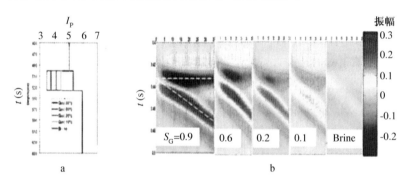

图 5.57　楔状模型合成记录

a—P 波阻抗楔状模型，横轴—P 波阻抗，纵轴—双程时；
b—楔状模型合成记录，色标—振幅，S_G—气饱和度，Brine—盐水

图 5.58 显示了不同的气饱和砂与盐水砂之间在 22m 厚度时的谱比。可见，在某一相对的低频域（如 10～30Hz）水砂和气砂有明显的谱分解差别，谱比随着气饱和度的增高而增大。它的极大值随着气饱和度的降低而向高频移动，大约从 90% 气饱和度的 16.5Hz 移到 10% 气饱和度的 23Hz。气饱和条件下最小的谱比大约位于 45Hz 处。在每一个频率气容量高时有较大的振幅差。这个结果与图 5.55 谱分解结果一致。

5.7.3.2.4　结论

由上可知用 S 变换作谱分解得等频率数据体，再得等频率剖面，恰当选择频率进行比较，可获得气层的振幅异常。

5.8　中心频率对入射角分析法（Center—Frequency Versus Incident Angle Variation，CFVA）检测天然气储层[200]

5.8.1　概述

当地震波在孔隙弹性介质中传播时，依据频率能量吸收，相位畸变，是此类介质固有的特性。地震吸收随频率增加，在频率域它可以用中心频率来表征。中心频率是一个信号

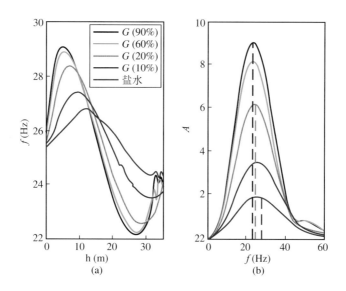

图 5.58　峰值频率和振幅谱

a—峰值频率 f_0 随厚度 h 变化；

参数—气饱和度（色标）；G—气；Brine—盐水

b—厚度 22m 的振幅谱，色标（同图 a）

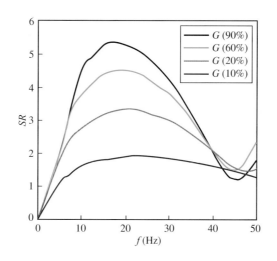

图 5.59　气饱和砂与盐水砂的谱比

横轴—频率；纵轴—谱比；色标—G，气饱和度

　　的振幅谱或功率谱的平均量度。在第 3 章我们介绍了许多估计地震吸收的方法。这些中的大多数方法都基于叠后数据，这有两个弊病：一是叠后数据理论上是正入射，信号在层中的旅行路径是最短的，因而信号的吸收估计偏低，且结果对薄层敏感；另一是叠加将不同入射角的吸收加到一起，实际上近道时间短，吸收少于远道，这使吸收估计的精度降低。

　　这里介绍一种中心频率对入射角的分析法。不像 AVO 的特征那么复杂，信号的中心频率常常随入射角的增加而降低。由中心频率 CDP 集可以构建中心频率近道和远道剖面。气层有较低的品质因数，较高的吸收，中心频率分布就有较强的异常，CFVA 就可用来区分气藏。

5.8.2 方法

现在表征地震吸收的大多数方法都假定 Q 是常数，也就是不依赖于频率。这里仍遵从这一假定。

考虑一个平面波在一个厚度为 h，层速度为 v，品质因数为 Q 的单层孔隙弹性介质中传播。如果震源的振幅谱是 $S(f)$，在距离 x 处接收的振幅谱是 $R(f)$，则

$$R(f) = r(f)S(f)\exp\left(-\frac{\pi fl}{Qv}\right) \tag{5.29}$$

式中：l 为旅行距离；$r(f)$ 为反射系数振幅谱。已知

$$l = \sqrt{x^2 + 4h^2}, \ t_0 = \frac{2h}{v} \tag{5.30}$$

将之代入 (5.29) 式，有

$$R(f) = r(f)S(f)\exp\left[-\frac{\pi f}{Q}\sqrt{t_0^2 + \frac{x^2}{v^2}}\right] \tag{5.31}$$

式中：t_0 为正入射旅行时。此式显示信号的旅行时随入射角增加，接收信号振幅谱的吸收则随偏移距呈指数增加。

中心频率定义为信号振幅谱的评均频率。如果信号的振幅谱是 $R(f)$，则中心频率 f_0 为

$$f_0 = \frac{\int_0^\infty fR(f)\mathrm{d}f}{\int_0^\infty R(f)\mathrm{d}f} \tag{5.32}$$

Quan 等发展了一种 Q 和中心频率之间的关系式[58]，即

$$f_R = f_S - c\int_r \frac{\pi}{Qv}\mathrm{d}l \tag{5.33}$$

式中：f_R，f_S 分别是接收和震源信号的中心频率。c 是与震源子波有关的常数，决定于震源子波是高斯型、箱型还是三角型。(5.33) 式说明，对于一个给定的震源，信号的中心频率决定于正入射旅行路径 l、品质因数 Q 和决定于震源形态的常数 c 值。品质因数愈低，入射角愈大，旅行路径愈长，中心频率降低愈快。

5.8.3 实例

这是塔里木盆地 WS 坳陷 GMBZ 构造带东部的 YLK 构造的例子。2002 年钻了 WC1 井，发现工业气流，产在 6005～6050m 深的白垩纪 SSH 层中，气储属于三角州前沿相。但 2005 年在同一构造上钻了 YL2 井在同一层上却没有碳氢显示。根据测井和岩心资料，同一目的层 YL2 井还高于 WC1 井。这说明 YLK 气田是受构造控制的岩性气藏。图 5.60 是塔里木盆地的一条二维地震测线。T8-1 是气砂岩顶部地震标准层。WC1 井位于

CDP1865 处，而 YL2 井位于 CDP1425 处。注意它们的反射时间，WC1 井为 4115ms，很明显低于 YL2 井的 4050ms。两口井都是强振幅，靠振幅无法分辨有气无气。因而用了 CFVA 法。

图 5.61 是跨井的中心频率入射角集合，a 是生产气井 WC1，b 是非生产气井 YL2。入射角从 1°～33°。中心频率角集是用带有 150ms 长的 Hanning 窗的短时窗傅里叶变换（short time Fourier transform，STFT）计算得到的谱估计的。注意，跨过气井 WC1 的目的层中心频率从近道的 22Hz 下掉至 33°处的 16Hz，在 18°～33°之间出现了一个明显的低频异常是气层的反应。在 9°～12°之间也有一个从浅到深的低频异常则是地滚波的影响。而跨过 YL2 井的 b 图则没有异常。

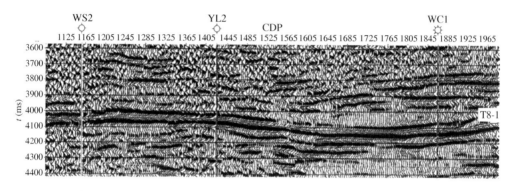

图 5.60　塔里木一条二维剖面

T8-1—气层顶部地震标准层；WC1—工业气井；YL2—非气井；WS2—非气井

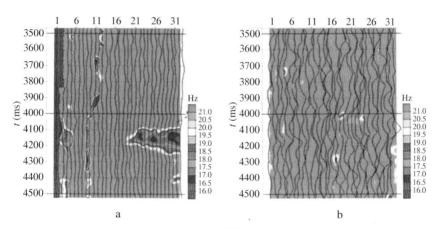

图 5.61　中心频率对入射角分析

a—生产气井；b—非生产气井；色标—中心频率；横轴—入射角；纵轴—双程时

由中心频率 CDP 道集可以构建中心频率的近道和远道叠加剖面。由此可以分析中心频率随入射角的变化，以识别气藏。图 5.62 是 0°～5°的近道中心频率叠加剖面。注意围绕 WC1 和 YL2 井的中心频率几乎一样，没有区别，由此来分辨气层是不可能的。图 5.63 是 22°～30°中心频率远道叠加剖面。与近道剖面比，中心频率整体下降，围绕 WC1 井的目的层中心频率非常低（达 16.5Hz），这个低异常延展较广，是气层的反应。而围绕 YL2 井的目的层中心频率却很高（达 21Hz）。图 5.64 是由叠后剖面（图 5.60）直接提取的中心频率剖面。虽然气井和非气井对频率吸收特征有较好的反应，但整个剖面比图 5.63 复杂得多，会给出许多错误信息，例如本图中 WC1 井附近非气层的低频异常，特别是气层上方红色椭圆中圈出的异常，很容易被误认为气层，这就使气指示出现非唯一性。后来又在无异常处钻了两口井，均没有见气。其中一口就是剖面上的 WS2 井，它的中心频率高并且没有大的梯度。而图 5.63 中在 WS2 井右侧 400m 处目的层中有一低频异常，频率低，梯度大，不知为什么没有钻探。

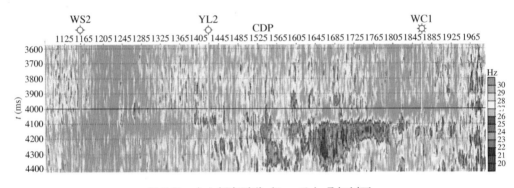

图 5.62　中心频率近道（0～5°）叠加剖面
色标—中心频率

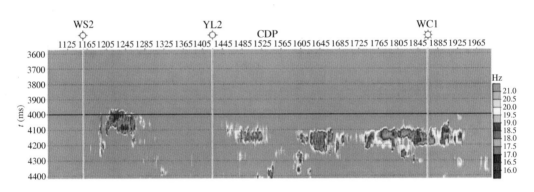

图 5.63　中心频率远道（22°～30°）叠加剖面
色标—中心频率

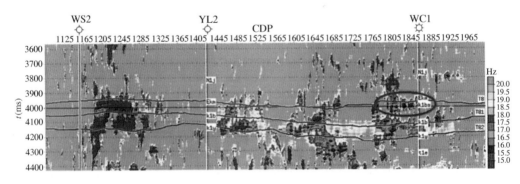

图 5.64　由叠后剖面直接提取中心频率剖面
色标—中心频率；红色椭圆—错误气层信息

5.8.4 结论

中心频率对入射角分析法（CFVA）不像 AVO 那么复杂，信号的中心频率常常随入射角的增加而降低。当震源子波给定后，信号的中心频率还依赖于正入射路径 l 和品质因数 Q。在地层厚度已知时，品质因数愈低，即吸收系数愈高，中心频率随入射角的增加而降低愈快。由中心频率 CDP 道集可以构建中心频率近道和远道叠加剖面，由此来识别气层。用中心频率全叠加剖面，由于过于复杂，不可能得到天然气检测的单一结果。

地震叠前 CDP 道集可以用来提取中心频率属性，但要在振幅保持以后及反 Q 滤波以前进行一系列处理，所有这些处理模块都会改变频率分布而不能用于吸收分析。而现用的方法，所包含的振幅和频率能真实反映地下岩性和孔隙流体的信息。更有甚者，必须注意一些常规噪声，如隐藏在 CDP 道集中的地滚波和多次波；同时某些处理模块如动校正将给中心频率的提取产生极坏的影响，从而影响到识别气层。

5.9 流体三参数综合检测油气

孔隙弹性参数中决定流体性质的三参数，即流体密度、流体黏度、流体体积模量 ρ_f，η_f，K_f 在以上许多章节中都被单独研究过。笔者在参考文献 [8] 中还写道："ρ_f 是预测气层的一个绝好参数。""要坚持不懈地攻下 ρ_f 的精度关，油气预测会出现一个新天地。"

5.9.1 已知三参数数值

我们将最具代表性的表 3.20 搬到这里，并进行分析，做成一张新的表，即表 5.5。

表 5.5　孔隙流体物理性质及异常分析

参数	水	气	油	气水异常	油水异常	油气异常
K_f (GPa)	2.25	0.012	0.7	$(2.25-0.012)/2.25=0.99$	$(2.25-0.7)/2.25=0.69$	$(.7-.012)/.7=0.98$
ρ_f (kg/m³)	1040	78	700	$(1040-78)/1040=0.93$	$(1040-700)/1040=0.33$	$(700-78)/700=0.89$
η_f (Pa·s)	0.003	0.00015	0.01	$(.003-.00015)/.003=0.95$	$(.003-.01)/.01=-0.70$	$(.01-.00015)/.01=0.99$

由表 5.5 可见它们的相对异常都在 33% 以上，许多都在 90% 以上，由此识别油、气、水是很有把握的。但实际上孔隙流体多相的多，问题是油、气、水三者混合后的综合参数如何识别。

5.9.2 油气水不同饱和度时的参数

5.9.2.1 密度的综合

当孔隙流体为油气水混合时，流体密度如何确定？我们已有百灵公式 [8]，即

$$\rho=(1-\phi)\rho_m+\phi(S_O\rho_O+S_G\rho_G+S_W\rho_W) \tag{5.34}$$

其中有

$$\rho_f=S_O\rho_O+S_G\rho_G+S_W\rho_W \tag{5.35}$$

式中：ρ_m，ρ_O，ρ_G，ρ_W 分别是骨架（包括泥质）和油、气、水的密度，S_O，S_G，S_W 分别是油、气、水的饱和度，$S_O+S_G+S_W=1$。我们设计一些特殊情况用表 5.5 中数据计算结果如表 5.6 所示。

表 5.6　不同油气水饱和度时流体参数

序号	S_W	S_G	S_O	K_f (GPa) 油 0.70 气 0.012 水 2.25	ρ_f (kg/m³) 油 0.70 气 0.078 水 1.04	η_f (Pa·s) 油 0.01 气 0.00015 水 0.003	混合流体 主体名称
1	0.1	0.2	0.7	0.056 **8%**	0.61 **87%** 51%	0.00733 **73%**	油 (水)
2		0.7	0.2	0.017 **142%**	0.303 **85%**	0.00241 **16 倍**	气
3	0.3	0.7	0.0	0.017 **142%**	0.374 **74%**	0.00101 **6.7 倍**	气
4		0.0	0.7	0.882 **126%**	0.80 **114%** 19%	0.00790 **79%**	油 (水)
5	0.7	0.3	0.0	0.040 2%	0.75 **72%**	0.00215 **72%**	水气
6		0.1	0.2	0.112 5% 16%	0.88 **85%** **126%**	0.004121 37% 41%	水油 (油)
7	0.9	0.1	0.0	0.115 5%	0.94 **90%**	0.00272 **91%**	水
8		0.0	0.1	1.842 **82%**	0.94 **90%**	0.00370 **123%**	水

表中第 1 行数据是如表 5.5 中的油、气、水单相数据。混合流体主体名称是按混合流体中饱和度占 70% 以上的单相流体确定的，括号内是错判结果。百分比是按该参数数据所占单相参数数据的百分比，在 70% ～ 130% 之间粗黑色为可识别数据，否则为浅色，可识别的也会错判。

5.9.2.2　体积模量的综合

体积模量的公式为

$$K = \left(\frac{\alpha - \phi}{K_m} + \frac{\phi}{K_f} \right)^{-1} \tag{5.36}$$

式中：$\alpha = 1 - \dfrac{K_d}{K_m}$ 就是 (2.177) 式的 Biot—Willis 系数；$K_m \equiv K_g$ 是骨架颗粒体积模量；K_d 是干燥岩石体积模量；K_f 则是流体的体积模量。

其中

$$K_f = \left(\frac{S_O}{K_O} + \frac{S_G}{K_G} + \frac{S_W}{K_W} \right)^{-1} \tag{5.37}$$

这是 (4.78) 式的扩展，用此式及表 5.5 中数据计算 K_f 列入表 5.6。这个式子是假定所有孔隙中都均匀含有油、气、水。如果不是这样，则应根据孔隙流体的分布情况改用相应的 (4.79) 式至 (4.81) 式。

5.9.2.3　黏滞系数的综合

流体混合后的黏滞系数服从体积加权平均法则，从而有

$$\eta_f = S_O \eta_O + S_G \eta_G + S_W \eta_W \tag{5.38}$$

据此公式用表 5.5 和表 5.6 中数据计算结果列入表 5.6。

5.1.2.4　混合流体的识别

表 5.6 中列了 8 种简单的混合流体情况，可见混合后参数与单相参数偏差度比较大。

但有些还是容易识别的，如表中红色百分比都在 70% ~ 130% 以内，即与单相参数的差绝对值小于 30%。但表中第 4 和第 6 种情况很难区分，70% 油或水混合有水或油、气。对于 ρ_f 按照上述标准既可判为油也可判为气，这时如有 K_f 和 η_f，就可准确地将 4 判断为油而 6 大致可判断为水油，即主要是水，有少量油；因为 K_f 和 η_f 离油比水近：16>5，41>37。混合流体还会有更复杂的情况，需要有更多更好的判断方法。

当然最根本的是求取 ρ_f，K_f，η_f 本身。求取 ρ_f 可参考文献 [8] 中 10.5.4 节。求取 η_f 可参考本书 3.1.11 节。求取 K_f 可结合本书 4.3.3 节和 Gassmann 方程（参考文献 [8] 之 (2.9a) 式），即

$$K = K_d + \frac{\left(1 - K_d / K_m\right)^2}{\phi / K_f + (1-\phi)/K_m - K_d / K_m^2}$$

最好用野外三维转换波地震资料求得岩石纵、横波速度和密度数据体，用纵、横波速度 v_P、v_S 和密度 ρ，按下式求得切变模量 μ 和纵波体积模量 K，即

$$v_P = \sqrt{\frac{K + 4\mu/3}{\rho}}$$

$$v_S = \sqrt{\frac{\mu}{\rho}}$$

再用实验方法求得 K_d，K_m，ϕ，然后用 Gassmann 方程可以得到 K_f。再用 4.3.3 节的方法求得 K_f 的概率密度函数。在分辨油、气、水的过程中充分应用概率分析方法可以提高识别的可靠性。

后　记

（1）地震勘探直接找油气（简称直找或油气预测，不仅是储层预测）是地震勘探这颗大树上的一个重要分支，它正在茁壮成长，可以说已经硕果累累。它前景广阔，经过国内外无数智者的耕耘，有朝一日它会超过传统的间接找油气，所生产的油气当量会大于间接找油气。也就是说由地震直接判明储层孔隙中的油气而导致开发的产量有朝一日会超过由地震判明各类圈闭而导致开发的产量。

（2）直找的方法技术在突飞猛进地发展：它所利用的参数（属性）不断地增多，提取参数的方法技术在不断地改进，所提参数的物理意义和地质意义愈来愈明确，稳定性、准确性、精确度、分辨率在不断地提高，分辨油、气、水的能力在不断地扩展，估计油、气、水饱和度、孔隙度、渗透率的准确性不断地提高。直找的经济效益不断提高，促使人们不断改进原有技术，不断探索开发新技术。

（3）直找的领域不断扩展：不仅在传统的砂岩、碳酸盐岩中寻找，还对页岩、火成岩、火山岩、变质岩开展了探索；特别对页岩气国外已成大气候，国内也已开始探索；可以预见直找技术在开拓页岩气领域中会大有用武之地；因为对后者找圈闭比较困难，直找更有了优越性；不仅在传统的孔隙中寻找，还对裂缝、溶洞进行了深入的研究；对裂缝的研究开辟了裂缝损耗机制和各向异性的新天地；对溶洞的研究开辟了对碳酸盐岩孔、缝、洞宏观和微观系统的全面深入的研究领域。

（4）孔隙弹性理论技术最新的一系列发展无疑给直找增添了翅膀，给了它在孔缝洞中穿梭翱翔的自由。前面各章的论述就给出了充分的证明。它研究孔隙不仅重视它的大小和孔隙度，还特别重视它的结构：宏观孔隙和微观孔隙，孔喉和迂曲度，孔隙形态和比表面积等。它研究饱和度、渗透率要考虑油、气、水三相的饱和度、渗透率，不仅注意总体数值，还要考虑结构和分布：各孔隙均匀分布，还是有气泡或包裹体、补丁，它们的理论和实际都有不同的规律，给预测油气以新的领域。

（5）孔隙弹性理论揭示了损耗的弛豫特征，并给损耗尺度以重要使命。大尺度、中尺度、微尺度损耗的弛豫频率 f_{r1}、f_{r2}、f_{r3} 和弛豫时间 τ_1、τ_2、τ_3 在确定孔隙弹性参数中有着重要作用。特别是中尺度（不均匀尺度）弛豫频率 f_{r2} 给了预测渗透率一个光明前景。

（6）喷流特征长度 R 是孔隙弹性中一个很有趣的新参数。它与渗透率一样是岩石固有的一种性质。它的测定方法也假借渗透率的测定方法。它与渗透率一起是确定不同大小孔隙平均喷流效应的两个基本参数；它与渗透率结下了不解缘，给用地震数据估计渗透率以有力的支持。实际上喷流特征长度 R 和一系列重要参数：速度 v_P、吸收 α（损耗 Q^{-1}）、频率 f、密度 ρ、流体密度 ρ_f、流体黏滞系数 η_f、流体压缩系数 β_f、流动性 M_L、弥散系数 D、各种弹性模量（K、E、P、Q、G、H）、孔隙度 ϕ、渗透率 k 和饱和度 S 等都有函数关系。可以说喷流特征长度的出现，给了以上参数的预测以新的途径，特别是 ρ_f、η_f 和 k，而这些是油气预测中非常关键的参数，是长期未能攻克的几个参数。

（7）研究孔隙弹性的一个极其重要的副产品就是慢纵波。如果在野外观测到了慢纵波，就可求得慢纵波速度 v_{P2} 或 $v_{P\text{Ⅱ}}$，由此作一番加工可求得孔隙度、迂曲度、流体速度、流体体积模量、流体密度，后三者是预测油气的绝好参数；特别是由慢纵波取得的此三参数可能精度高，是攻克目前求此三参数精度瓶颈的良方。而要在野外观测到慢纵波，最有利的条件是储层渗透率高而孔隙流通性好，孔隙流体黏滞度低而又密度较高，孔隙毛细管作用低即趋肤深度 ds 小。选择有此最佳条件的储层先作二维地面地震试验剖面，所用检波距、炮点距、药量、叠加观测系统（包括单次）、接收频谱等都应考虑到慢纵波的低速（相当流体速度）、低幅特征。处理时要考虑分辨或压制快纵波。一旦慢纵波投产，油气预测（直找）会如虎添翼。但这个过程恐怕要几十年。而慢横波的研究也有着诱人的前景。

（8）电震法（ES）是用调制电源产生地震响应的方法。这是一个全新的方法，含有流动水电子的高电阻岩层最能产生这种响应。油气储层比水有高得多的电阻，也有更大的波阻抗和更多的流动水电子，能产生好的 ES 响应，因而 ES 法的基础是孔隙弹性，它有天生的直找本领。经过几十年的试验研究，到 2007 年已肯定了电震法（ES）对气砂岩和碳酸盐岩油储预测有一定效果。这是地震勘探直接找油气的有力助手，值得开始试验研究。

（9）三相（固、液、气）介质可能有与双相（固、流）介质完全不同的特点。因为同是流体的液、气之间，如水和空气之间，石油和天然气之间，有很好的物性界面，两边的弹性模量、黏滞性和密度有较大的差异，因而在孔隙内的油、气、水之间有波的反射、透过和转换，有压力差产生的不同黏滞性、不同速度、不同耗散的流动和喷射，会产生与双相介质完全不同的波的特征。因此研究固液气三相耦合条件下的波的特征，研究固液气三相之间的耦合孔隙弹性模量和耦合质量，研究三相耗散孔隙弹性介质波动理论是必要的；由此可能产生一些全新的参数，拓展直找的方法技术，特别是更清楚分辨油、气、水，更准确估计油、气、水的相饱和度、相孔隙度和相渗透率。

（10）一定要警惕参数的陷阱。一是单参数的多解性，最好用多参数化解；哪怕只是如4.2.4 节中那样只增加滤波和双程时；可用多参数加权叠加，如参考文献 [8] 所述；也可用神经网络等人工智能手段。二是单参数的误差，来源是多种多样，一定要作误差分析，如图 4.5 或更好地分析。三是参数出现的概率，任何参数值的出现都服从一定的概率分布；你把小概率事件当做必然，那就必然掉入陷阱；因此要作概率分析，如 4.3.3 节那样对体积模量作概率密度估计，把大概率体积模量作为预测气的依据；或者如 4.2.1 节那样用 Monte Carlo 法由波阻抗预测孔隙度；或如 5.3.1 节作贝叶斯 AVO 反演。笔者在参考文献 [8] 中根据翁文波三个圆的理论将预测成功或失误分成 7 个区，可能还有实际的警示意义（参见参考文献 [8] 中图 1.14）：

区 1 没有取得参数无从预测；区 2 有正确的参数没用来预测；区 3 将不反映油气地质系统的错误信息用于油气预测造成失误；区 4 不用参数信息主观臆测盲目判断造成失误；区 5 未将不反映油气的参数信息用于预测结果也一无所得；区 6 未用反映油气信息的参数预测油气得到了正确的结果，瞎猫碰到死老鼠，不能重复，不可推广，无科学意义；区 7 用正确反映油气的参数正确地预测得到了正确的结果，这就是我们要追求的景界。

变 量 表

A	振幅，吸收向量，波数归一化，吸收系数，反射系数矩阵面积	$H\,(f)$	吸收响应
		I	波阻抗
A_f	AVO 远道叠加振幅	I_A	声阻抗
A'	λ'，孔隙弹性黏滞体拉姆系数	I_E	弹性波阻抗
A_{in}	本征吸收	I_{P2}	慢纵波阻抗
B_W	a，n，Biot–Willims 系数	I_9	近道弹性波阻抗
C	相速度，弹性常数	I_{40}	远道弹性波阻抗
C_b	背景 P 波模量	$\tilde{I}$	复波阻抗
C_d	阻尼容量	K	体积模量
C_x	参数相对差	K_A	复合体积模量
C_{ij}	弹性模量矩阵元素	K_{KH}	孔喉峰值
$\tilde{C}_{ij}$	复弹性模量矩阵元素	K_d	干燥岩石体积模量
C_{ij}^I	复模量虚数部分	K_f	流体体积模量
D	D_f，弥散系数，不均匀系数，达西（渗透率单位）	K_m	饱和骨架体积模量
		K_s	K_g，骨架颗粒体积模量
D_v	速度波散	K_ϕ	孔隙空间体积模量
D_0	背景弥散系数	$\tilde{K}$	复体积模量
E	杨氏模量，能量	L	连通孔隙的实际路径，弛豫长度，不均匀性尺度
E_G	玻利杨氏模量		
E_L	低频极限杨氏模量	L_c	λ_c，特征距离，特征波长
E_H	高频极限杨氏模量	L_r	λ_{cS}，参考长度，特征横波长
E_Q	石英杨氏模量	L_{re}	液压弛豫长度
F	地层因子	M	弹性模量，P 波模量
G	μ，切变模量	M^B	Biot 低频 P 波模量
G_U	未弛豫切变模量	M^{BS}	BISQ 低频 P 波模量
G_C	弛豫切变模量	M_C	弛豫模量
G_r	等压切变模量	M_f	流体模量，流体储存系数
G_u	等应变切变模量	M_I	纵波模量虚部
G_0	G_L，低频极限切变模量	M_{kt}	孔隙弹性模量
G_∞	G_H，高频极限切变模量	M_L	流动性
$G\,(I)$	仪器响应	M_{L0}	背景流动性
$G\,(R)$	几何发散	M_R	纵波模量实部
H	孔隙弹性体综合模量，深度	M_d	干燥岩石 P 波模量
H_{fr}	裂缝间距	M_{dry}	干模量
H'	孔隙弹性黏滞体综合模量	M_{fr}	有裂缝的 P 波模量

M_L	流动性	R_t	地层电阻率
M_U	未弛豫模量	R_w	水电阻率
M_ϕ	孔隙空间模量	R^2	拟合相关度
$\tilde{M}$	$\tilde{M}_P$，复纵波模量	$R\,(f)$	接收谱
$\tilde{M}_S$	复横波模量	S	饱和度，能流向量，面积，流体
M_w	模量		应力矩阵，子波矩阵
M_0	低频极限 P 波模量	S_D	主孔隙平均大小
M_∞	高频极限 P 波模量，延迟弹性模量	S_{se}	有效比表面积
		S_G	气饱和度
N	μ, 切变模量，综合孔隙弹性模量	S_{KH}	孔喉歪度
P	P 波模量，传播向量，圆周长，概率	S_O	油饱和度
		S_W	水饱和
P_d	干燥岩石 P 波模量	S_e	有效饱和度
P_L	含流体低频 P 波模量	S_{irr}	残余饱和度
Q	品质因数，体积耦合模量	S_n	归一化趋肤因子
Q_f	流体品质因数	S_s	比表面积
Q_{ij}	品质因数矩阵元素	S_{Wirr}	残余水饱和度
Q'	孔隙弹性黏滞体体积耦合模量	$S\,(f)$	激发谱
Q^{-1}	损耗	U	流体位移矩阵
Q_E^{-1}	杨氏模量损耗	v_b	背景介质相速度
Q_K^{-1}	体积模量损耗	v_f	黏流体导波速度
Q_G^{-1}	切变模量损耗	$\tilde{v}_f$	流体复相速度
Q_P	纵波品质因数	$\tilde{v}_f{}^B$	Biot 流体复速度
Q_S	横波品质因数	v_{f2}	慢流体波相速度
Q_P^{-1}	纵波损耗	$\tilde{v}$	拉伸波复速度
Q_S^{-1}	横波损耗	$\tilde{v}_r$	旋转波复速度
Q_{sc}^{-1}	散射损耗	$\tilde{v}_1$	快纵波复速度
Q_{in}^{-1}	本征损耗	$\tilde{v}_2$	慢纵波复速度
Q_m^{-1}	损耗极值	v_1	纯弹性快纵波速度
Q^{-1M}	Maxwell 体损耗	v_2	纯弹性慢纵波速度
Q^{-1K}	Kelvin 体损耗	v_I	耗散介质快纵波速度
Q^{-1Z}	Zener 体损耗	v_{II}	耗散介质慢纵波速度
$\hat{Q}$	各向异性品质因数	v_r	流固有相对运动时的横波相速度
$\hat{Q}^{-1}$	各向异性损耗	v_{f0}	无黏流体导波速度
R	压力模量，喷流特征长度，电阻率	V_G	气体积含量
		V_K	孔隙体积
R'	孔隙弹性黏滞体压力模量	V_H	喉道体积
R_0	完全水饱和岩石电阻率	V_O	油体积含量
R_p	部分饱和岩石电阻率	v_P	纵波相速度
R_{PP}	纵波入射纵波反射系数	v_P^H	高频纵波速度

v_S	纯弹性横波相速度	k_H	简谐平均渗透率
V_W	水体积含量	k_{P1}	快纵波数
Z_N	剩余顺度	k_{P2}	慢纵波数
a	标量振幅，面比，横纵比，胶结系数校正因子，孔隙弹性系数	$\tilde{k}$	复波数
		$\tilde{k}_P$	复纵波数
a_k	渗透率波动相关长度	k_0	背景渗透率
b	黏滞项系数	$\tilde{k}_1$	快复波数
c_0	流体声速	$\tilde{k}_2$	慢复波数
$\tilde{c}_{ij}$	复弹性模量矩阵元素	m	胶结系数
d	直线距离，直径	n	B_W，Biot−Willis 导数，有效应力系数
d_g	颗粒直径		
ds	趋肤深度	p	压应力，压力，背景渗透率倒数，频率
e	应变，固体应变		
f	频率	p_c	围压
f_c	Biot 特征频率	p_e	Δp，有效压应力
f_c^s	喷流特征频率	p_P	孔隙压力
f_L	拉伸波频率	q	流量
f_m	f_r，弛豫峰值频率，共振频率	r	半径，反射系数
f_R	接收谱中心频率	r_L	低频域反射系数
f_r	参考频率，弛豫频率	r_H	高频域反射系数
f_s	发射谱中心频率	r_m	孔喉半径峰值
f_p	泊肖流上限频率	r_P	孔隙形态因子
$\bar{f}$	平均频率	r_{S1}	快横波反射系数
f_0	中心频率	r_{S2}	慢横波反射系数
f_{r1}	大尺度弛豫频率	s_N	正向刚性
f_{r2}	中尺度弛豫频率	s_T	切向刚性
f_{r3}	小尺度弛豫频率	t_{S1}	快横波透过系数
g	万有引力常数	t_{S2}	慢横波透过系数
$g(t)$	Gabor 子波	t_u	迁曲度
h_{fr}	裂缝宽度	u	位移
k	渗透率	v	速度
k_G	气渗透率	v_c	参考速度
k_K	克氏渗透率	v_f	流体速度
k_O	油渗透率	v_L	v_E，拉伸波速度
k_W	水渗透率	v_P	纵波速度
k_{KH}	孔喉比	v_P^B	Biot 体纵波速度
k_e	有效渗透率	v_L^K	Kelvin 体纵波速度
$\tilde{k}_{e1}$	有效快复波数	v_S^K	Kelvin 体横波速度
$\tilde{k}_{e2}$	有效慢复波数	v_P^{KB}	Kelvin−Biot 体纵波速度
k_A	算术平均渗透率	v_S	横波速度

$\tilde{v}_P$	纵波复速度	λ_E	拉伸波波长
$\tilde{v}_S$	横波复速度	λ_L	细棒拉伸波拉姆系数
$\tilde{v}_{SH}$	SH 波复速度	λ_S	旋转波波长
v_1	纯弹性快纵波速度	μ	G，切变模量
v_2	纯弹性慢纵波速度	μ_a	空气切变模量
v_I	黏弹滞性快纵波速度	μ_d	后验期望值
v_{II}	黏弹滞性慢纵波速度	$\mu_{m/d}$	后验期望矩阵
α	吸收系数，纵波速度，Biot—Willis 系数	μ_m	期望值，期望矩阵
a_P	纵波吸收系数	μ'	G'，孔隙弹性黏滞体切变模量
a_S	横波吸收系数	μ_0	G_0，低频极限切变模量
a_{Sf}	流体层横波吸收系数	μ_∞	G_∞，高频极限切变模量
a_0	基本吸收系数	v	各向异性系数
$\hat{a}$	各向异性吸收系数	ξ	喷流因子
β	压缩系数，横波速度	$\xi(l)$	归一化互相关
β_d	干燥岩石压缩系数 干燥骨架横波速度	ρ	密度
		ρ_a	附加密度，空气密度
β_s	固体矿物压缩系数	ρ_b	背景介质密度
γ	纵横波速度比，自然伽马	ρ_f	流体密度
$\gamma_{G,W}$	有效流体（气、水）黏滞系数	ρ_{fr}	裂缝密度
γ_Q	纵横波品质因数比	ρ_s	固体骨架密度
$\gamma_{Q^{-1}}$	纵横波损耗比	ρ_{11}	固相有效密度（质量）
γ_a	纵横波吸收系数比	ρ_{22}	流相有效密度（质量）
γ_{ij}	流固集合体中质量百分比	ρ_{12}	固流耦合密度（质量）
γ_-	$1/\gamma$，横纵波速度比	σ	泊松比，应力，慢度，方差
δ	对数衰减，各向异性吸收	σ_{ij}	孔隙弹性模量百分比
ε	各向异性系数，极小数，总应变，流体应变，波动幅度，水气反向综合体积模量	σ_S^2	方差
		$\sum_m$	方差矩阵
		$\sum_{m/d}$	后验方差矩阵
		τ	弛豫时间，迟后，总应力，切应力
ε_Q	吸收各向异性参数		
η	黏滞系数	τ_m，τ_∞	特征弛豫时间
η_f	流体黏滞系数	τ_1	大尺度弛豫时间
η_{gl}	甘油切变黏滞系数	τ_2	中尺度弛豫时间
η_S	切变黏滞系数	τ_3	小尺度弛豫时间
η_T	温度 T 时的黏滞系数	υ	动态黏滞系数
θ	入射角，应变迟后	Φ_{PP}	自相关
κ	圆波数，综合体积模量	Φ_{PM}	互相关
λ	波长，拉姆系数，喷流系数	ϕ	孔隙度、绝对孔隙度，相位
λ_c	特征波长	ϕ_c	临界孔隙度
λ_{cS}	特征横波长	ϕ_L	流动孔隙度

ϕ_e	有效孔隙度	Δt_P	纵波时差
ϕ_{fr}	裂缝率	Δt_S	横波时差
ϕ_{HL}	高流动性盐水体积	Δx	炮检距
ϕ_{LL}	低流动性盐水体积	Θ	计算 $\tilde{V}$ 无量纲参数，
$\phi_{L/H}$	低高流动性盐水体积比		流体应变矩阵
ϕ_M	宏观孔隙度	Θ_I	Θ 的虚部
ϕ_m	微观孔隙度	Θ_R	Θ 的实部
ϕ_n	泥质含量	Ω	归一化圆频率
ϕ_s	固体骨架体积百分比	Ω^B	Biot 弛豫圆频率，Biot 临界频率
ϕ_w	盐水体积	Ω_c	转折圆频率
$\phi(\omega)$	相位谱	Ω_m	损耗峰值圆频率，弛豫圆频率
ΔC_{11}^H	Hundson 各向异性刚性系数变化	Ω_s	饱和骨架弛豫频率
ΔC_{44}^H	Hundson 刚性系数变化	ω	圆频率
ΔE	能量耗损	ω_c^B	Biot 特征圆频率
ΔK	体积模量差（流体识别器）	ω_M	黏弹滞性弛豫圆频率
Δf	频宽，谱差	ω_m	峰值圆频率
Δl	层厚	ω_r	ω_0 弛豫圆频率
Δ_M	模量损耗，弛豫强度	ω_θ	旋转应变
Δ_N	裂缝弱度	$\vec{\omega}$	旋转矢量位函数
Δt	时间厚度，时差	$\bar{\omega}$	BAM 模型自由参数

由于变量繁多，出处不一，极难也不可能完全统一，因而本表仅供参考，仍以文中说明为主。

简 略 语 表

BAM		上下限平均法模型
BET	Brunaner-Emett-Teller	氮吸收法
CPMGM	Carr-Purcell Meibuom-Gill Method	卡普梅杰法
CWTM	Continued Wavelet Transform Method	联续子波变换法
DEM	Different Effect Media	差异有效介质
DHM	Dvorkin Heterogeneous Method	Dvorkin 多相法
ES	Electro-Seismic Method	电震法
IF	Isofram	同构模型
FOS	Far-Offset Static	远道叠加
Fizz		无商业价值气
JTFAM	Joint Time-Frequency Analysis	联合时频分析法
GST	Great S Transform	广义 S 变换
MAP	Maximun A Posterior Model	极大后验概率模型
MBMSW	Modified Best Matching Seismic Wavelet	最佳匹配地震子波法
MPD	Matching Pursuit Decomposition	匹配跟踪分解
MWT	Morlet Wavelet Transform	Moelet 子波变换
NMAM	Numerical Modeling Method	数值模拟法
NMR	Nuclear-Magnetic Resonance	核磁共振
PBR	Pore Boundary Relaxation Model	孔隙边界弛豫模型
PDF	Probability Density Function	概率密度函数
SE	Seismic-Electric Method	震电法
SLS	Standard Linear Solid	标准线性固体模型
SPP	Spectrum Decomposition	谱分解法
SRM	Spectrum Ratio Method	谱比法
ST	S Transform	S 变换
STFT	Short Time Forier Transform	短时间傅里叶变换
SWFT	Short Window Forier Transform	短时窗傅里叶变换
TFSDM	Time-Frequency Spectrum Difference Method	时频谱差法
VTI	Vertical Transverse Isotropy	横各向同性介质
WLMM	Well Modeling Method	测井模拟法
WPLSD	Wave-Package-Like Spectral Decomposition	似波包谱分解

参　考　文　献

[1] Biot M A. Theory of propagation of elastic waves in a fluid-saturated porous solid. (I): Low- frequency range. The J. Acoust. Socie. Ameri., 28 (2): 168 ～ 178, 1955

[2] Biot M A. Theory of propagation of elastic waves in a fluid-saturated porous solid. (II): Higher- frequency range. The J. Acoust. Socie. Ameri., 28 (2): 179 ～ 191, 1956

[3] T. 布尔贝等著，许云译. 孔隙介质声学. 北京：石油工业出版社，1994

[4] 牛滨华，孙春岩. 半空间介质与地震波传播. 北京：石油工业出版社，2002

[5] 戴启德，纪友亮. 油气储层地质学. 东营：石油大学出版社，1995

[6] 吴元燕，徐龙，张昌明. 油气储层地质. 北京：石油工业出版社，1997

[7] 张博全，王岫云. 油（气）层物理学. 武汉：中国地质大学出版社，1988

[8] 黄绪德. 油气预测与油气藏描述——地震勘探直接找油气. 南京：江苏科学技术出版社，2003

[9] Berg R R 著，信全麟译. 储集层砂岩. 东营：石油大学出版社，1992

[10] 傅承义，陈运泰，祁贵仲. 地球物理学基础. 北京：科学出版社，1985

[11] 宋学孟. 金属物理性能分析. 哈尔滨：哈尔滨工业大学出版社，1980

[12] Spencer J W. Stress relaxations at low frequencies in fluid-saturated rocks: Attenuation and modulus dispersion. J. Geophy. Res., 86 (B3): 1803 ～ 1812, 1981

[13] 黄绪德，杨文霞. 转换波地震勘探. 北京：石油工业出版社，2008

[14] C. Zener 著，孔庆平，周本濂译. 金属的弹性与弹滞性. 北京：科学出版社，1965

[15] Zanoth S R, Saenger, E H, KrÜger O S, Shapiro S A. Leaky mode: A mechanism of horizontal seismic attenuation in a gas-hydrate-bearing sediment. Geophysics, 72 (5): E159 ～ E163, 2007

[16] Brajanovski M, MÜller T M. Strong dispersion and attenuation of P-waves in a partially saturated fractured reservoir. 77th SEG Annual Meeting, 1407 ～ 1409, 2007

[17] Brajanovski M, MÜller T M. Cross-over frequencies of seismic attenuation in fractured porous rocks. 76th SEG Annual Meeting, 2006

[18] Brajanovski M, Gurevich B, Schoenberg M. A model for P-wave attenuation and dispersion in a porous medium permeated by aligned fractures. Geophysical J. International, 163: 372 ～ 384, 2005

[19] Schoenberg M, Douma J. Elastic-wave propagation in media with parallel fractures and aligned cracks. Geophysical Prospecting, 36: 571 ～ 590, 1988

[20] Dvorkin J, Nolen-Hoeksema R and Nur A. The squirt-flow mechanism: Mascroscopic description. Geophy., 59 (3): 428 ～ 438, 1994

[21] Dvorkin J, Mavko G and Nur A. Squirt flow in fully saturatedrocks. Geophysics. 60 (1): 97 ～ 107, 1995

[22] Dvorkin J and Nur A. Dynamic poroelasticity: A unified model with the squirt and the

Biot mechanisms. Geophysics, 58 (4): 524 ~ 533, 1993

[23] Mavko G and Nur A. Wave attenuation in partially saturated rocks: Geophysics, 44: 161 ~ 178, 1979

[24] White J E. Underground sound: Application of seismic waves. Elsevier Science Publ., 253, 1983

[25] Wepfer W W and Cristensen N I. Compressional wave attenuation in oceanic basalts. J. Geophys. Res., 95 (B11): 17 431 ~ 17 439, 1990

[26] Berryman J G. Comfirmation of Biot's theory. Appl. Phys. Lett., 37: 382 ~ 384, 1980

[27] Plona T J. Observation of a second bulk compressional wave in a porous medium at ultrasonic frequencies. Appl. phys. Lett., 36: 259 ~ 261, 1980

[28] Plona T J, Johnson D L. Experimental study of the two bulk compressional mods in water saturated porous structures. Ultrasonic Symp. IEEE, 868 ~ 872, 1980

[29] White J E. Biot-Gardner theory of extensional waves in porous rods. Geophysics, 51 (3): 742 ~ 745, 1986

[30] Gardner G H F. Extensional wavrs in fluid-saturated porous cylinders. J. Acous. Socie. Ameri., 34 (1): 36 ~ 40, 1962

[31] Winkler K, Nur A. Pore fluids and seismic attenuation in rocks. Geophys. Res. Lett., 6: 1 ~ 4, 1979

[32] McLachlan N W. Bessel functions for engineers. New York. Oxford University Press, 162, 1955

[33] White J E. Underground sound. Elsevier Science Publ. Co., 1983

[34] Siggins A F, Dewhurst D N, Dodds K. Effective stress and the Biot-Willis coefficient for reservoir sandstones. 74th SEG Annua Meeting, 2004

[35] Olsen C, Hedegaard K, Fabricius I L, Prasad M. Prediction of Biot's coefficient from rock-physical modeling of North Sea chalk. Geophysics, 73 (3): E89 ~ E96, 2008

[36] Nur A, Byerlee J D. An exact effective stress law for elastic deformation of rocks with fluids. J. Geophy. Res., 76: 6414 ~ 6419, 1971

[37] Todd T, Simmons G. Effect of hpore pressure on the velocity of compressional waves in low-porocity rocks. J. Geophy. Res., 77 (20): 3731 ~ 3743, 1972

[38] Biot M A, Willis D G. The elastic coefficients of the theory of consolidation. J. Appli. Mechanics, 594 ~ 601, 1957

[39] Nur A, Mavko G, Dvorkin J, Galmodi D. Critical porosity: A key to relating physical properties to porosity in rocks. The Leading Edge, 17: 357 ~ 62, 1998

[40] Batzle M L, Han D H, Hofmann R. Fluid mobndility and frequency-dependent seismic velosity-direct measurements. Geophysics, 71 (1): N1 ~ N9, 2006

[41] Best A. Seismic attenuation and pore fluid viscosity monitoring in reservoir rocks. 77th SEG Annual Meeting, 1629 ~ 1633, 2007

[42] Vasheghani F, Lines L R. Viscosity and Q in heavy-oil reservoir characterization. TLE, 28 (7): 856 ~ 860, 2009

[43] Best A I. Seismic attenuation and pore-fluid viscosity in clay-rich sandstones. 62th SEG

Annual Meeting, RP2. 8: 674 ~ 676, 1992

[44] Vo-Thanh D. Effects of fluid viscosity on shear-wave in patially saturated sandstone. Geophysics, 56 (8): 1252 ~ 1258, 1991

[45] O'Hara S G. Elastic wave attenuation in fluid-saturated Berea sandstone. Geophysics, 54 (6): 785 ~ 788, 1989

[46] Shatilo A P. Ultrasonic attenuation in Glenn Pool rocks, northeastern Oklahoma. Geophysics, 63 (2): 465 ~ 478, 1998

[47] Toksöz M N, Johnston D H, Timur A. Attenuation of seismic waves in dry and saturated rocks I: Laboratory measurements. Geophysics, 44 (4): 681 ~ 690, 1979

[48] Toksöz M N, Johnston D H, Timur A. Attenuation of seismic waves in dry and saturated rocks: II: Mechanisms. Geophysics, 44 (4): 691 ~ 711, 1979

[49] McDonal F J, Angona F A, Mills R L, Sengbush R L, VanNostrand R G, White J E. Attenuation of shear and compressional waves in Pierre shale. Geophysics, 23 (3): 421 ~ 439, 1958

[50] Matsushima J, Suzuki M, Kato Y, Rokugawa S. Laboratory experiments on ultrasonic wave attenuation in partially frozen brines. 77th SEG Annual Meeting, 1604 ~ 1608, 2007

[51] Adam L, Barzle M. Moduli dispersion and attenuation in limestones in the laboratory. 77th SEG Annua Meeting, 1634 ~ 1638. 2007

[52] Yadari N E, Ernst F, Mulder W. Near-surface attenuation estimation using wave-propagation modeling. Geophysics, 73 (6): U27 ~ U37, 2008

[53] Kimentos T, McCann C. Relationships among compressional wave attenuation, porosity, clay content, and permeability in sandstones. Geophysics, 55 (8): 998 ~ 1014, 1990

[54] Best A I, McCann C, Sothcotthips J. The relations between the velocities, attenuations and petrophysical properties of reservoir sedimentary rocks. Geophys. Prosp., 42: 151 ~ 178, 1994

[55] Zhu Y P, Tsvankin I, Vasconcelos I. Effective attenuation anisotropy of thin-layered media. Geophysics, 72 (5): D93 ~ D106, 2007

[56] Zhao B, Zhou H W, Gong L X, Han D H. Attenuation analysis on commercial and low-saturation gas reservoirs. 77th SEG Annual Meeting, 1412 ~ 1416, 2007

[57] Matsshima J, Suzuki M, Kato Y, Nibe T, Rokugawa S. Laboratory experiments on compressional ultrasonic wave attenuation in partially frozen brines. Geophysics, 73 (2): N9 ~ N18, 2008

[58] Quan Y, Harris J. Seismic attenuation tomography using the frequency shift method. Geophysics, 62 (3): 895 ~ 905, 1997

[59] Zhu Y, Tsvankin I. Plane-wave propagation in attenuative transversely isotropic media. Geophysics, 71 (2): T17 ~ T30, 2006

[60] Thomsen L. Weak elastic anisotropy. Geophysics, 51 (10): 1954 ~ 1966, 1986

[61] Chen W C, Gao J H. Characteristics of seismic attenuation extraction using MBMSW wavelets. 77th SEG Annual. Meeting, 1417 ~ 1421, 2007

[62] Gu H M, Stewart R, Li Z J, Qi L X, Yang L. Calculation of relative Seismic attenuation

from reflection time-frequency differences in carbonate reservoir. 77th SEG Annual. Meeting, 1495 ~ 1499, 2007

[63] Rickett J. Estimating attenuation and the relative information content of amplitude and phase spectra. Geophysics, 72 (1): R19 ~ R27, 2007

[64] Kjartansson E. Constant Q-wave propagation and attenuation. J. Geophy. Resear., 84: 4737 ~ 4748, 1979

[65] Aki K, Richards P G. Quantitative seismology: Theory and method. W. H. Freeman Co., 1990

[66] Lambert G, Gurevich B. Brajanovski, Numerical modeling of attenuation and dispersion of P-waves in porous rocks with planar fractures, 74th SEG Annual. Meeting, 2004

[67] Gassmann F. Under die Elastiztat poroser Medien: Viertel. Naturforsch, Ges. Zurich, 96: 1 ~ 23, 1951

[68] Singleton S. The use of seismic attenuation and simultaneous impedance inversion in geophysical reservoir characterization. 77th SEG Annual. Meeting, 1422 ~ 1426, 2007

[69] Dvorkin J, Mavko G. Modling attenuation in reservoir and non-reservoir rocks, TLE, 25: 194 ~ 196, 2006

[70] Kennett B I N. Reflections, rays, and reverberations. Bulletin of the Seismological Society of America, 64: 1685 ~ 1696, 1974

[71] Singleton S, Taner M T, Treitel S. Q estimation using Gabor-Morlet time-frequency analysis tecqniques. 76th SEG Annual Meeting, 1610 ~ 1614, 2006

[72] Morlet J, Arens G, Fourgeau E, Giard D. Wave propagation and sampling theory-Part I: Complex signal and scattering in multilayered media. Geophysics, 47: 203 ~ 221, 1982

[73] Best A I, McCann C. Seismic attenuation and pore-fluid viscosity in clay-rich reservoir sandstones. Geophysics, 60 (5): 1386 ~ 1397, 1995

[74] Mller T M, Gurevich B. Seismic attenuation and dispersion due to wave-induced flow in 3D homogeneous porous rocks. 74th SEG Annual Meeting, 2004

[75] Mavko G. A theoretical estimate of S-wave attenuation in sediment. 75th SEG Annual Meeting, 1469 ~ 1473, 2005

[76] Dvorkin J, Uden R. Seismic wave attenuation in a methane hydrate reservoir. TLE, 23: 730 ~ 734, 2004

[77] Mavko G, Jizba D. Estimating grain scaley slow wav fluid effects on velocity dispersion in rocks. Geophysics, 56: 1940 ~ 1949, 1991

[78] ervery V, Pšen ik, l. Quality factor Q in dissipative anisotropy media. Geophysics, 73 (4): T63 ~ T75, 2008

[79] Picotti S, Carcione J M, Rubino J G, Santos J E. P-wave seismic attenuation by slow-wave diffusion: Numerical experiments in partially saturated rocks. Geophysics, 72 (4): N11 ~ N21, 2007

[80] Wang Y H. Inverse-Q filtered migration. Geophysics, 73 (1): S1 ~ S6, 2006

[81] Ervery V, Pšenik I. Weakly inhomogeneous plane waves in anisotropic weakly dissipative media. Geophys. J. Inter., 172: 663 ~ 673, 2008

[82] Carcione J M, Cavallini F. Energy balance and fundamental relations in anisotropic-viscoelastic media. Wave Motion, 18: 11 ~ 20, 1993

[83] White J E, Mikhaylova N G, Lyakhovitskiy F M. Low-frequency seismic waves in fluid saturated layered rocks. Izvestija Academy of Sciences USSR. Physics of the Solid Earth, 11: 654 ~ 659, 1975

[84] White J E. Computed seismic speeds and attenuation in rocks with partial gas saturation. Geophysics, 40: 224 ~ 232, 1975

[85] Dutta N C, Seriff A J. On White's modal of attenuation in rocks with partial saturation. Geophysics, 44: 1806 ~ 1812, 1979

[86] Krief M, Garat J, Stellingwerff J, Ventre J. A Petrophysical interpretation using the velocities of P and S peraturewaves (full waveform sonic). The Log Analysis, 31: 355 ~ 369, 1990

[87] Friedman A S. Pressure-volume-temperature relationships of gases, virial coefficiens, American Institute of Physics Handbook. McGraw-Hill Book Co., 1963

[88] Müller T M, Lambert G, Gurevich B. Dynamic permiability of porous rocks and its seismic signatures. Geophysics, 72 (5): E149 ~ E158, 2007

[89] Keller J B. Flow in random porous media. Transport in Porous Media, 43: 395 ~ 406, 2001

[90] Beran M J. Statistical cantinum theories. John Wiley & Sons, 1968

[91] Müller T M. Wave-induced fluid flow in random porous media: Attenuation and dispersion of elastic waves. Acoustical Society America, 117: 2732 ~ 2741, 2005

[92] Parra J O, Hackert C, Benett M, Collier H A. Permeability and porosity images based on NMR, sonic, and seismic reflectivity: Application to a carbonat aquifer. TLE, 11: 1102 ~ 1108, 2003

[93] Page H, Clauser C, Iffland J. Permeability prediction based on fractal pore-space geometry. Geophysics, 64 (5): 1447 ~ 1460, 1999

[94] Fabricius I L, Baechle G, Eberli G P, Weger R. Estimating permeability of carbonate rocks from porosity and v_P/v_S. Geophysics, 72 (5): E185 ~ E191, 2007

[95] Pride S R, Harris J M, Johnson D L, Mateeva A, Nihei K T, Nowack R L, Rector J W, Spretzler H, Wu Rushan, Yamomoto T, Beryman J G. Fehler, Permeability dependence of seismic amplitudes. TLE, June, 518 ~ 525, 2003

[96] M0wers T T, Budd D A. Quantification of porosity and permeability reduction due to calcite cementation using computer-assisted petrographic image analysis techniques. AAPG, 80 (3): 309 ~ 322, 1996

[97] 黄绪德，郭正吾. 致密砂岩裂缝气藏的地震预测. 石油物探，39 (2): 1 ~ 14, 2000

[98] Hofmann R, Xu X, X, Batzle M, Tshering T. Which effective pressure coefficient do you mean. 74th SEG Annual. Meeting, 1766 ~ 1769, 2004

[99] Walf K, Mukerji T, Mavko G. Attenuation and velocity dispersion modeling of bitumen saturated sand. 76th SEG Annual Meeting, 1993 ~ 1997

[100] Mavko G, Mukerji T, Dvorkin J. Rock physics handbook. Cambridge University Press,

1998

[101] Biot M A. General solutions of the equations of elasticity and consolidation for a porous material. J. Applied Mechanics, 27 (3): 91 ~ 96, 1956

[102] Biot M A. Theory of deformation of a porous viscoelastic anisotropic solid. J. Applied Physics, 27 (5): 459 ~ 467, 1956

[103] Rubino J G, Ravazzoli C L, Santos J E. Equivalent viscoelastic solids for heterogeneous fluid-saturated porous rocks. Geophysics, 74 (1): N1 ~ N13, 2009

[104] Bosch M, Cora L. Joint estimation of reservoir and elastic parameters from seismic amplitudes using a Monte Carlo method. 76th SEG Annual Meeting, 2027 ~ 2031, 2006

[105] Kumar M, Han D H. Pore shape effect on elastic properties of carbonate rocks. 75th SEG Annual Meeting, RP1. 3: 1477 ~ 1481, 2005

[106] Hacikoylu P, Dvorkin J, Mavko G. Elastic and petrophysical bounds for unconsolidated sediments. 76th SEG Annual Meeting, 1762 ~ 1766, 2006

[107] Calderon J E, Castagna J. Porosity and lithologic estimation using rock physics and multiattribute transforms in the Balcon field. Colombia-South America. 75th SEG Annual Meeting, 444 ~ 447, 2005

[108] Mosegard K, Tarantola A. Monte Carlo sampling of solutions to inverse problems. J. Geophys. Resear., 100 (12): 431 ~ 447, 1995

[109] Brie A, Johnson D L, Nurmi R D. Effect of spherical pores on sonic and resistivity measurements. 26th Annu. Log., Symp., SPWLA, 1Paper W., 1985

[110] Saleh A A, Castagna J P. Revisiting the Wyllie time average equation in the case of near spherical pores. Geophysics, 69: 45 ~ 55, 2004

[111] Anselmetti F S, Eberli G P. The velosity-deviatiton: A tool to predict pore type and permeability trends in caronate drill holes from sonic and porosity or density logs. AAPG Bulletin, 83: 450 ~ 466, 1999

[112] Faust L Y. A velocity function including lithologic variation. Geophysics, 18: 271 ~ 288, 1953

[113] Archie G E. The electrical resistivity log as an aid in determining some reservoir characteristics. Petro., Devel., Tecq., 146: 54 ~ 62, 1942

[114] Asquith G B, Gibson C R. Basic well log analysis for geologist. AAPG, 1992

[115] Salem H S. Relationship among formation resistivity factor, compressional wave velocity for reservoirs saturated with multiphase fluids. Energy Sources, 23: 675 ~ 685, 2001

[116] Han D H, Nur A, Morgan D. Effects of porosity and clay content on wave velocities in sandstones. Geophysics, 51: 2093 ~ 2107, 1986

[117] Russell B, Hampson D. Todorov, Combining geostatistics and multiattribute transform, A channel sand case study. 71th Ann Internat, Mtg. Soc. of Expl. Geophys., 2001

[118] Baechle G T, Weger R, Eberli G P. Massaferro, The role of macroporosity and microporosity in constraining uncertainties and in relating velocity to permeability in carbonate rocks, 74th SEG Annual Meeting, 2004

[119] Dvorkin J P. Can gas sand have a large Poisson's ratio. Geophysics, 73 (2): E51 ~ E57,

2008

[120] Hilterman F. Is AVO the seismic signature of rock properties. 59th SEG Annual Meeting, 559, 1989

[121] Jizba D L. Mechanical and acoustic properties of sandstones and shales. Ph. D., dissertation. Stanford Uni., 1991

[122] Strandenes S. Rock physics analysis of the Brent group reservoir in the Oseberg field. Stanford Rock Physics Laboratory reports, 1991

[123] Blangy J P. Integrated seismic lithologic interpretation: the petro-physical basis. Ph. D., dissertation. Stanford Uni., 1992

[124] Spencer J W, Cates M E. Frame moduli of unconsolidated sands and sandstons. Geophysics, 59: 1352 ~ 1361, 1994

[125] Dvorkin J, Nur A. Elasticity of high-porosity sandstones: theory for two North Sea data sets. Geophysics, 61: 1363 ~ 1370

[126] Domenico S N. Elastic properties of unconsolidated porous sand reservoir. Geophysics, 42: 1339 ~ 1368, 1977

[127] Brie A, Pampuri F, Meazza O. Shear sonic interpretation in gas-bearing sands. 70th Ann. Mtg., Socie. Petro. Engin., SPE-30595: 701 ~ 710, 1995

[128] Cadoret T. Effet de la saturation eau/gas sur les proprietes acoustiques des roches. Ph. D. thesis, Uni. of Paris, VII, 1993

[129] Knight R, Dvorkin J, Nur A. Seismic signatures of partial saturation. Geophysics, 63: 132 ~ 138, 1998

[130] Johnson D L. Theory of frequency dependentacoustics in patchy-saturated porous media. J. Acous. Soci. Amer. 110: 683 ~ 694, 2001

[131] Toms L, Muller T M, Cizc R, Gurevich B. Comparative review of theoretical models for elastic wave attenuation and dispersion in partially saturated rocks. Soil Dyna. Earthq. Engin. 26: 548 ~ 565, 2006

[132] Batzle M L, Han D H. Hofman R. Fluid mobility and frequency-dependent seismc velocity—Direct measurements. Geophysics, 71 (1): N1 ~ N9, 2006

[133] Backus G F. Long-wave elastic anisotropy produced by horizontal layering. J. Geophy. Resear. 67: 4427 ~ 4441, 1962

[134] Yin H. Acoustic velocity and attenuation of rocks: Isotropy, intrinsic anisotropy, and stress-induced anisotropy. Ph. D. disser., Stanf. Uni., 1992

[135] Sayers C M. Stress-dependent elastic anisotropy of sandstones. Geophy. Prospec. 50: 85 ~ 95. 2002

[136] Gardner G H F, Wyllie M R J, Aime M, Drochak D M. Effects of pressure and fluid saturation on the attenuation of elastic waves in sands. Petroleum Transactions, February, 1964

[137] Varela I, Castagna J P. Probabilistic fluid modulus estimstion. 74th SEG Annual Meeting, 2004

[138] White L, Castagna J. Stochastic fluid modulus inversion. Geophysics, 67: 1835 ~ 1843

[139] Chen H, Castagna J, Lamb W, Siegfried R, White L. A case study of fluid modulus

inversion for miocene sandstone reservoir, Gulf of Mexico. 72nd SEG Annual Meeting, 2002

[140] Chapman M, Liu EL. Seismic attenuation in rocks saturated with multi-phase fluids. 76th SEG Annual Meeting, 1988 ~ 1991, 2006

[141] Carcione J M, Helle H B, Pham N H. White's model for wave propagation in partially saturated rocks, Comparison with poroelastic numerical experiments. Geophysics, 68: 1389 ~ 1398, 2003

[142] Gist G A. Interpreting laboratory velocity measurements in partially gas-saturated rocks. Geophysics, 59: 1100 ~ 1109, 1994

[143] Chapman M, Zatsepin S V, Crampin S. Derivation of a microstructural poroelastic model. Geophys. J. Interna. 151: 427 ~ 451, 2002

[144] Eshelby J D. The determination of the elastic field of an ellipsoidal inclusion, and related problem. Proc. R. Soc. Lond. A., 241: 376 ~ 396，1957

[145] Hübert L, Streckand hyber U, Dvorkin J. Seismic attenuation and hybrid attributes to reduce exploration risk—North sea case study. 75th SEG Annual Meeting, 436 ~ 440, 2005.

[146] Thomsen L. Weak elastic anisotropy. Geophysics, 51: 1954 ~ 1966, 1986

[147] Carcione J M. Wave fields in real media: Wave propagation in anisotropic, anelastic, and porous media, Pergamon Press. Inc., 2001

[148] Zhu Y P, Tsvankin I. Plan-wave propagation in attenuative transversly isotrapic media. Geophysics, 71 (2): T17 ~ T30, 2006

[149] Bakulin A, Grochka V. Effective anisotropy of layered media. Geophysics, 68: 1708 ~ 1713, 2003

[150] Mavko G, Dvorkin J, Walls J. A rock physics and attenuaton analysis of a well from the Gulf of Mexico, 75th SEG Annual Meeting, 1585 ~ 1589, 2005

[151] Chi X G, Han D H. Fluid property discrimination by AVO inversion. 76th SEG Annual Meeting, 2052 ~ 2055, 2006

[152] Goodway W, Chen T, Downton J. Improved AVO fluid detection and lithology discrimination Lame petrophysical parameters. 67th SEG Annual Meeting, 183 ~ 186，1997

[153] Brian H R, Hedlin K, Hilterman F J, Lines L R. Fluid-property discrimination with AVO: A Biot-Gassmann perspective. Geophysics, 68: 29 ~ 39, 2003

[154] Foster D J, Smith S W, Dey-Sarkar S, Swan H W. A closer look at hydrocarbon indicaters. 63rd SEG Annual Meeting, 731 ~ 733, 1993

[155] Castagna J R, Swan H W, Foster D J. Framework for AVO gradient and intercept interpretation. Geophysics, 63: 948 ~ 956，1998

[156] Buland A, Omre H. Bayes linearized AVO inversion. Geophysics, 68: 185 ~ 198, 2003

[157] Han D H, Batzle M. Gassmann's equation and fluid-saturation effects on seismic velocities. Geophysics, 69: 398 ~ 405, 2004

[158] Han D H, Batzle M. Velocities of deep water reservoir sands. 75th SEG Annual Meeting, 1051 ~ 1054, 2005

[159] Bulan A, Omre H. Bayesian linearized AVO inversion. Geophysics, 68: 185 ~ 198,

2003

[160] Arroyo A, Sahay P N. Direct estimation of fluid properties using the poroelastic framework. 74th SEG Annual Meeting, 2004

[161] Batzle M, Zadler B, Hofmann R, Han D H. Heavy oils—seismic properties. 74th SEG Annual Meeting, 2004

[162] Han D H, Yao Q L, Zhao H Z. Complex properties of heavy oil sand. 77th SEG Annual Meeting, 2007

[163] Han D. H, Zhao H Z, Yao Q L, Bartzle M. Velosity of heavy oil sand. 77th SEG Annual Meeting, 2007

[164] 波达波夫等著，裘慰庭，李乐天译．震电勘探原理．北京：石油工业出版社，1996

[165] Gurivich B, Osypov K, Ciz R. Viscoelastic modeling of rocks saturated with heavy oil. 77th SEG Annual Meeting, 1614 ~ 1619, 2007

[166] Gurevich B, Osypov K, Ciz R, Makarynska D. Modeling elastic wave velocities and attenuation in rocks saturated with heavy oil. Geophysics, 73 (4): E115 ~ E122, 2008

[167] De Ghetto G, Paone F, Villa M. Pressure-volume-temperature corelations for heavy oils and extra heavy oils. SPE, #30316, 17, 1995

[168] Beggs H D, Robinson J R. Estimating the viscosity of crude oil system. J. Petr. Tech., 27: 1140 ~ 1141, 1975

[169] Eastwood J. Temperature-dependent propagation of P-and S-waves in Cold Lake oil sands: Comparison of theory and experiment. Geophysics, 58: 863 ~ 872, 1992

[170] Hashin Z, Shitrikman S. A variational approach to the elastic behavior of multiphase materials, J. Mech., Phys., Solids, 11: 127 ~ 140, 1963

[171] Batzle M, Hoffmann R, Han D H. Heavy oils-seismic property. TLE, 25: 750 ~ 757, 2006

[172] Cole K S, Cole R H. Dispersion and absorption in dielectrics-I;Alternating current characteristics. J. Chemi. Phys. 9: 341 ~ 351, 1941

[173] Rytov S M. Acoustical properties of a thinly laminated medium. Soviet Physics-Acoustics, 2: 68 ~ 80, 1956

[174] Sahay P N. On the Biot slow S-wave. Geophysics, 73 (4): N19 ~ N33, 2008

[175] Korneev V. Slow waves in fractures filled with viscous fluid. Geophysics, 73 (1): N1 ~ N. 7, 2008

[176] Ferrazzini V, Aki K. Slow waves trapped in a fluid- folled infinite crack: Implications for volcanic trmor. J. Geophys. Resear., 92: 9215 ~ 9223, 1987

[177] Dutta N C, Odé H. Seismic reflection from a gas-water contact. Geophysics, 48: 148 ~ 162, 1983

[178] Archie G E. The electrical resistivity log as an aid to determining some reservoir characteristics. Transaction of the American Institute of Mining and Metallurgical Engineers, 146: 54 ~ 62, 1942

[179] Olsen C, Hongdul T, Fabricius L. Prediction of Archie's cementation factor from

porosity and permeability through specific surface. Geophysics. 73 (2): E81 ～ E87, 2008

[180] White R E. The accuracy of estimating Q from seismic data. Geophysics, 57 (11): 1508 ～ 1511, 1992

[181] Tai S, Han D H, Castagna J P. Attenuation estimation with continuous wavelet transforms. 76th SEG Annual Meeting, 1933 ～ 1937, 2006

[182] Xu C D, Stewart R R. Seismic attenuation (Q) estimation from VSP data and Q_P versus v_P/v_S. 76th SEG Annual Meeting, 1938 ～ 1942, 2006

[183] Thompson A H, Hornbostel S, Burns J, Murray T, Raschke R, Wride J, McCammon P, Sumner J, Haake G, Bixby M, Ross W, White B S, Zhou M Y, Peazak P. Field tests of electroseismic hydrocarbon detection. Geophysics, 72 (1): N1 ～ N9, 2007

[184] Thompson A H, Gist G A. Geophysical, applications of electrokinetic conversion. TLE, 12: 1169-1173. 1993

[185] Hombostel S C, Thompson A H. Waveform design for elestroseismic exploration. 75th SEG Annual Meeting, 557 ～ 560, 2005

[186] Thompson A H, Gist G A. Geophysical applications of electrokinetic conversion. Geophy. Prospec.; U. S. Patent 5, 877 ～ 995, 1999

[187] US media. Physical Review B, 50: 15678 ～ 15696, 1994

[188] Hornbostel S C, Tompson A H, Halsey T C, Raschke R A, Davis C A. Nonlinear elestroseismic exploration. U. S. Patent 6, 664: 788B, 2003

[189] Miao X G, Todorovic D. Enhancing seismic insight by spectral decomposition. 77th SEG Annual Meeting, 1437 ～ 1441, 2007

[190] Deng J X, Han D H, Liu J J, Yao Q L. Application of spectral decomposition to detect deepwater gas reservoir. 77th SEG Annual Meeting, 1427 ～ 1431, 2007

[191] Miao X, Moon W. Application of wavelet transform in seismic data procession. 64th SEG Annual Meeting, 1461 ～ 1464, 1994

[192] Miao X, Cheadle S. High resolution seismic data analysis by wavelet transform and Matching pursuit decomposition. Geo-Triad, CSEG, CSPGand CWLS Joint convention, 31 ～ 32, 1998

[193] Stockwell R G, Mansinha L, Lowe R P. Localization of complex spectrum: The S-transform. IEEE Transactions on Signal Processing, 998 ～ 1001, 1996

[194] Tian F, Chen S, Zhang E, Gao J, Chen W, Zhang Z, Li Y. Generalized S transform and its applications for analysis seismic thin beds. 72nd SEG Annual Meeting, 2217 ～ 2220, 2002

[195] Partyka G A, Gridley J M, Lopez J. Inpretational applications of spectral decomposition in reservoir characterization. TLE, 18: 353 ～ 360, 1999

[196] Batzle M, Wang Z. Seismic properties of pore fluids. Geophysics, 57: 1369 ～ 1408, 1992

[197] Partyka G, Gridley J, Lopez J. Interpretation applications of spectral decomposition in reservoir characterization. TLE, 18: 353 ～ 360, 1999

[198] Chen G, Finn C, Neelamani R, Gillard D. Spectral decomposition responseto reservoir fluids from a deepwater reservoir. 76th SEG Annual Meeting, 1665 ～ 1669, 2006

[199] Chi X G, Han D H. Fluid properties discrimination by AVO inversion. 76th SEG Annual Meeting, 2052 ~ 2056, 2006

[200] Li H B, Cui X F, Yao F C, Zhang Y. Analysis of center-frequency versus incident angle variations to detect gas reservoir. 67th SEG Annual Meeting, 1490 ~ 1494, 2007